二十一世纪"双一流"建设系列规划教材
高等学校物理实验教学示范中心系列教材

近代物理实验

EXPERIMENTS IN MODERN PHYSICS

U0185382

主　编：欧阳方平　马松山　熊小努

副主编：夏庆林　敬玉梅　何　彪　代国章

主　审：徐富新

参　编：段玉霞　黄迪辉　孔德明　彭新华

　　　　孙　健　束传存　王中平　肖楮文

　　　　肖　思　许克标　周　喻　赵华芬

中南大学出版社
www.csupress.com.cn
·长沙·

内容简介

《近代物理实验》以近代物理学发展过程中的重要实验为基础,吸收物理实验科学技术的一些新成果,结合中南大学近代物理实验教学实践经验,对系列教学讲义进行选编和修订而成。全书共分九章,内容包括原子与分子物理、光学、磁性物理、真空与低温、辐射与等离子、半导体物理、量子计算中的一些重要实验以及前沿物理创新实验、近代物理虚拟仿真实验。

本书可作为高等学校物理学及相关专业本科生的近代物理实验课程教材,也可供从事实验物理的相关科技人员参考。

图书在版编目(CIP)数据

近代物理实验 / 欧阳方平,马松山,熊小努主编.
—长沙:中南大学出版社,2020.6
ISBN 978 - 7 - 5487 - 3444 - 4

Ⅰ.①近… Ⅱ.①欧… ②马… ③熊… Ⅲ.①物理学
—实验—高等学校—教材 Ⅳ.①O41 -33

中国版本图书馆 CIP 数据核字(2020)第 050193 号

近代物理实验
JINDAI WULI SHIYAN

主编 欧阳方平 马松山 熊小努

□责任编辑	胡小锋	
□责任印制	周 颖	
□出版发行	中南大学出版社	
	社址:长沙市麓山南路	邮编:410083
	发行科电话:0731 - 88876770	传真:0731 - 88710482
□印 装	长沙印通印刷有限公司	

□开 本	787 mm×1092 mm 1/16	□印张 25.5 □字数 653 千字
□版 次	2020 年 6 月第 1 版	□2020 年 6 月第 1 次印刷
□书 号	ISBN 978 - 7 - 5487 - 3444 - 4	
□定 价	75.00 元	

图书出现印装问题,请与经销商调换

前　言

　　物理学是研究物质的基本组成结构与物质一般运动规律的科学，是自然科学的基础学科。物理学是一门实验科学，物理实验在物理学的产生、发展和应用过程中起着至关重要的作用。物理学发展过程中提出的各种假设与猜想，都必须经由实验的检验才能成为物理学规律，例如近年 LIGO 实验组对引力波的观测实验，成了爱因斯坦所提出的广义相对论的一个重要证据。物理学实验中发现的新现象，也极大地促进了物理学理论的发展，例如光电效应的发现催生了量子力学理论。

　　20 世纪以来，物理学取得了一系列重大进步，各种新理论、新技术和新实验现象不断涌现，尤其是量子力学和相对论的建立，为现今的计算机技术、能源技术、新材料技术提供了基础。近代物理学是在实验现象与经典物理理论的矛盾中发展起来的，例如黑体辐射谱的测量与瑞利－金斯（Rayleigh－Jeans）辐射公式及维恩（Wien）辐射公式分别在高频区与低频区的矛盾是导致量子力学诞生的因素之一。又如计划寻找电磁波介质以太的迈克尔逊－莫雷（Michelson－Morley）实验，实验的观测结果与实验的目标相悖，否定了以太的存在，而寻找迈克尔逊－莫雷实验结果解释的探索过程，对相对论的提出，起了很大促进作用。量子论与相对论的建立，是近代物理学的开端。量子力学与相对论所导致的技术革命，使人类文明有了突破性发展。

　　现代物理学的前沿实验技术，也越来越多地进入到人类生活中。例如强子治疗肿瘤技术就是基于粒子加速器技术的一种新的放疗手段，相较传统放疗有着对肿瘤细胞杀伤力强而对健康组织影响小而且能对患者进行个性化治疗等特点。当今世界，互联网成了日常生活、工作、学习相当重要的一个组成部分，互联网的光纤通信系统，就是基于激光技术建立起来的。

　　"近代物理实验"是继"大学物理实验"之后的一门重要实验课程。近代物理的实验内容以在近代、现代物理发展历史中起过重要作用的著名实验为主，其内容涉及原子物理、固体物理、光谱学、激光物理、微波技术、光电子技术与光信息、量子物理、真空物理、低温和超导物理等方向，具有很强的技术性与综合性。近代物理实验课程中会使用一些较大型、较复杂、较精密的实验仪器，进一步提高了学生的动手能力、实验组织能力、实验操作技术以及数据处理能力，尤其强调学生独立思考分析实验中遇到的问题并寻找解决方案的能力。近代物理实验课程需要学生充分了解实验背景、理解实验的基本原理与基本理论，要求学生灵活运用相关的物理学理论对实验现象进行初步的分析判断并调整实验装置，还要求学生综合运用多种实验方法对实验现象进行观测，并正确、真实地记录实验数据，然后用数据统计和误差处理技术对观测结果进行整理并对实验观测结果运用相关的物理学理论知识进行分析与讨论。

具体而言，近代物理实验课程的基本要求是：

1. 培养学生实事求是、严肃认真的科学态度与探索未知、勇攀科学高峰的责任感，增强学生勇于探索的创新精神。

2. 学习如何用实验方法和技术研究物理现象和规律，培养学生在实验过程中发现、分析并解决问题的能力。

3. 学习近代物理某些重要领域中的基本实验方法和技术，掌握相关实验仪器的性能和使用方法。

4. 通过实验加深对近代物理发展史上重要现象及其背后物理规律的理解。

5. 培养学生实验前阅读参考文献资料、选择实验方法和仪器，在实验过程中正确操作实验仪器、细致观察实验现象、真实记录和分析实验数据的能力。

为了适应 21 世纪教学改革，配合国家一流专业、一流课程建设的需要，并且反映物理学实验技术的发展、仪器设备的更新，同时考虑与科研创新相结合，我们在原有近代物理实验讲义的基础上，增加了一些反映近代物理学发展的重要实验，吸收了当前科学研究的最新成果，使之更好地适应当前的科研与教学的需要，进行了近代物理实验教程的编写，更新了教学内容。

本教程共收入原子与分子物理实验、光学实验、磁性物理实验、真空与低温实验、辐射与等离子实验、半导体物理实验等 38 个近代物理实验；结合教师的科研实际情况和科学研究前沿热点，设计了 10 个有特色的前沿物理创新实验，以满足学生创新探索、科研训练的需要。本教材编写期间正值 COVID-19 疫情在全球快速蔓延时期，疫情期间的物理实验课程教学高度依赖线上虚拟仿真实验系统，此外，由于物理实验技术的发展，部分现代物理实验的条件较为极端、实验周期长且实验器材昂贵，让学生进行这些实验的实物操作是较为困难的。进行虚拟仿真实验是解决这些困难的一种较为理想的途径，也可作为实物实验的前期操作训练，缩短实物实验的操作训练时间并减少实物实验的成本。因此，依托中南大学物理与电子学院国家级虚拟仿真实验教学示范中心平台，结合现代数值计算与仿真技术的发展，选编了低温强场下材料的磁性测试与结构表征、二维体系中磁电阻量子振荡和量子霍尔效应、电子与材料相互作用 3 个线上虚拟仿真实验。

本教程是近年来中南大学近代物理实验课程建设的重要成果，体现了中南大学物理与电子学院科研教学人员集体的才智与力量。参与本教程编写工作的老师有：欧阳方平、马松山、熊小努、夏庆林、敬玉梅、何彪、代国章、段玉霞、黄迪辉、孔德明、彭新华、孙健、束传存、王中平、肖楮文、肖思、许克标、周喻、赵华芬。本书由马松山、熊小努统稿，欧阳方平审核。

在此，我们对所有参与本教程编写的老师表示衷心的感谢。特别感谢中国科学技术大学彭新华教授、王中平高级实验师及国仪量子(合肥)技术有限公司许克标博士的大力支持与参与编撰。

由于编者水平有限，教程中难免有错误和不妥之处，敬请广大读者批评指正。

编　者

2020 年 3 月 10 日

目　录

第 1 章　原子与分子物理实验 ··· 1

实验 1.1　黑体辐射实验 ·· 1

实验 1.2　金属电子逸出功实验 ·· 10

实验 1.3　塞曼效应 ·· 18

实验 1.4　分子振动拉曼光谱 ·· 26

实验 1.5　X 射线衍射实验 ·· 31

第 2 章　光学实验 ··· 52

实验 2.1　超声光栅 ·· 52

实验 2.2　单光子计数 ··· 58

实验 2.3　光拍频法测量光速 ·· 63

实验 2.4　磁光效应实验 ··· 70

第 3 章　磁性物理实验 ··· 91

实验 3.1　核磁共振实验 ··· 91

实验 3.2　微波电子磁共振实验 ··· 100

实验 3.3　光磁共振实验 ·· 107

实验 3.4　巨磁电阻效应及其应用 ·· 118

实验 3.5　磁致伸缩效应 ·· 135

实验 3.6　高灵敏度原子磁力计 ··· 139

第 4 章　真空与低温实验 ··· 153

实验 4.1　真空的获得及其测量 ··· 153

实验 4.2　真空镀膜 ·· 165

实验 4.3　高温超导体的零电阻现象 ··· 169

第 5 章　辐射与等离子实验 ························· 181

实验 5.1　热辐射与红外扫描成像 ····················· 181

实验 5.2　微波系统中电压驻波比的测量 ··············· 195

实验 5.3　等离子体特性测量 ························· 201

第 6 章　半导体物理实验 ························· 211

实验 6.1　PN 结特性与玻尔兹曼常量的测定 ············· 211

实验 6.2　半导体温差发电效应 ······················· 218

实验 6.3　四探针测半导体电阻率 ····················· 221

实验 6.4　温度传感器 ····························· 230

第 7 章　量子计算实验 ··························· 242

实验 7.1　连续波实验 ····························· 242

实验 7.2　拉比振荡实验 ··························· 262

实验 7.3　回波实验 ······························· 264

实验 7.4　T2 实验 ································· 266

实验 7.5　动力学去耦实验 ························· 268

实验 7.6　D–J 算法实验 ··························· 271

实验 7.7　量子密码实验 ··························· 274

第 8 章　前沿物理创新实验 ····················· 290

实验 8.1　薄膜的气相生长基本原理及其光学表征 ······· 290

实验 8.2　制备和测试基于二维材料的液晶单元 ········· 300

实验 8.3　二维半导体场效应管性能特性测试 ··········· 309

实验 8.4　二维层状磁性材料反常霍尔效应 ············· 314

实验 8.5　高迁移率二维层状材料磁电阻量子振荡效应 ··· 319

实验 8.6　半导体纳米线光电探测器 ··················· 322

实验 8.7　原子力显微镜及其应用 ····················· 329

实验 8.8　空间自相位调制实验及其应用 ··············· 334

实验 8.9　高低温霍尔效应 ························· 339

实验 8.10　超低场核磁共振实验 ····················· 355

第 9 章　近代物理虚拟仿真实验 ················· 367

实验 9.1　低温强场下材料的磁性测试与结构表征虚拟仿真实验 ··· 367

实验 9.2　二维体系中磁电阻量子振荡和量子霍尔效应虚拟仿真实验 ··· 378

实验 9.3　电子与材料相互作用虚拟仿真实验 ··········· 389

第 1 章

原子与分子物理实验

实验 1.1　黑体辐射实验

 实验背景

我们生活在一个辐射能的环境中，被天然的电磁能源所包围，常需要对辐射能进行测量和控制，因此产生了辐射测量学。辐射测量学是研究紫外、可见光和红外辐射光谱范围内辐射能测量的科学，在航空、航天、核能、材料、能源卫生及冶金等高科技领域有着广泛的应用。黑体辐射的研究对天文学、红外线探测等有着重要的意义。黑体是一种在现实生活中不存在的理想化的模型，但可以通过人工制造出近似的人工黑体。对于辐射能力小于黑体，光谱分布与黑体相同的辐射体通常称为灰体。由于标准黑体的价格昂贵，本实验用钨丝作为辐射体，通过一定修正替代黑体进行辐射测量及理论验证。

 实验目的

（1）验证普朗克黑体辐射定律。
（2）测量发光体的能量曲线。
（3）观察窗演示实验。

实验原理

1. 辐射测量的基本术语介绍

（1）黑体——是一种理想的辐射源，其辐射能力只由它的温度决定。在同样的温度下，黑体具有比任何实际物体辐射出更多的能量的特性，因此，黑体也被称为"完全辐射体""理想的温度辐射体"和"普朗克辐射体"。

（2）辐射度——也称为"辐射出射度"，简称"辐出度"，代表辐射体表面单位面元发出的辐射功率，单位为 W/m^2。

（3）辐亮度——辐射表面发出的，在某方向单位立方角、单位投影面积内传播的辐射通量，单位是 $W/(m^2 \cdot Sr)$。

（4）色温——一个光源的色温就是辐射同一色品光的黑体的温度。

2. 黑体辐射

黑体辐射指黑体发出的电磁辐射。

温度在绝对零度以上的任何物体都会向周围发射辐射，这种辐射称为温度辐射。黑体是一种特殊的温度辐射体，它能 100% 吸收投射给它的入射光辐射而不发生反射，因此黑体辐射具有只与温度有关、发射率达 1 的辐射能量效率，而任何其他物体的发射率都小于 1。

3. 黑体辐射定律

1）普朗克定律

黑体辐射的光谱分布遵循普朗克定律，其光谱辐射出射度（简称光谱辐出度或光谱辐射度）可表示为：

$$E_{\lambda T} = \frac{C_1}{\lambda^5 (e^{C_2/\lambda T} - 1)} \qquad (1-1-1)$$

式中：$E_{\lambda T}$ 为光谱辐射度，W/m^3；C_1 为第一辐射常数，$C_1 = 3.7415 \times 10^{-16} \, W/m^2$；$C_2$ 为第二辐射常数，$C_2 = \frac{ch}{k} = 1.4388 \times 10^{-2} \, m \cdot K$；$\lambda$ 为辐射波长，m；h 为普朗克常量，$h = 6.626 \times 10^{-34} \, W \cdot s^2$；$c$ 为光速，$c = 3 \times 10^8 \, m/s$；T 为绝对温度，K；k 为玻尔兹曼常量，$k = 1.3806 \times 10^{-23} \, W \cdot s/K$。

黑体光谱辐射亮度 $L_{\lambda T}$ 可表示为：

$$L_{\lambda T} = \frac{E_{\lambda T}}{\pi} \qquad (1-1-2)$$

2）斯特藩 – 玻尔兹曼定律

基于普朗克公式，黑体所有波长范围内的光谱辐射出射度 E_T 可表示为：

$$E_T = \int_0^\infty E_{\lambda T} d\lambda = \sigma T^4 \qquad (1-1-3)$$

式中：E_T 为光谱辐射度，W/m^2；σ 为斯特藩 – 玻尔兹曼常量，$\sigma = \frac{2\pi^5 k^4}{15h^3 c^2} = 5.6697 \times 10^{-8} \, W/(m^2 \cdot K^4)$。

黑体光谱辐射亮度 L_T 可表示为：

$$L_T = \frac{E_T}{\pi} = \frac{\sigma}{\pi} \cdot T^4 \qquad (1-1-4)$$

3）维恩位移定律

黑体辐射的光谱辐射度随波长的变化存在一个极大值，该极大值对应的波长用 λ_{max} 表示，有：

$$\lambda_{max} = \frac{T}{A} \qquad (1-1-5)$$

式中：λ_{max} 为光谱辐射度的峰值波长；T 为绝对温度，K；A 为常数，$A = 2.89 \times 10^{-3} \, m \cdot K$。

维恩位移定律也可用光谱辐射度的峰值与绝对温度表示：

$$E_{\lambda \max} = bT^5 \tag{1-1-6}$$

式中：$E_{\lambda \max}$ 为光谱辐射度的峰值，W/m^2；b 为常数，$b = 1.286 \times 10^{-5}$ $W/(m^2 \cdot K^5)$；T 为绝对温度，K。

可见，黑体的总辐射出射度与绝对温度的四次方成正比，同时，在特定温度下，黑体的单色辐出度极大值对应的波长随温度的升高向短波方向移动。图 1-1-1 为黑体光谱辐射亮度 $L_{\lambda T}$ 随波长变化关系示意图。

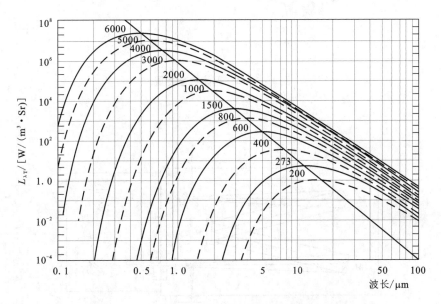

图 1-1-1　黑体光谱辐射亮度随波长变化示意图

实验装置

WHS-1 型黑体实验装置由光栅单色仪、接收单元、溴钨灯、可调稳压溴钨灯光源、电源控制箱以及计算机、打印机组成。

该实验装置集光学、精密机械、电子学、光度学和辐射度学、计算机技术于一体，是各高等院校开设普通物理、光度学和辐射度学必备的实验仪器（见图 1-1-2）。

1. 光栅单色仪

光栅单色仪采用衍射光栅作为色散元件。它将被测辐射色散以便测量，主要由光学系统、光栅驱动系统、狭缝机构、观察窗等组成（见图 1-1-3）。

1）光学系统

入射狭缝 S_1，出射狭缝 S_2、S_3 均为可调节宽度的直狭缝，宽度范围为 $0 \sim 2.5$ mm，连续可调，长度为 20 mm。S_1 位于球面反射镜 M_2 的焦平面上，S_2、S_3 位于球面反射镜 M_3 的焦平面上，且 S_2 位于深椭球 M_6 的长轴焦点处，接收器件 P 位于 M_6 的短轴焦点处。

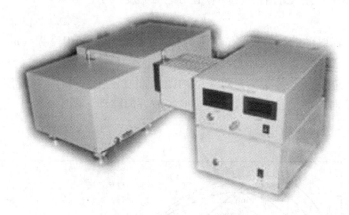

图 1-1-2 黑体实验装置

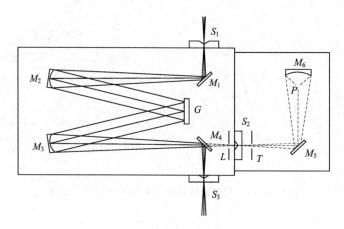

图 1-1-3 光学系统原理图

S_1—入射狭缝；S_2—出射狭缝Ⅰ；S_3—出射狭缝Ⅱ；G—平面衍射光栅；M_1，M_4，M_5—反射镜；M_2，M_3—球面反射镜；M_6—深椭球镜；L—滤光片；T—调制器；P—接收器件

光源发出的光束，进入入射狭缝 S_1 后经反射镜 M_1 反射到 M_2 上，经 M_2 反射成平行光束投射到平面光栅 G 上，衍射后的平行光束经球面反射镜 M_3 成像在 S_2（或 S_3）上，进入 S_2 后的光束，经调制器 T 调制成 800 Hz 后，再经 M_5 反射到深椭球镜 M_6 上后成像在接收器 P 的靶面上。反射镜 M_4 是可旋转摆动的，经 M_4 反射后的成像光束除可直接投射到 M_5、M_6 外，还可以通过旋转反射镜 M_4 使反射后的光束成像到 S_3 上。

各光学元件的参数如下：

- M_2、M_3：焦距 $f = 302.5$ mm；
- 光栅 G：300/mm；
- 闪耀波长：1400 nm；
- 滤光片 L：三块滤光片工作区间：

第一片：800 ~ 1200 nm；

第二片：1200 ~ 1950 nm；

第三片：1950 ~ 2500 nm。

2）光栅驱动系统

光栅驱动系统采用如图 1 - 1 - 4 所示的"正弦机构"进行扫描，精密丝杠由步进电机驱动，丝杠拖动螺母沿丝杠轴线移动，螺母推动正弦杆，使其绕自身的回转中心转动。光栅置于光栅台上，光栅台与正弦杆连接，光栅台的回转中心，通过正弦杆的回转中心，从而带动光栅转动，使不同波长的单色光依次通过出射狭缝而完成"扫描"。

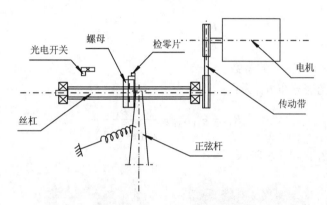

图 1 - 1 - 4　光栅驱动装置

3）狭缝机构

S_1 为入射狭缝，S_2、S_3 为出射狭缝。S_1、S_2、S_3 均为可调宽度的直狭缝机构，狭缝长度为 20 mm，通过旋转千分尺可以精确地实现宽度范围从 0 到 2.5 mm 连续可调（见图 1 - 1 - 5）。

4）观察窗

在出射狭缝 S_3 处，即在球面反射镜 M_3 的焦平面上，放置一块 40 mm × 40 mm 的单面磨砂毛玻璃，以观察像面。

2. 接收单元

随着电子技术和电子仪器的高度发展，光辐射测量中多采用对红外辐射敏感的光电器件。本实验装置采用 PbS 作接收单元，它对波长范围在 800 ~ 2500 nm 的近红外光有较好的光谱响应。从单色仪射出的单色光经信号调制器，调制成 800 Hz 的频率信号被 PbS 接收。

图 1 - 1 - 5　狭缝机构

选用的 PbS 接收单元是一种晶体管外壳结构。该系列的 PbS 接收单元被封装在晶体管壳内，充以干燥的氮气或其他惰性气体，并采用熔融或焊接工艺，以保证全密封。

该器件可在高温、潮湿条件下工作且性能稳定可靠。

3. 溴钨灯

金属钨的辐射近似于可见光波段内的黑体光谱能量分布。它的熔点高，可达到 3650 K，所以钨可用来模拟黑体。

溴钨灯是一种选择性的辐射体，它的总辐射度 R_T 可由下式求出：

$$R_T = \varepsilon_T \sigma T^4 \tag{1-1-7}$$

式中：ε_T 为温度 T 时的总辐射系数，它是在给定温度下溴钨灯的辐射度与绝对黑体的辐射度之比，即

$$\varepsilon_T = \frac{R_T}{E_T} \quad 或 \quad \varepsilon_T = 1 - e^{-BT} \tag{1-1-8}$$

式中：B 是为 $1.47 \times 10^{-4} \mathrm{K}^{-1}$ 的常数。

溴钨灯的辐射光谱分布 $R_{\lambda T}$ 为：

$$R_{\lambda T} = \varepsilon_{\lambda T} E_{\lambda T} = \frac{C_1 \varepsilon_{\lambda T}}{\lambda^5 (e^{\frac{C_2}{\lambda T}} - 1)} \tag{1-1-9}$$

溴钨灯外形如图 1-1-6 所示。

图 1-1-6　溴钨灯光源

4. 溴钨灯电源控制箱

溴钨灯电源控制箱采用可调电流的稳压装置，通过调节电流值改变溴钨灯的色温，见图 1-1-7。

图 1-1-7　溴钨灯电源控制箱

表 1 – 1 – 1 给出了溴钨灯的工作电流与色温的对应关系。(该值在出厂前已经标定)

表 1 – 1 – 1 工作电流与色温的关系

电流/A	实测色温/K
1.7	2999
1.6	2889
1.5	2674
1.4	2548
1.3	2455
1.2	2303
1.1	2208
1.0	2101
0.9	2001

5. 电源控制箱

电源控制箱控制单色仪的光栅扫描、滤光片的切换、调制器电机的旋转以及对接收信号的处理等，其外形见图 1 – 1 – 8。

图 1 – 1 – 8　电源控制箱

实验内容与实验方法

该黑体实验装置可以进行以下实验：
(1)验证黑体辐射定律；
(2)测量其他发光体的能量曲线；
(3)观察窗的演示实验。

1. 验证黑体辐射定律

（1）连接计算机、打印机、单色仪、接收单元、电源控制箱、溴钨灯电源、溴钨灯。（各连接线接口一一对应，不会出现插错现象）

（2）打开计算机、电源控制箱及溴钨灯电源，使机器预热 20 min。

（3）将溴钨灯电源的电流调节为 1.7 A（即色温在 2999 K），扫描一条从 800 nm 到 2500 nm 的曲线，即得到在色温 2999 K 时的黑体辐射曲线。（可依次做不同色温下的各条黑体辐射曲线，分别存入各寄存器，最多可以存 9 条曲线）

（4）分别验证普朗克定律、斯特藩－玻尔兹曼定律、维恩位移定律。

（5）将实验数据及表格打印出来。

2. 测量其他发光体的能量曲线

将待测发光体（光源）置于仪器的入射狭缝处。

（1）按照计算机软件提示的步骤，可以测量发光体的辐照度（工作距离为 594 mm 处的辐照度）。

（2）按照计算机软件提示的步骤，可以测量其辐射能曲线（辐射度的光谱能量分布）。

（3）将实验数据及表格打印出来。

3. 观察窗的演示实验

按照提示操作，可以实现如下两种演示：

1）观察光栅的二级光谱

平面衍射光栅是由间距规则的许多同样的衍射元构成的，光栅上所有点的照明彼此间是相干的，从不同衍射元发出的子波是同位相的。因为所有的衍射元同位相，所以衍射光的相对能量除具有一个极大值即 0 级光谱外，还具有其他级次的光谱，如 2 级、3 级光谱等。

本黑体测量实验装置的光谱扫描范围为 800～2500 nm，属于近红外波段，可见光谱带 400～780 nm 的紫、蓝、青、绿、黄、红光谱在 800～2500 nm 近红外波段是看不到的，但紫、蓝、青、绿、黄、红二级光谱会出现在 800～1300 nm 区间，即在观察窗口的毛玻璃上可以看到从紫光到红光依次出现的彩色光谱带。

在 1300～2500 nm 区间，同样可以观察到三级光谱的彩带。

2）观察黑体的色温

黑体是假想的光源和辐射源，是一种理想化的。它是一种用来和别的辐射源进行比较的理想的热辐射体。根据定义，我们不可能做出一个黑体。现在市场上出售的黑体实际上是用于校准的"黑体模拟器"，但是现在所有从事红外领域的工作者都把这类校准辐射源称为"黑体"。

所谓色温就是表示光源颜色的温度。一个光源的色温就是辐射同一色品的光的黑体的温度。

本黑体实验装置是通过改变溴钨灯电源控制箱的电流改变色温的。观察色温现象见表 1－1－2。

表 1 - 1 - 2　黑体的色温变化

电流/A	实测色温/K	相应的其他光源的色温
1.7	2999	500 W 钨丝灯(复绕双螺旋灯丝)3000 K
1.6	2889	100 W 钨丝灯(复绕双螺旋灯丝)2890 K
1.5	2674	铱熔点黑体 2716 K
1.4	2548	—
1.3	2455	乙炔灯 2350 K
1.2	2303	钠蒸气灯(高压)2200 K
1.1	2208	—
1.0	2101	铂熔点黑体 2043 K
0.9	2001	蜡烛的火焰 1925 K

 注意事项

(1)仪器应放置在牢固平台上,并避免阳光照射。

(2)实验环境无强振动源、无强电磁场干扰。

(3)实验结束时,先检索波长到 800 nm 处,使机械系统受力最小,然后关闭应用软件,最后按下电控箱上的电源按钮关闭仪器电源。

 预习要求

(1)实验前要求掌握黑体辐射的基本规律。

(2)了解实验仪器的操作规程、实验流程。

 思考题

(1)实验为何能用溴钨灯进行黑体辐射测量并能进行黑体辐射定律验证?

(2)实验中使用的光谱分布辐射度与辐射能量密度有何关系?

 参考文献

[1] 杨福家. 原子物理学[M]. 第四版. 北京:高等教育出版社,2008.

[2] Planck M. On the law of distribution of energy in the normal spectrum[J]. Annalen der Physik, 1901 (4):553 - 559.

[3] 康永强,杨成全,姜晓云,等. 黑体辐射定律研究及验证[J]. 大学物理实验,2010,23(4):18 - 19.

[4] 陈晓明. 黑体辐射定律及实验教学相关问题探讨[J]. 物理实验与探索,2009,28(5):27 - 29.

实验 1.2　金属电子逸出功实验

 实验背景

金属电子逸出功(或逸出电位)的测定实验综合性地应用了直线测量法、外延测量法和补偿测量法等多种基本实验方法。在数据处理方面,有比较独特的技巧性训练。因此,这是一个比较有意义的实验。

1901 年 11 月 25 日,英国物理学家里查孙在剑桥哲学学会宣读的论文中称:如果热辐射是由于金属发出的微粒,则饱和电流应服从下述定律

$$I = AT^{\frac{1}{2}}\exp\left(-\frac{b}{T}\right)$$

这个定律已被实验完全证实。当时年仅 22 岁的里查孙就这样一鸣惊人地为 27 年后获得诺贝尔物理学奖打下了基础。

1911 年里查孙提出的之后又经受住了 20 世纪 20 年代量子力学考验的热电子发射公式(里查孙定律)为

$$I = AST^2\exp\left(-\frac{e\varphi}{kT}\right)$$

里查孙由于对热离子现象研究所取得的成就,特别是发现了里查孙定律而获得 1928 年度诺贝尔物理学奖。

 实验目的

(1)用里查孙直线法测定金属(钨)电子的逸出功。
(2)学习直线测量法、外延测量法和补偿测量法等多种实验方法。
(3)学习一种新的数据处理的方法。

 实验原理

若真空二极管的阴极(用被测金属钨丝做成)通以电流加热,并在阳极上加以正电压时,在连接这两个电极的外电路中将有电流通过。这种电子从热金属发射的现象,称热电子发射。从工程学上说,研究热电子发射的目的是用以选择合适的阴极材料,这可以在相同加热温度下测量不同阴极材料的二极管的饱和电流,然后相互比较,加以选择。通过对阴极材料物理性质的研究来掌握其热电子发射的性能,这是带有根本性的工作,因而更为重要。

量子统计理论(固体理论的金属电子理论)认为,金属中电子按能量的分布遵守费米 – 狄拉克分布规律,其分布函数为

$$g(E) = \frac{1}{e^{(E-E_f)/kT}+1} \tag{1-2-1}$$

式中：E 是电子的能量，E_f 是费米能级，k 是玻尔兹曼常量，T 是开氏温度。该式的物理意义为：温度为 T 时，在能量为 E 的一个量子态（电子可以占据的状态——本征态）上的平均电子数占总电子数的概率；也可以理解成一个电子处在该量子态的概率。当 $E = E_f$ 时，$g(E_f)$ $= 1/2$，所以 E_f 是标志电子在能级上填充水平的重要参量。

考虑到电子的自旋在动量方向的投影有两个可能的取值，所以得到在体积 V 内，在能量 $E \sim E + dE$ 内，电子的量子态数为 $\dfrac{4\pi V}{h^3}(2m)^{3/2}E^{1/2}dE$。进一步得到，在单位体积内，在能量范围 $E \sim E + dE$ 的平均电子数为

$$dN = \frac{4\pi}{h^3}(2m)^{3/2}E^{1/2}dE \cdot g(E) = \frac{4\pi}{h^3}(2m)^{3/2}E^{1/2}dE \frac{1}{e^{(E-E_f)/kT}+1}$$

即单位体积单位能量间隔内的平均电子数为

$$\frac{dN}{dE} = f(E) = \frac{4\pi}{h^3}(2m)^{\frac{3}{2}}E^{\frac{1}{2}}\frac{1}{e^{(E-E_f)/kT}+1} \qquad (1-2-2)$$

在绝对零度时电子的能量分布如图 1-2-1 中曲线（1）所示。这时电子所具有的最大能量为 E_f。当温度 $T > 0$ 时，电子的能量分布曲线如图 1-2-1 中曲线（2）、（3）所示。其中能量较大的少数电子具有比 E_f 更高的能量，其数量随能量的增加而指数减少。

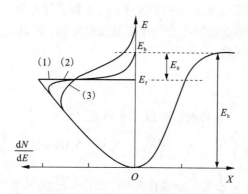

图 1-2-1　电子的能量分布曲线

在通常温度下由于金属表面与外界（真空）之间存在一个势垒 E_b，所以电子要从金属中逸出，至少具有能量 E_b。从图 1-2-1 中可见，在绝对零度时电子逸出金属至少要从外界得到的能量为

$$E_0 = E_b - E_f = e\varphi \qquad (1-2-3)$$

E_0（或 $e\varphi$）称为金属电子的逸出功（或功函数），其常用单位为电子伏特（eV），它表征使金属中的电子逸出金属表面所需要给予的能量。φ 称为逸出电势，φ 与电量 e 的乘积等于以电子伏特为单位的电子逸出功。

可见，热电子发射须用提高阴极温度的办法来改变电子的能量分布，使其中一部分电子的能量大于势垒 E_b。这样，能量大于势垒 E_b 的电子就可以从金属中发射出来。因此，逸出功 $e\varphi$ 的大小，对热电子发射的强弱具有决定性的作用。

1. 热电子发射公式

1911 年里查孙提出的热电子发射公式(里查孙定律)为

$$I = AST^2 \exp\left(-\frac{e\varphi}{kT}\right) \qquad (1-2-4)$$

式中: $e\varphi$ 称为金属电子的逸出功(或称功函数),其常用单位为电子伏特(eV),它表征要使处于绝对零度下的金属中具有最大能量的电子逸出金属表面所需要给予的能量。φ 称逸出电位,其数值等于以电子伏特为单位的电子逸出功。

可见热电子发射是用提高阴极温度的办法以改变电子的能量分布,使其中一部分电子的能量,可以克服阴极表面的势垒 E_b,做逸出功从金属中发射出来。因此,逸出功 $e\varphi$ 的大小,对热电子发射的强弱具有决定性的作用。

式(1-2-4)中: I——热电子发射的电流,单位为 A;

A——和阴极表面化学纯度有关的系数,单位为 $A \cdot m^{-2} \cdot K^{-2}$;

S——阴极的有效发射面积,单位为 m^2;

T——发射热电子的阴极的绝对温度,单位为 K;

k——玻尔兹曼常量, $k = 1.38 \times 10^{-23}$ W/K。

根据式(1-2-4),原则上我们只要测定 I、A、S 和 T 等各量,就可以计算出阴极材料的逸出功 $e\varphi$。但困难在于 A 和 S 这两个量是难以直接测定的,所以在实际测量中常用下述的里查孙直线法避开 A 和 S 的测量。

2. 里查孙直线法

具体的做法是将式(1-2-4)两边除以 T^2,再取对数

$$\lg \frac{I}{T^2} = \lg AS - \frac{e\varphi}{2.30kT} = \lg AS - 5.04 \times 10^3 \varphi \frac{1}{T} \qquad (1-2-5)$$

从式(1-2-5)可见, $\lg \dfrac{I}{T^2}$ 与 $\dfrac{1}{T}$ 成线性关系。如以 $\lg \dfrac{I}{T^2}$ 为纵坐标,以 $\dfrac{1}{T}$ 为横坐标作图,从所得直线的斜率,即可求出电子的逸出电位 φ,从而求出电子的逸出功 $e\varphi$。该方法叫里查孙直线法。其特点是可以不必求出 A 和 S 的具体数值,直接从 I 和 T 就可以得出 φ 的值,A 和 S 的影响只是使 $\lg \dfrac{I}{T^2} - \dfrac{1}{T}$ 直线产生平移。

3. 从加速电场外延求零场电流

为了维持阴极发射的热电子能连续不断地飞向阳极,必须在阴极和阳极间外加一个加速电场 E_a。然而由于 E_a 的存在会使阴极表面的势垒 E_b 降低,因而逸出功减小,发射电流增大,这一现象称为肖脱基效应。可以证明,在阴极表面加速电场 E_a 的作用下,阴极发射电流 I_a 与 E_a 有如下的关系。

$$I_a = I \exp\left(\frac{0.439\sqrt{E_a}}{T}\right) \qquad (1-2-6)$$

式中: I_a 和 I 分别是加速电场为 E_a 和零时的发射电流。对式(1-2-6)取对数得

$$\lg I_{\mathrm{a}} = \lg I + \frac{0.439}{2.30T}\sqrt{E_{\mathrm{a}}} \qquad (1-2-7)$$

如果把阴极和阳极做成共轴圆柱形，并忽略接触电位差和其他影响，则加速电场可表示为

$$E_{\mathrm{a}} = \frac{U_{\mathrm{a}}}{r_1 \ln \dfrac{r_2}{r_1}} \qquad (1-2-8)$$

式中：r_1 和 r_2 分别为阴极和阳极的半径，U_{a} 为阳极电压，将式(1-2-8)代入式(1-2-7)得

$$\lg I_{\mathrm{a}} = \lg I + \frac{0.439}{2.30T}\frac{1}{\sqrt{r_1 \ln \dfrac{r_2}{r_1}}}\sqrt{U_{\mathrm{a}}} \qquad (1-2-9)$$

由式(1-2-9)可见，对于一定几何尺寸的管子，当阴极的温度 T 一定时，$\lg I_{\mathrm{a}}$ 和 $\sqrt{U_{\mathrm{a}}}$ 成线性关系。如果以 $\lg I_{\mathrm{a}}$ 为纵坐标，以 $\sqrt{U_{\mathrm{a}}}$ 为横坐标作图，如图 1-2-2 所示。这些直线的延长线与纵坐标的交点为 $\lg I$。由此即可求出在一定温度下加速电场为零时的发射电流 I。

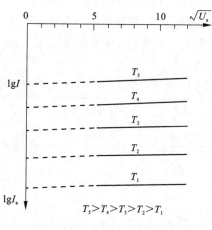

图 1-2-2　$\lg I_{\mathrm{a}} - \sqrt{U_{\mathrm{a}}}$ 图

综上所述，要测定金属材料的逸出功，首先应该把被测材料做成二极管的阴极。当测定了阴极温度 T、阳极电压 U_{a} 和发射电流 I_{a} 后，通过上述的数据处理，得到零场电流 I。再根据式(1-2-5)，即可求出逸出功 $e\varphi$(或逸出电位 φ)。

 实验装置

1. 理想(标准)二极管

为了测定钨的逸出功，我们将钨作为理想二极管的阴极(灯丝)材料。所谓"理想"，是指把电极设计成能够严格地进行分析的几何形状。根据上述原理，我们把电极设计成同轴圆柱形。"理想"的另一含义是把待测的阴极发射面限制在温度均匀的一定长度内和可以近似地把

电极看成是无限长的，即无边缘效应的理想状态。为了避免阴极的冷端效应（两端温度较低）和电场不均匀等的边缘效应，在阳极两端各装一个保护（补偿）电极，它们在管内相连后再引出管外，但阳极和它们绝缘。因此保护电极虽和阳极加相同的电压，但其电流并不包括在被测热电子发射电流中。这是一种用补偿测量的仪器设计。

在阳极上还开有一个小孔（辐射孔），通过它可以看到阴极，以便用光测高温计测量阴极温度。理想二极管的结构如图 1-2-3 所示。

图 1-2-3 理想二极管

阴极温度 T 的测定有两种方法：一种是用光测高温计通过理想二极管阳极上的小孔，直接测定。但用这种方法测温时，需要判定二极管阴极和光测高温计灯丝的亮度是否相一致。该项判定具有主观性，尤其对初次使用光测高温计的学生，测量误差很大。另一方法是根据已经标定的理想二极管的灯丝（阴极）电流 I_f，查表 1-2-1 得到阴极温度 T。相对而言，此种方法的实验结果比较稳定。但灯丝供电电源的电压 U_f 必须稳定。测定灯丝电流的安培表，应选用级别较高的，例如 0.5 级表。本实验采用第二种方法确定灯丝温度。

表 1-2-1 在不同灯丝电流时灯丝的温度值对照表

灯丝电流 I_f/A	0.55	0.60	0.65	0.70	0.75
灯丝温度 $T/\times 10^3$K	1.80	1.88	1.96	2.04	2.12

2. 实验电路

根据实验原理，实验电路如图 1-2-4 所示。

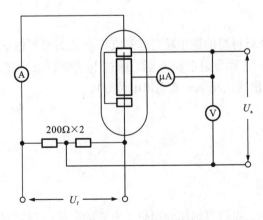

图 1-2-4 实验电路示意图

3. 金属电子逸出功实验仪器

金属电子逸出功实验仪如图 1-2-5 所示，包括理想二极管、灯丝电流、阳极电压和阳极电流等。

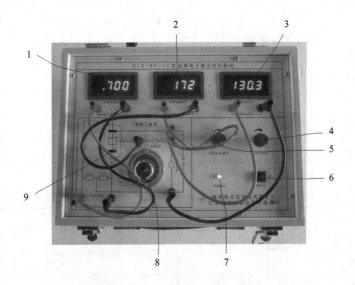

图 1-2-5　金属电子逸出功实验仪

1—灯丝电流输出及灯丝电流指示；2—阳极电流输入及阳极电流指示；3—阳极电压输出及阳极电压指示；4—阳极电压调节旋钮，调节旋钮可改变阳极电压输出大小；5—灯丝电流调节旋钮，调节旋钮可改变灯丝电流输出大小；6—电源开关；7—电源指示；8—理想二极管；9—实验连接图

实验内容与实验方法

（1）熟悉并安排好仪器，实验仪器连接可参照图 1-2-5，注意，勿将阳极电压 U_a 和灯丝电压 U_f 接错，以免烧坏管子。打开电源开关，预热 10 min。

（2）建议取理想二极管灯丝电流 I_f 从 0.5 A 至 0.75 A，每间隔 0.05 A 进行一次测量。如果阳极电流 I_a 偏小或偏大，也可适当增加或降低灯丝电流 I_f。对应每一灯丝电流，在阳极上加 25 V、36 V、49 V、64 V、…、144 V 的电压（为什么这样选取阳极电压？），各测出一组阳极电流 I_a。记录数据于表 1-2-2，并换算至表 1-2-3。

（3）根据表 1-2-3 数据，作出 $\lg I_a - \sqrt{U_a}$ 图线。求出截距 $\lg I$，即可得到在不同阴极温度时的零场热电子发射电流 I，并换算成表 1-2-4。

（4）根据表 1-2-4 数据，作出 $\lg \dfrac{I}{T^2} - \dfrac{1}{T}$ 图线。从直线斜率求出钨的逸出功 $e\varphi$（或逸出电位 φ）。

（5）或用逐差法处理数据。

（6）每次改变灯丝电流，要把灯丝电流稳定两分钟后再测量数据。

（7）实验过程中不要用手去摸理想二极管或温度变化的地方，不然会带来阳极电流的跳动。

表 1 - 2 - 2　数据记录表一

$I_a/(\times 10^{-6}\text{A})$ U_a/V I_f/A	25	36	49	64	81	100	121	144
0.55								
0.60								
0.65								
0.70								
0.75								

表 1 - 2 - 3　数据记录表二

$\lg I_a$ $\sqrt{U_a}$ $T/(\times 10^3\text{K})$	5.0	6.0	7.0	8.0	9.0	10.0	11.0	12.0
1.96								
2.03								
2.10								
2.17								
2.24								
2.31								

表 1 - 2 - 4　数据记录表三

$T/(\times 10^3\text{K})$	1.96	2.03	2.10	2.17	2.24	2.31
$\lg \dfrac{I}{T^2}$						
$\dfrac{1}{T}/(\times 10^{-4}\text{K}^{-1})$						

注意事项

（1）灯丝电压和阳极电压不能接错，以免损坏二极管。

（2）测量时，每改变一次电流，都先要预热一段时间再测量。

预习要求

(1)了解热电子发射的基本原理。

(2)掌握里查孙直线法测量金属逸出功的基本思路。

(3)了解金属电子逸出功实验仪的构成、操作注意事项。

思考题

(1)测量金属电子逸出功有什么意义?

(2)用里查孙直线法处理数据的优点是什么?

(3)灯丝电压为什么要稳定? 为什么改变灯丝电流要预热一段时间后再测量?

参考文献

［1］潘人培,董宝昌.物理实验(教学参考书)［M］.高等教育出版社,1990.

［2］潘人培,杨宏业.金属电子逸出功测定的实验装置［J］.大学物理,1987,4:36－39.

实验 1.3 塞曼效应

 实验背景

塞曼效应(Zeeman Effect)是继法拉第效应(1845 年发现)和克尔效应(1875 年发现)之后发现的第三个磁光效应,在近代物理学的发展中有特殊的地位。1862 年,法拉第出于"自然力"统一性的信念(他认为"自然力的两方面——磁力和光是有联系的")曾试图探测磁场对钠黄光的谱线是否有作用,因仪器精度欠佳而未果。1896 年荷兰物理学家塞曼根据法拉第的想法,用凹罗兰光栅和强大的电磁铁,发现钠黄线在磁场作用下变宽,后来又观察到镉兰线在磁场的作用下分裂成两根与三根,这跟洛伦兹经典电子论的理论结果相符。然而,大多数情况却与经典电子论不符,这就叫反常塞曼效应。直到 20 世纪 20 年代,才从实验获得大量数据并整理出经验公式,但仍无法从理论上作出解释,这成为物理学家面前的重大疑案。正是由于反常塞曼效应以及光谱复杂谱线的研究,促使 1921 年朗德提出 g 因子概念,1925 年泡利提出不相容原理,乌伦贝克 – 哥德斯密特提出电子自旋,从而推动了量子理论的发展。直到今日,塞曼效应仍是研究能级结构的重要方法之一,应用它可计算出原子总角动量量子数 J 和朗德因子 g 的数值。

 实验目的

(1)观察塞曼效应的实验现象,理解原子的能级结构及谱线在磁场中分裂的物理原理。
(2)掌握法布里 – 珀罗标准具这种高分辨率光谱仪器的调节方法。
(3)利用塞曼效应进行观察与测量,由汞的 5461Å 谱线分裂测定电子荷质比。

 实验原理

1. 外磁场对原子能级的作用

设原子某一能级的能量为 E,在外磁场 B 的作用下,原子将获得附加能量 ΔE:

$$\Delta E = Mg\mu_B B \tag{1-3-1}$$

式中:玻尔磁子 $\mu_B = \dfrac{he}{4\pi m}$($e$ 为电子电荷,m 为电子质量);磁量子数 $M = J, J-1, \cdots, -J$,共有 $2J+1$ 个值(即原来的一个能级将分裂为 $2J+1$ 个子能级);g 为朗德因子,对于 $L-S$ 耦合的情况

$$g = 1 + \frac{J(J+1) - L(L+1) + S(S+1)}{2J(J+1)} \tag{1-3-2}$$

从式(1-3-1)可以看出,原子的某一能级在外磁场作用下将会分裂为($2J+1$)个子能级,而能级之间的间隔为 $g\mu_B B$;由式(1-3-2)可知,g 因子随量子态不同而不同,因而不同

能级分裂的子能级间隔也不同。

设频率为 ν 的谱线是由原子的上能级 E_2 跃迁到下能级 E_1 所产生的，则

$$h\nu = E_2 - E_1 \qquad (1-3-3)$$

在磁场中能级 E_2 和 E_1 分别分裂为 $2J_2 + 1$ 和 $2J_1 + 1$ 个子能级，附加的能量分别为 ΔE_2 和 ΔE_1，新谱线频率为 ν'，则

$$h\nu' = (E_2 + \Delta E_2) - (E_1 + \Delta E_1) \qquad (1-3-4)$$

分裂后的谱线与原谱线的频率差为

$$\Delta\nu = \nu' - \nu = \frac{\Delta E_2 - \Delta E_1}{h} = \frac{(M_2 g_2 - M_1 g_1)eB}{4\pi m} \qquad (1-3-5)$$

用波数差来表示，则

$$\Delta\bar{\nu} = \frac{(M_2 g_2 - M_1 g_1)eB}{4\pi m} = (M_2 g_2 - M_1 g_1)L \qquad (1-3-6)$$

上式中的 $L = \dfrac{eB}{4\pi m} = 0.467B$，称洛伦兹单位，若 B 的单位用 T(特斯拉)，则 L 的单位为 cm^{-1}。

2. 塞曼效应的选择定则

并不是任何两个能级间的跃迁都是可能的，根据选择定则，只有当 $\Delta M = M_2 - M_1 = 0$ 或 $\Delta M = \pm 1$ 时两能级的跃迁才是允许的。

当 $\Delta M = 0$ 时，垂直于磁场方向观察时产生线偏振光，线偏振光的振动方向平行于磁场，叫作 π 线(当 $\Delta J = 0$ 时，不存在 $M_2 = 0 \rightarrow M_1 = 0$ 的跃迁)，平行于磁场观察时 π 成分不出现。

当 $\Delta M = \pm 1$ 时，垂直于磁场方向观察时产生线偏振光，线偏振光的振动方向垂直于磁场，叫作 σ 线。平行于磁场方向观察时，产生圆偏振光，圆偏振光的转向依赖于 ΔM 的正负、磁场方向以及观察者相对磁场的方向。$\Delta M = +1$，偏振转向是沿磁场方向前进的螺旋转动方向，磁场指向观察者时，为左旋圆偏振光；$\Delta M = -1$，偏振转向是沿磁场方向倒退的螺旋转动方向，磁场指向观察者时，为右旋圆偏振光。

3. 汞原子 5461Å 光谱线在外磁场中的塞曼分裂

本实验的汞原子 546.1 nm 谱线是由 $6s7s\,^3S_1$ 跃迁到 $6s6p\,^3P_2$ 而产生的。由式(1-3-3)以及选择定则和偏振定则，可求出它垂直于磁场方向观察时的塞曼分裂情况。

表 1-3-1 列出了 $^3S_1$ 和 $^3P_2$ 能级的各项量子数 L、S、J、M、g 与 Mg 的数值。

表 1-3-1　$^3S_1$ 和 $^3P_2$ 能级的各项量子数

	L	S	J	M	g	Mg
$^3S_1$	0	1	1	1	2	2
				0		0
				-1		-2

续表 1 – 3 – 1

	L	S	J	M	g	Mg
${}^3P_2$	1	1	2	2	$\dfrac{3}{2}$	3
				1		$\dfrac{3}{2}$
				0		0
				-1		$-\dfrac{3}{2}$
				-2		-3

因此，在外磁场的作用下，能级分裂情况及分裂谱线相对强度可用图 1 – 3 – 1 表示，即汞 546.1 nm 谱线分裂为 9 条等间距的谱线，相邻两谱线的间距都是 $\dfrac{1}{2}$ 个洛伦兹单位。该图的上面部分表示能级分裂后可能发生的跃迁，下面部分画出了分裂谱线的裂距与强度，按裂距间隔排列，将 π 成分的谱线画在水平线上，σ 成分的画在水平线下，各线的长短对应其相对强度。

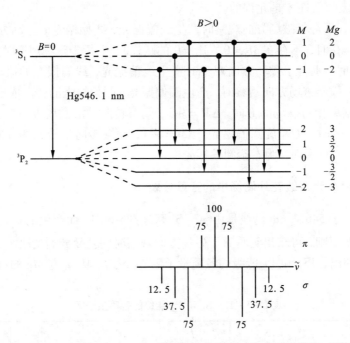

图 1 – 3 –1   汞原子 546.1 nm 谱线能级分裂情况及分裂谱线相对强度

实验装置

若用 5000 高斯的磁场观察塞曼分裂，一个洛伦兹单位为 $0.2\ cm^{-1}$，一般光谱最大的分裂仅有几个洛伦兹单位。

由 $\Delta\lambda = \lambda^2 eB/(4\pi mc)$ 可算出，当 $B=1$ T 时，$\lambda=500$ nm 的光谱线因正常塞曼效应而分裂的 $\Delta\lambda \approx 0.01$ nm。要测量这样小的波长差，普通的棱镜摄谱仪是不能胜任的，应使用分辨本领高的光谱仪器，如法布里－珀罗标准具、陆末－革尔克板、迈克尔逊阶梯光栅等。

本实验装置如图 1－3－2 所示，是使用法布里－珀罗标准具进行观测的。图中 J 为光源，本实验采用水银辉光放电管（笔型汞灯），由交流 220 V 通过升压变压器供电；N，S 为电磁铁的磁极，励磁电流由一低压直流稳压电源供给；L_1 为会聚透镜，使通过标准具的光强增强；L_2 为成像透镜，使标准具的干涉图样成像在暗箱 D 的焦平面上；P 为偏振片，在垂直磁场方向观察时用以鉴别 π 成分和 σ 成分，在沿磁场方向观察时与 1/4 波片 K 一起用以鉴别左旋或右旋圆偏振光；F 为透射干涉滤光片，根据实验中所观察的波长选用；F－P 为法布里－珀罗标准具；L_3 和 L_4 分别为望远镜的物镜和目镜，在沿磁场方向观察时用它观察干涉图样。图中虚线框内部分用于沿磁场方向观察，其余部分用于沿垂直磁场方向观察。

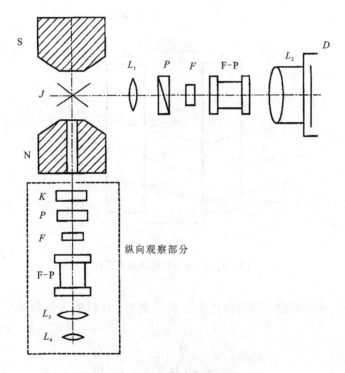

图 1－3－2 塞曼效应实验装置图

垂直于磁场方向观察时，放在磁场中的光源经会聚透镜 L_1 聚光到法布里－珀罗标准具产生干涉图样，干涉图样经成像透镜后成像在暗箱的焦平面上，用底片感光得干涉图样。若要研究某一波长的单色光，可以加透射滤光片或经单色仪、摄谱仪分光获得。

若配用扫描法布里－珀罗干涉仪、光电倍增管和函数记录仪等装置，可对干涉图样进行扫描记录观测。

F－P 标准具是由两块平面平行玻璃板及中间所夹的一间隔圈组成的。平面玻璃板的内表面加工精度要求高于 1/20 波长，内表面镀有高反射膜，膜的反射率高于 90%；间隔圈用膨胀系数很小的熔融石英材料精加工成一定长度，用来保证两块平面玻璃板之间精确的平行度和稳定的间距。标准具的光路图如图 1-3-3 所示。当单色平行光束 S_0 以小角度 θ 入射到标准具的 M 平面时,入射光束 S_0 经过 M 表面及 M' 表面多次反射和透射,分别形成一系列相互平行的反射光束 1、2、3、4、… 及透射光束 1′、2′、3′、4′、…,这些相邻光束之间有一定的光程差 $\Delta l = 2nd\cos\theta$,d 为两平行板之间的间距,n 为两平行板之间介质的折射率,标准具在空气中使用时 $n = 1$,θ 为光束入射角。这一系列互相平行并且有一定光程差的光束在无穷远处或在会聚透镜的焦平面上发生干涉,光程差为波长的整数倍时产生干涉极大值。

$$2d\theta = N \cdot \lambda \qquad (1-3-7)$$

其中 N 为整数,称为干涉序,由于标准具的间距 d 是固定的,在波长 λ 不变的条件下,不同的干涉序 N 对应不同的入射角 θ。在扩展光源照明下,F-P 标准具产生等倾干涉,它的干涉花纹是一组同心圆环。

由于标准具是多光束干涉,干涉花纹的宽度是非常细锐的,所以该仪器的分辨性能很好。

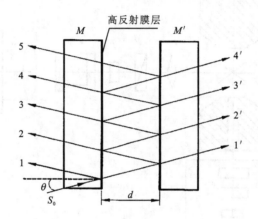

图 1-3-3 F-P 标准具光路图

用透镜把 F-P 标准具的干涉花纹成像在焦平面上,花纹的入射角 θ 与花纹的直径 D 有如下关系:

$$\cos\theta = \frac{1}{\sqrt{f^2 + (D/2)L^2}} \approx 1 - \frac{D^2}{8f^2} \qquad (1-3-8)$$

式中:f 为透镜的焦距。把上式代入式 (1-3-7) 得:

$$2d\left(1 - \frac{D^2}{8f^2}\right) = N\lambda \qquad (1-3-9)$$

由上式可见,干涉序 N 与花纹的直径平方成线性关系,随着花纹直径的增大花纹越来越密,式 (1-3-9) 左边第二项的负号表明直径越大的干涉环的干涉序 N 越低,同理对同序的干涉环直径大的波长小。

对同一波长相邻两序 N 和 $N-1$ 花纹的直径平方差用 ΔD^2 表示为

$$\Delta D^2 = D_{N-1}^2 - D_N^2 = \frac{4f^2\lambda}{d} \qquad (1-3-10)$$

实验内容与实验方法

1. F—P标准具的调整

将光源、透镜和标准具按规定放置后,水平移动F—P标准具找到干涉环,使其中心位于反射片中心,左右移动眼睛观察,如果在移动眼睛过程中有冒出新环或吸入环的现象,说明两个平行玻璃板的水平方向不平行。可调整下部两个旋钮,向哪个方向冒环就拧紧那个方向的旋钮或拧松另一侧的旋钮,直至水平移动眼睛时无冒环或吸环时为止。然后再竖直移动眼睛,如眼睛上移冒环就拧紧上部旋钮或同时拧松下部两个旋钮,反之就拧松上部旋钮或同时拧紧下部两个旋钮。这样水平和竖直两个方向多次反复调整后,用望远镜观察时即可看到细而锐的干涉环。

2. 实验步骤

(1)调节变压器的电压,调到90~20 V,使汞灯发亮。

(2)调节F—P标准具的镀银面使之平行,镀银面间隔圈 $d = 5$ mm。

(3)调节望远镜,使之能看到清晰条纹。

(4)磁场 B 逐渐增加时观察 5461Å 谱线反常塞曼分裂的 σ 成分和 π 成分的变化情况(用不同方向的偏振片)

(5)B 取一个适宜值,将望远镜取下,装上照相机,拍 5461Å 谱线的塞曼分裂的 π 成分。

(6)在暗室里,用显影液和定影液洗好底片,得如图 1—3—4 所示的谱线。

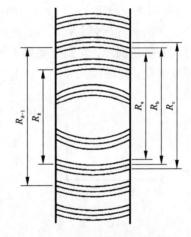

图 1—3—4 塞曼效应中谱线分裂的照片

(7)用读数显微镜在底片上测量连续相邻的三个圆环的 R_a、R_b、R_c、R_k 和 R_{k-1} 值,分别算出 $R_{k-1}^2 - R_k^2$, $R_b^2 - R_a^2$, $R_c^2 - R_b^2$ 的平均值。然后求塞曼分裂的波差 $\Delta\nu_{ab}$ 和 $\Delta\nu_{bc}$ 值,以及计算 $\Delta\lambda_{ab}$ 和 $\Delta\lambda_{bc}$ 值。

(8)实验值与理论值比较:按 $\Delta\nu = (M_2 g_2 - M_1 g_1)\dfrac{e}{4\pi mc}B$, $(M_2 g_2 - M_1 g_1) = 0$ 时为 π 成分, $M_2 g_2 - M_1 g_1 = \pm 1$ 时为 σ 成分计算 $\dfrac{e}{4\pi mc}$ 的实验值,B 为实验时的磁感应强度(用特斯拉计测出),$\Delta\nu$ 为实验中测得的 $\Delta\nu_{ab}$ 和 $\Delta\nu_{bc}$ 的平均值;$(M_2 g_2 - M_1 g_1) = \dfrac{1}{2}$,由此求出电子的荷质比 $\dfrac{e}{m}$ 之值。理论值:

$$\frac{e}{4\pi mc} = 4.67 \times 10^{-5}\ \mathrm{cm}^{-1} \cdot \mathrm{Gs}^{-1}$$

横向(垂直磁场方向)观察:由于汞的 5461 Å 谱线比较明亮,宜于用眼直接观察分析,从而对此效应的物理过程有较深的感性认识。在磁场作用下汞 5461Å 谱线分裂情况是 π 成分（其电矢量的振动方向平行于磁场方向）为三条，σ^+、σ^- 成分各三条，π 成分画于横线之上，如图 1-3-5 所示，线之长短略表各谱线之相对强度。

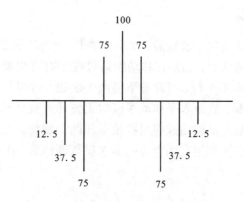

图 1-3-5　谱线相对强度示意图

当 $B=0$ 时可见到一系列等倾干涉圆环，其中与第 N 级和第 $N-1$ 级对应的圆环用图 1-3-6(a) 的两条直线表示；当 B 增加时，可见各个干涉环起初变粗，后分裂。当 $B=B_1$ 时，发现裂距最大的两环（各属 N、$N-1$ 级）相重合，如图 1-3-6(b)，相当于 N 级与 $N-1$ 级两原来圆环间有 7 条圆环，它们分别属于 N、$N-1$ 级的分裂谱线；随着 B 增加，裂距增大，重合情况不断变化，如图(c)、(d)、(e)。

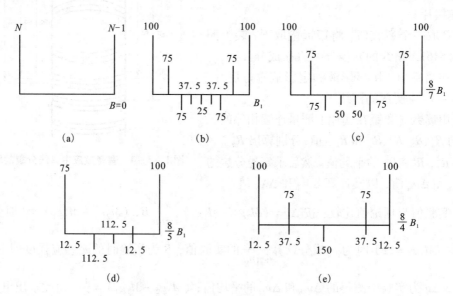

图 1-3-6　干涉圆环随磁场变化示意图

纵向观察（π 成分不出现）：当平行于 B 方向观察时，可看到波数为 ν 的一条谱线分裂成波数为 $\nu+\Delta\nu$ 与 $\nu-\Delta\nu$ 的两条左旋和右旋的圆偏振光，波数增加的分量为磁场为正向的右旋的圆偏振光，即偏振转向是沿 B 方向前进的螺旋转动的方向；波数减小的分量为 B 为正向的左旋圆偏振光，即偏振转向是沿 B 方向倒退螺旋的转动方向。

1/4 波片给圆偏振光以附加 π/2 的位相差，使圆偏振光变成线偏振光。波片上箭头指示方向为慢轴方向，慢轴方向位相落后 π/2。若使慢轴方向指向 Y 轴，对顺时针偏转的圆偏振光而言，Y 轴的位相超前 X 轴 π/2，通过 1/4 波片，Y 轴对 X 轴的位相差为 0，圆偏振光变成线偏振光，光振动方向为 1、3 象限，用偏振器可观察到。对逆时针偏转的圆偏振光，Y 轴位相落后 X 轴 π/2，通过 1/4 波片，Y 轴位相落后 π，圆偏振光变成沿 2、4 象限振动的线偏振光。因此，顺时针的圆偏振光通过 1/4 波片后变成线偏振光在慢轴的右旋 45°方位，逆时针的圆偏振光通过 1/4 波片变成线偏振光在慢轴左旋 45°方位，与慢轴的方向无关。

注意事项

（1）完成实验后应及时切断电源，以避免长时间工作使线圈积聚热量过多而破坏稳定性。

（2）汞灯放进磁隙中时，应该注意避免灯管接触磁头，笔型汞灯工作时会辐射出紫外线，所以操作实验时不宜长时间用眼睛直视灯光。

（3）汞灯工作时需要 1500 V 电压，所以在打开汞灯电源后，不应接触后面板汞灯接线柱，以免对人造成伤害。

（4）主机正面板上的励磁电源故障灯是指示电源过热工作，此时，由于内置传感器的作用，机箱内的风扇会自动启动，以加快空气流通，降低内部热量，此时最好关掉电源，过一段时间再开启励磁电源。

预习要求

（1）理解原子的能级结构及谱线在磁场中分裂的原理。

（2）掌握法布里－珀罗标准具高分辨率光谱仪的工作原理和调节方法。

思考题

（1）如果要求沿磁场方向去观察塞曼效应，在装置上应采用哪些措施？观察到的干涉花样将是什么样子？

（2）调整 F－P 标准具时，如何判断标准具的两个内表面是严格平行的？标准具调整不好会产生什么后果？

（3）实验中如何鉴别塞曼分裂谱线中的 π 成分和 σ 成分？

参考文献

[1] 杨福家. 原子物理学[M]. 第四版. 北京：高等教育出版社，2008.

[2] 廖红波. 塞曼效应实验[J]. 物理实验，2017，37(7)：25-31.

[3] 刘忠民，周琳. 塞曼效应实验中 F－P 标准具的快速调试[J]. 大学物理实验，2010，23(1)：19-21.

[4] 朱精敏，陈星，周小风. 塞曼效应实验系统评述[J]. 物理实验，2004，24(12)：3-6.

实验 1.4　分子振动拉曼光谱

 实验背景

　　拉曼散射是印度科学家拉曼(Raman)在 1928 年发现的，拉曼光谱因之得名。光和媒质分子相互作用时引起每个分子做受迫振动从而产生散射光，散射光的频率一般和入射光的频率相同，这种散射叫作瑞利散射，由英国科学家瑞利于 1899 年发现。但当拉曼在他的实验室里用一个大透镜将太阳光聚焦到一瓶苯的溶液中，经过滤光的阳光呈蓝色，但是当光束进入溶液之后，除了入射的蓝光之外，拉曼还观察到了很微弱的绿光。拉曼认为这是光与分子相互作用而产生的一种新频率的光谱带。因这一重大发现，拉曼于 1930 年获诺贝尔奖。

　　激光拉曼光谱是激光光谱学中的一个重要分支，应用十分广泛。如在化学方面应用于有机和无机分析化学、生物化学、石油化工、高分子化学、催化和环境科学、分子鉴定、分子结构等研究；在物理学方面应用于发展新型激光器、产生超短脉冲、分子瞬态寿命研究等，此外在相干时间、固体能谱方面也有广泛的应用。

 实验目的

　　(1)了解拉曼散射的基本原理。
　　(2)理解激光拉曼光谱仪的工作原理及使用方法。
　　(3)测试和分析 CCl_4 及其他样品的拉曼光谱。

 实验原理

1.拉曼散射

　　当频率为 ν_0 的单色光入射到介质上时，除了被介质吸收、反射和透射外，还有一部分被介质散射。如果按散射光相对于入射光波数的改变情况分类，可将散射光分为三类：第一类，其波数基本保持不变，这类散射称为瑞利散射；第二类，其波数变化大约在 $0.1~\text{cm}^{-1}$ 量级，称为布里渊散射；第三类是波数变化大于 $1~\text{cm}^{-1}$ 的散射，称为拉曼散射。

　　经典理论认为，拉曼散射可看作入射光的电磁波使介质原子或分子电极化以后所产生的。因为原子和分子都是可以极化的，因而产生瑞利散射，又因为极化率随着分子内部的运动(转动、振动等)而变化，所以产生拉曼散射。

　　而在量子理论中，把拉曼散射看作光子与介质分子相碰撞时产生的非弹性碰撞过程。图 $1-4-1$ 是光散射机制的一个形象描述，图中 E_i 和 E_j 分别表示分子的两个振动能级，虚线表示的不是分子的可能状态，只是用它来表示入射光和散射光的能量。在弹性碰撞过程中，光子与分子没有能量交换，光子只改变运动方向而不改变频率和能量，这就是瑞利散射，如图 $1-4-1(a)$ 所示。在非弹性碰撞过程中光子与分子有能量交换，光子转移一部分能量给散射分子，或者从散射分子中吸收一部分能量，从而使它的频率发生改变，它取自或给予散射分子的能量只能是分子两定态之间的差值 $\Delta E = E_j - E_i$。当光子把一部分能量交给分子时，光子则以较小的频率散射，称为斯托克斯线，散射分子接收的能量转变为分子的振动或转动能量，从而处于激发态E_j，如图 1-4-1(b)所示，这时光子的频率为 $\nu' = \nu_0 - \Delta\nu$；当分子已经处于振动或转动的激发态 E_j 时，光子则从散射分子中取得能量 ΔE（振动或转动能量），以较高的频率散射，称为反斯托克斯线，这时光子的频率为 $\nu' = \nu_0 + \Delta\nu$。最简单的拉曼光谱如图 1-4-2 所示，在光谱图中有三种线，中间的是瑞利散射线（简称瑞利线），频率为ν_0，强度最强；低频一侧的是斯托克斯线，与瑞利线的频差为 $\Delta\nu$，强度比瑞利线强度弱很多，约为瑞利线强度的几百万分之一至上万分之一；高频一侧的是反斯托克斯线，与瑞利线的频差亦为 $\Delta\nu$，和斯托克斯线对称地分布在瑞利线两侧，强度比斯托克斯线的强度又要弱很多，因此并不容易观察到反斯托克斯线的出现，但反斯托克斯线的强度随着温度的升高而迅速增大。斯托克斯线和反斯托克斯线通常称为拉曼线，其频率常表示为 $\nu = \nu_0 \pm \Delta\nu$，$\Delta\nu$ 称为拉曼频移，这种频移和激发线的频率无关，以任何频率激发这种物质，拉曼线均能伴随出现。因此从拉曼频移，我们可以鉴别拉曼散射池所包含的物质。

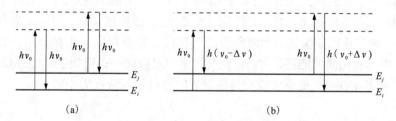

图 1-4-1　光的瑞利散射与拉曼散射产生的物理机制示意图

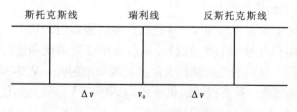

图 1-4-2　拉曼光谱示意图

$\Delta\nu$ 的计算公式为

$$\Delta\nu = \frac{1}{\lambda} - \frac{1}{\lambda_0} \qquad (1-4-1)$$

式中：λ 和 λ_0 分别为散射光和入射光的波长，$\Delta\nu$ 的单位为 cm^{-1}。

拉曼谱线的频率虽然随着入射光频率而变化，但拉曼光的频率和瑞利散射光的频率之差却不随入射光频率而变化，而与样品分子的振动、转动能级有关。拉曼谱线的强度与入射光的强度和样品分子的浓度成正比，即有

$$\varphi_k = \varphi_0 S_k NHI 4\pi\sin^2(\alpha/2) \qquad (1-4-2)$$

式中：φ_k 为在垂直入射光束方向上通过聚焦镜所收集的拉曼散射光的通量（W）；φ_0 为入射

光照射到样品上的光通量(W)；S_k 为拉曼散射系数；N 为单位体积内的分子数；H 为样品的有效体积；L 为考虑折射率和样品内场效应等因素影响的系数；α 为拉曼光束在聚焦透镜方向上的半角度。

利用拉曼效应及拉曼散射光与样品分子的上述关系，可对物质分子的结构和浓度进行分析和研究，于是建立了拉曼光谱法。

2. CCl_4 分子的对称结构及振动方式

CCl_4 分子为四面体结构，一个碳原子在中心，四个氯原子在四面体的四个顶点，当四面体绕其自身的某一轴旋转一定角度，分子的几何构形不变的操作称为对称操作，其旋转轴称为对称轴。CCl_4 有 13 个对称轴，有 24 个对称操作。我们知道，N 个原子构成的分子有 $(3N-6)$ 个内部振动自由度，因此，CCl_4 分子可以有 9 个自由度，或称为 9 个独立的简正振动。根据分子的对称性，这 9 种简正振动可归成四类。第一类，只有一种振动方式，4 个 Cl 原子沿与 C 原子的连线方向做伸缩振动，记作 v_1，表示非简并振动。第二类，有两种振动方式，相邻两对 Cl 原子在与 C 原子连线方向上，或在该连线垂直方向上同时做反向运动，记作 v_2，表示二重简并振动。第三类，有三种振动方式，4 个 Cl 原子与 C 原子做反向运动，记作 v_3，表示三重简并振动。第四类，有三种振动方式，相邻的一对 Cl 原子做伸张运动，另一对做压缩运动，记作 v_4，表示另一种三重简并振动。上面所说的"简并"，是指在同一类振动中，虽然包含不同的振动方式，但具有相同的能量，它们在拉曼光谱中对应同一条谱线。因此，CCl_4 分子振动拉曼光谱应有 4 条基本谱线，根据实验测得各谱线的相对强度依次为 $v_1 > v_2 > v_3 > v_4$。

 实验装置

CNI – 785 拉曼光谱仪(主要由激光器、拉曼探头、光纤光谱仪、数据处理单元和人机界面等部分组成)、样品池和待测样品等。

拉曼散射强度正比于入射光的强度，并且在产生拉曼散射的同时，必然存在强度大于拉曼散射至少一千倍的瑞利散射。因此，在设计或组装拉曼光谱仪和进行拉曼光谱实验时，必须同时考虑尽可能增强入射光的光强和最大限度地收集散射光，又要尽量地抑制和消除主要来自瑞利散射的背景杂散光，提高仪器的信噪比。CNI – 785 拉曼光谱仪的基本结构框图如图 1 – 4 – 3 所示，光路图如图 1 – 4 – 4 所示。

图 1 – 4 – 3 CNI – 785 拉曼光谱仪的基本结构框图

1. 光源

由于激光具有良好的单色性和强度，拉曼光谱仪的光源一般采用激光光源，常用的有 Ar 离子激光器、Kr 离子激光器、He – Ne 激光器、Nd – YAG 激光器、二极管激光器等。

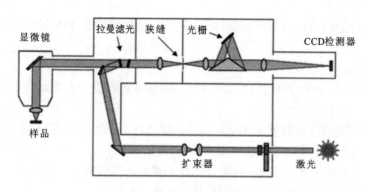

图1-4-4 拉曼光谱仪光路图

2. 拉曼探头

拉曼探头的功能是向被测样品发射激光,并收集散射光信号,同时过滤掉非拉曼散射光。

3. 光谱仪光电接收单元

光谱仪光电接收单元主要由紧凑型光纤光谱仪组成,由拉曼探头收集导入的光信号经准直后入射到光栅,经过光的衍射之后,不同频率的光投射到 CCD 的不同像素上,经过光电转换和放大等过程,CCD 将得到的数据经计算机接口由分析软件进行处理。

4. 信息处理与显示系统

通过计算机软件,将光谱仪的数据绘制成光谱图。同时,光谱仪的工作参数也通过计算机软件进行调节控制。

 实验内容与实验方法

1. 实验内容

(1)测量待测样品的拉曼散射光谱。
(2)分析测量得到的拉曼谱线的频移,并分辨各种振动模式。

2. 实验步骤

(1)打开总电源和电脑电源。

打开拉曼光谱仪的电源开关,将拉曼光谱仪的 USB 线与控制电脑相连,启动控制软件,确保控制程序正常运行,打开激光器预热半个小时。

(2)将待测样品放入样品池。

将待测样品(液体)装入试管,或者将样品安装在样品垫上,然后将样品安装在拉曼光谱仪样品室相应的位置上,连接拉曼探头。

（3）启动应用程序。

通过控制软件的对话窗口设定相应的测试参数如积分时间、扫描波段等，并保存设置的参数。

（4）拍摄光谱。

调节样品架位置，使激光打在合适的位置，调节聚光透镜等光学元件，使光路达到测试要求。

关掉房间的灯光或使样品处于黑暗环境中，通过点击控制软件的"扫描光谱"按钮拍摄相应的拉曼光谱，逐步提高激光功率，获得样品的拉曼光谱图。

（5）与数据库现有标准谱对比，分析待测样品类别，存储数据。

（6）取出样品，测量分析下一个待测样品，重复以上步骤。

（7）降低激光功率，关闭应用程序和电脑。

（8）关闭总电源。

注意事项

（1）保证使用环境干净整洁。

（2）每次测试结束，需要取出样品，关断电源。

（3）激光对人眼有害，请不要直视拉曼探头。

预习要求

（1）学习了解拉曼散射的原理。

（2）学习拉曼光谱仪的测试方法。

思考题

（1）简述瑞利散射与拉曼散射的区别。

（2）简述拉曼散射的强度受哪些因素的影响。

（3）简述一般不能用拉曼散射来分析金属样品的原因。

参考文献

[1] 崔宏滨. 原子物理学[M]. 合肥：中国科学技术大学出版社，2009.

[2] 程光煦. 拉曼布里渊散射[M]. 北京：科学出版社，2008.

[3] 熊俊. 近代物理实验[M]. 北京：北京师范大学出版社，2007.

[4] 邹晗，郑晓燕，潘玉莲. 乙醇和甲醇混合溶液的拉曼光谱法研究[J]. 大学物理实验，2005，18（4）：1-6.

实验 1.5　X 射线衍射实验

 实验背景

1895 年 W. C. 伦琴研究阴极射线管时，发现了 X 射线。1912 年 M. Von 劳埃以晶体为光栅发现了晶体的 X 射线衍射现象。X 射线是一种电磁辐射，其波长比可见光短得多，介于紫外线与 γ 射线之间，X 射线的波长范围一般为 $10^{-2} \sim 10^{2}$ nm，即 X 射线的频率约为可见光的 10^{3} 倍，X 光子比可见光的光子能量大得多，表现出明显的粒子性。在物质的微观结构中，原子和分子的距离(1~10 nm)正好在 X 射线的波长范围内，波长介于原子、分子距离范围内的 X 射线对物质的散射和衍射能传递丰富的物质微观结构方面的信息，X 射线衍射是研究物质微观结构的最主要方法。

多晶 X 射线衍射分析是一种重要的物理化学实验方法，有着广泛的应用：物相分析(根据晶体结构数据进行固态物质的物相组成分析，即物相定性分析及物相定量分析)；测定晶态物质的晶体结构参数以及与之有关的物理常数或物理量(如晶体的密度、热膨胀系数、金属材料中的宏观应力等)；精确测量物质微观结构的微小变化(研究薄膜的结构与性能的关系；催化剂的结构与催化性能的关系，研究亚微观晶粒的大小及其分布或晶粒中的缺陷等)；材料织构分析。因此多晶 X 射线衍射分析在地质、矿产、冶金、陶瓷、建材、机械、化学、石油、化工、土壤、环保、药物、医学、考古以及罪证分析等领域都有应用。

 实验目的

(1)掌握多晶 X 射线衍射仪的基本原理和实验操作；
(2)掌握物相定性分析方法；
(3)了解物相定量分析、精确测定点阵常数等实验方法。

 实验原理

1. X 射线晶体衍射的基础知识

X 射线的产生一般是利用高速电子和物质原子的碰撞来实现的。X 射线管实质上是一只真空极管，有两个电极：作为阴极的发射电子的灯丝(钨丝)和作为阳极的接受电子轰击的靶。当灯丝被通电加热至高温(达 2000℃)，产生大量的热电子，在两极间几十千伏的高压作用下电子被加速，高速的电子轰击到阳极的靶面上(如图 1-5-1 所示)，运动受到突然的制止，其动能传递给靶面，这些能量的一部分将转变为辐射能，以 X 射线的形式辐射出来。转变为 X 射线的能量只占轰击到靶面上的电子束的总能量极小的一部分。对于一只铜靶管，在 30 kV 工作时，只有 0.2% 的能量以 X 射线的形式辐射出来；轰击靶面的电子束的绝大部分能量都转化为热能，在工作时 X 射线管的靶必须采取水流进行强制冷却。从 X 射线管发出的

X 射线可以分成两部分：连续光谱和特征光谱。特征光谱只与靶元素有关。这两部分射线是两种不同的机制产生的。

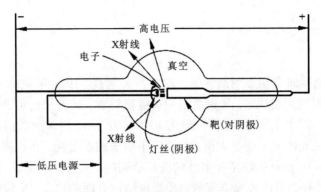

图 1 – 5 – 1　X 射线管的工作原理

连续光谱：高速电子到达阳极表面时，电子的运动突然受阻，根据电磁场理论，这种电子产生轫致辐射，向外发射电磁波。这种辐射的 X 射线包含了从短波限 λ_m 开始的全部波长，其强度随波长连续地改变（如图 1 – 5 – 2 所示）。连续光谱的短波限 λ_m 只决定于 X 射线管的工作电压 U，量子理论可以简单地说明为什么连续光谱有一个短波极限：能量为 eU 的电子和物质相碰撞产生光量子时，光量子的能量至多等于电子的能量，因此辐射必定有一个频率上限 ν_m，这个上限值应由下列关系决定：

$$h\nu_m = hc/\lambda_m = eU \qquad (1 - 5 - 1)$$

式中：h 为普朗克常量；c 为光速。当 U 以 V 为单位，波长 λ_m 以 nm 为单位时，短波限 $\lambda_m = 12395/U$。

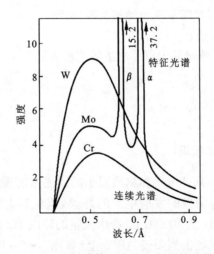

图 1 – 5 – 2　X 射线管产生的 X 射线的波长谱

特征光谱：在连续光谱上叠着几条强度很高的线光谱，线光谱谱线是阳极元素的特征谱线。产生特征谱线的机制：阴极射线的电子流轰击到靶面上，若能量足够高，将使靶上一些原子的内层电子轰出，使原子处于高能级的激发态。原子的基态和 K、L、M、N 等激发态的能级图如图 1-5-3 所示，K 层电子被击出称为 K 激发态；L 层电子被击出称为 L 激发态。原子的激发态是不稳定的，寿命不超过 10^{-8} s，激发态原子内层轨道上的空位将被离核更远的轨道上的电子所填充，以使其能级降低，这时，多余的能量便以光量子的形式辐射出来。K 激发态原子的不同外层电子 (L、M、N 层) 向 K 层跃迁时发出的能量各不相同的一系列辐射统称为 K 系辐射。同样，L 层电子被击出，原子处于 L 激发态，也会产生一系列辐射——L 系辐射等。这种机制产生的 X 射线，其波长只与原子不同状态的能级差有关，原子的能级是由原子结构决定的，所以，每种原子有自己特有的 X 射线发射谱，称之为特征光谱（每条谱线近似为单色）。各系 X 射线特征辐射都包含几个很接近的频率，例如 K_α 线就有 $K_{\alpha1}$ 和 $K_{\alpha2}$ 之分，K_α 线的平均波长应取两者的加权平均值。

$$\lambda_{K_\alpha} = (2\lambda_{K_{\alpha_1}} + \lambda_{K_{\alpha_2}})/3 \tag{1-5-2}$$

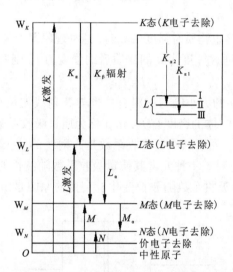

图 1-5-3 元素特征 X 射线的激发机理

2. X 射线与物质的相互作用

X 射线通过物质时强度会变弱，在此过程中 X 射线与物质的相互作用是很复杂的，产生各种复杂的物理、化学过程。例如，它可以使气体电离；使一些物质发出可见的荧光；能破坏物质的化学键，引起化学分解，也能促使新键的形成，促进物质的合成；对生物细胞组织，能引起生理效应，使新陈代谢发生变化以致造成辐射损伤。X 射线与物质之间的物理作用分为两类：入射线被介质电子散射的过程以及被原子吸收的过程。

X 射线散射的过程有两种：一种是只引起 X 射线方向的改变，不引起能量变化的散射，称为相干散射，这是 X 射线衍射的物理基础；另一种是既引起 X 射线光子方向改变，也引起其能量的改变的散射，称为非相干散射或康普顿散射（康普顿效应），同时产生反冲电子（光电子）。物质吸收 X 射线的过程主要引起光电效应和热效应。物质中原子被入射 X 射线激发，受激原子产生二次辐射和光电子，入射线的能量因而被转化而衰减。二次辐射又叫荧光 X 射线，是受激原子的特征 X 射线，与入射线波长无关。如果入射光子的能量被吸收，没有激发出光电子，那么它的能量只是转变为物质中的原子或电子的热振动能。X 射线的主要物理性质及其穿过物质时的物理作用可以概括地用图 1-5-4 表示。

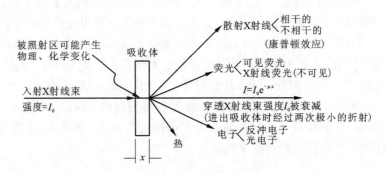

图 1-5-4 X 射线与物质的相互作用

X 射线的吸收：X 射线穿过物质时强度要减弱，这种现象即为 X 射线的吸收，如图 1-5-5 所示。设入射束强度为 I_0，通过厚度为 d 的物质后的强度为 I，则有

$$I = I_0 e^{-\mu d} \tag{1-5-3}$$

式中：μ 称为线吸收系数，μ 的大小既与材料有关也与 X 射线波长有关。μ 的数据可在有关手册中查到。线吸收系数与吸收体的密度有关，μ/ρ 称为质量吸收系数（ρ 为吸收体的密度），质量吸收系数常用 μ_m 来表示。元素的质量吸收系数是入射线的波长和吸收物质原子序数的函数。如图 1-5-6(a) 所示，对于一种元素其质量吸收系数随波长的变化有若干突变，发生突变的波长叫作吸收限。质量吸收系数随波长变化有突变的原因是由于元素特征线的存在。

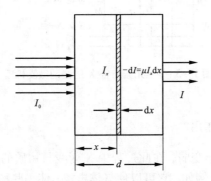

图 1-5-5 X 射线的衰减

在 X 射线物质结构分析中要用单色 X 射线，为此常采用滤波片将 K_β 线滤去，只保留最强的 K_α 线。用作滤色片的材料一定要对 K_β 线和连续谱有强烈的吸收作用，而对 K_α 线吸收较小。比阳极材料的原子序数小一或二的材料最适于作滤色片。原子序数低于靶元素的原子序数一或二的元素，其 K 吸收限波长正好在靶元素的 K_α 和 K_β 波长之间，如图 1-5-7 所示。

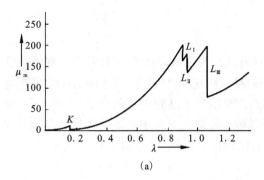
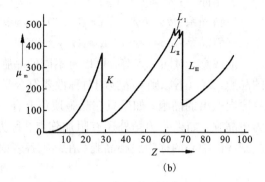

(a)   (b)

图 1 - 5 - 6   物质的质量吸收系数 (μ_m)

(a) Pt($Z=78$) 的 μ_m 随入射 X 射线波长的变化；(b) 对 Cu K_α($\lambda=1.54178$) 的 μ_m 随原子序数的变化

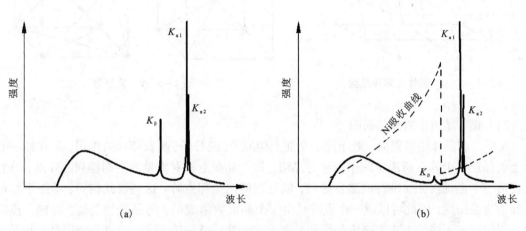

(a)   (b)

图 1 - 5 - 7   Cu X 射线谱在通过 Ni 滤片之前(a)和通过滤片之后(b)的比较

(虚线为 Ni 的质量吸收系数曲线)

3. 晶体学的基本知识

1) 晶体点阵和晶胞

固体分为 3 大类：晶体、准晶体与非晶体。原子在三维空间周期性地排列构成的固体是晶体。晶体点阵是晶体结构中等同点的排列阵式。为了表明点阵的排列方式，在点阵中画出许多小的平行六面体，使它的 8 个顶角各位于点阵中的一个点(简称阵点)上，这样的小平行六面体称为晶胞。整个点阵可以看作是同一晶胞沿 3 个方向重复排列而成的，晶胞的形状用它的 3 个相交边的边长 a, b, c 和它们之间的夹角 $\alpha = <b, c>$, $\beta = <c, a>$, $\gamma = <a, b>$来表示，如图 1 - 5 - 8 所示。按照这些量的特点把各种晶体分为七个晶系。

立方晶系：$a = b = c$, $\alpha = \beta = \gamma = 90°$；

四角晶系：$a = b \neq c$, $\alpha = \beta = \gamma = 90°$；

正交晶系：$a \neq b \neq c$, $\alpha = \beta = \gamma = 90°$；

六角晶系：$a = b \neq c$, $\alpha = \beta = 90°$, $\gamma = 120°$；

三角晶系：$a = b = c$，$\alpha = \beta = \gamma < 120°$，$\gamma \neq 90°$；

单斜晶系：$a \neq b \neq c$，$\alpha = \beta = 90°$，$\gamma \neq 90°$；

三斜晶系：$a \neq b \neq c$，$\alpha \neq \beta \neq \gamma \neq 90°$。

应注意，对同一点阵，可以有不同的晶胞选择方式，为了从晶体点阵取出唯一有代表性的晶胞，有以下原则：晶胞的对称性要符合晶体的对称性、直角数量多、体积最小等。根据这些原则取出的晶胞，如果只在晶胞顶角上有一阵点，这相当于晶胞中只包含有一个原子，称为单晶胞；如果除顶角外还有附加阵点，称为复晶胞，附加在晶胞中心的称为体心晶胞，在晶胞底面中心的称为底心晶胞，在晶胞各表面中心的称面心晶胞，如图 1 – 5 – 9 所示。

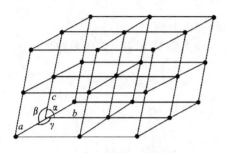

图 1 – 5 – 8　晶体点阵和晶胞

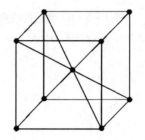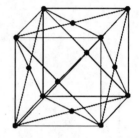

图 1 – 5 – 9　复晶胞

2）晶面、晶面指数和晶面距

X 射线在晶体中散射时，处于同一平面上的原子（或分子）起着特殊的作用。不在同一直线上的任意 3 个阵点所决定的平面称为晶面。每个晶面上都有大量的规则排列的阵点，并且把任何一个晶面等距、平行地重复排列，就可以得出全部点阵。这些彼此相同、等距平行的晶面称为晶面族。因此可以说一个点阵是由一个晶面族组成的。与晶胞相类似，在同一点阵中可以用许多不同的方式来确定晶面和晶面族，如图 1 – 5 – 10 所示。通常晶面用晶面指数或密勒（Miller）指数来表示。取晶胞的一个顶点为原点，以它的 3 个通过原点的边 a，b，c 为坐标轴。晶面族中必有一个晶面通过原点，设与此晶面紧邻的另一晶面在三个坐标轴上的截点依次为 a/h，b/k，c/l（图 1 – 5 – 11）。通常用（$h\,k\,l$）来表示这个晶面族，h，k，l 必定是 3 个整数，即为晶面指数。在确定晶面指数时，应注意下列规定：

①晶面与坐标轴平行时，对应于该坐标的指数为零，例如，与 a 轴平行的所有晶面族记作（$0\,k\,l$）；

②紧邻原点的晶面和坐标轴相截于负方向时，对应于该坐标的指数取负值，并将负号标在指数上方。

晶面指数不仅可以表示出晶面取向，还可以用来计算相邻晶面间的垂直距离——晶面间距。对于 a，b，c 相互垂直的正交晶系来说，由图 1 – 5 – 11 可以看出晶面间距实际上就是 a/h 或 b/k 或 c/l 在法线方向上的投影。设法线与 a，b，c 的夹角各为 A，B，C，则晶面间距（晶面间距是指两个相邻的平行晶面之间的垂直距离）d 与 A，B，C 之间有下列关系：

$$d = \frac{a}{h}\cos A = \frac{b}{k}\cos B = \frac{c}{l}\cos C \qquad (1 – 5 – 4)$$

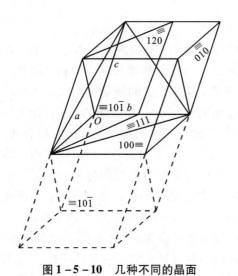

图 1 – 5 – 10　几种不同的晶面

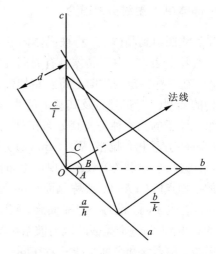

图 1 – 5 – 11　晶面指数和晶面间距

由于 a, b, c 相互垂直, 故有 $\cos^2 A + \cos^2 B + \cos^2 C = 1$, 所以

$$\left(\frac{h}{a}\right)^2 + \left(\frac{h}{b}\right)^2 + \left(\frac{h}{c}\right)^2 d^2 = 1 \qquad (1-5-5)$$

由上式可计算出 d。对于立方晶系, 由于 $a = b = c$, 最后得

$$a = \sqrt{h^2 + k^2 + l^2}\, d \qquad (1-5-6)$$

由此可知, 当测出与 $(h\,k\,l)$ 晶面相应的晶面间距 d 以后, 即可求出这种立方晶体的点阵常数 a。晶面间距 d 与点阵参数有关公式如下:

立方晶系:

$$d = a(h^2 + k^2 + l^2)^{-1/2}$$

四方晶系:

$$d = [(h/a)^2 + (k/a)^2 + (l/c)^2]^{-1/2}$$

正交晶系:

$$d = [(h/a)^2 + (k/b)^2 + (l/c)^2]^{-1/2}$$

3) 晶轴和晶带

当一组晶面共有一晶轴时, 这些晶面称为晶带, 这些晶面共有的晶轴称为晶带轴。形象地说, 晶带好像一本每一页都打开着的书, 每一页就是一个晶面, 而书脊就是晶带轴。

各晶面及其交线都与晶带轴 $[u\,v\,w]$ 平行, 则同一晶带的所有晶面的法线都垂直于该晶带的晶带轴 $[u\,v\,w]$, 即有

$$hu + kv + lw = 0 \qquad (1-5-7)$$

上式称为晶带定律。由晶带定律知, 用一个晶带中任意两个晶面 (h_1, k_1, l_1) 与 (h_2, k_2, l_2) 就可由下式求晶带轴的 u, v, w:

$$\left.\begin{array}{l} u = k_1 l_2 - k_2 l_1 \\ v = l_1 h_2 - l_2 h_1 \\ w = h_1 k_2 - h_2 k_1 \end{array}\right\} \qquad (1-5-8)$$

4. 晶体中 X 射线衍射理论

X 射线照射到晶体上，将被晶体内各原子中的电子所散射。衍射现象是 X 射线被晶体散射的一种特殊表现。由于晶体具有周期性结构，散射波中与原射线波长相同的相干散射波互相干涉，在一些特定的方向上将互相加强，产生衍射线。晶体产生的衍射方向决定于晶体微观结构的类型（晶胞类型）及其基本尺寸（晶面间距、晶胞参数等）；衍射线的强度决定于晶胞中各组成原子的元素种类及其分布排列的坐标。衍射方向和晶体结构间关系的方程有两个：劳埃（Laue）方程和布拉格（W. L. Bragg）方程。前者以直线点阵为出发点，后者以平面点阵为出发点，这两个方程是等效的。现讨论布拉格方程：晶体的空间点阵可划分为一族平行而等间距的平面点阵 $(h\,k\,l)$，或称晶面。同一晶体不同指标的晶面在空间的取向不同，晶面间距 $d(h, k, l)$ 也不同。设有一组晶面族，间距为 $d(h, k, l)$，一束 X 射线入射到该晶面族上，与晶面的夹角为 θ。每个晶面的散射波给出最大干涉强度的条件应该是：入射角和反射角相等，且入射线、反射线和平面法线三者在同一平面内（同镜面对可见光的反射条件一样），如图 1 –5 –12（a）所示，此时保证光程一样。图中入射线在 P、Q、R 时波前的相位相同，而散射线在 P'、Q'、R' 处相位仍相同，这是产生衍射的必要条件。

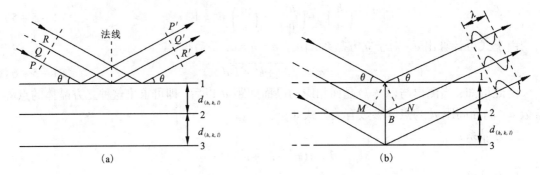

图 1 – 5 – 12 布拉格方程的推导

图 1 – 5 – 12（b）所示的晶面 1, 2, 3，间距为 $d(h, k, l)$，相邻两个晶面上的入射 X 射线和反射线的光程差为：$MB + BN$，而

$$MB = BN = d(h, k, l)\sin\theta_n \qquad (1-5-9)$$

即光程差为 $2d(h, k, l)\sin\theta_n$。根据衍射条件，只有光程差为波长 λ 的整数时，相干散射波才能互相加强而产生衍射。由此得晶面族产生衍射的条件为

$$2d(h, k, l)\sin\theta_n = n\lambda \qquad (1-5-10)$$

上式称为布拉格方程，式中 n 为 1, 2, 3 等整数，θ_n 为相应某一 n 值的衍射角，n 称衍射级数。布拉格方程是晶体学中最基本的方程之一，只有符合布拉格方程的条件才能发生衍射。根据布拉格方程，晶体衍射实验 X 射线的波长 $\lambda < 2d$；但是 λ 也不能太小，否则衍射角将很小，集中在出射光路附近的很小的角度范围内，使观测无法进行。晶面间距一般在 10 nm 以内；此外考虑到在空气光路中波长大于 2 nm 的 X 射线衰减甚严重，所以在晶体衍射工作中常用的 X 射线波长范围是 0.5 ~ 2 nm。关于布拉格方程还需作几点说明：①由于 $\sin\theta_n \leqslant 1$，只有 $2d \geqslant \lambda$ 时才可能发生衍射。换言之，在 $d < \lambda/2$ 的晶面族上不可能产生衍射线。

②对 n 级衍射,布拉格方程可写成 $2(d/n)\sin\theta = \lambda$,即第 n 级衍射也可以在形式上看作是某一晶面族的一级衍射,晶面族与原来的 (hkl) 晶面平行而间距为 d/n。按晶面指数的规定,这些晶面应该是 (nh, nk, nl)。例如,$(1\,2\,0)$ 晶面的 $n = 2$ 的衍射可以看作是 $(2\,4\,0)$ 晶面的 $n = 1$ 的衍射。利用这种表示法,可将布拉格方程简化成 $2d\sin\theta = \lambda$。

衍射线的强度是指其"积分强度"。积分强度是一个能量的概念,在理论上能够计算而实验上也能进行测量。在晶体衍射的记录图上,强度曲线下面的面积应该和检测点处衍射线功率成正比。在理论上把检测点处通过单位截面积上衍射线的功率定义为某衍射线的强度(绝对积分强度)。纯物质衍射线强度的表达式简单表示为

$$I = I_0 \cdot K \cdot |F|^2 \tag{1-5-11}$$

式中:I_0 为单位截面上入射单色 X 射线的功率。$|F|$ 称结构因子,取决于晶体的结构以及单个晶胞内所含有的原子的性质。结构因子由下式决定:

$$F_{hkl} = \sum f_n \exp[2\pi i(h \cdot x_n + k \cdot y_n + l \cdot z_n)] \tag{1-5-12}$$

式中:f_n 是单胞中第 n 个原子的原子散射因子,(x_n, y_n, z_n) 是第 n 个原子的坐标,h, k, l 是所观测的衍射线的衍射指标,公式求和计算时需对单胞内所有的原子求和。

K 是一个综合因子,对于指定的衍射线,它与实验时的衍射几何条件、试样的形状、吸收性质、温度以及一些物理常数有关。对于粉末衍射仪而言(粉末衍射仪使用平板状样品,入射线和衍射线对样品平面的交角总是相等的),K 如下式所示:

$$K = \frac{A}{32\pi R} \cdot \frac{e^4 \lambda^3}{mc^4} \cdot j \cdot \frac{1}{V^2} \cdot \frac{1 + \cos^2 2\theta}{\sin^2\theta\cos\theta} \cdot e^{-m} \cdot \frac{1}{\mu} \tag{1-5-13}$$

式中:第 1 个因子与实验条件有关:A 为样品受照面积,R 为衍射仪扫描半径;第 2 个因子是一些物理常数:e 为电子的电荷,m 为电子的质量,c 为光速,λ 为实验使用的波长;第 3 个因子称多重性因子,在粉末衍射中,晶面间距相等的晶面其衍射角相等,由于晶体对称性,这些晶面可能有 j 种晶面指标;第 4 个因子中 V 是单位晶胞的体积;第 5 个因子是衍射仪条件下的洛伦兹偏振因子;第 6 个因子称温度因子(又称德拜 - 瓦洛因数),原子的热振动将使衍射减弱,故衍射强度与温度有关,其 m 值是由温度、X 光波长、衍射角等所决定的;第 7 个因子是衍射仪条件下的吸收因子,它只与试样的吸收性质有关。晶体衍射的强度则决定于晶胞中原子的元素种类及其位置的分布排列,还与上述诸多因素有关。

5. 多晶 X 射线衍射方法

晶体的 X 射线衍射图实质上是晶体微观结构的一种精细复杂的变换。X 射线衍射方法是研究晶态物质微观结构重要的实验方法。对物质的性质、性能进行研究时,不仅需要知道它的元素组成,更为重要的是了解其物相组成。每种晶体结构与其 X 射线衍射图之间有着一一对应的关系,任何一种晶体都有自己独立的 X 射线衍射图,不会因为与其他种物质混聚在一起而产生变化,这是 X 射线衍射物相分析方法的依据。对此可进一步说明如下:由布拉格方程可知,晶体的每一个衍射都必和一组间距为 d 的晶面组相对应

$$2d\sin\theta = n\lambda \tag{1-5-14}$$

另一方面,晶体的每一个衍射的强度 I 又与结构因子 F 模平方成正比

$$I = I_0 \cdot K \cdot |F|^2 \cdot V \tag{1-5-15}$$

式中:I_0 为单位截面积上入射单色 X 射线的功率;V 为参加衍射的晶体的体积;K 为比例系

数，与诸多因素有关。每种晶体结构中可能出现的 d 值是由晶胞参数 a_0、b_0、c_0、α_0、β_0、γ_0 所决定的，它们决定了衍射的方向；$|F|^2$ 是由晶体结构决定的，它是晶胞内原子坐标的函数，它决定了衍射的强度。晶体结构决定 d 和 $|F|^2$，因此每种物质都有其特定的衍射图，而混合物的衍射图是其各组成物相衍射图的简单叠加。在混合物中某一物相的衍射线的强度与此物相的含量有关，因此 X 射线衍射方法不仅能进行物相定性的鉴定，还可以完成定量的测定。

1）定性物相分析原理

各种物相都有自己特定的粉末衍射图样，衍射线的方向取决于晶胞的大小，衍射线的强度取决于晶胞的内容。对于各种物相，其晶胞的大小和晶胞的内容各不相同，因而衍射图样也不同，这是定性分析的基础。定性物相分析的基本方法是：将试样的衍射图样与各种已知的衍射图样进行对比，样品的粉末衍射图与已知化合物的衍射图一一对应，即可确定物相组成：

（1）样品的图谱中能找到组成物相应该出现的衍射，而且实验的 d 值和相对应的已知 d 值在实验误差范围内应该是一致的；

（2）各衍射线相对强度顺序与其卡片上的强度顺序原则上也应该是一致的。

多晶衍射数据集由粉末衍射标准联合会（JCPDS）负责编辑出版，称为《粉末衍射卡片集》（PDF 或 JCPDS），衍射物相鉴定方法的应用具备了条件。JCPDS 卡片集收入的化合物总数已超过 80000 多种，JCPDS 数据卡片的数目现在以每年 2000 张的速度在增长。

JCPDS 编有多种形式的 PDF 索引：

字母检索手册（Alphabetical Index），这是按化学名称的英文书写法的字母顺序排列的检索手册，这部检索手册便于查找已知物质的卡片。

哈拉华特检索手册（Hanawakt Search Manual），这部手册的条目是按强线的 d 值排列。每个条目一共列出 8 条强线的 d 值。原则上，第一条线是最强线，第二条线是次强线。该手册的每页上端都给出此页所包含的最强线的面间距 d 值的范围，每组中按次强线的 d 值顺序排列，其余 6 条按强度大小依次排列在次强线之后。

定性物相分析问题，实际上就是如何从粉末衍射卡片库中找出与试样图样的 d 值和强度的比值相符的卡片。定性物相分析时，首先从试样衍射图上 $2\theta < 90°$ 的范围内，选出三根最强线，依此进行检索。本实验可以应用计算机进行上述两种 PDF 检索，自动解释样品的粉末衍射数据，计算机的应用并不意味着可以降低对分析者工作水平的要求，它只能帮助人们节省查对 PDF 的时间，只能给人们提供一些可供考虑的答案，正式的结论必须由分析者根据各种资料数据加以核定才能得出。用计算机解释衍射图时，对 $d-I$ 数据质量的要求，更为严格。在进行物相鉴定的时候，有关样品的成分、来源、处理过程及其物理、化学性质的资料、数据对于分析结论的确定是十分重要的；高准确度的多晶衍射 $d-I$ 数据，也有助于准确确定物相。在解释一个未知样品的衍射图时，判断某物质的"标准"衍射数据能否与之"符合"的依据，有时并不是单纯根据数据的实验误差范围，考虑到被检出物相的结构化学特点有时可以允许有较大的偏离。

2）定量物相分析

衍射强度与物相含量有一定的关系，假设样品对 X 射线是完全透明的，在同一实验条件下，一种晶体的任一衍射线的强度与实际受照射的晶粒总体积 V 成正比：

$$I = I_0 \cdot K' \cdot V \tag{1-5-16}$$

在此 K' 为包含 $|F|^2$ 在内的一个系数，它取决于实验条件、晶体结构并包含若干基本物理常数，对于指定的某一衍射线在同一实验条件下，它是一个常数。对于一个含有多种物相的样品，若它的某一组成物相 i 的体积分数为 f_i，则 i 相的某一衍射线 (h) 的衍射强度 $I_i(h)$ 为

$$I_i(h) = I_0 \cdot K' \cdot V \cdot f_i \tag{1-5-17}$$

设纯物相 i 的 h 线的强度为 $I_{i,p}(h)(f_i = 1)$：

$$I_{i,p}(h) = I_0 \cdot K' \cdot V \tag{1-5-18}$$

所以

$$I_i(h) = I_{i,p}(h) \cdot f_i \tag{1-5-19}$$

上式指出了衍射线强度与被分析物相在样品中含量的关系。上式要求样品的晶粒度足够细小、受到 X 射线照射的晶粒数足够多、样品中晶粒的取向是完全随机的，这些条件可通过适当的样品制备方法予以满足；而"完全透明"的假设却是不实际的，实际上晶粒对 X 射线都是有吸收的，必须根据实验条件考虑吸收的影响，才能导出实用的公式。在衍射仪条件下，试样为平板形，入射线和反射线与试样平面的夹角始终保持相等，可以证明吸收的影响与 θ 无关，仅与试样本身的总吸收性质和被测定物相的吸收性质有关（证明略）。

$$I_i(h) = I_{i,p}(h) \cdot \frac{\mu_i^*}{\overline{\mu}^*} \cdot x_i \tag{1-5-20}$$

上式是 X 射线衍射物相定量分析的基础公式。式中 μ_i^* 为物相 i 的质量吸收系数；$\overline{\mu}^*$ 为样品的"平均质量吸收系数"，其定义为

$$\overline{\mu}^* = \sum_{j=1}^{n} (x_j \cdot \mu_j^*) \tag{1-5-21}$$

式中：与吸收有关的项是 $\mu^*/\overline{\mu}^*$，与 θ 无关，假定样品中每一颗微晶粒都有着吸收性质完全相同的环境，n 为样品组成物相的数目，x_j 为样品中第 j 物相的质量分数。多相样品中某组分 i 的某衍射线 (h) 的强度 $I_i(h)$，一般并不是简单地正比于该相的质量分数 x_i，因为样品的 $\overline{\mu}^*$ 是样品组成的函数。

X 射线粉末衍射仪的几种物相定量分析方法介绍如下：

（1）比强度法

比强度法的两个基本常用公式：内标方程、外标方程。

内标法：当分析一个多相样品中某一物相 i 的含量时，若样品中先掺入已知量的参考物 s 作为第 $(n+1)$ 个相，以 X_i 表示掺入 s 后的样品中物相 i 的质量分数：

$$I_i(\underline{h}) = I_{i,p}(\underline{h}) \cdot \frac{\mu_i^*}{\overline{\mu}^*} \cdot X_i \tag{1-5-22}$$

$$I_s(\underline{k}) = I_{s,p}(\underline{k}) \cdot \frac{\mu_s^*}{\overline{\mu}^*} \cdot X_s \tag{1-5-23}$$

$I_s(k)$ 表示掺入 s 后的样品中参考物 s 的衍射线 (k) 的强度，由此可得：

$$\frac{I_i(h)}{I_s(k)} = k_i \frac{X_i}{X_s} \tag{1-5-24}$$

其中：

$$k_i = \frac{I_{i,p}(\underline{h})}{I_{s,p}(\underline{k})} \cdot \frac{\mu_i^*}{\mu_s^*} \tag{1-5-25}$$

式$(1-5-24)$称为比强度法的内标方程,系数k_i是一个常数,由式$(1-5-25)$定义。k_i决定于物质i和参考物s本身的组成和结构,而与样品的总吸收性质无关,称为物质i对s的比强度,当$X_i = X_s$时,由式$(1-5-24)$得

$$k_i = \frac{I_i(\underline{h})}{I_s(\underline{k})}\bigg|_{X_i = X_s} \qquad (1-5-26)$$

比强度k的定义方式类似于比热、比重一类物理量的定义方式,物相i的比强度k_i是以参考物s的一条衍射线的强度$I_s(\underline{k})$为参照来表示物相i的某一条衍射线的强度。

内标方程可以直接用于定量测定。比强度k可以由理论计算或通过实验测定得到。当有了物质i的比强度k_i值以后,实验时只需要测定样品的$I_i(\underline{h})$和$I_s(\underline{k})$,便能确定物相i在样品中的含量了,由式$(1-5-24)$算出的X_i是掺入参考物之后i相在样品中的质量分数,原样品中i相的质量分数应为

$$w_i = \frac{X_i}{1-X_s} \qquad (1-5-27)$$

外标法:当分析一个已知含有n个物相的多相样品时,如果各组成物相均有一衍射线,其比强度能够被测定,且在该样品中这些衍射线的强度分别为$I_1, I_2, I_3, \cdots, I_i, \cdots, I_n$,共$n$个强度数据,其中任一相$i$的质量分数$X_i$的表达式:

$$X_1 = \frac{I_1}{k_1'}\frac{k_i'}{I_i}X_i$$

$$X_2 = \frac{I_2}{k_2'}\frac{k_i'}{I_i}X_i$$

$$X_3 = \frac{I_3}{k_3'}\frac{k_i'}{I_i}X_i$$

$$\vdots$$

$$X_i = \frac{I_i}{k_i'}\frac{k_i'}{I_i}X_i$$

$$\vdots$$

$$X_n = \frac{I_n}{k_n'}\frac{k_i'}{I_i}X_i$$

在这组式中

$$k_i' = I_{i,p} \cdot \mu_i^* \qquad (1-5-28)$$

将这组方程左、右分别全部相加,又因

$$\sum_{j=1}^{n} X_j = 1 \qquad (1-5-29)$$

故可得:

$$X_i = \frac{I_i}{k_i'}\bigg/ \sum_{j=1}^{n} \frac{I_j}{k_j'} \qquad (1-5-30)$$

把上式中各相的k'值代换为对某参考物的比强度k,该式仍然成立,得:

$$X_i = \frac{I_i}{k_i}\bigg/ \sum_{j=1}^{n} \frac{I_j}{k_j} \qquad (1-5-31)$$

式$(1-5-31)$称为比强度法的外标方程。

（2）参考比强度 I/I_{col}

从内标方程或外标方程的应用，我们可以看到有可能也有必要建立一种标准化的比强度数据库以便随时都能够利用 X 射线衍射仪的强度数据进行物相的定量测定。现在 JCPDS 已规定以刚玉（$\alpha - Al_2O_3$）为参考物质，以各物相的最强线对于刚玉的最强线的比强度 I/I_{col} 为"参考比强度"（RIR），并将 RIR 列为物质的多晶衍射的基本数据收入 PDF 卡片中。虽然目前收集的 RIR 还不够丰富，但是 RIR 数据库的建立对广泛地应用多晶衍射进行物相定量分析是有很大意义的。根据 RIR 的定义，显然它可以由理论计算或通过实验直接测定得到。目前除刚玉外还有物质红锌矿（ZnO）、金红石（TiO_2）、Cr_2O_3 和 CeO_3 作为参考物质以供选择。对于不同参考物质的 RIR，均可换算成对于刚玉的 RIR，因为这些参考物对刚玉的 RIR 都是已知的。X 射线衍射物相定量方法能对样品中各组成物相进行直接测定。

 实验装置

粉末衍射仪是研究多晶 X 射线衍射最常用的设备。本实验所使用的设备为 BDX3200 型衍射仪，由 X 射线发生器、样品及样品位置取向的调整系统、测量记录系统和衍射图的处理、分析系统四大部分组成，如图 1 - 5 - 13 所示。其各部分的作用为：

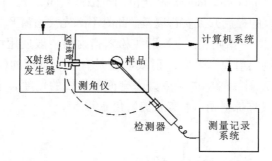

图 1 - 5 - 13　BDX3200 型衍射仪构成的方框图

（1）X 射线源（X 射线发生器）。提供测量时所需的 X 射线（连续波长或单一波长的 X 射线），强度可控制、调节。

（2）样品及样品位置取向的调整机构或系统。样品须是单晶、粉末、多晶或微晶的固体块。

（3）衍射线方向和强度的测量记录系统。采用 NaI(Tl) 闪烁检测器进行衍射强度的测量；衍射角的测量则通过一台精密的机械测角仪来实现，由计算机控制。

（4）衍射图的处理、分析系统（由计算机衍射图处理分析系统完成）。

X 射线发生器是由 X 射线管、高压发生器、管压管流稳定电路和各种保护电路等部分组成的。X 射线管为密封式 X 射线管，其结构如图 1 - 5 - 14 所示。阴极接负高压，阳极接地。灯丝罩起着控制栅的作用，使灯丝发出的热电子在电场的作用下聚焦轰击到靶面上。阴极靶面上受电子束轰击的焦点便成为 X 射线源，向四周发射 X 射线。在阳极一端的金属管壁上一般开有四个射线出射窗，X 射线就从这些窗口往管外发射。密封式 X 射线管除了阳极一端外，其余部分都是由玻璃制成的。管内真空度达 $10^{-5} \sim 10^{-6}$ Torr，高真空度可以延长发射热

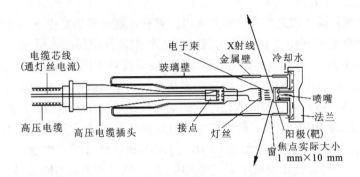

图 1 - 5 - 14　密封式衍射用 X 射线管结构示意图

电子的钨丝灯的寿命,防止阳极表面污染。衍射用射线管窗口用 Be 片(厚 0.25 ~ 0.3 mm)作密封材料。阳极靶面上受电子束轰击的焦点呈细长的矩形状(称线焦点或线焦斑),从射线出射窗中心射出的 X 射线与靶面的掠射角为 6°,因此,从出射方向相互垂直的两个出射窗观察靶面的焦斑,看到的焦斑的形状是不一样的(图 1 - 5 - 15)。从出射方向垂直焦斑长边的两个出射窗口观察,焦斑成线状,称为线光源;从另外两个出射窗口观察,焦斑如点状,称为点光源,本实验为普通焦点(1 mm × 10 mm)。X 光窗用电磁铁启闭,开关在面板上,并有指示灯。X 光窗开关亦可与测角仪的控制开关实行联动,此时不必先拨通窗开关,只要测角仪在运动,窗则打开,测角仪停止扫描,窗则关闭。X 射线粉末衍射仪一般使用线状 X 射线源,安装管子时应选择使用线焦点的出射窗。线状 X 射线源总是有一定宽度的(图 1 - 5 - 15)。射线源的有效宽度 ωy_x 决定于 X 射线管中电子束轰击靶面的焦线的宽度 ω 和光束自靶面射出的出射角 ψ:$\omega y_x = \omega \sin\psi$,$\psi$ 又称掠射角。本实验掠射角 ψ 取 6°。

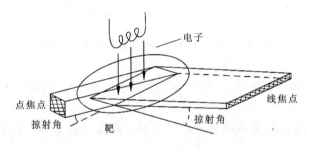

图 1 - 5 - 15　线焦点与点焦点的取出

　　X 射线管常用的阳极材料元素有 Mo、Cu、Fe、Co、Cr 等 5 种,这些元素的特征波长正好在晶体衍射适用的范围内:$0.709(\text{Mo}K_\alpha) \sim 2.28(\text{Cr}K_\alpha)$,其中以 Cu 和 Mo 为靶材的 X 射线管可以实现的功率最大(密封式最大功率 ≤ 2.5 kW),也最常用。X 光管的选择:选用的靶其 K_α 线必须是不会被样品强烈地吸收的,否则将使样品激发出很强的荧光辐射。选择 X 光管时,应根据样品的组成,所用的 X 光管的靶原子序数比样品中最轻元素的原子序数小或相等,最多不能超过 1。本实验的靶材为 Cu 靶,其 K_α 波长为 1.5418Å。

　　BDX3200 型 X 射线衍射仪的 X 光机放置在测角仪的工作台上,X 光管卧式安放。X 光管套和测角仪有一公共底板,台面上配有全封闭防护罩,给仪器的使用提供了可靠安全的防护措施。高压油箱是提供 X 光管高电压和电流的封闭式高压变压器。高压电缆则将高压油箱与管套中的 X 光管紧密地连接起来。高压发生器及其控制电路采用的是恒电位稳压式,X 射线管的工作电压(管压)和阳极电流(管流)均有稳定电路控制,以保持 X 射线管发生的 X 射线强度高度稳定。此外,衍射仪的 X 射线发生器配置有下列的安全保护电路:

(1)冷却水保护电路:冷却水流量不足时,将自动断开 X 射线发生器的电源,以免 X 射线管受到损坏。

(2)功率过载保护电路:当 X 射线管的运行功率超过设定值时,自动切断电源。

(3)电压过低和过高保护电路:当管压低于 10 kV 或超过设定限值时,自动切断 X 射线发生器的电源。

(4)防辐射保护电路:当防辐射门未关闭好时,将切断 X 射线出射窗的电磁控制电路,使窗关闭。

(5)报警蜂鸣器:当上列的保护电路起作用时,蜂鸣器将发出响声。

测角仪是衍射仪最精密的机械部件,用来精确测量衍射角,是衍射仪的核心部件。BDX3200 型衍射仪的测角仪光路系统采用聚焦型的衍射几何设计。测角仪有两个同轴转盘,两个同轴转盘既可联动,又能分立转动。两个转盘联动时,大盘的转动速度为小盘的两倍。小转盘中心装有样品台(测角仪的中心),样品台上有一个作为放置样品时使样品平面定位的基准面,用以保证样品平面与样品台转轴重合;大转盘上放有接收狭缝和探测器。X 射线源使用线焦点光源,线焦点与测角仪轴平行。实验样品为取向完全随机的足够微细的晶体粉末,若其衍射角为 θ,根据晶体衍射的布拉格公式,样品中晶面组只有取向与以入射线为轴、张角为 2θ 的锥面平行的晶粒,才能产生这一晶面族的衍射。这些衍射线将构成一个以入射线为轴、张角为 4θ 的射线锥面,样品可能给出的全部衍射将形成一套以入射线为轴的、有多种张角的射线圆锥面族(图 1 – 5 – 16),这些同轴的锥面形衍射线分别为间距不同的晶面组所反射。

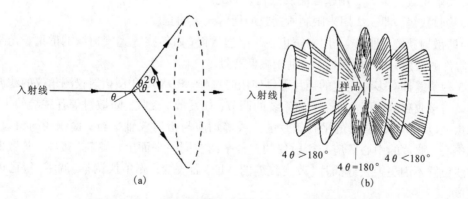

图 1 – 5 – 16   多晶样品对"单色"平行 X 射线束的衍射

(a)衍射角为 θ 的晶面产生的衍射圆锥;(b)多晶样品产生的同轴衍射圆锥面族

BDX3200 型衍射仪的衍射几乎采用近似聚焦原理,扫描半径 $R = 180$ mm。衍射仪采用"扫描方式"连续地或逐点步进地对不同角度位置上 X 射线强度依次进行测量,连续测量记

录的衍射角 θ 范围很大（一般 2θ 可从 $10°$ 起直到 $150°$）。测角仪的角度测量准确度一般可达 $\pm0.005°$，能记录到高质量、衍射角范围很宽的衍射数据。

测角仪光路上配有一套狭缝系统：

（1）Sollar 狭缝：图 $1-5-17$ 中的 S_1、S_2 为 Sollar 狭缝，分别设在射线源与样品和样品与检测器之间。Sollar 狭缝是一组平行箔片光阑，由一列平行等距离的、平面与射线源焦线垂直的金属薄片组成；用来限制 X 射线在测角仪轴向方面的发散，使 X 射线束可以近似地看作仅在扫描圆平面上发散的发散束。

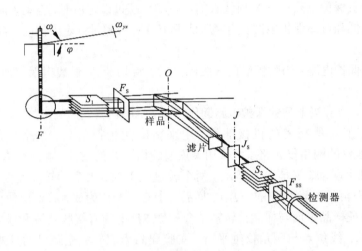

图 $1-5-17$　测角仪的光路系统

ω—电子轰击靶面焦线宽度；ω_{yx}—X 射线有效宽度；φ—X 射线出射角；F—X 射线源焦线；S_1、S_2—第一、第二平行箔片光阑；F_S—发射狭缝；J—接收狭缝中线；J_S—接收狭缝；F_{SS}—防散射狭缝；O—测角仪转轴线；距离 $FO=OJ$

（2）发散狭缝：即 F_S，用来限制发散光束的宽度。

（3）接收狭缝：即 J_S，用来限制所接收的衍射光束的宽度。

（4）防散射狭缝：即 F_{SS}，用来防止一些附加散射（如各狭缝光阑边缘的散射，光路上其他金属附件的散射）进入检测器，有助于减低背景。

后 3 种狭缝都有多种宽度的插片可供使用时选择。BDX3200 型衍射仪测角仪的滤波片设置在样品与接收狭缝之间。整个光路系统的调节，如发散、接收、防散射等各狭缝的中线，X 射线源焦线以及 Sollar 狭缝的平行箔片的法线等均应与衍射仪轴平行；检测器的窗口中心、样品的中心、滤片的中心等应与衍射仪的扫描平面在同一平面上；发散、接收、防散射等狭缝的中线位置不因更换狭缝插片（改变狭缝的宽度）而改变；测角仪调整（调零）等已由专业人员完成。

BDX3200 型衍射仪的 X 射线强度测量记录系统由 NaI 闪烁检测器、脉冲幅度分析计数系统（包括放大器、分析器、计数率表）组成，均插在一个 NIM 标准机箱上。

X 射线检测器：探测器有盖革计数管、正比计数管、半导体探测器、闪烁探测器等，这些种探测器都是根据 X 射线和物质相互作用的效应设计的。本实验中 X 射线衍射仪使用 NaI（Tl）闪烁计数管（图 $1-5-18$）做探测器，其基本结构由三部分组成：闪烁体、光电倍增管和

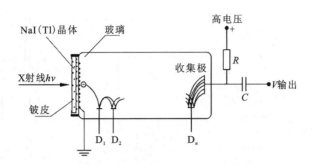

图 1 – 5 – 18　闪烁计数管的工作原理

前置放大器。

　　闪烁体是掺 Tl 的 NaI 透明单晶体片，厚 1 ~ 2 mm，Tl 作为激活剂。晶体密封在一个特制的盒子里，防止 NaI 晶体受潮损坏，密封盒的一个面是薄铍片，为接收射线的窗；另一面是对蓝紫色光透明的光学玻璃片。密封盒的透光面紧贴在端窗式的光电倍增管的光电阴极窗上面，界面上涂有一薄层光学硅脂以增加界面的光导率。NaI 晶体被 X 射线激发能发出 4200Å（蓝紫色）的可见光，每个入射 X 射线量子将使晶体产生一次闪烁，激发倍增管光电阴极产生光电子，这些一次光电子被第一级打拿极收集并激发出更多的二次电子，再被下一级打拿极收集，又倍增出更多的电子，光电阴极发射的光电子经 10 级打拿极的倍增作用后，从而形成可检测的电脉冲信号。

　　单道脉冲幅度分析器是一种脉冲电压幅度鉴别器，它由上甄别电路、下甄别电路和异或门（反符合电路）所组成（图 1 – 5 – 19（a））。上、下甄别电路的线路是相同的，只是其触发电平的设置不一样，前者较后者设置得高一些。下甄别电路的触发电平称为"下限"或"阈值"。两个甄别电路触发电平之差称为"道宽"或"窗宽"。脉冲幅度分析器的工作原理如图 1 – 5 – 19（b）所示。

　　X 射线经探测器后产生的脉冲信号幅值和时间间隔都是随机的，经过放大后，幅度放大到 2 ~ 3 V。在输出端 E 点，只有脉冲幅度在上限与下限电平之间的脉冲才能输出，因此在 E 点进行计数测量得到的是幅度在"道宽"内的脉冲的个数，确定阈值和道宽后，只有某种波长的 X 射线产生的信号才能通过脉冲幅度分析器。对强度恒定的射线，只规定下限而上限不加限制（即道宽无限大）进行脉冲计数的测量，称为积分测量；采用一个很小的道宽（例如用最大阈值的 1/100），而下限值自零附近开始，逐步增加，进行的脉冲计数测量，叫作微分测量。X 射线衍射实验采用微分测量进行谱收集。

　　在衍射仪方法中，X 射线的强度用脉冲计数率表示，单位为每秒脉冲数（cps）。检测器在单位时间接收的光子数决定了检测器在单位时间输出的平均脉冲数，如果检测器的量子效率为 100%，而系统（放大器和脉冲幅度分析器等）又没有计数损失（漏计），那么 cps 数便是每秒光子数。计数率表的电路是一种频率 – 电压线性变换电路，将随机输入的脉冲平均计数率转换成为与之成正比的直流电压模拟值，再通过计算机接收到的 X 射线强度的变化，就得到了多晶样品 X 射线衍射图。

　　BDX3200 型衍射仪的运行控制及衍射数据的采集分析都是通过一个计算机 X 射线衍射

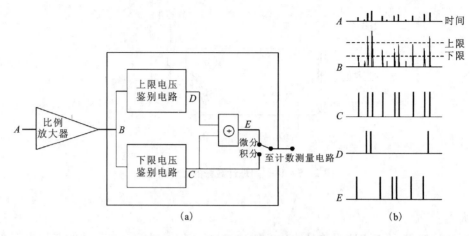

图 1 – 5 – 19   单道脉冲幅度分析器

(a)脉冲幅度分析器的结构框图；(b)脉冲幅度分析器工作过程分析

分析操作系统以在线方式完成的。计算机主机通过一个串口控制前级控制机，前级控制机根据主机的命令去执行操作衍射仪的各种功能程序。以在线方式工作时，操作者可在主机上输入各种衍射仪操作命令，屏幕实时地显示采集的数据。BDX3200 型 X 射线衍射分析操作系统由两大基本功能块组成：

1)衍射仪操作系统

用来控制衍射仪的运行，完成粉末衍射数据的采集，实时地进行分析处理。主要功能：

(1)衍射峰测量；

(2)重叠扫描；

(3)定时计数；

(4)定数计时；

(5)测角仪转动；

(6)测角仪步进、步退；

(7)校读。

2)衍射图谱分析系统

装有常用衍射图谱处理程序。主要功能：

(1)图谱处理；

(2)寻峰；

(3)求面积、重心、积分宽；

(4)减背景；

(5)谱图对比(多个衍射图的叠合显示与图谱加减)；

(6)平滑处理；

(7)$2\theta - d$ 之间相互换算。

BDX3200 型 X 射线衍射分析操作系统的控制程序主要包括以下功能模块：

(1)X 射线衍射物相定性分析；

(2)X 射线衍射物相定量分析；

(3)多重峰分离(峰形分析)；

(4)K_α 峰扣除；

(5)晶胞参数的精密修正；

(6)指标化。

 实验内容与实验方法

1. 开机步骤

(1)接通总电源，总电源指示灯亮。

(2)打开 X 光管循环冷却水系统的电源(切记必须保证冷却水系统正常工作)；

(3)将管压预置、管流预置均拨至最低挡，按下主机面板上"低压电源"键，接通整机的工作低电压。若冷却水通，此时"水冷""正常"指示灯亮。注意：有时由于电的冲击，蜂鸣器鸣叫，按一下"复位"键即可清除报警状态。

(4)预热稳定片刻后，按"X 光"键，则管压首先上升，至 15 kV 左右时，管流亦随之上升，并各自达到初始值 20 kV、6 mA。

(5)调整管压、管流的预置旋钮键，由最低挡缓慢逐挡上升，先升管压，后升管流，达到实验值(管压 30 kV、管流 20 mA；X 光管功率限 1.5 kW)。

(6)打开检测系统低压电源开关。

(7)打开检测系统高压电源开关。

(8)打开驱动电源开关(在右边 NIM 机箱内)。

(9)打开计算机的外部设备电源(记录仪、打印机、绘图仪等)。

(10)打开计算机主机箱的电源。

(11)先对衍射仪进行校读，然后进行收谱等工作。

2. 关机步骤

关机步骤基本上与开机相反：

(1)关 X 光。关机之前应先将管压、管流降低至初值 20 kV、6 mA，必须先降电流，再降电压，然后按"停"键。切忌直接按"总电源"键切断总电源。

(2)关驱动电源开关。

(3)关检测器高压电源开关。

(4)关检测器低压电源开关。

(5)按发生器"电源"键，关 X 光管。

(6)3 min 后关冷却水。

(7)关闭总电源。

注意：要充分注意样品的制作、各狭缝的宽度、扫描速度、记录条件的选择以及正确处理仪器记录所得的原始图谱和数据；本实验 X 射线管的阳极为 Cu 靶，其工作电压为 30 kV，工作电流为 20 mA，通过"功率限制"选择旋钮可以设置 6 种功率限制，通常管子工作负荷应在允许最大使用功率的80%以内。

3.实验内容

(1)熟悉 BDX3200 型衍射仪及其操作规程。

(2)将制备好的样品安装到衍射仪的样品台上。

(3)经老师同意后按规程开启 X 光机。在使用衍射仪之前，衍射仪的预调整工作(如测角仪的校直等)已调整好；X 射线强度测量系统的工作条件由学生选定(各狭缝的宽度、扫描速度、记录条件等)。

(4)单道脉冲幅度分析器、光电倍增管的高压均已调整好，不要再调整，选择微分方式进行收谱。

(5)熟悉 BD2000 X 射线衍射操作分析系统软件和 BD2000 X 射线衍射图谱分析系统软件的使用。

(6)先校读，再测量样品的衍射图，存储图谱。

(7)使用图谱分析系统软件处理仪器记录所得的原始图谱。

(8)根据图谱的数据分析样品的物相组成(使用定性物相分析程序)。

(9)利用 X 射线衍射仪自己设计一个实验(选做)。

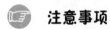 **注意事项**

1. X 射线衍射仪操作规程

X 射线衍射仪是大型精密仪器，操作者应要注意对仪器的爱护保养；X 射线发生器是一种高压设备，在检修时也必须十分注意安全，避免受到高电压的伤害。X 射线对人体是有害的，因此操作者要安全防护。必须遵守以下规定：

(1)使用衍射仪时，必须用循环水冷却阳极靶。必须保证冷却水水路的畅通，水路受阻应及时检查，查出原因；使用蒸馏水或去离子水做循环冷却水。

(2)X 射线发生器的虚地(保护接地)，与大地不同，机器外壳必须接大地，接地电阻小于 10 Ω，检查保护接地是否良好(至少半年检查一次)。

(3)注意检查各安全保护是否可靠(水冷、管压低限、管压高限、功率限载)(至少半年检查一次)。

(4)测角仪要定期加润滑油和润滑脂，在轴套上滴加仪表油或钟表油。

(5)严防 X 射线直射进入检测器，最低起始角不得小于 2°(测角仪对零时除外)。

(6)注意最大衍射角，加防护罩不可超过 110°。

(7)实验完毕后，必须将样品台上的粉末处理干净，以防粉末掉进轴孔配合处损坏轴和轴承。

2. X 射线防护

X 射线对人体组织能造成伤害，人体受 X 射线辐射损伤的程度，与受辐射的量(强度和面积)和部位有关，眼睛和头部较易受伤害。衍射分析用的 X 射线("软"X 射线)比医用 X 射线("硬"X 射线)波长长，穿透弱，吸收强，危害更大。实验人员必须对 X 射线"要注意防护!"。一定要避免受到直射 X 射线束的直接照射，对散射线也需加以防护。直射 X 射线束的光路必须用重金属板完全屏蔽起来。防护 X 射线可以用各种铅的或含铅的制品(如铅板、铅玻璃、铅橡胶板等)或含重金属元素的制品(如高锡含量的防辐射有机玻璃)。必须遵守以下安全注意事项：

(1)衍射仪 X 光路的屏蔽部件不可随意移去(测角仪对零时除外)；每次实验时，防护罩必须四周皆关严，以防不必要的"吃 X 光"。

(2)当需要拉开防护罩门进行操作时，特别是更换样品时一定要注意一下 X 射线出射窗口是否关闭，应十分注意不要受到 X 光的照射，绝不可受到 X 光的直接照射，也要注意不要受到散射 X 光的照射。更换样品时，必须关窗。

(3)X 光机是一种高压设备，因此要注意高压防护。当维修 X 光机的高压部分时，必须完全切断电源并使高压电容完全放电，为了保证安全，应注意不要随意拆下发生器的面板。

预习要求

(1)了解 X 射线衍射仪的结构和工作原理、操作规程。

(2)了解 X 射线衍射物相定性分析的方法和步骤。

思考题

(1)X 射线在晶体上产生衍射的条件是什么?

(2)为了提高测量准确度，在计算晶格常数 d 时，在衍射线的选择上有什么值得注意的?

参考文献

[1] 林木欣. 近代物理实验教程[M]. 北京：科学出版社，1999.

[2] 张孔时，丁慎训. 物理实验教程(近代物理实验部分)[M]. 北京：清华大学出版社，1991.

[3] 王英华. X 光射线衍射技术基础[M]. 北京：原子能出版社，1987.

[4] GUINIER A. X 射线晶体学[M]. 施士元，译. 北京：科学出版社，1959.

第 2 章

光学实验

实验 2.1　超声光栅

 实验背景

布里渊(L. Brillouin)在 1922 年曾预言,当压缩波横向在液体中传播时,如果有可见光通过该液体,则可见光将产生衍射效应。在十年后这一预言通过实验被验证,这种现象被人们称作声光效应。1935 年,拉曼(Raman)和奈斯(Nath)对这种效应进行了系统的研究,他们发现在一定条件下,由声光效应产生的衍射光强分布与普通的光栅相似,因此这种现象也被称为液体中的超声光栅。

 实验目的

(1)理解声光效应的基本原理。
(2)掌握利用声光效应测定液体中声速的方法。

 实验原理

压电陶瓷片(PZT)在由频率约 10 MHz 的高频信号源所产生的交变电场作用下,会产生周期性的压缩和伸展振动,该振动在液体介质中传播会形成一定频率的超声波。PZT 产生的超声波在液体中传播时,由声波产生的声压会使液体分子周期性地变化,从而使液体产生局部的周期性膨胀与压缩,这就导致了液体的密度在声波传播方向上形成周期性分布,同时会导致液体的折射率也做同样的分布,最终形成了所谓的疏密波。这种疏密波所形成的密度分布层次结构,就是超声场的图像。此时,当一束平行光沿垂直于超声波传播的方向通过液体时,该束平行光会产生衍射。前面分析的超声场在液体中形成的密度分布层次结构是以行波运动的,为了让实验的设计容易实现,本实验在尺寸有限的液槽中产生稳定驻波的条件下进行测试,从而使衍射现象更利于观测,因为驻波振幅可以达到行波振幅的两倍,这样就加剧了液体疏密的变化。

当驻波形成以后，在某一时刻 t，驻波某一节点两边的质点会涌向该节点，使该节点的附近成为质点密集区，在半个周期以后，这个节点两边的质点又会向左右扩散，使该波节附近成为质点稀疏区，而相邻的两波节附近则会成为质点密集区。图 2-1-1 为在 t 和 $t+T/2$（T 为超声波振动周期）两时刻振幅 y、液体疏密分布和折射率 n 的变化分析图。由图 2-1-1 可知，超声光栅的性质是在某一时刻 t，相邻两个密集区域的距离为 λ_S，为液体中传播的行波的波长，而在半个周期以后，$t+T/2$，所有这样区域的位置整个漂移了一个距离 $\lambda_S/2$。在其他时刻，波的现象则不明显，液体的密度处于较均匀状态。超声场形成的层次结构，在视觉上无法观测到。当光线通过超声场时，观察驻波场的结果是，波节类似于暗条纹（不透光），波腹类似于亮条纹（透光）。明暗条纹之间的距离为声波波长的一半，即为 $\lambda_S/2$。基于以上分析，我们对由超声场的层次结构所形成的超声光栅性质有所了解。此外，当平行光通过超声光栅时，光线衍射的主极大位置由光栅方程决定。

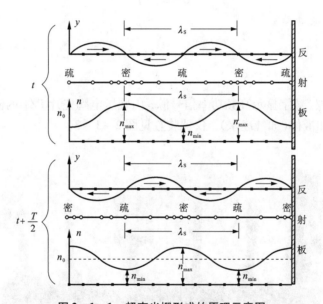

图 2-1-1 超声光栅形成的原理示意图

$$d\sin\varphi_K = K\lambda \quad (K=0,1,2,\cdots) \tag{2-1-1}$$

在本实验中光栅常数 d 就是声波的波长 λ_S，所以方程可以改写为：

$$\lambda_S \sin\varphi_K = K \cdot \lambda_{光} \quad (K=0,1,2,\cdots) \tag{2-1-2}$$

其中 $\lambda_{光}$ 是入射光波长。光路图如图 2-1-2 所示。

实际上由于 φ_K 角很小，可近似认为：

$$\sin\varphi_K = \frac{L_K}{f} \tag{2-1-3}$$

其中 L_K 为衍射零级光谱线至第 K 级光谱线的距离，f 为 L_2 透镜的焦距，所以超声波的波长：

$$\lambda_S = \frac{K \cdot \lambda_{光}}{L_K} f \tag{2-1-4}$$

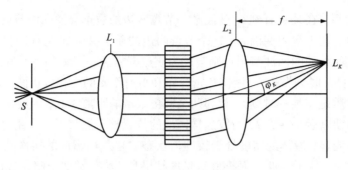

图 2 - 1 - 2　光路图

超声波在液体中的传播速度：

$$C = \lambda_S \cdot f \tag{2 - 1 - 5}$$

式中：f 为信号源的振动频率。

 实验装置

超声光栅实验仪（数字显示高频功率信号源，内装压电陶瓷片 PZT 的液槽）、钠灯、测微目镜、透镜及可外加液体（如纯净水）。仪器装置见图 2 - 1 - 3。

图 2 - 1 - 3　仪器装置

 实验内容与实验方法

（1）点亮钠灯，照亮狭缝，同时调节所有装置同轴等高。

（2）液槽内充好液体后，连接好液槽上的压电陶瓷片与高频功率信号源上的连线，将液槽放置到载物台上，且使光路与液槽内超声波传播方向保持垂直。

（3）调节高频功率信号源的频率（数字显示）和液槽的方位，直到视场中出现稳定且清晰的左、右各二级以上对称的衍射光谱（最多能调出 4 级），再细调频率，使衍射的谱线出现间距最大，并且保持最清晰的状态，记录此时的信号源频率。

(4)用测微目镜,对矿泉水(液体)的超声光栅现象进行观察,测量各级谱线到相邻一级的位置读数,注意旋转鼓轮的方向应保持一致,防止产生空程误差(螺距差)。然后利用公式(2-1-4)求出超声波的波长。

(5)数据表:

K	L_K	$L_K - L_{K-1}$	$(L_K - L_{K-2})/2$	$(L_K - L_{K-3})/3$	$(L_K - L_{K-4})/4$
+4					
+3					
+2					
+1					
0					
-1					
-2					
-3					
-4					

±4 级的测量:

$$\Delta L = \frac{1}{20} \sum \left[(L_K - L_{K-1}) + (L_K - L_{K-2})/2 + (L_K - L_{K-3})/3 + (L_K - L_{K-4})/4 \right]$$

± 3 级的测量:

$$\Delta L = \frac{1}{12} \sum \left[(L_K - L_{K-1}) + (L_K - L_{K-2})/2 + (L_K - L_{K-3})/3 \right]$$

以此类推……

$$\lambda_S = \frac{\lambda_{光}}{\Delta L} f \quad (\lambda_{光} = 589.3 \text{ nm})$$

液体中声速的测量:

$$C = f \cdot \lambda_S$$

相对误差公式:

$$E = \frac{|C - C_{理论}|}{C_{理论}} \times 100\% = \frac{|C - 1480|}{1480} \times 100\%$$

注意事项

(1)压电陶瓷片 PZT 在没有放入液槽之前,禁止开启信号源。压电陶瓷片与液体表面需保持平行,否则不会形成较好的表面驻波。在实验时,应把液槽的上盖盖平,此时上盖与玻璃槽留有较小的空隙,稍微扭动上盖,可能会改善衍射的效果。

（2）在实验时应尽量避免外界震动，否则会对驻波的形成产生影响，同时也不要碰触到连接压电陶瓷片和高频信号源的两条导线，否则会造成导线分布电容的改变，影响输出电频率。

（3）实验过程不宜太长。一般测量过程中，待测液体应与室温保持一致，时间过长，液体温度会有微小的波动，影响测量结果的精度；同时，频率计如果工作时间过长，会对其精度有细微的影响，特别在高频状态下可能会造成电路过热，从而损害仪器。

（4）取放液槽时，应避免接触液槽两侧的通光面，否则会污染仪器，对测量精度造成影响。

（5）实验过程中，液槽由于高频振动温度会有一定的升高，从而导致部分溶液挥发，并在槽壁发生凝结，但一般不会对实验结果有影响，但是需要注意的是，液面下降太多导致压电陶瓷片外露时，要及时补足溶液。

（6）在实验结束后，应把液槽中的液体倒出，避免压电陶瓷片在溶液中浸泡过长时间。

 预习要求

（1）理解声光效应的基本原理。
（2）了解超声光栅测量声速的基本原理。

 思考题

（1）由驻波理论可知，相邻波腹间的距离和相邻波节间的距离都等于半波长，为什么超声光栅的光栅常数等于声波的波长 λ？
（2）光学平面衍射光栅和超声光栅有何异同？
（3）实验时可以发现，当超声频率升高时，衍射条纹间距加大，反之则减小，这是为什么？

 参考文献

徐金荣，张荣. 超声光栅理论与实验研究[J]. 安徽建筑工业学院学报（自然科学版），2010，018（01）：83 – 86，96.

 附录

1. 关键参数：在环境温度为 20℃时，水（H_2O）中标准声速 $v_S = 1480.0$ m/s。
2. 测微目镜简介：

测微目镜是带测微装置的目镜，可作为测微显微镜和测微望远镜等仪器的部件，在光学实验中有时也作为一个测长仪器独立使用（例如测量非定域干涉条纹的间距）。图 2 – 1 – 4(a)是一种常见的丝杠式测微目镜的结构剖面图。鼓轮转动时通过传动螺杆推动叉丝玻片移动；鼓轮反转时，叉丝玻片因受弹簧恢复力作用而反向移动。图 2 – 1 – 4(b)表示通过目镜看到的

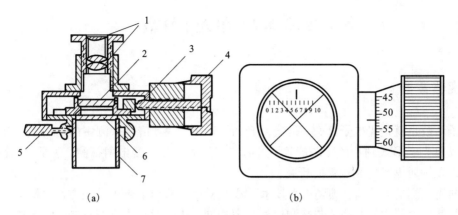

(a)　　　　　　　　　　　　　　(b)

图 2 − 1 − 4　丝杠式测微目镜的结构剖面图

1—复合目镜；2—分划板；3—螺杆；4—读数鼓轮；5—接管固定螺钉；6—防尘玻璃；7—接管

固定分划板上的毫米尺、可移动分划板上的叉丝与竖丝。

例：为了测量干涉条纹中的 10 个明（或暗）条纹距离，可以使叉丝和竖丝对准第 A 个明（或暗）条纹，先读毫米标尺上的整数，再加上鼓轮上的小数，即为该条纹的位置读数，假如为 2.375 mm。再慢慢移动叉丝和竖丝，对准第 B 个明（或暗）条纹，$B = A + 10$，假如该位置读数为 4.972 mm，则 11 个条纹间的 10 个距离就是：

$$10\Delta x = B - A = 4.972 - 2.375 = 2.597 \text{（mm）}$$

实验 2.2　单光子计数

 实验背景

光子计数也就是光电子计数，是微弱光(低于 10^{-14} W)信号探测中的一种新技术。它可以探测以单光子形式到达的微弱能量，目前被广泛应用于拉曼散射探测，医学、生物学、物理学等许多领域里微弱光现象的研究。

微弱光检测的方法有：锁频放大技术、锁相放大技术和单光子计数方法。最早发展的锁频原理是使放大器中心频率 f_0 与待测信号频率相同，从而对噪声进行抑制。但这种方法存在中心频率不稳、带宽不能太窄、对待测信号缺乏跟踪能力等缺点。后来发展了锁相放大技术，它对信号进行窄带化处理，能有效抑制噪声，实现对信号的检测和跟踪。但如果噪声与信号有同样频谱时就没有用处了。此外，它还受模拟积分电路漂移的影响，在弱光测量中受到一定的限制。单光子计数方法利用弱光照射下光电倍增管输出电流信号自然离散化的特征，采用了脉冲高度甄别技术和数字计数技术。

 实验目的

(1)介绍微弱光的检测技术，了解实验系统的构成原理。
(2)了解光子计数的基本原理、基本实验技术和弱光检测中的一些主要问题。
(3)了解微弱光的概率分布规律。

 实验原理

1. 光子流量和光流强度

光是由光子组成的光子流，单个光子的能量 E_p 与光波频率 ν 的关系是

$$E_p = h\nu = \frac{hc}{\lambda} \qquad (2-2-1)$$

式中：c 为真空中光速，h 为普朗克常量，λ 为光波长。光子流量 R 可用单位时间内通过的光子数表示；光流强度是单位时间内通过的光能量，用光功率 P 表示，单位为 W。单色光的光功率 P 与光子流量 R 的关系式为

$$P = RE_p \qquad (2-2-2)$$

光流强度小于 10^{-16} W 时称为弱光，对应可见光的光子流量降到 1 ms 内不到一个光子，因此实验中要完成的将是对单个光子进行检测，得出弱光的强度，即单光子计数。

2. PMT 输出信号特征

光电倍增管(PMT)是一种极高灵敏度和超快时间响应的真空电子管类光探测器件。当

用于非弱光测量时，通常是测量阳极对地的阳极电流［图 2 - 2 - 1(a)］，或者测量阳极电阻上 R_L 上的电压［图 2 - 2 - 1(b)］，测得的信号电压(电流)为连续信号，如图 2 - 2 - 2 所示。而在弱光条件下，光子流量较小，相邻两光子间的时间间隔可达毫秒量级，阳极回路中输出的是离散的尖脉冲。尽管光信号可以是由连续发光的光源发出的，而光电倍增管输出的电信号却是一个一个无重叠的尖脉冲，光子流量与这些脉冲的平均计数率成正比。因此，只要用计数方法测出单位时间内的光电子脉冲数，就相当于检测了光的强度。

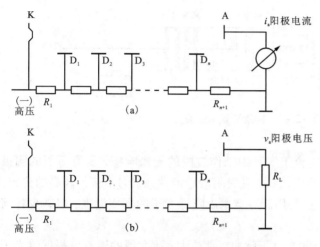

图 2 - 2 - 1　PMT 负高压供电及阳极电路图

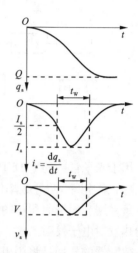

图 2 - 2 - 2　PMT 阳极波形

3. 单光电子峰

将 PMT 的阳极输出脉冲接到脉冲高度分析器，例如多道分析器做脉冲高度分布分析，可以得到单光电子峰分布，如图 2 - 2 - 3 所示。其形成原因如下：

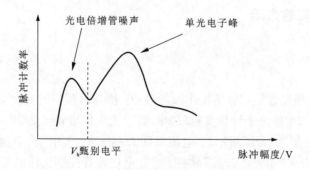

图 2 - 2 - 3　PMT 输出的脉冲幅度分布曲线

光阴极发射的电子包括光电子和热发射电子，幅度接近。各倍增极的热发射电子经受倍增的次数要比光阴极发射的电子经受的少，因此形成的脉冲幅度要低。所以图中脉冲幅度较小的部分主要是热噪声脉冲。各倍增极的倍增系数不是定值，符合统计分布，大体上遵守泊松分布。所以，如果用脉冲高度甄别器将幅度高于图 2 - 2 - 3 中谷点的脉冲加以甄别、输出并计数显示，就可以实现高信噪比的单光子计数，大大提高检测灵敏度。

 实验装置

光子计数器有 PMT、放大器、脉冲高度甄别器、计数器等组成。实验中采用天津港东GSZF-2A 型单光子计数实验系统，示意图如图 2-2-4 所示。

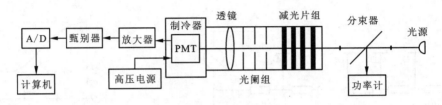

图 2-2-4　实验装置示意图

用于光子计数的 PMT 必须具有适合于实验中工作波段的光谱响应，要有适当的阴极面积，量子效率高，暗计数率低，时间响应快，并且光阴极稳定性高。为了获得较高的稳定性，除尽量采用光阴极面积小的管子外，还采用制冷技术来降低光子的环境温度，以减少各倍增极的热发射电子发射。

放大器的作用是将阳极回路输出的光电子脉冲线性放大，放大器的增益可根据单光子脉冲的高度和甄别器甄别电平的范围来选定。

脉冲高度甄别器有连续可调的阈电平，即甄别电平。用于光子计数时，可以将甄别电平调节到单光电子峰下限处。这时各倍增极所引起的热噪声脉冲因小于甄别电平而不能通过。经甄别器后只有光阴极形成的光电子脉冲和热电子脉冲输出。

计数器的作用是将甄别器输出的脉冲累积起来并予以显示。

 实验内容与实验方法

1. 推算光功率

观察不同入射光强光电倍增管的输出波形分布，推算出相应的光功率。

(1)开启 GSZF-2A 单光子计数实验仪"电源"，光电倍增管预热 20~30 min。

(2)开启"功率测量""光源指示"，电流调到 3~4 mA，读出"功率测量"指示的 P 值。

(3)开启微机，进入"单光子计数"软件，给光电倍增管提供工作电压，探测器开始工作。

(4)开启示波器，输入阻抗设置 50 Ω，调节"触发电平"使示波器处于扫描最灵敏状态。

(5)打开仪器箱体，在窄带滤光片前按照衰减片的透过率，由大到小的顺序依次添加片子。同时观察示波器上光电倍增管的输出信号，图形应该是由连续谱到离散分立的尖脉冲，和图 2-2-2 相同。注意：每次开启仪器箱体添、减衰减片之后，要轻轻盖好还原，以免受到背景光的干扰。

(6)示波器与微机相连。进入通信模块 3GV 软件，由菜单提示采集不同光强的四帧图形，自己建立一个文档，再推算光功率 P。

2. 观察脉冲特征

用示波器观察光电倍增管阳极输出和甄别器输出的脉冲特征，并作比较。

（1）选择入射光强使光电倍增管输出为离散的单一尖脉冲（$P \approx 10^{-13} \sim 10^{-14}$ W）；固定光电倍增管的工作电压；不加制冷处于常温状态；甄别阈值电平置于给定的适当位置。

（2）分别将放大器"检测2"和甄别器"检测1"的输出信号送至示波器的输入端，观察并记录两种信号波形和高度分布特征。如同步骤1.（6）输入微机，在下拉文件菜单选择"打印"或在主工具栏选择"打印"，在"打印设置"取"只打印图像"。编辑打印图形。

3. 确定最佳阈值

测量光电倍增管输出脉冲幅度分布的积分和微分曲线，确定测量弱光时的最佳阈值（甄别）电平 V_h。

参照步骤：

（1）选择光电倍增管输出的光电信号是分立尖脉冲的条件，运行"单光子计数"软件，在模式栏选择"阈值方式"。采样参数栏中的"高压"是指光电倍增管的工作电压，1～8挡对应620～1320 V，由高到低每挡10%递减。

（2）在工具栏点击"开始"获得积分曲线。视图形的分布调整数值范围栏的"起始点"和"终止点"，"终止点"一般设在30～60挡左右（10 mV/挡）；再适当地调整光电倍增管的高压挡次（6～8挡范围）和微调入射光强，让积分曲线图形为最佳。其斜率最小值处就是阈值电平 V_h。

（3）在菜单栏点击"数据/图形处理"，选择"微分"，再选择与积分曲线不同的"目的寄存器"运行，就会得到与积分曲线色彩不同的微分曲线。其电平最低谷与积分曲线的最小斜率处相对应，由微分曲线更准确地读出 V_h。

（4）点击"信息"，输入每个"寄存器"对应的曲线名称、实验同学姓名，打印报告。

4. 单光子计数

（1）由模式栏选择"时间方式"，在采样参数栏的"阈值"输入步骤3获取的 V_h 值，数值范围的"终止点"不用设置太大，100～1000 V即可。在工具栏点击"开始"，进行单光子计数。将数值范围的"最大值"设置到单光子计数率线的显示区中间为宜。

（2）此时，如果光源强度 P_1 不变，光子计数率 R_p 基本上是一条直线；倘若调节光功率 P_1 高、低（增加"变化"这一次），光子计数率也随之高、低而变化。这说明：一旦确立阈值甄别电平、测量时间间隔，P_1 与 R_p 成正比。记录实验所得最高或最低的光子计数率并推算 P 值。

（3）由公式计算出相应的接收光功率 P_0。

5. 研究暗计数率 R_d 和光子计数率 R_p 随光电倍增管工作温度变化的关系

研究工作温度对暗计数率 R_d 和光子计数率 R_p 的影响，启动半导体致冷系统，记录温度指示器读数 X_t、与其相应的暗计数率 R_d（无光输入）、加光信号时总计数率 R_p，直到 X_t 趋于稳定为止（约一小时），画出 $R_d - X_t$ 和 $R_p - X_t$ 曲线，并计算接收光信号的信噪比 SNR。

单光子计数数据记录参考表格如下：

序号	温度 X_t/℃	暗计数率 R_d	功率计指示 0.2×10^{-6}W 时光子计数率 R_p	SNR
1	10			
2	5			
3	0			
4	−5			
5	−10			
6	−15			

注意事项

（1）入射光源强度要保持稳定。

（2）光电倍增管要防止入射强光，光阑筒前必须有窄带滤光片和一个衰减片。

（3）光电倍增管必须经过长时间工作才能趋于稳定。因此，开机后需要经过充分的预热时间，20 min 以上才能进行实验。

（4）仪器箱体的开、关动作要轻，轻开轻关的还原，以便尽量减少背景光干扰。

（5）半导体致冷装置开机前，一定要先通水，然后再开启致冷电源。如果遇到停水，立即关闭致冷电源，否则将发生严重事故。

预习要求

（1）了解单光子计数工作原理。

（2）了解单光子计数器的组成以及各部分的主要功能。

（3）掌握微弱光的概率分布规律。

思考题

（1）为什么要确定阈值点？

（2）简述常温暗计数和制冷暗计数的区别和意义。

（3）简述高压扫描的意义。

（4）光子计数引起误差的因素有哪些？

参考文献

[1] 黄宇红. 单光子计数实验系统及其应用[J]. 实验科学与技术，2006(1)：1 – 4.

[2] 朱勇，欧阳俊. 单光子计数系统的设计与实现[J]. 仪器仪表学报，2007，28(4)：27 – 30.

实验 2.3 光拍频法测量光速

 实验背景

光速是物理学中一个基本的物理常数，是指光波或电磁波在真空或介质中的传播速度，它在物理学中具有非常特殊的意义。这是因为它与物理学中许多的物理量都有着密切的联系，使得提高光速的测量精确将大大提高相关物理量的精准度值，对于物理光学领域有重要的意义。因此，光速的准确测量实验是物理学科中极其重要的实验课题。

从 17 世纪伽利略提出测量光速至今，光速的测量方法层出不穷，如天文学方法、大地测量方法、实验室方法等，对于光速的精准度日益增进。1983 年国际计量局决定光速为 $c = 299792458 \text{ m/s}$，同时将米定义为光在真空中 $1/299792458 \text{ s}$ 时间间隔内所传播的距离，因此将光速定义为一个精确值常数。

目前对于光速的测量方法主要采取实验室方法，如斐索创建的旋转齿轮法、傅科创建的旋转棱镜法、埃森创建的微波谐振腔法等。激光的出现，为光速的精确测量提供了一种新的方法，衍生了一系列激光测速法。由于其具有测量精度高以及测量方法多等优势，使得激光测速法成为主要的实验室方法。当前，测量光速的实验室方法主流之一就有光拍频法测光速，主要通过测量光拍的波长和频率来确定光速。

 实验目的

(1)掌握光拍频法测量光速的原理和实验方法。

(2)初步了解通过测量光拍的波长和频率来确定光速。

 实验原理

1. 光拍的形成及其特征

根据振动叠加原理，频差较小、速度相同的两列同向传播的简谐波叠加即形成拍。若有振幅同为 E_0、圆频率分别为 ω_1 和 ω_2（频差 $\Delta\omega = \omega_1 - \omega_2$ 较小）的两光束：

$$E_1 = E_0 \cos(\omega_1 t - k_1 x + \varphi_1) \tag{2-3-1}$$

$$E_2 = E_0 \cos(\omega_2 t - k_2 x + \varphi_2) \tag{2-3-2}$$

式中：$k_1 = 2\pi/\lambda_1$，$k_2 = 2\pi/\lambda_2$ 为波数，φ_1 和 φ_2 为初位相。若这两列光波的偏振方向相同，则叠加后的总场为：

$$E = E_1 + E_2 = 2E_0 \cos\left[\frac{\omega_1 - \omega_2}{2}\left(t - \frac{x}{c}\right) + \frac{\varphi_1 - \varphi_2}{2}\right] \times \cos\left[\frac{\omega_1 + \omega_2}{2}\left(t - \frac{x}{c}\right) + \frac{\varphi_1 + \omega_2}{2}\right]$$

$$\tag{2-3-3}$$

上式是沿 x 轴方向的前进波,其圆频率为 $(\omega_1 + \omega_2)/2$,振幅为 $2E_0\cos\left[\dfrac{\Delta\omega}{2}\left(t - \dfrac{x}{c}\right) + \dfrac{\varphi_1 - \varphi_2}{2}\right]$。因为振幅以频率为 $\Delta f = \Delta\omega/4\pi$ 周期性地变化,所以 E 被称为拍频波,Δf 称为拍频,$\Lambda = \Delta\lambda = c/\Delta f$ 为拍频波的波长。

2. 光拍信号的检测

用光电检测器(如光电倍增管等)接收光拍频波,可把光拍信号变为电信号。因为光电检测器光敏面上光照反应所产生的光电流与光强(即电场强度的平方)成正比,即

$$i_0 = gE^2 \qquad\qquad (2-3-4)$$

式中:g 为接收器的光电转换常数。

光波的频率:$f_0 > 10^{14}\,\text{Hz}$;光电接收管的光敏面响应频率一般小于 $10^9\,\text{Hz}$。因此检测器所产生的光电流只能是在响应时间 $\tau\,(1/f_0 < \tau < 1/\Delta f)$ 内的平均值。

$$\bar{i}_0 = \frac{1}{\tau}\int_\tau i_0 \mathrm{d}t = \frac{1}{\tau}\int_\tau gE^2 \mathrm{d}t = gE_0^2\left\{1 + \cos\left[\Delta\omega\left(t - \frac{x}{c}\right) + \Delta\varphi\right]\right\} \qquad (2-3-5)$$

结果中,高频项为零,留下常数项和缓变项,缓变项即是光拍频波信号,$\Delta\omega$ 是与拍频 Δf 相应的角频率,$\Delta\varphi$ 为初位相,$\Delta\varphi = \varphi_1 - \varphi_2$。

可见光电检测器输出的光电流包含有直流和光拍信号两种成分。滤去直流成分,检测器输出拍频为 Δf、初相位为 $\Delta\varphi$、相位与空间位置有关的光拍信号(见图 $2-3-1$)。

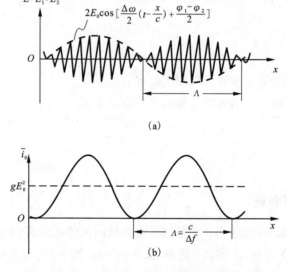

图 $2-3-1$　拍频波场在某一时刻 t 的空间分布

3. 光拍的获得

为产生光拍频波,要求相叠加的两光波具有一定的频差。这可通过声波与光波相互作用发生声光效应来实现。介质中的超声波能使介质内部产生应变引起介质折射率的周期性变化,就使介质成为一个位相光栅。当入射光通过该介质时发生衍射,其衍射光的频率与声频

有关。这就是所谓的声光效应。本实验是利用超声波在声光介质中与 He - Ne 激光束产生声光效应来实现的。

具体方法有两种，一种是行波法，如图 2 - 3 - 2(a)所示，在声光介质与声源(压电换能器、压电陶瓷)相对的端面敷以吸声材料，防止声反射，以保证只有声行波通过介质。当激光束通过相当于位相光栅的介质时，激光束产生对称多级衍射和频移，第 L 级衍射光的圆频率为 $\omega_L = \omega_0 + L\Omega$，其中 ω_0 是入射光的圆频率，Ω 为超声波的圆频率，$L = 0$，± 1，± 2，$\cdots$为衍射级。利用适当的光路使零级与 +1 级衍射光汇合起来，沿同一条路径传播，即可产生频差为 Ω 的光拍频波。

另一种是驻波法，如图 2 - 3 - 2(b)所示，在声光介质与声源相对的端面敷以声反射材料，以增强声反射。沿超声传播方向，当介质的厚度恰为超声半波长的整数倍时，前进波与反射波在介质中形成驻波超声场，这样的介质也是一个超声位相光栅，激光束通过时也要发生衍射，且衍射效率比行波法要高。第 L 级衍射光的圆频率为 $\omega_{L,m} = \omega_0 + (L + 2m)\Omega$。若超声波功率信号源的频率为 $F = \Omega/2\pi$，则第 L 级衍射光的频率为 $f_{L,m} = f_0 + (L + 2m)F$。式中 L，$m = 0$，± 1，± 2，$\cdots$，可见除不同衍射级的光波产生频移外，在同一级衍射光内也有不同频率的光波。因此，用同一级衍射光就可获得不同的拍频波。例如，选取第 1 级(或零级)，由 $m = 0$ 和 $m = -1$ 的两种频率成分叠加，可得到拍频为 $2F$ 的拍频波。

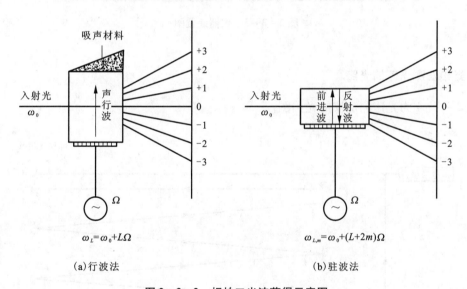

图 2 - 3 - 2　相拍二光波获得示意图

本实验即采用驻波法。驻波法衍射效率高，并且不需要特殊的光路使两级衍射光沿同向传播，在同一级衍射光中即可获得拍频波。

4. 光速 c 的测量

通过实验获得两束光拍信号，在示波器上对两光拍信号的相位进行比较，测出两光拍信号的光程差及相应光拍信号的频率，从而间接测出光速值。假设两束光的光程差为 L，对应的光拍信号的相位差为 $\Delta\varphi'$。当二光拍信号的相位差为 2π 时，即光程差为光拍波的波长 $\Delta\lambda$

时，示波器荧光屏上的二光束的波形就会完全重合。由公式 $c = \Delta\lambda \cdot \Delta f = L \cdot (2F)$ 便可测得光速值 c。式中 L 为光程差，F 为功率信号发生器的振荡频率。

 实验装置

本实验所用仪器有 CG – V 型光速测定仪、示波器和数字频率计各一台，仪器装置如图 2 – 3 – 3 所示。

图 2 – 3 – 3 仪器装置图

2. 光拍法测光速的光路

图 2 – 3 – 4 为光速测定仪的光路图。

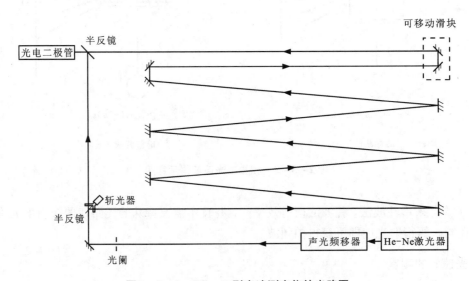

图 2 – 3 – 4 CG – V 型光速测定仪的光路图

实验中，用斩光器依次切断远程光路和近程光路，则在示波器屏上依次交替显示两光路的拍频信号正弦波形。但由于视觉暂留，能"同时"看到它们的信号。通过调节两路光的光程差，当光程差恰好等于一个拍频波长 $\Delta\lambda$ 时，两正弦波的位相差恰为 2π，波形第一次完全重合，从而 $c = \Delta\lambda \cdot \Delta f = L \cdot (2F)$。由光路测得 L，用数字频率计测得高频信号源的输出频率 F，根据上式可得出空气中的光速 c。

因为实验中的拍频波长约为 10 m，为了使装置紧凑，远程光路采用折叠式，如图 2-3-5 所示。实验中用圆孔光阑取出第 0 级衍射光产生拍频波，将其他级衍射光滤掉。

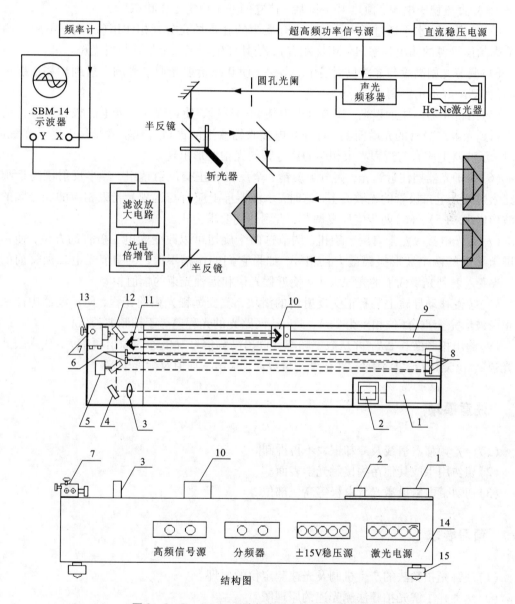

图 2-3-5 CG-V型光速测定仪的光路结构图

1—氦氖激光器；2—声光频移器；3—光阑；4—全反镜；5—斩光器；6—反光镜；7—光电接收器盒；8—反光镜；9—导轨；10—正交反射镜组；11—反射镜组；12—半反镜；13—调节装置；14—机箱；15—调节螺栓

实验内容与实验方法

（1）调节光速测定仪底脚螺栓，使仪器处于水平状态。

（2）正确连接线路，使示波器处于外触发工作状态，接通激光电源，调节电流至 5 mA，接通 15 V 直流稳压电源，预热 15 min 后，使它们处于稳定工作状态。

（3）使激光束水平通过通光孔与声光介质中的驻声场充分互相作用（已调好不用再调），调节高频信号源的输出频率（15 MHz 左右），使其产生二级以上最强衍射光斑。

（4）调节光阑高度与光路反射镜中心等高，使 0 级衍射光通过光阑入射到相邻反射镜的中心（如已调好不用再调）。

（5）用斩光器挡住远程光，调节全反射镜和半反镜，使近程光沿光电二极管前透镜的光轴入射到光电二极管的光敏面上，打开光电接收器盒上的窗口可观察激光是否进入光敏面，这时，示波器上应有与近程光束相应的经分频的光拍波形出现。

（6）用斩光器挡住近程光，调节半反射镜、全反镜和正交反射镜组，经半反射镜与近程光同路入射到光电二极管的光敏面上，这时，示波器屏上应有与远程光光束相应的经分频的光拍波形出现。（5）、（6）两步应反复调节，直到达到要求为止。

（7）在光电接收盒上有两个旋钮，调节这两个旋钮可以改变光电二极管的方位，使示波器屏上显示的两个波形振幅最大且相等，如果它们的振幅不等，再调节光电二极管前的透镜，改变入射到光敏面上的光强大小，使近程光束和远程光束的幅值相等。

（8）缓慢移动导轨上装有正交反射镜的滑块，改变远程光束的光程，使示波器中两束光的正弦波形完全重合（位相差为 2π），此时，两路光的光程差等于拍频波长 $\Delta\lambda$。

（9）测出拍频波长 $\Delta\lambda$，并从数字频率计读出高频信号发生器的输出频率 F，代入公式求得光速 c。反复进行多次测量，并记录测量数据，求出平均值及标准偏差。

 注意事项

（1）声光频移器引线及冷却铜块不得拆卸。
（2）切勿用手或其他污物接触光学表面。
（3）切勿带电触摸激光管电极等高压部位。

 预习要求

（1）理解光拍频法的产生机制及光速测定仪的原理。
（2）熟悉并了解光拍频法测光速的原理图。

 思考题

（1）什么是光拍频波？
（2）获得光拍频波的两种方法是什么？本实验采取哪一种？

（3）比较拍频波与驻波的形成条件和特点有何异同。

（4）对本实验中的误差进行分析，讨论提升精度的方法。

 参考文献

［1］蔡秀峰，蔡德发. 光速测量方法的改进［J］. 大学物理，2007，26（3）：44 – 48.

［2］魏秀芳，张正荣，张国恒. 光拍频法测光速实验的改进［J］. 大学物理实验，2015，28（3）：32 – 34.

［3］刘志军. 光拍频法测光速实验的改进方法探讨［J］. 晋中学院学报，2014，31（3）：12 – 15.

实验 2.4　磁光效应实验

 实验背景

  磁光效应是迈克尔·法拉第（Michael Faraday）在 1845 年通过一块玻璃板放置在磁体的两极之间进行实验观察到的物理现象。具体物理现象为：当一束平面偏振光穿过介质时，如果在介质中沿光的传播方向上加一个磁场，就会观察到光经过介质后，偏振面转过一个角度，即磁场使介质具有了旋光性。这种现象后来就称为法拉第效应。法拉第效应首次记录了光和电磁现象之间的关系，加快了对光本性的研究[1]。之后费尔德（Verdet）对许多介质的磁致旋光现象进行了研究，发现了法拉第效应能在固体、液体和气体中存在。

  在激光技术发展后，法拉第效应的应用价值越来越受到重视，如在光纤通信中应用的磁光隔离器，是利用法拉第效应中偏振面的旋转只取决于磁场方向的特性，而与光的传播方向无关。这样使光沿规定的方向传播时，可以同时阻挡反方向传播的光，从而减少光纤中器件表面反射光对光源的干扰；磁光隔离器也被广泛应用于激光多级放大、高分辨率的激光光谱、激光选模等技术。在磁场测量方面，利用法拉第效应弛豫时间短的特点制成的磁光效应磁强计可以测量脉冲强磁场、交变强磁场。在电流测量方面，利用电流的磁效应和光纤材料的法拉第效应，可以测量几千安培的大电流和几兆伏的高压电流。

  磁光调制主要应用于光偏振微小旋转角的测量技术，它是通过测量光束经过某种物质时偏振面的旋转角度来测量物质的活性。这种测量旋光的技术在科学研究、工业和医疗中有广泛的用途，在生物和化学领域以及新兴的生命科学领域中也是重要的测量手段。如物质的纯度控制和糖分测定；不对称合成化合物的纯度测定；制药业中的产物分析和纯度检测；医疗和生化中酶作用的研究；生命科学中研究核糖和核酸以及生命物质中左旋氨基酸的测量；人体血液中或尿液中糖分的测定等。在工业上，光偏振的测量技术可以实现物理在线测量。在磁光物质的研制方面，光偏振旋转角的测量技术有很重要的应用。

 实验目的

  (1) 了解法拉第磁光效应基本原理。
  (2) 熟悉法拉第磁光效应实验器材，掌握实验方法及步骤，并获得明显的实验现象。

 实验原理

1. 法拉第效应

  实验表明，在磁场不是很强时，如图 2-4-1 所示，偏振面旋转的角度 θ 与光波在介质中通过的路程 d 及介质中的磁感应强度在光的传播方向上的分量 B 成正比，即：

$$\theta = VBd \tag{2-4-1}$$

比例系数 V 由材料和工作波长决定，表征着材料的磁光特性，这个系数称为费尔德（Verdet）常数。

费尔德常数 V 与磁光介质的性质有关，对于顺磁、弱磁和抗磁性材料（如重火石玻璃等），V 为常数，即 θ 与磁场强度 B 有线性关系；而对铁磁性或亚铁磁性材料（如 YIG 等立方晶体材料），θ 与 B 不是简单的线性关系。

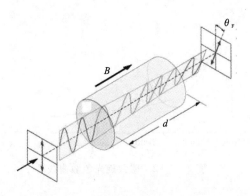

图 2 - 4 - 1　法拉第磁致旋光效应

表 2 - 4 - 1 为几种材料的费尔德常数。几乎所有材料（包括气体、液体、固体）都存在法拉第效应，不过一般都不显著。

表 2 - 4 - 1　几种材料的费尔德常数

物质	λ/mm	$V/[(')/(\mathrm{T}\cdot\mathrm{cm})]$
水	589.3	1.31×10^2
二硫化碳	589.3	4.17×10^2
轻火石玻璃	589.3	3.17×10^2
重火石玻璃	830.0	$8\times10^2\sim10\times10^2$
冕玻璃	632.8	$4.36\times10^2\sim7.27\times10^2$
石英	632.8	4.83×10^2
磷素	589.3	12.3×10^2

不同的材料，偏振面旋转的方向也可能不同。习惯上规定，以顺着磁场观察偏振面旋转绕向与磁场方向满足右手螺旋关系的称为"右旋"介质；反向旋转的称为"左旋"介质。

对于每一种给定的材料，法拉第旋转方向仅由磁场方向决定，而与光的传播方向无关（不管传播方向与磁场同向或者反向），这是法拉第磁光效应与某些材料的固有旋光效应的重要区别。固有旋光效应的旋光方向与光的传播方向有关，即随着顺光线和逆光线的方向观察，线偏振光的偏振面的旋转方向是相反的，因此当光线往返两次穿过固有旋光材料时，线偏振光的偏振面没有旋转。而法拉第效应则不然，在磁场方向不变的情况下，光线往返穿过磁致旋光物质时，法拉第旋转角将加倍。利用这一特性，能使光线在介质中往返数次，从而使旋转角度加大。这一性质使得磁光晶体在激光技术、光纤通信技术中获得重要应用。

与固有旋光效应类似，法拉第效应也有旋光色散，即费尔德常数随波长而变，一束白色的线偏振光穿过磁致旋光材料，则紫光的偏振面要比红光的偏振面转过的角度大，这就是旋光色散。实验表明，磁致旋光材料介质的费尔德常数随波长的增加而减小，如图2－4－2所示，旋光色散曲线又称为法拉第旋转谱。

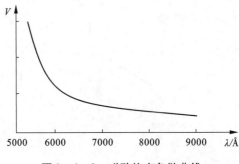

图2－4－2　磁致旋光色散曲线

2. 法拉第效应的唯象解释

从光波在材料中传播的图像看，法拉第效应可以做如下理解：一束平行于磁场方向传播的线偏振光，可以看作是两束等幅左旋和右旋圆偏振光的叠加。此处左旋和右旋是相对于磁场方向而言的。

如果磁场的作用是使右旋圆偏振光的传播速度 c/n_R 和左旋圆偏振光的传播速度 c/n_L 不等，于是通过厚度为 d 的介质后，便产生不同的相位滞后：

$$\varphi_R = \frac{2\pi}{\lambda}n_R d, \quad \varphi_L = \frac{2\pi}{\lambda}n_L d \qquad (2-4-2)$$

式中：λ 为真空中的波长。这里应注意，圆偏振光的相位即旋转电矢量的角位移；相位滞后即角位移倒转。在磁致旋光材料的入射截面上，入射线偏振光的电矢量 E 可以分解为图2－4－3(a)所示两个旋转方向不同的圆偏振光 E_R 和 E_L，通过介质后，它们的相位滞后不同，旋转方向也不同；在出射界面上，两个圆偏振光的旋转电矢量如图2－4－3(b)所示。当光束射出

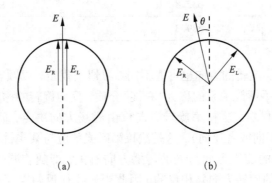

（a）　　　　　　　　　　（b）

图2－4－3　法拉第效应的唯象解释

介质后，左、右旋圆偏振光的速度又恢复一致，我们又可以将它们合成起来考虑，即仍为线偏振光。从图上容易看出，由介质射出后，两个圆偏振光的合成电矢量 E 的振动面相对于原来的振动面转过角度 θ，其大小可以由图 $2-4-3(b)$ 直接看出，因为

$$\varphi_R - \theta = \varphi_L + \theta \tag{2-4-3}$$

所以

$$\theta = \frac{1}{2}(\varphi_R - \varphi_L) \tag{2-4-4}$$

由式 $(2-4-2)$ 得：

$$\theta = \frac{\pi}{\lambda}(n_R - n_L)d = \theta_F \cdot d \tag{2-4-5}$$

当 $n_R > n_L$ 时，$\theta > 0$，表示右旋；当 $n_R < n_L$ 时，$\theta < 0$，表示左旋。假如 n_R 和 n_L 的差值正比于磁感应强度 B，由式 $(2-4-5)$ 便可以得到法拉第效应公式 $(2-4-1)$。式中的 $\theta_F = \frac{\pi}{\lambda}(n_R - n_L)$ 为单位长度上的旋转角，称为法拉第旋转角。因为在铁磁、亚铁磁等强磁材料中，法拉第旋转角与外加磁场并不成简单的正比关系，存在磁饱和，所以常用法拉第旋转角 θ_F 的饱和值来表征法拉第效应强弱。式 $(2-4-5)$ 也反映出法拉第旋转角与通过波长 λ 有关，即存在旋光色散。

磁场会使左旋、右旋圆偏振光的折射率或传播速度不同，从本质上讲，应归结为在磁场作用下，原子能级及量子态的变化。从经典电动力学中的介质极化和色散振子模型也可以得到法拉第效应的唯象理解。在这个模型中，把原子中被束缚的电子看作偶极振子，把光波产生的极化和色散看作是这些振子在外场下做强迫振动。现在除了光波以外，还有一个静磁场作用在电子上，于是电子的运动方程是：

$$m\frac{\mathrm{d}^2 r}{\mathrm{d}t^2} + kr = -eE - e\left(\frac{\mathrm{d}r}{\mathrm{d}t}\right) \times B \tag{2-4-6}$$

式中：r 是电子离开平衡位置的位移，m 和 e 分别为电子的质量和电荷，k 是这个偶极子的弹性恢复力。上式等号右边第一项是光波的电场对电子的作用，第二项是磁场作用于电子的洛仑兹力。为简化起见，略去了光波中磁场分量对电子的作用及电子振荡的阻尼（当入射光波长位于远离介质的共振吸收峰的透明区时成立），因为这些小的效应对于理解法拉第效应的主要特征不重要。

假定入射光波场具有通常的简谐波的时间变化形式 $e^{i\omega t}$，因为特解是在外加光波场作用下受迫振动的稳定解，所以 r 的时间变化形式也应是 $e^{i\omega t}$，因此式 $(2-4-6)$ 可以写成

$$(\omega_0^2 - \omega^2)r + i\frac{e}{m}\omega r \times B = -\frac{e}{m}E \tag{2-4-7}$$

式中：$\omega_0 = \sqrt{k/m}$，为电子共振频率。设磁场沿 $+z$ 方向，又设光波沿此方向传播且是右旋圆偏振光，用复数形式表示为

$$E = E_x e^{i\omega t} + iE_y e^{i\omega t} \tag{2-4-8}$$

将式 $(2-4-7)$ 写成分量形式

$$(\omega_0^2 - \omega^2)x + i\frac{e\omega}{m}By = -\frac{e}{m}E_x \tag{2-4-9}$$

$$(\omega_0^2 - \omega^2)y - \mathrm{i}\frac{e\omega}{m}Bx = -\frac{e}{m}E_y \qquad (2-4-10)$$

将式(2-4-10)乘 i 并与式(2-4-9)相加可得

$$(\omega_0^2 - \omega^2)(x+\mathrm{i}y) + \frac{e\omega}{m}B(x+\mathrm{i}y) = -\frac{e}{m}(E_x + \mathrm{i}E_y) \qquad (2-4-11)$$

因此,电子振荡的复振幅为

$$x+\mathrm{i}y = \frac{-e}{m(\omega_0^2 - \omega^2) + e\omega B}(E_x + \mathrm{i}E_y) \qquad (2-4-12)$$

设单位体积内有 N 个电子,则介质的电极化强度矢量 $\boldsymbol{P} = -Ne\boldsymbol{r}$。由宏观电动力学的关系式 $\boldsymbol{P} = \varepsilon_0\chi\boldsymbol{E}$($\chi$ 为有效的极化率张量)可得

$$\chi = \frac{\boldsymbol{P}}{\varepsilon_0\boldsymbol{E}} = \frac{-Ne\boldsymbol{r}}{\varepsilon_0\boldsymbol{E}} = \frac{-Ne(x+\mathrm{i}y)\,\mathrm{e}^{\mathrm{i}\omega t}}{\varepsilon_0(E_x + \mathrm{i}E_y)\,\mathrm{e}^{\mathrm{i}\omega t}} \qquad (2-4-13)$$

将式(2-4-12)代入式(2-4-13)得到

$$\chi = \frac{Ne^2/m\varepsilon_0}{\omega_0^2 - \omega^2 + \dfrac{e\omega}{m}B} \qquad (2-4-14)$$

令 $\omega_c = eB/m$(ω_c 称为回旋加速角频率),则

$$\chi = \frac{Ne^2/m\varepsilon_0}{\omega_0^2 - \omega^2 + \omega\omega_c} \qquad (2-4-15)$$

由于 $n^2 = \varepsilon/\varepsilon_0 = 1+\chi$,因此

$$n_R^2 = 1 + \frac{Ne^2/m\varepsilon_0}{\omega_0^2 - \omega^2 + \omega\omega_c} \qquad (2-4-16)$$

若是可见光,ω 为 $(2.5 \sim 4.7)\times 10^{15}\ \mathrm{s}^{-1}$,当 $B=1$ T 时,$\omega_c \approx 1.7\times 10^{11}\ \mathrm{s}^{-1} \ll \omega$,这种情况下式(2-4-16)可以表示为

$$n_R^2 = 1 + \frac{Ne^2/m\varepsilon_0}{(\omega_0 + \omega_L)^2 - \omega^2} \qquad (2-4-17)$$

式中:$\omega_L = \omega_c/2 = (e/2m)B$,为电子轨道磁矩在外磁场中的经典拉莫尔(Larmor)进动频率。

若入射光改为左旋圆偏振光,结果只是使 ω_L 前的符号改变,即有

$$n_L^2 = 1 + \frac{Ne^2/m\varepsilon_0}{(\omega_0 - \omega_L)^2 - \omega^2} \qquad (2-4-18)$$

对比无磁场时的色散公式

$$n^2 = 1 + \frac{Ne^2/m\varepsilon_0}{\omega_0^2 - \omega^2} \qquad (2-4-19)$$

结论为两点:一是在外磁场的作用下,电子做受迫振动,振子固有频率由 ω_0 变成 $\omega_0 \pm \omega_L$,对应于吸收光谱的塞曼效应;二是 ω_0 的变化导致折射率变化,且左旋和右旋圆偏振的变化是不相同的,尤其 ω 接近 ω_0 时,差别更为突出,即为法拉第效应。由此看来,法拉第效应和吸收光谱的塞曼效应起源于同一物理过程。

通常 n_L,n_R 和 n 相差甚微,近似有

$$n_L - n_R \approx \frac{n_R^2 - n_L^2}{2n} \qquad (2-4-20)$$

由式(2-4-5)得到

$$\frac{\theta}{d} = \frac{\pi}{\lambda}(n_{\mathrm{R}} - n_{\mathrm{L}}) \qquad (2-4-21)$$

将式(2-4-20)代入上式得到

$$\frac{\theta}{d} = \frac{\pi}{\lambda} \cdot \frac{n_{\mathrm{R}}^2 - n_{\mathrm{L}}^2}{2n} \qquad (2-4-22)$$

将式(2-4-17)、式(2-4-18)、式(2-4-19)代入上式得到

$$\frac{\theta}{d} = \frac{-Ne^3\omega^2}{2cm^2\varepsilon_0 n} \cdot \frac{1}{(\omega_0^2 - \omega^2)^2} \cdot B \qquad (2-4-23)$$

由于 $\omega_{\mathrm{L}}^2 \ll \omega^2$，在上式的推导中略去了 ω_{L}^2 项。由式(2-4-19)得

$$\frac{\mathrm{d}n}{\mathrm{d}\omega} = \frac{Ne^2}{m\varepsilon_0 n} \frac{\omega}{(\omega_0^2 - \omega)^2} \qquad (2-4-24)$$

由式(2-4-23)和式(2-4-24)可以得到

$$\frac{\theta}{d} = \frac{-1}{2c} \cdot \frac{e}{m}\omega \cdot \frac{\mathrm{d}n}{\mathrm{d}\omega} \cdot B = -\frac{1}{2c} \cdot \frac{e}{m} \cdot \lambda \cdot \frac{\mathrm{d}n}{\mathrm{d}\lambda} \cdot B \qquad (2-4-25)$$

式中：λ 为观测波长，$\mathrm{d}n/\mathrm{d}\lambda$ 为介质在无磁场时的色散。在上述推导中，左旋和右旋只是相对于磁场方向而言，与光波的传播方向同磁场方向相同或相反无关。因此，法拉第效应便有与自然旋光现象完全不同的不可逆性。

3. 磁光调制原理

根据马吕斯定律，若不计光损耗，则通过起偏器，经检偏器输出的光强为：

$$I = I_0\cos^2\alpha \qquad (2-4-26)$$

式中：I_0 为起偏器同检偏器的透光轴之间夹角 $\alpha = 0$ 或 $\alpha = \pi$ 时的输出光强。若在两个偏振器之间加一个由励磁线圈(调制线圈)、磁光调制晶体和低频信号源组成的低频调制器，则调制励磁线圈所产生的正弦交变磁场 $B = B_0\sin\omega t$，能够使磁光调制晶体产生交变的振动面转角 $\theta = \theta_0\sin\omega t$，$\theta_0$ 称为调制角幅度。此时输出光强由式(2-4-26)变为

$$I = I_0\cos^2(\alpha + \theta) = I_0\cos^2(\alpha + \theta_0\sin\omega t) \qquad (2-4-27)$$

由式(2-4-27)可知，当 α 一定时，输出光强 I 仅随 θ 变化，因为 θ 是受交变磁场 B 或信号电流 $i = i_0\sin\omega t$ 控制的，从而使信号电流产生的光振动面旋转，转化为光的强度调制，这就是磁光调制的基本原理。其装置如图2-4-4所示。

根据倍角三角函数公式由式(2-4-27)可以得到

$$I = \frac{1}{2}I_0[1 + \cos 2(\alpha + \theta)] \qquad (2-4-28)$$

显然，在 $0 \leqslant \alpha + \theta \leqslant 90°$ 的条件下，当余弦值为1时输出光强最大，即

$$I_{\max} = \frac{I_0}{2}[1 + \cos 2(\alpha - \theta_0)] \qquad (2-4-29)$$

当余弦值为0时，输出光强最小，即

$$I_{\min} = \frac{I_0}{2}[1 + \cos 2(\alpha + \theta_0)] \qquad (2-4-30)$$

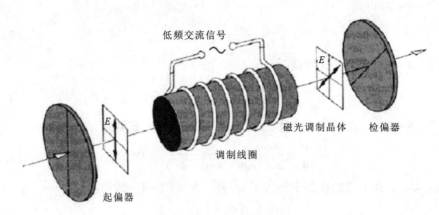

低频交流信号

E

磁光调制晶体

检偏器

调制线圈

E

起偏器

图 2 – 4 – 4　磁光调制装置

定义光强的调制幅度：

$$A = I_{max} - I_{min} \qquad (2-4-31)$$

把式(2 – 4 – 29)和式(2 – 4 – 30)代入上式得到

$$A = I_0 \sin 2\alpha \sin 2\theta \qquad (2-4-32)$$

由上式可以看出，在调制角幅度 θ_0 一定的情况下，当起偏器和检偏器透光轴夹角 $\alpha = 45°$时，光强调制幅度最大

$$A_{max} = I_0 \sin 2\theta_0 \qquad (2-4-33)$$

所以，在磁光调制实验中，通常将起偏器和检偏器透光轴成45°角放置，此时输出的调制光强由式(2 – 4 – 28)知

$$I\big|_{\alpha=45°} = \frac{I_0}{2}(1 - \sin 2\theta) \qquad (2-4-34)$$

当 $\alpha = 90°$时，即起偏器和检偏器偏振方向正交时，输出的调制光强由式(2 – 4 – 27)可知

$$I\big|_{\alpha=90°} = I_0 \sin^2\theta \qquad (2-4-35)$$

当 $\alpha = 0°$，即起偏器和检偏器偏振方向平行时，输出的调制光强由式(2 – 4 – 47)知

$$I\big|_{\alpha=0°} = I_0 \cos^2\theta \qquad (2-4-36)$$

若将输出的调制光入射到光电池上，转换成光电流，经过放大器放大输入示波器，就可以观察到被调制了的信号。当 $\alpha = 45°$时，观察到调制幅度最大，当 $\alpha = 0°$或 $\alpha = 90°$，可以观察到由式(2 – 4 – 35)和式(2 – 4 – 36)决定的倍频信号。但因为 θ 一般都非常小，由式(2 – 4 – 35)和式(2 – 4 – 36)可知，输出倍频信号的幅度分别接近于直流分量 0 或 I_0。

实验装置

FD – MOC – A 磁光效应综合实验仪主要由导轨滑块光学部件、两个控制主机、直流可调稳压电源以及手提零件箱组成。另外实验时需要一台双踪示波器(选配件，用户根据需要另配)。

其中近 1 m 长的光学导轨上有八个滑块，分别有激光器、起偏器、检偏器、测角器(含偏振片)、调制线圈、会聚透镜、探测器、电磁铁。直流可调稳压电源通过四根连接线与电磁铁相连,电磁铁可以串联和并联,具体连接方式及磁场方向可以通过特斯拉计测量确定。

两个控制主机主要由五部分组成:特斯拉计、调制信号发生器、激光器电源、光功率计和选频放大器。

1. 特斯拉计及信号发生器面板

特斯拉计及信号发生器面板说明如图 2-4-5 所示。

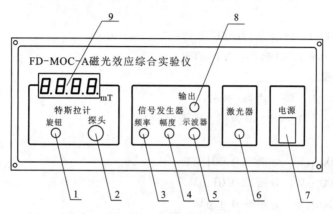

图 2-4-5　特斯拉计及信号发生器面板

1—调零旋钮;2—接特斯拉计探头;3—调节调制信号的频率;4—调节调制信号的幅度;5—接示波器,观察调制信号;6—半导体激光器电源;7—电源开关;8—调制信号输出,接调制线圈;9—特斯拉计测量数值显示

2. 光功率计和选频放大器面板

光功率计和选频放大器面板说明如图 2-4-6 所示。

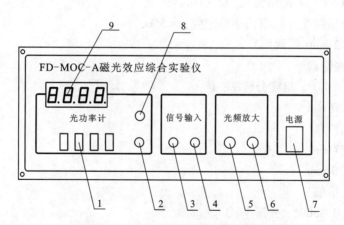

图 2-4-6　光功率计和选频放大器面板

1—功率换挡开关;2—调零旋钮;3—基频信号输入端,接光电接收器;4—倍频信号输入端,接光电接收器;5—接示波器,观察基频信号;6—接示波器,观察倍频信号;7—电源开关;8—光功率计输入端,接光电接收器;9—光功率计表头显示

3. 仪器技术指标

（1）仪器工作电压

DC220V（1±10%），50 Hz±2 Hz

（2）仪器工作环境

温度：0~40℃，相对湿度：<90%

（3）特斯拉计

量程：0~2.000 T，分辨率：0.001 T

量程：0~200.0 mT，分辨率：0.1 mT

（4）信号发生器

信号频率：500 Hz，频率微调：8 Hz

正弦波输出幅度：0~9 V（有效值，连续可调）

（5）光功率计

量程：0~2.000 μW，分辨率 0.001 μW

量程：0~20.00 μW，分辨率 0.01 μW

量程：0~200.0 μW，分辨率 0.1 μW

量程：0~2.000 mW，分辨率 0.001 mW

（6）直流可调稳压电源

电压量程：0~30.0 V，分辨率：0.1 V

电流量程：0~5.00 A，分辨率：0.01 A

（7）导轨（燕尾结构）

总长度：1000 mm，分辨率 1 mm

（8）半导体激光器

工作电压：DC3V　　输出波长：650 nm

偏振性：部分偏振光　输出功率稳定度：<5%

光斑直径：<2 mm（可调焦）

（9）起偏器（检偏器）

转动角度：0~360°，角度分辨率：1°

通光孔径：ϕ20 mm

（10）聚焦透镜

透镜焦距：157 mm

通光孔径：ϕ30 mm

（11）测角器（检偏）

外盘转动角：0~360°，分辨率：1°

测微头移动量程：0~10 mm，分辨率：0.01 mm

（12）光电探测器

信号检测：硅光电池

可调光阑孔径：ϕ1.0 mm、ϕ1.5 mm、ϕ2.0 mm、ϕ2.5 mm、ϕ3.0 mm、ϕ3.5 mm、ϕ4.0 mm、ϕ4.5 mm、ϕ5.0 mm、ϕ6.0 mm

（13）实验样品

样品 A：法拉第旋光玻璃，长度：8 mm 左右，直径：ϕ6 mm 左右

样品 B：冕玻璃，长度：20 mm 左右，直径：ϕ25 mm 左右

 实验内容与实验方法

1. 实验内容

（1）用特斯拉计测量电磁铁磁头中心的磁感应强度，分析线性范围。

（2）法拉第效应实验：用消光法检测磁光玻璃的费尔德常数。

（3）磁光调制实验：熟悉磁光调制的原理，理解倍频法精确测定消光位置。

（4）磁光调制倍频法研究法拉第效应，精确测量不同样品的费尔德常数。

2. 实验过程

1）电磁铁磁头中心磁场的测量

（1）将直流稳压电源的两输出端（"红""黑"两端）用四根带红黑手枪插头的连接线与电磁铁相连。注意：一般情况下，电磁铁两线圈并联。

（2）调节两个磁头上端的固定螺丝，使两个磁头中心对准（验证标准为中心孔完全通光），并使磁头间隙为一定数值，如：20 mm 或者 10 mm。

（3）将特斯拉计探头连线一端与装有特斯拉计的磁光效应综合实验仪主机对应五芯航空插座相连，另外一端通过探头臂固定在电磁铁上，并使探头处于两个磁头正中心，旋转探头方向，使磁力线垂直穿过探头前端的霍尔传感器，这样测量出的磁感应强度最大，对应特斯拉计此时测量最准确，如图 2-4-7 所示。

（4）调节直流稳压电源的电流调节电位器，使电流逐渐增大，并记录不同电流情况下的磁感应强度。然后列表画图分析电流-中心磁感应强度的线性变化区域，并分析磁感应强度

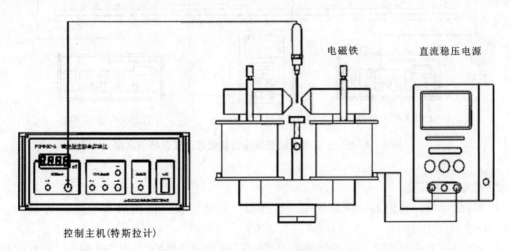

图 2-4-7　磁场测量装置连接示意图

饱和的原因。

2)正交消光法测量法拉第效应实验

(1)将半导体激光器、起偏器、透镜、电磁铁、检偏器、光电接收器依次放置在光学导轨上,如图2-4-8所示;

(2)将半导体激光器与主机上"3 V 输出"相连,将光电接收器与光功率计的"输入"端相连;

(3)将恒流电源与电磁铁相连(注意电磁铁两个线圈一般选择并联);

(4)在磁头中间放入实验样品,样品共两种;

(5)调节激光器,使激光依次穿过起偏器、透镜、磁铁中心、样品、检偏器,并能够被光电接收器接收;

(6)由于半导体激光器为部分偏振光,可调节起偏器来调节输入光强的大小;调节检偏器,使其与起偏器偏振方向正交,这时检测到的光信号为最小,读取此时检偏器的角度 θ_1;

(7)打开恒流电源,给样品加上恒定磁场,可看到光功率计读数增大,转动检偏器,使光功率计读数为最小,读取此时检偏器的角度 θ_2,得到样品在该磁场下的偏转角 $\theta = \theta_2 - \theta_1$;

(8)关掉半导体激光器,取下样品,用高斯计测量磁隙中心的磁感应强度 B,用游标卡尺测量样品厚度 d,根据公式: $\theta = V \cdot B \cdot d$,可以求出该样品的费尔德常数;

(9)可根据实际需要,合理安排实验过程,如采用改变电流方向求平均值的方法来测量偏转角;通过改变励磁电流而改变中心磁场的场强,测量不同场强下的偏转角,以研究材料的磁光特性。

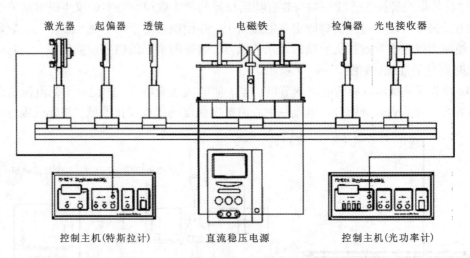

图2-4-8 正交消光法测量法拉第效应装置连接示意图

3)磁光调制实验

(1)将激光器、起偏器、调制线圈、检偏器、光电接收器依次放置在光学导轨上,如图2-4-9所示;

(2)将主机上调制信号发生器部分的"示波器"端与示波器的"CH1"端相连,观察调制信号,调节"幅度"旋钮可调节调制信号的大小,注意不要使调制信号变形,调节"频率"旋钮可微调调制信号的频率;

(3)将激光器与主机上"3V 输出"相连,调节激光器,使激光从调制线圈中心样品中穿过,并能够被光电接收器接收;

(4)将调制线圈与主机上调制信号发生器部分的"输出"端用音频线相连;

(5)将光电接收器与主机上信号输入部分的"基频"端相连;用 Q9 线连接选频放大部分的"基频"端与示波器的"CH2"端;

(6)用示波器观察基频信号,调节调制信号发生器部分的"频率"旋钮,使基频信号最强,调节检偏器与起偏器的夹角,观察基频信号的变化;

(7)调节检偏器到消光位置附近,将光电接收器与主机上信号输入部分的"倍频"端相连,同时将示波器的"CH2"端与选频放大部分的"倍频"端相连,调节调制信号发生器部分的"频率"旋钮,使倍频信号最强,微调检偏器,观察信号变化,当检偏器与起偏器正交时,即消光位置,可以观察到稳定的倍频信号。

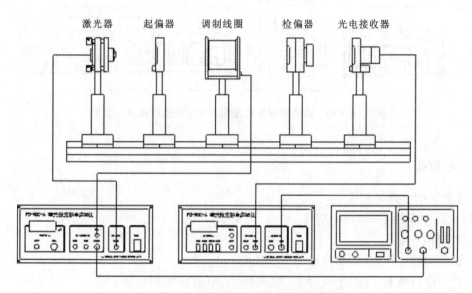

激光器 起偏器 调制线圈 检偏器 光电接收器

图 2 - 4 - 9 磁光调制实验连接示意图

4)磁光调制倍频法测量法拉第效应实验

(1)将半导体激光器、起偏器、透镜、电磁铁、调制线圈、有测微机构的检偏器、光电接收器依次放置在光学导轨上,如图 2 - 4 - 10 所示;

(2)在电磁铁磁头中间放入实验样品,将恒流电源与电磁铁相连,将主机上调制信号发生器部分的"示波器"端与示波器的"CH1"端相连;将激光器与主机上"3V 输出"相连,调节激光器,使激光依次穿过各元件,并能够被光电接收器接收;将调制线圈与主机上调制信号发生器部分的"输出"端用音频线相连;将光电接收器与主机上信号输入部分的"基频"端相连;用 Q9 线连接选频放大部分的"基频"端与示波器的"CH2"端;

(3)用示波器观察基频信号,旋转检偏器到消光位置附近,将光电接收器与主机上信号输入部分的"倍频"端相连,同时将示波器的"CH2"端与选频放大部分的"倍频"端相连,微调检偏器的测微器到可以观察到稳定的倍频信号,读取此时检偏器的角度 θ_1;

(4)打开恒流电源,给样品加上恒定磁场,可看到倍频信号发生变化,调节检偏器的测微器至再次看到稳定的倍频信号，读取此时检偏器的角度 θ_2，得到样品在该磁场下的偏转角 $\theta = \theta_2 - \theta_1$；

（5）关掉半导体激光器，取下样品，用高斯计测量磁隙中心的磁感应强度 B，用游标卡尺测量样品厚度 d，根据公式：$\theta = V \cdot B \cdot d$，可以求出该样品的费尔德常数。

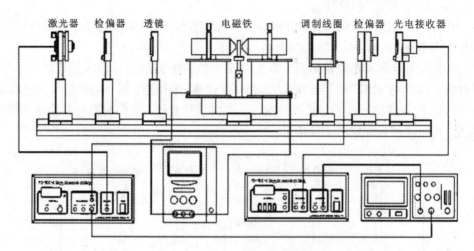

图 2 – 4 – 10　磁光调制倍频法测量法拉第效应连接示意图

3. 实验数据

1）电磁铁中心磁场测量

（1）大间隙条件下（20 mm 左右）

实验条件：

- 磁头间隙：19.36 mm（样品的测量长度）；
- 直流稳压电源：电压 0 ~ 30 V，电流 0 ~ 5 A（连续可调）；
- 励磁线圈连接方式：两线圈并联。

测量数据如表 2 – 4 – 2 所示。

表 2 – 4 – 2　励磁电流 I 和磁场中心磁感应强度 B 数据记录（间隙 19.36 mm）

励磁电流 I /A	磁感应强度 B /mT	励磁电流 I /A	磁感应强度 B /mT	励磁电流 I /A	磁感应强度 B /mT
0.08	8	1.45	140	2.70	217
0.26	25	1.58	152	2.91	223
0.34	33	1.67	160	3.06	226
0.55	54	1.81	172	3.19	230
0.83	82	2.01	186	3.43	235
0.96	94	2.18	196	3.67	240

续表 2 - 4 - 2

励磁电流 I /A	磁感应强度 B /mT	励磁电流 I /A	磁感应强度 B /mT	励磁电流 I /A	磁感应强度 B /mT
1.13	110	2.26	201	3.87	244
1.26	123	2.37	205	3.93	245
1.36	132	2.55	212		

做二者的关系曲线得到图 2 - 4 - 11。

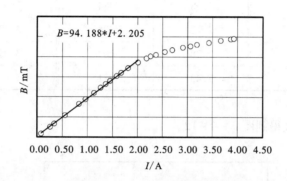

图 2 - 4 - 11　励磁电流 I 与中心磁场磁感应强度 B 关系曲线

从测量曲线上可以看出,在电流达到 2 A 时,电磁铁磁头达到饱和,电流小于 2 A 的情况下,励磁电流和中心磁感应强度较好地满足线性关系。结合励磁线圈线径及温升的关系,在两线圈并联的实验条件下,电流在 2 A 以下调节使用,即单个线圈内通过的电流最好小于 1 A 的条件。

另外,通过拟合曲线可以得到,在线性范围内,磁头中心的磁感应强度 B (单位:mT)和励磁电流 I (单位:A)的关系为 $B = 94.188I + 2.205$,所以,在后续的实验中,保持磁头间隙为 19.36 mm 的条件,只要测量所加的励磁电流,即可以求出对应的磁感应强度,而励磁电流可以通过直流稳压电源上数字面板表直接读出,这样给后面实验带来了方便。

同样道理,在磁头间隙为 10 mm 左右,即可以测量将另外一个实验样品正好放在磁头间时的情况。

(2)小间隙条件下(10 mm 左右)

实验条件:

- 磁头间隙:10.00 mm(旋光玻璃样品的测量长度);
- 直流稳压电源:电压 0 ~ 30 V,电流 0 ~ 5 A(连续可调);
- 励磁线圈连接方式:两线圈并联。

测量数据如表 2 - 4 - 3 所示。

表 2 - 4 - 3 励磁电流 I 和磁场中心磁感应强度 B 数据记录（间隙 10.00 mm）

励磁电流 I /A	磁感应强度 B /mT	励磁电流 I /A	磁感应强度 B /mT	励磁电流 I /A	磁感应强度 B /mT
0.13	27	1.12	235	2.61	431
0.25	53	1.35	278	2.82	442
0.32	66	1.44	295	3.02	452
0.49	101	1.60	326	3.20	460
0.64	133	1.84	365	3.41	469
0.73	151	1.98	384	3.65	479
0.85	177	2.12	396	3.80	484
0.93	193	2.28	409	3.85	485
1.02	211	2.43	421		

做二者的关系曲线得到图 2 - 4 - 12。

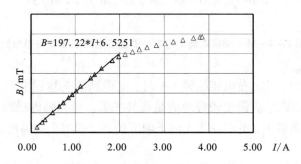

图 2 - 4 - 12 励磁电流 I 与中心磁场磁感应强度 B 关系曲线

同样，从测量曲线上可以看出，在电流达到 2 A 时，电磁铁磁头达到饱和，电流小于 2 A 的情况下，励磁电流和中心磁感应强度较好地满足线性关系。另外，通过拟合曲线可以得到，在线性范围内，磁头中心的磁感应强度 B 和励磁电流 I 的关系为

$$B = 197.2I + 6.5251$$

式中：电流 I 单位为 A，中心磁感应强度 B 单位为 mT。

2）正交消光法测量法拉第效应实验（测量样品选择法拉第旋光玻璃）

仪器连接如图 2 - 4 - 8 所示，图中透镜视光路调节情况，可以加进去，也可以不放。实验中测量样品选择法拉第旋光玻璃，即装有黑色金属外壳的实验样品（因为此样品的费尔德常数较大，实验现象比较明显）。

另外起偏和检偏可以选择角度分辨率为 1° 的检偏器，也可以选择配有螺旋测微头的检偏器，这样可以精确测量偏转的角度。关于配有螺旋测微头的检偏器，主要原理是将角位移转换为直线位移，因为每台仪器的机械加工误差，实验时应该对其进行定标。定标过程如下：

外转盘的最小刻度为 1°，螺旋测微头的最小读数为 0.01 mm，因为在所测量的近似范围内，角位移和直线位移是线性的(关于这一点，实验者可以自行求证，这里不再详述)，所以只要找出对应外转盘转动 10°或者 20°时螺旋测微头所移动的距离，就可以找出测微头 0.01 mm 对应的角位移是多少度或者多少分。

测量得到表 2 - 4 - 4 所示数据。

表 2 - 4 - 4　测量数据

外转盘角度	测微头读数/mm
130°	1.320
150°	7.540

计算得出测微头移动 0.01 mm，对应转动角度 1.9′。所以螺旋测微头 10 mm 行程对应角度约为 32°。

首先按照图 2 - 4 - 8 连接光路和主机，先拿去检偏器，调节激光器，使激光光斑正好入射进光电探测器(可以调节探测器前的光阑孔的大小，使激光完全入射进光电探测器)，转动起偏器，使光功率计输出数值最大(可以换挡调节)，这样调节是因为，半导体激光器输出的是部分偏振光，所以实验前应该使起偏器的起偏方向和激光器的振动方向较强的方向一致，这样输出光强最大，以后的实验中就可以固定起偏器的方向。

放入检偏器(或者装有偏振片的测角器)，并将实验样品放入磁场中间(我们选择费尔德常数较大的法拉第旋光玻璃作样品，此时磁头间隙调节为 10 mm)，调节检偏器到正交消光位置，此时输出光强最小，即光功率计输出数值最小，改变电流，可以看到光功率计数值增大，根据马吕斯定律知道，此时由于磁致旋光(法拉第效应)，穿过样品的线偏振光的偏振面发生了旋转，转动检偏器使光功率计输出数值重新达到最小，则检偏器转过的角度即为法拉第旋转角 θ，根据公式(2 - 4 - 1)，测量样品厚度 d 和中心磁场强度 B，即可以求出样品的费尔德常数 V。

实验测量，磁头间隙 10 mm，电流为 $I = 1.77$ A 时，相对于未加磁场的情况，偏转角度为 4.525 mm(螺旋测微头移动距离)。

所以根据前面电流 - 磁感应强度测量公式：$B = 197.2I + 6.5251$，可以求出电流为 1.77 A 时，对应磁感应强度 $B = 355.6$ mT；

又因为测微头移动 0.01 mm，对应转动角度 1.9′，所以转动角度为 859.8′。样品长度 $d = 7.96$ mm，所以材料的费尔德常数：

$$V = \frac{\theta}{B \cdot d} = \frac{859.8}{355.6 \times 0.001 \times 7.96 \times 0.1} = 30.4 \times 10^2 \text{ min/T} \cdot \text{cm}$$

对比表 2 - 4 - 1 中的不同样品的费尔德常数，可以发现我们所测量的样品的费尔德常数远远大于其他样品，所以在后面的磁光调制实验中，调制晶体就采用这种样品。

3)磁光调制实验

实验连接如图 2 - 4 - 9 所示，其中测角器可以换为检偏器，两者的共同点是都装有偏振片，不同点是检偏器的角度测量分辨率为 1°，而测角器的角度分辨率比较高，从前面的测量中可以看出，其分辨率大致为 1.9′。并且测角器可以粗调角度，也可以通过螺旋测微头进行微调。

在输入光强及调制磁场幅度不变的情况下，转动检偏器，即改变 α 的值，可以看到示波器上输出调制波形的变化。

（1）检偏器转动到一定角度，磁光调制输出幅度最大，从原理部分可知，此时 $\alpha = 45°$，如图 2-4-13 中上半部分。

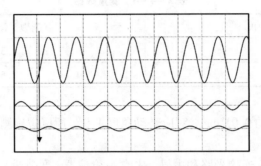

图 2-4-13 调制输出波形随 α 的变化

（2）在光强输出接近最大或者最小时，磁光调制幅度逐渐减小，即 $\alpha \to 0°$ 或者 $90°$ 时，正弦波输出幅度逐渐减小，这也符合上面的理论推断。

（3）当 $\alpha = 0°$ 时，即起偏器和检偏器正交时，磁光调制输出幅度达到最小，如图 2-4-13 下半部分。

（4）当磁光调制输出幅度达到最小时，将光电检测的信号接入主机面板上的"倍频"输入端，将连示波器的 Q9 线的一端也接入主机面板上的"倍频"输出端，可以看到倍频信号。即输入调制线圈的 500 Hz 的正弦波，经过调制之后，从光电探测器中输出的是 1000 Hz 的正弦波，当偏离消光位置时，可以看到，波形将发生畸变，逐渐由 1000 Hz 的正弦波变为 500 Hz 的正弦波，如图 2-4-14 所示。

将信号发生器的信号输出端也接入示波器，通过李萨如图形观测，可以发现调制输出信号确实为信号发生器输出信号（输入调制线圈的信号）的两倍，如图 2-4-15 所示，这可以精确确定消光的位置，为后面倍频法测量样品费尔德常数做好准备。

由以上可见，实验和理论取得了很好的一致。

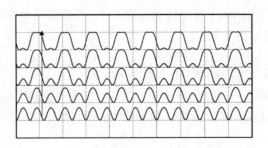

图 2-4-14 调制输出波形的畸变

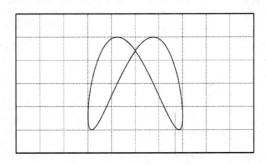

图 2 - 4 - 15　调制输入信号和调制输出信号倍频点时的李萨如图

4）磁光调制倍频法放置法拉第效应实验

实验连接如图 2 - 4 - 10 所示，导轨上需要放置激光器、起偏器、透镜（看实际需要放置，目的是调节激光光斑的大小和改变光路）、电磁铁、调制线圈、测角器、探测器。控制元件需要两台磁光效应综合实验仪主机和稳压电源、双踪示波器。

（1）首先放置激光器和电磁铁，调节激光器微调俯仰角和扭转角的调节螺丝，使激光光斑完全穿过电磁铁中心孔，其中激光光斑的大小可以通过调节激光器前端的小透镜组使激光光斑不至于发散角过大。

（2）放入起偏器和调制线圈，使光斑正好穿过调制线圈中间的调制晶体，这一点非常重要，需要仔细调节，然后再放入测角器（或者检偏器）和探测器，调节探测器前端的可调孔光阑，使激光光斑正好穿过并能够被光电接收器接收。

（3）调节电磁铁的两个磁头，使其间隙正好放入冕玻璃样品，因为冕玻璃样品加工长度为 20 mm，所以此时磁头间隙也正好为 20 mm，这样可以测量励磁电流，根据实验 1）中测量得出的公式计算中心磁场的磁感应强度（线圈选择并联）。

（4）将电流调节至 0 A，调节测角器，使示波器能够观察到倍频信号，这时可以直接观察正弦波信号，也可以观察如图 2 - 4 - 15 所示的李萨如图形（以下以观察李萨如图为例，观察正弦波的方法类似），精确调制倍频点，即使起偏器和检偏器完全正交。记录此时测角器螺旋测微头的读数。

（5）增大电流至合适值，可以看到李萨如图发生变化，类似蝴蝶翅膀的图形不再对称，这说明偏离了消光点，即由于出现磁致旋光，检偏器和从电磁铁出射的光没有完全正交，调节测角器的测微头（说明：大角度调节测角器偏振片时可以旋转中间的固定器，小角度调节时调节螺旋测微头，可以达到精确测量的目的），使李萨如图形重新出现完全对称，记录此时测微头的读数。这时测角器转过的角度即为加磁场后样品发生法拉第效应转过的角度。

数据记录：

测量样品：冕玻璃（长度 20 mm）

电磁铁线圈连接方式：并联

改变电流测量对应角度得到表 2 - 4 - 5。

表2-4-5 励磁电流和测微器读数对应测量数据

励磁电流/A	螺旋测微器读数/mm
0.00	6.852
0.66	6.618
1.01	6.495
1.42	6.318
1.89	6.202

根据公式 $B = 94.188I + 2.205$，又因为前面测量得出测微头移动 0.01 mm，对应转动角度 1.9′，所以表2-4-5可以转化为表2-4-6。

表2-4-6 磁场测量和对应测量旋转角度

中心磁场磁感应强度/mT	偏转角度/(′)
64.4	44
97.3	68
136.0	101
180.2	124

作图得到图2-4-16。

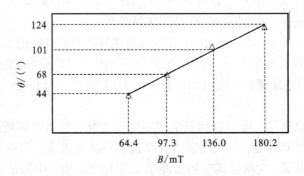

图2-4-16 倍频法测量偏转角和中心磁场磁感应强度之间关系曲线

拟合得到曲线方程为：$\theta = 0.7037B + 0.1736$，其中旋转角 θ 单位为(′)，磁感应强度 B 单位为 mT，在误差允许范围内可以略去截距 0.1736，即 $\theta = 0.7037B$，对比法拉第效应公式 $\theta = VBd$，将样品厚度 $d = 20$ mm 代入求得冕玻璃样品的费尔德常数 $V = 3.5 \times 10^{2}$ min/T·cm。

用同样的方法，可以将法拉第旋光玻璃样品放入磁场内测量其费尔德常数。

注意事项

（1）实验时不要将直流的大光强信号直接输入进选频放大器，以避免对放大器的损坏。

（2）起偏器和检偏器都是两个装有偏振片的转盘，读数精度都为1°，仪器还配有一个装有螺旋测微头的转盘，转盘中同样装有偏振片，其中外转盘的精度也为1°，螺旋测微头的精度为0.01 mm，测量范围为8 mm，即将角位移转化为直线位移，实现角度的精确测量。

（3）实验仪的电磁铁的两个磁头间距可以调节，这样不同宽度的样品均可以放置于磁场中间。

（4）光电检测器前面有一个可调光阑，实验时可以调节合适的通光孔，这样可以减小外界杂散光的影响。

（5）实验结束后，将实验样品及各元件取下，依次放入手提零件箱内。

（6）样品及调制线圈内的磁光玻璃为易损件，人为损坏不在保修范围内，使用时应加倍小心。

（7）实验时应注意直流稳压电源和电磁铁不要靠近示波器，因为电源里的变压器或者电磁铁产生的磁场会影响电子枪，引起示波器的不稳定。

（8）用正交消光法测量样品费尔德常数时，必须注意加磁场后要求保证样品在磁场中的位置不发生变化，否则光路改变会影响到测量结果。

预习要求

（1）什么是磁光效应？磁光效应有哪些？

（2）了解磁光法拉第效应的调制原理和应用。

（3）了解磁性材料的分类及其与磁感应强度和磁场强度的联系，通过类比了解费尔德常数与磁光材料的联系。

（4）了解物质的旋光性，法拉第磁致旋光现象和旋光现象的内在异同。

（5）磁光法拉第实验中，在调制磁场幅度不变时，调制输入信号和调制输出信号之间有什么样的函数关系？

思考题

（1）电磁铁的剩磁现象会对实验数据记录带来一定程度的影响，请问实验过程中用何方法能够消除剩磁现象？

（2）光电检测器前面有一个可调光阑，实验时可以调节合适的通光孔，通光孔的大小调节有何意义？

（3）正交消光法测量法拉第效应实验中采用的是旋光玻璃样品，如果费尔德常数较小的样品，则在相同磁场下的偏转角是变大还是减小？

参考文献

[1] 李长胜，张晞，冯丽爽. 法拉第磁光效应与电致旋光效应互补特性实验[J]. 大学物理，2018，37(6)：25 – 29.

[2] 郑贤利，赵越，杨永. 法拉第磁光效应测量费尔德常数的方法[J]. 高校实验室工作研究，2012(02)：55 – 56，90.

[3] Faraday M. Experimental Researches in Electricity[M]. Cambridge：Cambridge University Press，2012.

第 3 章

磁性物理实验

实验 3.1 核磁共振实验

 实验背景

1946 年，美国哈佛大学教授珀塞尔（E. M. Purcell）和斯坦福大学教授布洛赫（F. Bloch）用不同的方法同时独立发现了核磁共振（nuclear magnetic resonance，NMR）现象，两人因此获得了 1952 年的诺贝尔物理学奖。美国科学家劳特波尔（Paul Lauterbur）于 1973 年发现在静磁场中使用梯度场，能够获得磁共振信号的位置，从而可以得到物体的二维图像；英国科学家彼德·曼斯菲尔德（Peter Mansfield）进一步发展了使用梯度场的方法，指出磁共振信号可以用数学方法精确描述，从而使磁共振成像技术成为可能。他发展的快速成像方法为医学磁共振成像临床诊断打下了基础。他俩因在磁共振成像技术方面的突破性成就，获 2003 年诺贝尔医学奖。

如今，NMR 已在物理、化学、生物学、医学和神经学等方面获得了广泛的应用。在研究物质的微观结构方面已形成了一个科学分支——核磁共振波谱学。

 实验目的

（1）测定氢核（^1H）的"NMR"频率（ν_H），理解"NMR"的基本原理及条件，精确测定其恒定外加磁场的大小（B_0）。

（2）测定氟核（^{19}F）的"NMR"频率（ν_F）以及氟原子的三个重要的参数——旋磁比（ν_F）、朗德因子（g_F）、自旋核磁矩（μ_I）。

 实验原理

本实验以氢核和氟核为研究对象，下面以氢核为例，应用量子力学的理论，阐明核磁共振的基本原理。

概括地说，所谓"NMR"，就是自旋核磁矩（μ_I）不为零的原子核，在恒定外磁场的作用下发生塞曼分裂，这时如果在垂直于外磁场方向加上高频电磁场（射频场），当射频场的能量（$h\nu$）刚好等于原子核两相邻能级的能量差时（ΔE），则射频场的能量被原子核吸收，从而产生核磁共振吸收现象，称之为"NMR"。

1. 单个核的核自旋与核磁矩

原子核内所有核子的自旋角动量与轨道角动量的矢量和为 $\boldsymbol{p}_I$，其大小为

$$p_I = \sqrt{I(I+1)}\,\hbar \qquad (3-1-1)$$

式中：I 为核自旋量子数，人们常称 I 为核自旋，可取 $I = 0$，$1/2$，1，$3/2$，$\cdots$。对氢核来说，$I = 1/2$。

由于自旋不为 0 的原子核有磁矩 μ，它和核自旋 $\boldsymbol{p}_I$ 的大小关系为

$$\mu = \frac{e}{2m_P} g_N p_I \qquad (3-1-2)$$

式中：m_P 为质子的质量；g_N 称为核的朗德因子，它决定于核的内部结构与特性，且是一个无量纲的量。大多数核的 g_N 为正值，少数核的 g_N 为负值，$|g_N|$ 的值为 $0.1 \sim 6$。对氢核（即质子）来讲 $g_N = 5.585694772$。

把氢核放入外磁场 $\boldsymbol{B}$ 中，可取坐标 Z 方向为 $\boldsymbol{B}$ 的方向。于是，核磁矩 $\boldsymbol{\mu}$ 在外磁场 $\boldsymbol{B}$ 方向的投影为

$$\mu_B = \frac{e}{2m_P} g_N p_{IB} \qquad (3-1-3)$$

p_{IB} 为核的自旋角动量在 B 方向的投影值，由下式决定

$$p_{IB} = M\hbar \qquad (3-1-4)$$

式中：M 为自旋磁量子数，$M = I$，$I-1$，$\cdots$，$-I$。I 一定时，M 共有 $2I+1$ 个取值。

将式（3-1-4）代入式（3-1-3）得：

$$\mu_B = \frac{e}{2m_P} g_N M\hbar = \mu_N g_N M \qquad (3-1-5)$$

式中：$\mu_N = \dfrac{e\hbar}{2m_P}$，称作核磁子，其数值计算得：$\mu_N = 5.0575866 \times 10^{-27}$ J/T。

通常把 μ_B 称作核的磁矩，并记作

$$\mu_B = \frac{e}{2m_P} g_N M\hbar = \mu_N g_N M \qquad (3-1-6)$$

若以 μ_N 为单位，$\mu = g_N I$，实验测出质子的磁矩 $\mu_P = 2.792847386\mu_N$。

核磁矩 $\boldsymbol{\mu}$ 与核自旋角动量 $\boldsymbol{p}_I$ 的比值叫作旋磁比，又称磁旋比或回磁比，原子核的旋磁比用 γ_N 表示

$$\gamma_N = \frac{|\boldsymbol{\mu}|}{|\boldsymbol{p}_I|} \qquad (3-1-7)$$

由式（3-1-2）有

$$\gamma_N = \frac{e}{2m_P} g_N = \frac{g_N \mu_N}{\hbar} \qquad (3-1-8)$$

可见不同的核其 γ_N 是不同的，其大小和符号决定于 g_N，也即决定于核的内部结构与

特性。

2. 核磁矩与恒定外磁场的相互作用能

由电磁学知道，磁矩为 $\boldsymbol{\mu}$ 的核在恒定外磁场 $\boldsymbol{B}$ 中具有势能：

$$E = -\boldsymbol{\mu} \cdot \boldsymbol{B} = -\mu_B B = -g_N \mu_N M B = -\gamma_N \hbar M B \tag{3-1-9}$$

任何两个能级之间的能量差为

$$E(M_1) - E(M_2) = -g_N \mu_N B(M_1 - M_2) \tag{3-1-10}$$

因氢核的自旋量子数 $I = 1/2$，所以磁量子数 M 只能取两个值，即 $1/2$ 与 $-1/2$。核磁矩在外磁场 $\boldsymbol{B}$ 方向上的投影也只能取两个值

$$E_1 = +\frac{1}{2} g_N \mu_N B \quad (当 M = -1/2 时)$$

$$E_2 = -\frac{1}{2} g_N \mu_N B \quad (当 M = 1/2 时)$$

氢核能级在外磁场 B 中的分裂如图 3-1-1 所示。

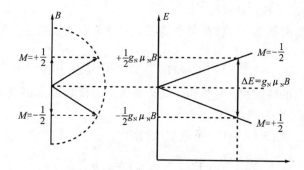

图 3-1-1 氢核能级在外磁场 B 中的分裂

根据量子力学的选择定律，只有 $\Delta M = \pm 1$ 的两个能级之间才能发生跃迁，两个跃迁能级之间的能量差为

$$\Delta E = g_N \mu_N B = \gamma_N \hbar B_0 \tag{3-1-11}$$

这能量差又称能级的裂距，同一核能级的各相邻子能级（又称塞曼子能级）间的裂距是相等的。从公式（3-1-11）和核能级分裂图可知，相邻子能级间的能量差 ΔE 与外磁场 B_0 的大小成正比。

3. 核磁共振的条件

对于处于恒定外磁场 $\boldsymbol{B}_0$ 的氢核，如果在垂直于恒定外磁场 $\boldsymbol{B}_0$ 的方向上再加一交变电磁场 $\boldsymbol{B}_1$，就有可能引起氢核在子能级间的跃迁。跃迁的选择定则是磁量子数 M 改变 $\Delta M = \pm 1$。

这样，当交变电磁场 $\boldsymbol{B}_1$（也称射频磁场）的频率 ν 所相应的能量 $h\nu$ 刚好等于氢核两相邻子能级的能量差 ΔE 时，即

$$h\nu_0 = g_N \boldsymbol{\mu}_N \cdot \boldsymbol{B}_0 = \gamma_N \hbar B_0 \tag{3-1-12}$$

则氢核就会吸收交变电磁场的能量，由 $M = \frac{1}{2}$ 的低能级 E_1 跃迁至 $M = -\frac{1}{2}$ 的高能级 E_2，这就

是核磁共振吸收的条件。

由式(3－1－12)可得发生核磁共振的条件

$$\nu_0 = \frac{g_N \mu_N B_0}{h} = \frac{\gamma_N \hbar B_0}{h} = \frac{\gamma_N B_0}{2\pi} \qquad (3-1-13)$$

满足上式的 ν_0 称作共振频率。如用圆频率 $\omega_0 = 2\pi\nu_0$ 表示，则共振条件可表示为

$$\omega_0 = \gamma_N B_0 \qquad (3-1-14)$$

对于氢核，其旋磁比 γ_N 是已知的。由上式可知，核磁共振条件取决于两个因素：γ_N（或者说 g_N）和外磁场 B。不同的原子核，其 γ_N（或 g_N）值不同，当然（即使 B 一定）其共振频率 ν_0 也不同。这就是用核磁共振方法了解甚至测量原子核某些特性的原因。此外，对同种核，若 B 越大，其子能级间的裂距就加大，当然相应的共振频率 ν_0 也会加大。

4. 核磁共振信号强度的分析

上面讲的是单个氢核在外磁场中核磁共振的基本原理。但在实验中所用的样品（水）是大量同类(^{1}H)核的集合，要维持核磁共振吸收的进行，就必须使处于低子能级上的原子核(^{1}H)数多于高子能级的原子核(^{1}H)数。

实际上，在热平衡的状态下，核在两个能级上的分布服从玻尔兹曼分布规律：

$$\frac{N_2}{N_1} = \exp\left(-\frac{\Delta E}{kT}\right) = \exp\left(-\frac{g_N \mu_N B}{kT}\right) \qquad (3-1-15)$$

式中：N_1 为低子能级上的核数目，N_2 为相邻高子能级上的核数目，ΔE 为两个子能级间的能量差，k 为玻尔兹曼常量，T 为绝对温度。

当 $g_N \mu_N B \ll kT$ 时，式(3－1－15)可近似地写成

$$\frac{N_2}{N_1} = 1 - \frac{g_N \mu_N B}{kT} = 1 - \gamma_N \hbar \frac{B}{kT} \qquad (3-1-16)$$

此式表明低能级上的核数目比高能级的核数目要略微多些，才能观察到核磁共振信号。为了对此情况有一个数量概念，具体计算如下：设室温 $t = 27℃$，则 $T = (273 + 27)\,\mathrm{K} = 300\,\mathrm{K}$。外磁场 $B_0 = 1/T_0$。样品为氢核（质子），其旋磁比 $\gamma_N = 2.67522128$ MHz/T，$k = 1.38066 \times 10^{-23}$ J/K。将以上数值代入式(3－1－16)得

$$\frac{N_2}{N_1} = 1 - 6.78 \times 10^{-6}$$

或变成

$$\frac{N_1 - N_2}{N_1} \approx 7 \times 10^{-6} \qquad (3-1-17)$$

此式说明：在室温下，每百万个 ^{1}H 核总数中，两个子能级上的 ^{1}H 核数目之差 $N_1 - N_2 \approx 7$，所观察的核磁共振信号完全是由这个核数目差值形成的。可见，核磁共振信号是何等的微弱。

要想增强核磁共振信号，从式(3－1－16)可知，必须尽可能减小 N_2/N_1 比值，即要求外磁场 B 尽可能地大。（早年核磁共振使用的 B 为 1.4 T，近年由于超导磁场的使用，B 可达 14 T）。

值得指出的是，要想观察到明显的核磁共振信号，仅仅磁场强些还不行，磁场还必须在样品(^{1}H)范围内高度均匀，否则磁场不论多么强也观察不到核磁共振信号。原因之一是核磁

共振条件由式(3-1-14)决定,如果磁场不均匀,则样品内各部分的共振频率(ω_0)不同,对某个频率的交变磁场,将只有极少数核参与共振,结果信号被噪声所淹没,难以观察到核磁共振信号。

 实验装置

本实验使用北京大华无线电仪器厂生产的"核磁共振实验仪"。该仪器由核磁共振探头、电磁铁及磁场调制系统、磁共振仪及频率计和示波器组成。实验系统接线如图3-1-2所示。

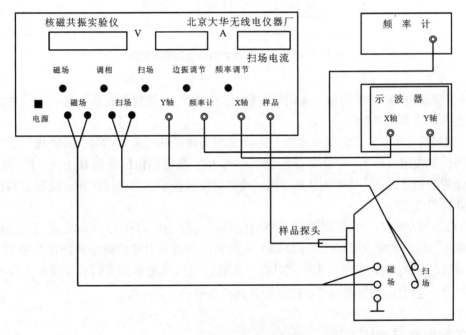

图3-1-2 核磁共振系统接线示意图

本实验装置的原理方框图如图3-1-3所示。电磁铁的激磁电流大小为1.5~2.1 A,使磁场B达到几千高斯,数字电压表和电流表使得磁场强度B的调节有个直观的显示,恒流源保证了磁场强度的高度稳定。

(1)图3-1-3中边缘振荡器,用它来提供射频磁场B_1,振荡器的频率ν可以连续调节。其谐振频率由样品线圈的并联电容决定。所谓边缘振荡器是指振荡器被调谐在临界工作状态,这样不仅可以防止核磁共振信号的饱和,而且当样品有微小的能量吸收时,可以引起振荡器的振幅有较大的相对变化,从而提高了检测核磁共振信号的灵敏度。

(2)图3-1-3中的射频放大器,由边缘振荡器输出的射频信号经放大后,一路输入检波器检波,另一路用以驱动频率计,显示输出频率ν(在十几兆赫范围)。

(3)检波器:放大后的射频信号由检波器变换成直流信号。当射频信号的幅度发生变化时,这一直流信号也会发生变化(即幅度检波),它反映了核磁共振吸收信号的变化规律。

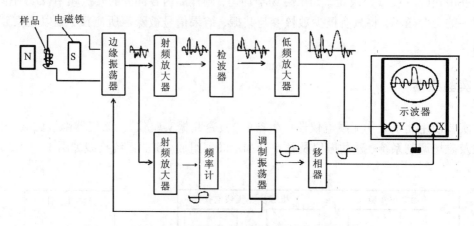

图 3 – 1 – 3   核磁共振实验装置原理方框图

（4）低频放大器：检波后的直流信号很弱（数百微伏），低频放大器将这一信号放大至足够值后送入示波器的 Y 轴端。

（5）调制振荡器：为了能在示波器上连续观测到核磁共振吸收信号，需要在样品所在的空间使用调制线圈来产生一个弱的低频交变磁场 $\boldsymbol{B}_m$，叠加到稳恒磁场 $\boldsymbol{B}$ 上去，使得样品 ^{1}H 核在交流调制信号的一个周期内，只要调制场的幅度及频率适当就可以在示波器上得到稳定的核磁共振吸收信号。

（6）移相器（调相）：它能将输至 X 轴的信号相位改变 $0 \sim 180°$，从而实现二者的同步扫描。当磁场扫描到共振点时，可在示波器上观察到两个形状对称的蝶形共振信号波形，它对应于调制磁场 $\boldsymbol{B}_m$ 一周内发生两次核磁共振，再通过调相把波形调节到示波器荧光屏中心并使两峰重合，这时 ^{1}H 核共振频率和磁场满足共振条件：$\omega_0 = \gamma_N B_0$。

 实验内容与实验方法

1. 实验内容

（1）用水作样品，观察质子（^{1}H）的核磁共振吸收信号，并精确测量外磁场 B_0。

实验时首先把被测样品装入边缘振荡器的回路中，并把这个含有样品的线圈放到稳恒磁场中。线圈放置的位置必须保证使线圈产生的射频磁场方向与稳恒磁场方向垂直。然后通过"调频法"观察质子（^{1}H）的核磁共振吸收信号，并做记录。

通过"调频法"，测出与待测磁场相对应的共振频率 ν_H，可由公式（3 – 1 – 14）算出被测磁场强度：

$$B_0 = \frac{\omega_0}{\gamma_H} \qquad\qquad (3 – 1 – 18)$$

式中：γ_H 为质子旋磁比，$\gamma_H = 2.6752213 \times 10^2$ MHz/Gs。

（2）用聚四氟乙烯棒作样品，观察 ^{19}F 的核磁共振现象，并测定其旋磁比 γ_F、朗德因子 g_F

和自旋核磁矩 μ_I。

由于本 ^{19}F 的核磁共振信号比较弱,观察时要特别细心。应用"调频法",找到共振吸收信号,测出射频频率 ν_F 和相对应的磁场 B_F,即可算出 ^{19}F 的旋磁比 γ_F。在这里 $B_\text{F} = B_0 = \dfrac{2\pi\nu_\text{H}}{\gamma_\text{H}}$,代入下式:

$$\gamma_\text{F} = \frac{2\pi\nu_\text{F}}{B_\text{F}}$$

得
$$\gamma_\text{F} = \frac{\nu_\text{F}}{\nu_\text{H}}\gamma_\text{H} \qquad\qquad (3-1-19)$$

式中:ν_F 和 ν_H 分别为 ^{19}F 和 ^{1}H 的共振频率,γ_H 是质子的旋磁比。

由 $\mu_\text{I} = g_\text{F}\mu_\text{N}(p_\text{I}/\hbar) = \gamma_\text{F}p_\text{I}$ 可得:

$$g_\text{F} = \frac{\gamma_\text{F}\hbar}{\mu_\text{N}} \qquad\qquad (3-1-20)$$

式中:$\mu_\text{N} = 5.0507866 \times 10^{-27}$ J/T,$\hbar = \dfrac{h}{2\pi} = 1.0545726 \times 10^{-34}$ J·s。

因 $p_\text{I} = \hbar I$,由 $\mu_\text{I} = g_\text{F}\mu_\text{N}(p_\text{I}/\hbar)$ 得:

$$\mu_\text{I} = g_\text{F}\mu_\text{N}I = \frac{1}{2}g_\text{F}\mu_\text{N} \qquad\qquad (3-1-21)$$

式中:I 为自旋量子数,^{19}F 的 I 为 $1/2$。

为了培养独立工作能力,具体实验步骤由实验者自行拟定。

2. 实验方法

式($3-1-14$)告诉我们,外磁场 B_0 一定时,共振频率 ω_0 就是一定的。当 $\omega = \omega_0$ 时,样品吸收射频场的能量最大,即出现共振。观察共振现象的最好手段是用示波器,但示波器只能观察交变信号,所以必须想办法使核磁共振信号交替地出现。有两种方法可以达到这一目的:一种是调场法;另一种是调频法。两种方法完全等效。根据 NMR 条件 $\omega_0 = \gamma_\text{N}B_0$,通过固定 ω 而逐步改变 B,使之达到共振点,称之为调场法。其优点是简单易行,确定共振频率 ω_0 较准确,缺点是需要安装亥姆霍兹线圈,很不方便,有时甚至不容许。通过固定 B 而逐步改变 ω 的方法,称之为调频法。此法直观易懂,故实验采用调频法。具体做法如下:

(1)调频移相法

在示波器采用外扫描工作方式时,其 X 轴灵敏度为 $2 \sim 5$ V/DIV,Y 轴为 $0.1 \sim 2$ V/DIV。选定磁场电流为 $1.5 \sim 2.1$ A,逐步改变 ω,使之达到共振点。同时,让一小的 50 Hz 正弦交流电($0.3 \sim 0.7$ A)加到磁铁的调制线圈上,并分出一路,通过移相器接到示波器的 X 轴,以实现二者的同步扫描。当磁场扫描到共振点时,可在示波器荧光屏上观察到如图 3 $-1-4$ 所示的两个对称的蝶形信号波形。它对应于调制磁场 B_m 一个周期内发生两次核磁共振的结果。

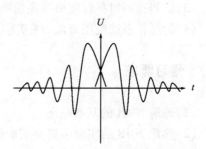

图 3 $-1-4$　移相法蝶形信号波形

再细心调节频率把波形调节到示波器荧光屏的中心位置,且使两峰等高、等宽、对称。再调节移相旋钮,使两峰重合,这时达到共振状态。

(2)调频内扫法

在示波器采用内扫描工作方式时,X 轴灵敏度为 5 mV/DIV,Y 轴灵敏度可根据信号幅度大小在 0.1~0.5 V/DIV 之间选择。为了便于观察共振信号,首先选定磁场电流大小为 1.5~2.1 A,再加射频场 $\boldsymbol{B}_1$ 和 $\boldsymbol{B}_m$,如图 3-1-5 所示。

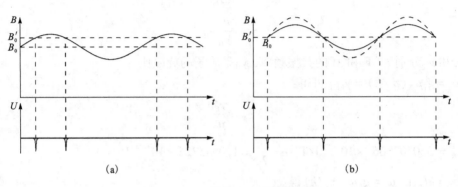

(a)   (b)

图 3-1-5   共振信号的相对位置

固定 $\boldsymbol{B}_0$,让 $\boldsymbol{B}_1$ 的频率 ω 连续变化并通过共振区,当 $\omega = \omega_0 = \gamma B_0$ 时,即出现共振信号,由于技术上的原因,一般在磁场 $\boldsymbol{B}_0$ 上叠加一交变低频调制磁场 $\boldsymbol{B}_m$,使样品所在的空间实际磁场大小为 $B_0' = B_0 + B_m$,如图 3-1-5(a)所示,相应的进动频率 $\omega_0' = \gamma(B_0 + B_m)$,此时只要将射频场的角频率 ω' 调节到 ω_0 的变化范围内,则当 $\boldsymbol{B}_m$ 变化使 $B_0 + B_m$ 扫过 ω' 所对应的共振磁场 $\boldsymbol{B}'$ 时,则共振信号间距相等且相邻两信号时间间隔应为 10 ms,记录下此时的共振频率,如图 3-1-5(b)所示。

 注意事项

(1)磁极面是经过精心抛光的软铁,要防止损伤表面,以免影响磁场的均匀性。

(2)样品线圈的几何形状和绕线状况,对吸收信号的质量影响较大,在安放时应注意保护,不要把保护罩脱掉,防止变形及破裂。

(3)适当提高射频幅度可提高信噪比,然而过大的射频幅度会引起边缘振荡器的自激。

(4)为延长系统使用寿命,关机前,磁场电流和扫场电流应调至空位,再关机。

 预习要求

(1)理解 NMR 的基本原理。

(2)熟悉 NMR 的实验装置及实验操作步骤。

思考题

(1)做 ^1H 核的 NMR 实验,为什么用水作样品?

(2)产生 NMR 的条件是什么?

(3)B_0、B_1、B_m 的作用是什么?如何产生?它们有什么区别?

(4)试述观测核磁共振的实验方法。(移相法和内扫法)

 参考文献

[1] 高汉宾,张振芳. 核磁共振原理与实验方法[M]. 第一版. 武汉:武汉大学出版社,2008.

[2] 朱俊,郭原,尚鹤龄,陈忠勇. 核磁共振实验的误差研究[J]. 云南师范大学学报(自然科学版),2009,29(3):43-45.

[3] 仲明礼. 核磁共振实验测量方法的分析[J]. 物理实验,2009,29(5):34-36.

[4] 邱正明,杨旭,梁燕. 核磁共振实验和铁磁共振实验的搭建思想分析[J]. 物理与工程,2014,24(1):42-45.

[5] 邢淑芝,谷开慧,解玉鹏,国秀珍. 核磁共振实验原理及数据分析[J]. 大学物理实验,2010,23(5):25-29.

[6] 北京大华无线电仪器厂. DH404A0 型核磁共振实验系统使用说明书,2003.

实验 3.2　微波电子磁共振实验

 实验背景

1. 泡利不相容原理

1924 年，奥地利物理学家泡利（Wolfgang E. Pauli）为了解决观测到的分子光谱与正在发展的量子力学之间的矛盾，他提出了电子在 n 与 L 之外还有一个新的自由度（1925 年确认为自旋）。同时他还提出：一个原子中没有任何两个电子可以拥有完全相同的量子态。这就是泡利不相容原理。泡利因此获得 1945 年的诺贝尔物理学奖。

2. "自旋"概念的明确提出

1925 年，两位年轻的荷兰学生乌伦贝克和哥德斯密特，为了解释"反常塞曼效应"，受泡利不相容原理的启发，明确提出了电子具有自旋的概念，并证明了"自旋"就是泡利提出的"新自由度"。

1926 年，海森堡和约旦引进自旋 S，用量子力学理论对反常塞曼效应做出了正确的计算。

1927 年，泡利引入了泡利矩阵作为自旋操作符号的基础，引发了保罗·狄拉克发现描述相对论电子的狄拉克方程式。

3. "电子自旋"概念的理解

"电子自旋"的假设能够解释当时发现的所有相关实验现象，但很难用经典模型来描绘这种运动。不能将"电子自旋"简单理解为像陀螺一样绕自身轴转动，如果这样理解就会导出电子表面上的物质的线速度大于光速的结论，这与相对论产生了矛盾。正确理解"电子自旋"是将其作为电子"内秉的运动"看待，它就是"描述电子量子态的第三个自由度"。

4. "电子自旋共振"实验

电子自旋共振（ESR, electron spin resonance）是一种奇妙的实验现象，也被称为电子顺磁共振（EPR, electron paramagnetic resonance）。它利用具有未偶电子的物质在外加恒定磁场作用下对电磁波的共振吸收特性，来探测物质中的未偶电子，研究其与周围环境的相互作用，从而获得有关物质微观结构的信息。

电子自旋共振现象直到 1944 年才由苏联的扎伏伊斯基在实验中观察到。

5. 电子自旋共振实验方法的应用范围

ESR 方法具有灵敏度和分辨率较高，能深入物质内部进行细致分析而不破坏样品以及对化学反应无干扰等优点，被广泛应用于多相催化、高分子聚合、化学交换、化学反应中间产物、高能辐照、晶体、半导体、特种玻璃等一系列当代科技重大课题的研究中。此外，生物体内含有微量的自由基和过渡金属离子，绿色植物的光合作用、肿瘤致癌、生命衰老等过程都跟自由基有关,ESR 技术更是在分子水平及细胞水平上研究生物问题不可缺少的工具。

 实验目的

(1)了解自旋共振现象;

(2)测量样品有机自由基 DPPH 中的朗德因子 g 值;

(3)了解和掌握微波器件在电子自旋共振中的应用;

(4)从矩形谐振腔长度的变化,进一步理解谐振腔中的驻波场型,并确定波导波长 λ_g。

(5)利用样品有机自由基 DPPH 在谐振腔中的位置变化,探测微波磁场的情况,来确定微波的波导波长 λ_g。

 实验原理

电子自旋共振(ESR)或电子顺磁共振(EPR),是指含有没成对电子的原子、离子或分子的顺磁性物质,在稳恒磁场作用下对微波能量发生的共振吸收现象。如果共振仅仅涉及物质中的电子自旋磁矩,就称为电子自旋共振;但一般情况下,电子轨道磁矩的贡献是不能忽略的,因而又称之为电子顺磁共振。电子自旋共振(顺磁共振)研究的主要对象是化学自由基、过渡金属离子和稀土离子及其化合物、固体中的杂质、缺陷等。通过对这类顺磁物质的电子自旋共振波谱的观测(测量 g 因子、线宽、弛豫时间、超精细结构参数等),可以了解这些物质中未成对电子状态及其周围环境方面的信息,因而它是探索物质微观结构和运动状态的重要工具。由于这种方法在研究过程中不改变或破坏被研究对象本身的性质,因而对那些寿命短、化学活性高又很不稳定的自由基或三重态分子就显得特别有用。近年来,一种新的高时间分辨 ESP 技术,被用来研究激光光解所产生的瞬态顺磁物质(光解自由基)的电子自旋极化机制,以便获得分子激发态和自由基反应动力学方面的信息,成为光物理与光化学研究中,了解光与分子相互作用的一种重要手段。电子自旋共振技术的这种独特作用,以及随着科学技术的发展,波谱仪的灵敏度和分辨率的不断提高,使得自 1945 年发现以来,已经在物理学、化学、生物学、医学、考古等领域得到了广泛的应用。处在外磁场中的原子或离子的能级会发生塞曼分裂;某些物质在磁场中磁化时,呈现顺磁性,而另外一些物质磁化后,表现为抗磁性;此外,在外磁场和交变辐射场的共同作用下,有些物质会发生磁共振吸引现象,等等。这些现象的表现形式虽然不同,但都与原子的结构或原子的磁性相关联。

 实验装置

微波顺磁共振实验系统是在 3 厘米频段(频率 9370 MHz 附近)进行电子自旋共振实验的。采用了可调式矩形谐振腔,因而使整套装置结构简单明了,易于教学实验。微波顺磁共振实验系统见图 3 - 2 - 1。

微波顺磁共振实验系统方框图见图 3 - 2 - 2。图中微波信号发生器为系统提供频率约为 9370 MHz 的微波信号,微波信号经过隔离器、衰减器、波长表到魔 T 的 H 臂,信号经魔 T 平分后分别进入相邻两臂。

图 3 – 2 – 1 微波顺磁共振实验系统

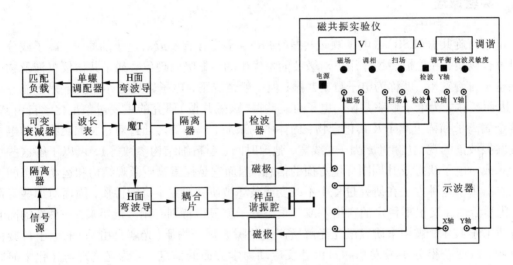

图 3 – 2 – 2 微波顺磁共振实验系统连接图

可调矩形样品谐振腔，通过输入端的耦合片，可使微波能量进入微波谐振腔，矩形谐振腔的末端是可移动的活塞，用来改变谐振腔的长度。为了保证样品总是处于微波磁场的最强处，在谐振腔的宽边正中开了一条窄缝，通过机械传动装置可使实验样品处于谐振腔中的任何位置，并可从贴在窄边上的刻度直接读出。实验样品为密封于一段细玻璃管中的有机自由基 DPPH。

系统中，磁共振实验仪的"X 轴"输出为示波器提供同步信号，调节"调相"旋钮可使正弦波的负半周扫描的共振吸收峰与正半周的共振吸收峰重合。当用示波器观察时，扫描信号为磁共振实验仪的 X 轴输出的 50 Hz 正弦波信号，Y 轴为检波器检出的微波信号。将磁场强度 H 的数值及微波频率 f 的数值代入磁共振条件就可以求得朗德因子 g 值。

由于这套装置采用可调矩形谐振腔，因此还可做如下实验：调节短路活塞位置使谐振腔长度在 134 mm 左右，将样品放在中间位置，经过调节，从示波器上观察到电子共振吸收信号后，保持短路活塞位置不动，将样品位置移动一段距离 s，电子自旋共振吸收信号再次出现，距离 s 即是 $\lambda_g/2$。

实验装置所需器材如表 3 - 2 - 1 所示。

表 3 - 2 - 1　实验器材

序号	名称	数量	备注
1	信号源	1	
2	可变衰减器	1	
3	波长表	1	
4	魔 T	1	
5	匹配负载	1	
6	单螺调配器	1	
7	检波器	1	
8	矩形样品谐振腔	1	含样片
9	H 面弯波导	2	
10	耦合片	1	
11	波导夹	4	
12	波导支架	3	
13	磁共振实验仪	1	
14	隔离器	2	
15	电磁铁	1	
16	视频电缆	3 根	
17	连接线	4 根	
18	螺钉	30 套	
19	说明书	1	

 实验内容与实验方法

在使用本实验系统之前，一定要认真阅读系统中各种仪器、设备的说明书，要做到正确使用，熟练操作。

(1)按图 3 - 2 - 2 所示连接系统，将可变衰减器顺时针旋至最大，开启系统中各仪器的电源，预热 20 min。

(2)将顺磁共振实验仪的旋钮和按钮作如下设置："磁场"逆时针调到最低，"扫场"顺时针调到最大。按下"检波"按钮，"扫场"按钮弹起，此时磁共振实验仪处于检波状态。（注：切勿同时按下）。

(3)将样品置于位置刻度尺 90 mm 处，样品置于磁场正中央。

(4)将单螺调配器的探针逆时针旋至"0"刻度。

（5）信号源工作于等幅工作状态，调节可变衰减器及"检波灵敏度"旋钮使磁共振实验仪的调谐电表指示占满度的 2/3 以上。用波长表测定微波信号的频率，方法是：旋转波长表的测微头，找到电表跌落点，查波长表——刻度表即可确定振荡频率，若振荡频率不在 9370 MHz，应调节信号源的振荡频率，使其接近 9370 MHz 的振荡频率。测定完频率后，须将波长表刻度旋开谐振点。

（6）为使样品谐振腔对微波信号谐振，调节样品谐振腔的可调终端活塞，使调谐电表指示最小，此时，样品谐振腔中的驻波分布如图 3 - 2 - 3 所示。

（7）为了提高系统的灵敏度，可减小可变衰减器的衰减量，使调谐电表显示尽可能提高。然后，调节魔 T 两支臂中所接的样品谐振腔上的活塞和单螺调配器，使调谐电表尽量向小的方向变化。若指示太小，可调节灵敏度旋钮提高灵敏度，使指示增大。

（8）按下"扫场"按钮。此时，调谐电表指示为扫场电流的相对指示，调节"扫场"旋钮可改变扫场电流。

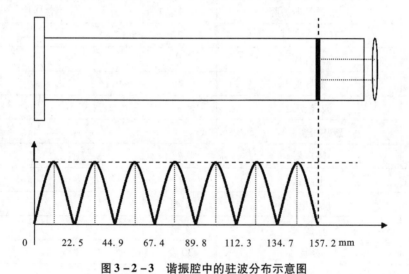

图 3 - 2 - 3　谐振腔中的驻波分布示意图

（10）顺时针调节磁场电流，当电流达到 1.7 ~ 1.9 A 时，示波器上即可出现如图 3 - 2 - 4（b）所示的电子共振信号。

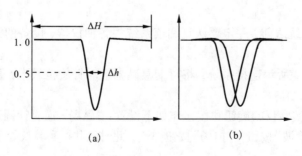

图 3 - 2 - 4　共振波形

（11）若共振波形峰值较小，或示波器图形显示欠佳，可采用下列四种方式调整：

①将可变衰减器逆时针旋转，减小衰减量，增大微波功率。

②顺时针调节"扫场"旋钮，加大扫场电流。

③提高示波器的灵敏度。

④调节微波信号源振荡腔法兰盘上的调节螺钉，可加大微波输出功率。

（12）若共振波形左右不对称，调节单螺调配器的深度及左右位置，或改变样品在磁场中的位置，微调样品腔使共振波形成满意形状为止。

（13）调节"调相"旋钮即可使双共振峰处于合适的位置。

（14）用高斯计测得外磁场 H，用公式

$$\omega_r = \gamma H_r \qquad\qquad\qquad (3-2-1)$$
$$\gamma = ge/2mc \qquad\qquad\qquad (3-2-2)$$

计算 g 因子。（g 因子一般在 1.95 ~ 2.05）。

（15）为了得到腔体的波导波长 λ_g，可移动样品的位置，两信号之间距离即 $\lambda_g/2$。

注意事项

（1）磁极间隙的大小由教师调整，学生不要调整，以免损坏样品腔。

（2）样品位置和腔长调整不要用力过大、过猛，防止损坏。

（3）保护特斯拉计的探头防止挤压磕碰，用后不要拔下探头。

（4）励磁电流要缓慢调整，同时仔细注意波形变化，才能辨认出共振吸收峰。

预习要求

（1）理解电子自旋共振（ESR）或电子顺磁共振（EPR）的原理；

（2）弄清楚本微波测量系统中各元件及各种测量仪器的使用方法。

思考题

（1）电子自旋共振研究的对象是什么？

（2）材料 g 值的大小和 H 的宽窄，反映什么微观现象和微观过程？

（3）本实验中谐振腔的作用是什么？腔长和微波频率的关系是什么？

（4）样品应位于什么位置？为什么？

（5）扫场电压的作用是什么？

参考文献

[1] 卢景雾. 现代电子顺磁共振波谱学及其应用[M]. 北京：北京大学医学出版社，2012.

[2] 李国栋. 顺磁共振发现 50 年[J]. 物理，1995，24(9)：573-576.

[3] 王合英，孙文博，张慧云，茅卫红. 电子自旋共振实验 g 因子的准确测量方法[J]. 物理实验，2007，27(10)：34-36.

[4] 龙传安，王国茂，刘万华，李来政. 近代物理实验——电子顺磁共振[J]. 华中师范大学学报（自然科学版），1980(02)：81-87.

[5] 李泽彬，殷春浩，吕海萍，魏雪松. 电子顺磁共振仪的参数最佳选择[J]. 徐州工程学院学报，2007，22(8)：22-25.

[6] 杨楠，汤勉刚. 利用电子自旋共振测量自由基未成对电子的朗德 g 因子和超精细结构[J]. 大学物理，2017，36(4)：36-39.

[7] 王杰，刘海飞，张豫. 微波电子自旋共振实验的研究[J]. 科技创新与应用，2016(27)：71-72.

[8] 北京大华无线电仪器厂. 大华仪器 DH809A 型微波顺磁共振实验系统说明书.

实验 3.3　光磁共振实验

实验背景

　　物理学中研究物质内部结构，最初是利用光谱学的方法，这种方法推动了原子和分子物理学的进展。如果要研究原子、分子等微观粒子内部更精细的结构和变化，光谱学的方法受到仪器分辨率和谱线线宽的限制。在此情况下发展的波谱学方法利用物质的微波或射频共振研究原子的精细、超精细结构以及因磁场存在而分裂形成的塞曼子能级，这比光谱学方法有更高的分辨率。但是，在热平衡下磁共振涉及的能级上粒子布居数差别很小，加之磁偶极跃迁概率也较小，因此核磁共振波谱方法也有如何提高信息强度的问题。对于固态和液态物质的波谱学，如核磁共振（NMR）和电子顺磁共振（EPR），由于样品浓度大，再配合高灵敏度的电子探测技术，能够得到足够强的共振信号。但对气态的自由原子，样品的浓度降低了几个数量级，就得另外想新办法来提高共振信号强度。A. Kastler 等人在 20 世纪 50 年代提出了光抽运（optical pumping，又称光泵）技术，并在 1966 年荣获诺贝尔奖。光抽运是用圆偏振光束激发气态原子的方法以打破原子在所研究的能级间的玻尔兹曼热平衡分布，造成所需的布居数差，从而在低浓度的条件下提高了共振强度。这时再用相应频率的射频场激励原子的磁共振。在探测磁共振方面，不直接探测原子对射频量子的发射或吸收，而是采用光探测的方法，探测原子对光量子的发射或吸收。由于光量子的能量比射频量子高七八个数量级，所以探测信号的灵敏度得以提高。使用光抽运——磁共振——光探测技术对许多原子、离子和分子进行的大量研究，增进了我们对微观粒子结构的了解，推动了结构理论方面的研究。此外，光抽运技术在激光、电子频率标准和精测弱磁场等方面也有重要的应用。

　　本实验的物理内容很丰富，实验过程中不仅可以掌握实验方法，还会见到比较复杂的现象。若能根据基本原理给出正确的分析，将受到一次很好的原子物理实验和综合实验的训练。

实验目的

　　加深对原子超精细结构的理解，测定铷原子（Rb）超精细结构塞曼子能级的朗德因子。

实验原理

1. 铷（Rb）原子能级结构

　　实验研究的对象是 Rb 的气态自由原子。Rb 是碱金属原子，在紧紧束缚的满壳层外只有一个电子，价电子处于第 5 壳层，主量子数 $n=5$。主量子数为 n 的电子，其轨道量子数 $L=0$，1，$\cdots$，$n-1$。基态的 $L=0$，最低激发态的 $L=1$。电子还具有自旋，电子自旋量子数 $S=1/2$。

　　由于电子的自旋与轨道运动的相互作用（即 LS 耦合）而发生能级分裂，称为精细结构

（见图 3 – 3 –1）。轨道角动量 $\boldsymbol{p}_L$ 与自旋角动量 $\boldsymbol{p}_S$ 的合成总角动量 $\boldsymbol{p}_J = \boldsymbol{p}_L + \boldsymbol{p}_S$。原子能级的精细结构用总角动量量子数 J 来标记。

$$J = L + S, \ L + S - 1, \cdots, \ |L - S| \tag{3-3-1}$$

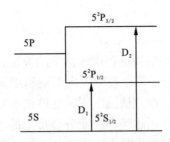

图 3 – 3 – 1 LS 耦合精细结构能级

Rb 原子的基态，$L = 0$ 和 $S = 1/2$，因此 Rb 基态只有 $J = 1/2$，标记为 $5^2S_{1/2}$；其最低激发态是 $5^2P_{1/2}(J = 1/2)$ 及 $5^2P_{3/2}(J = 3/2)$。5P 和 5S 能级之间产生的跃迁是原子主线系的第一条线，为双线。它在铷灯光谱中强度是很大的。$5^2P_{1/2} \rightarrow 5^2S_{1/2}$ 跃迁产生波长为 794.76 nm 的 D_1 谱线，$5^2P_{3/2} \rightarrow 5^2S_{1/2}$ 跃迁产生波长为 780 nm 的 D_2 谱线。

原子的价电子在 LS 耦合中，总角动量 L 与 S 原子的电子总磁矩 $\boldsymbol{\mu}_J$ 的关系为

$$\boldsymbol{\mu}_J = -g_J \cdot \frac{e}{2m_e} \cdot \boldsymbol{p}_J \tag{3-3-2}$$

$$g_J = 1 + \frac{J(J+1) - L(L+1) + S(S+1)}{2J(J+1)} \tag{3-3-3}$$

式中：g_J 是朗德因子，m_e 是电子质量，e 是电子电量，J、L 和 S 是量子数。原子核具有自旋和磁矩。核磁矩与上述原子的电子总磁矩之间相互作用造成能级的附加分裂，这个附加分裂称为超精细结构。铷元素在自然界主要有两种同位素：^{85}Rb 占 72.15% 和 ^{87}Rb 占 27.85%。两种同位素铷核的自旋量子数 I 是不同的。核自旋角动量 $\boldsymbol{p}_I$ 与电子总角动量 $\boldsymbol{p}_J$，耦合成 $\boldsymbol{p}_F$，有

$$\boldsymbol{p}_F = \boldsymbol{p}_J + \boldsymbol{p}_I \tag{3-3-4}$$

IJ 耦合形成超精细结构能级（见图 3 – 3 – 2），由量子数 F 标记

$$F = I + L, \ I + L - 1, \cdots, \ |I - L| \tag{3-3-5}$$

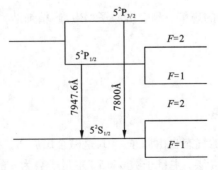

图 3 – 3 – 2 IJ 耦合超精细结构能级（^{87}Rb）

^{85}Rb 的 $I = 5/2$，它的基态 $J = 1/2$，具有 $F = 3$ 和 $F = 2$ 两个状态。^{87}Rb 的 $I = 3/2$，它的基态 $J = 1/2$，具有 $F = 1$ 和 $F = 2$ 两个状态。

整个原子的总角动量 $\boldsymbol{p}_F$ 与总磁矩 $\boldsymbol{\mu}_F$ 之间的关系可写为

$$\boldsymbol{\mu}_F = -g_F \cdot \frac{e}{2m_e} \cdot \boldsymbol{p}_F \tag{3-3-6}$$

$$g_F = g_J \frac{F(F+1) - I(I+1) + J(J+1)}{2F(F+1)} \tag{3-3-7}$$

g_F 是对应于 $\boldsymbol{\mu}_F$ 与 $\boldsymbol{p}_F$ 关系的朗德因子。

以上所述都是在没有外磁场条件下的情况。如果处在外磁场 $\boldsymbol{B}$ 中，由于总磁矩 $\boldsymbol{\mu}_F$ 与磁场 $\boldsymbol{B}$ 的相互作用，超精细结构中的各能级进一步发生塞曼分裂形成塞曼子能级。用量子数 M_F 来表示，$M_F = F, F-1, \cdots, -F$，即分裂成 $2F-1$ 个子能级，其间距相等。总磁矩 $\boldsymbol{\mu}_F$ 与磁场 $\boldsymbol{B}$ 的相互作用能量为

$$E = -\boldsymbol{\mu}_F \cdot \boldsymbol{B} = g_F \frac{e}{2m_e} \boldsymbol{p}_F \cdot \boldsymbol{B} = g_F \frac{e}{2m_e} M_F \hbar B = g_F M_F \mu_B B \tag{3-3-8}$$

式中：μ_B 为玻尔磁子。^{87}Rb 的能级图见图 3-3-3，^{85}Rb 的能级图见图 3-3-4。为了表示清楚，所有的能级结构图均未按比例绘制。各相邻塞曼子能级的能量差为

$$E = g_F \mu_B B \tag{3-3-9}$$

可以看出 E 与 B 成正比。当外磁场为零时，各塞曼子能级将重新简并为原来能级。

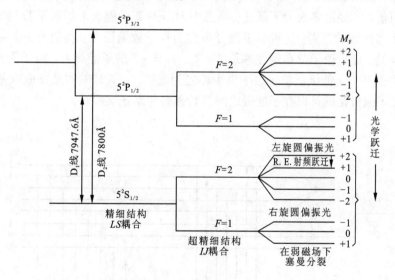

图 3-3-3　^{87}Rb 的能级图

2. 光抽运

气态 ^{85}Rb 原子受 D_1 左旋圆偏振光照射时，遵守光跃迁选择定则

$$\Delta F = 0, \pm 1, \quad M_F = +1$$

在由 $5^2S_{1/2}$ 能级到 $5^2P_{1/2}$ 能级的激发跃迁中，由于 σ^+ 光子的角动量为 $+h$，只能产生 $M_F = +1$ 的跃迁。基态 $M_F = +2$ 子能级上的粒子若吸收光子就将跃迁到 $M_F = +3$ 的状态，但 $5^2P_{1/2}$ 各子能级最高为 $M_F = +2$。因此基态中 $M_F = +2$ 子能级上的粒子就不能跃迁，换言之其

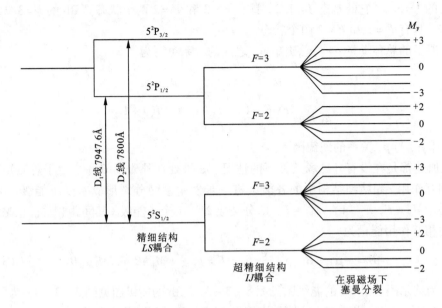

图 3 - 3 - 4 ^{85}Rb 的能级图

跃迁概率为零,见图 3 - 3 - 5。由 $5^2P_{1/2}$ 到 $5^2S_{1/2}$ 的向下跃迁(发射光子)中 $\Delta M_F = 0$, ± 1 的各跃迁都是可能的。经过多次上下跃迁,基态中 $M_F = +2$ 子能级上的粒子数只增不减,这样就增大了粒子布居数的差别。这种非平衡分布称为粒子数偏极化。类似地,也可以用右旋圆偏振光照射样品,最后原子都布居在基态 $F = 2$, $M_F = -2$ 的子能级上。原子受光激发,在上下跃迁过程中使某个子能级上粒子过于集中称之为光抽运,其目的就是要造成基态能级中的偏极化,实现了偏极化就可以在子能级之间进行磁共振跃迁实验。

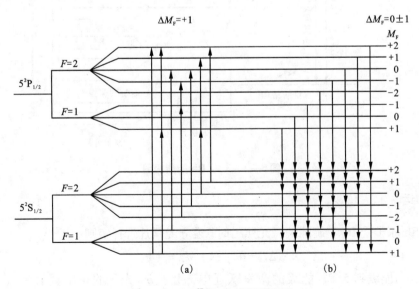

图 3 - 3 - 5 ^{87}Rb 的能级跃迁图

(a)^{87}Rb 吸收光受激跃迁, $M_F = +2$ 粒子跃迁概率为零;(b)^{87}Rb 激发态无辐射跃迁,以相等概率返回基态

3. 弛豫时间

在热平衡条件下，任意两个能级 E_1 和 E_2 上的粒子数之比都服从玻尔兹曼分布

$$\frac{N_2}{N_1} = e - \Delta E/kT$$

式中：$\Delta E = E_2 - E_1$ 是两个能级之差，N_1、N_2 分别是两个能级 E_1、E_2 上的原子数目，是玻尔兹曼常量。由于能量差极小，近似地可以认为各子能级上的粒子数是相等的。光抽运增大了粒子布居数的差别，使系统处于非热平衡。分布状态系统由非热平衡分布状态趋向于平衡分布状态的过程称为弛豫过程。促使系统趋向平衡的机制就是原子之间以及原子与其他物质之间的相互作用。在实验过程中要保持原子分布有较大的偏极化程度，就要尽量减少返回玻尔兹曼分布的趋势。但铷原子与容器壁的碰撞以及铷原子之间的碰撞都导致铷原子恢复到热平衡分布，失去光抽运所造成的偏极化。铷原子与磁性很弱的原子碰撞，对铷原子状态的扰动极小，不影响原子分布的偏极化。因此在铷样品泡中充入 1333Pa 的氮气，它的密度比铷蒸气原子的密度大 6 个数量级，这样可减少 Rb 原子与容器以及与其他 Rb 原子的碰撞机会，从而保持 Rb 原子分布的高度偏极化。此外，处于 $5^2P_{1/2}$ 态的原子须与缓冲气体分子碰撞多次才能发生能量转移，由于所发生的过程主要是无辐射跃迁，所以返回到基态中 8 个塞曼子能级的概率均等，因此缓冲气体分子还有利于粒子更快地被抽运到 $M_F = +2$ 子能级的过程。

铷样品泡温度升高，气态铷原子密度增大，则铷原子与器壁及铷原子之间的碰撞都要增加，使原子分布的偏极化减小。而温度过低时铷蒸气原子数不足，也使信号幅度变小。因此有个最佳温度范围，一般为 $40 \sim 60\,℃$（Rb 的熔点是 $38.89\,℃$）。

4. 塞曼子能级之间的磁共振

因光抽运而使 ^{87}Rb 原子分布偏极化达到饱和以后，Rb 蒸气不再吸收 $D_1\sigma^+$ 光，从而使透过铷样品泡的 $D_1\sigma^+$ 光增强。这时在垂直于产生塞曼分裂的磁场 $\boldsymbol{B}$ 的方向加一频率为 ν 的射频磁场，当 ν 和 $\boldsymbol{B}$ 之间满足磁共振条件

$$h\nu = gF_m\mu_B B \qquad (3-3-10)$$

时，在塞曼子能级之间产生感应跃迁，称为磁共振。跃迁遵守选择定则

$$\Delta F = 0, \quad M_F = +1 \qquad (3-3-11)$$

Rb 原子将从 $M_F = +2$ 子能级向下跃迁到各子能级上，即大量原子由 $M_F = +2$ 的能级跃迁到 $M_F = +1$（见图 3-3-6），以后又跃迁到 $M_F = 0，-1，-2$ 等各子能级上。这样磁共振破坏了原子分布的偏极化，而同时原子又继续吸收入射的 $D_1\sigma^+$ 光而进行新的抽运，透过样品泡的光就变弱了。随着抽运过程的进行，粒子又从 $M_F = +1，0，-1，-2$ 各能级被抽运到 $M_F = +2$ 的子能级上。随着粒子数的偏极化，透射再次变强。光抽运与感应磁共振跃迁达到一个动态平衡。光跃迁速率比磁共振跃迁速率大几个数量级，因此光抽运与磁共振的过程就可以连续地进行下去。^{85}Rb 也有类似的情况，只是 $D_1\sigma^+$ 光将 ^{85}Rb 抽运到基态 $M_F = +3$ 的子能级上，在磁共振时又跳回到 $M_F = +2，+1，0，-1，-2，-3$ 等能级上。

射频（场）频率 和外磁场（产生塞曼分裂的）$\boldsymbol{B}$ 两者可以固定一个，改变另一个以满足磁共振条件式（3-3-10）。改变频率称为扫频法（磁场固定），改变磁场称为扫场法（频率固定）。

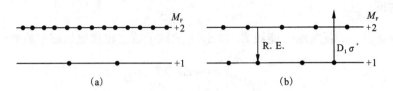

图 3 - 3 - 6 共振发生前、后的两种状态

(a)未发生磁共振时的状态;(b)发生共振时, $M_F = +2$ 能级上粒子数减少, 对

$D_1\sigma^+$ 吸收增加(^{87}Rb 基态, $5^2S_{1/2}$, $F=2$)

5. 光探测

投射到铷样品泡上的 $D_1\sigma^+$ 光, 一方面起光抽运作用, 另一方面, 透射光的强弱变化反映样品物质的光抽运过程和磁共振过程的信息, 用 $D_1\sigma^+$ 光照射铷样品泡, 并探测透过样品泡的光强, 就实现了光抽运——磁共振——光探测。在探测过程中射频(10^6 Hz)光子的信息转换成了频率高的光频(10^{14} Hz)光子的信息, 这就使信号功率提高了 8 个数量级。

样品中^{85}Rb 和^{87}Rb 都存在, 都能被 $D_1\sigma^+$ 光抽运而产生磁共振。为了分辨是^{85}Rb 还是^{87}Rb 参与磁共振, 可以根据它们的与偏极化有关能态的 g_F 因子不同加以区分。对于^{85}Rb 由基态中 $F=3$ 的态的 g_F 因子可知

$$\nu_0/B_0 = \mu_B g_F/h = 0.467 \text{ MHz/Gs} \tag{3-3-12}$$

对于^{87}Rb 由基态中 $F=3$ 的态的 g_F 因子可知

$$\nu_0/B_0 = 0.700 \text{ MHz/Gs} \tag{3-3-13}$$

 实验装置

实验的总体装置方框图如图 3 - 3 - 7 所示。主体装置如图 3 - 3 - 8 所示, 现说明如下。

(1)光源为铷原子光谱灯。由高频振荡器(频率为 55 ~ 65 MHz)①, 控温装置(80 ~ 90℃)及铷灯泡②组成。铷灯泡在高频电磁场的激励下进行无极放电而发光, 产生铷光谱, 包括 D_1 = 7948Å 及 D_2 = 7800Å 光谱线。D_2 光谱线对光抽运过程有害, 出光处装一干涉滤光片③, 其中心波长为 7948 ±50Å, 将 D_2 线滤掉。

(2)产生平行的 D_1 圆偏振光装置。凸透镜⑤的焦距为 77 mm, 是为调准直使用的。偏振片④与 40 μm 厚的云母制成的 1/4 波片⑥使 D_1 线成为圆偏振光。

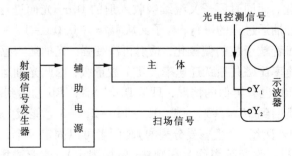

图 3 - 3 - 7 实验装置方框图

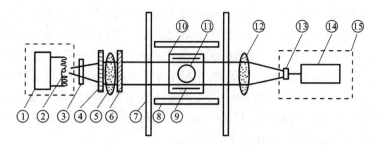

图 3 – 3 – 8　光泵磁共振主体装置图

①—高频振荡器；②—铷灯泡；③—干涉滤光片；④—偏振片；⑤—凸透镜（准直用）；
⑥—1/4 波片；⑦—水平方向线圈；⑧—竖直方向线圈；⑨—射频线圈；⑩—恒温槽；
⑪—铷样品泡；⑫—凸透镜（聚光用）；⑬—光电池；⑭—放大器；⑮—光检测器

（3）主体中央为铷样品泡及磁场线圈部分。同位素比例为天然成分的铷和缓冲气体充在一直径为 52 mm 的玻璃泡⑪内，在铷样品泡的两侧对称放置一对小射频线圈⑨，它为铷原子磁共振跃迁提供射频场。铷样品泡和射频线圈都置于圆柱形恒温槽⑩内，称之为吸收池。槽内温度在 40～60℃ 的范围内连续可调。吸收池安放在两对亥姆霍兹线圈的中心。一对竖直线圈产生的磁场用以抵消地磁场的竖直分量。另一对水平线圈有两套绕组。一组在外，为产生水平直流磁场的线圈。另一组在内，为扫场线圈，扫场是在直流磁场上叠加的一个调制磁场（方波或三角波）。要注意，使铷原子的超精细结构能级发生塞曼分裂的是水平方向的总磁场。

（4）辅助电源。由实验装置方框图可以看到，射频信号是先输入辅助电源，再由 24 芯电缆将辅助电源与主体装置连接起来。射频信号发生器（20 kHz～1 MHz）可以指示射频信号的频率值，功率大小可以调节。辅助电源上附有测水平线圈与竖直线圈励磁电流的电表，用以测水平场励磁电流和竖直场励磁电流等值（单位是 A）。如图 3 – 3 – 9 中有关部分所示。除射

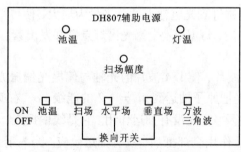

（a）DH807辅助电源前面板

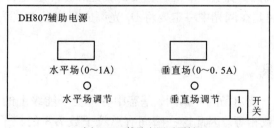

（b）DH807辅助电源后面板

图 3 – 3 – 9　DH807 辅助电源面板

频小线圈外，所有励磁线圈都有一个极性换向开关和调节励磁电流的旋钮，它们装在辅助电源的前面板上。池温（ON，OFF）开关用于给吸收池加热。当池温和灯温显示灯亮时，说明池温和灯温已到工作温度。方波和三角波开关以及扫场幅度旋钮可用示波器观察它们的功能。水平场、水平扫场以及垂直场换向开关的功能可由指南针检验。把指南针放在线圈中心位置，观察调节换向开关后指南针的偏转，从而判断各磁场方向与地磁场水平和垂直分量方向的关系。辅助电源后面板上有射频信号功率输入插孔和扫场信号输出插孔（已接好）。

（5）聚光元件。凸透镜⑫，焦距为 77 mm。

（6）光电接收装置。光电池⑬作为光电接收元件，与放大器⑭一起组成光检测器⑮。然后将光强信号输出接到双线示波器 Y_1 通道。

 ## 实验内容与实验方法

1. 仪器的调节

实验受磁场影响很大，因此主体装置附近要避开其他铁磁性物质、强电磁场及大功率电源线等。

（1）为了做好实验，应先用磁针确定地磁场方向。主体装置的光轴要与地磁场水平方向相平行。

（2）接通 DH807 电源开关，按"池温 ON"键（加温铷样品泡）。开示波器电源。用指南针确定水平场线圈、竖直场线圈及扫场线圈产生的各磁场的方向与地磁场水平和垂直方向的关系，并作详细记录。

（3）主体装置的光学元件应调成等高共轴。调整准直透镜以得到较好的平行光束，通过铷样品泡并射到聚光透镜上。因铷灯不是点光源，不能得到一个完全平行的光束，但仔细调节，再通过聚光透镜即可使铷灯到光电池上的总光量为最大，便可得到良好的信号。

（4）电源接通约 20 min 后，灯温灯亮，铷光谱灯点燃并发出紫红色光。池温灯亮，吸收池正常工作。

（5）调节偏振片及 1/4 波片，使 1/4 波片的光轴与偏振光偏振方向的夹角为 $\pi/4$ 以获得圆偏振光。σ^+ 左旋圆偏振光把原子抽运到 $M_F = +2$ 的能级，σ^- 右旋圆偏振光把原子抽运到 $M_F = -2$ 的能级。前面已述及。π 光没有抽运作用。它是线偏振光，可视为强度相等的 σ^+ 与 σ^- 的合成，两种相反的抽运作用全部抵消，没有抽运效应。当入射光为圆偏振光时，抽运的效应最强。当入射光是椭圆偏振光时，两种相反的抽运作用不会全部抵消，这时对入射光有吸收，也有抽运效应。因此在调光中一定要将 D_1 光调成圆偏振光。写出调节步骤和观察到的现象。

2. 光抽运信号的观察

铷样品泡开始加上方波扫场的一瞬间，基态中各塞曼子能级上的粒子数接近热平衡，即各子能级上的粒子数大致相等。因此这一瞬间有总粒子数 7/8 的粒子在吸收 $D_1\sigma^+$ 光，对光的吸收最强。随着粒子逐渐被抽运到 $M_F = +2$ 子能级上，能吸收 σ^+ 的光粒子数减少，透过铷样品泡的光逐渐增强。当抽运到 $M_F = +2$ 子能级上的粒子数达到饱和时，透过铷样品泡的光达到最大且不再变化。当磁场扫过零（指水平方向的总磁场为零）然后反向时，各塞曼子能级跟随着发生简并随即再分裂。能级简并时铷原子分布由于碰撞等导致自旋方向混杂而失去了偏极化，所以重新分裂后各塞曼子能级上的粒子数又近似相等，对 $D_1\sigma^+$ 光的吸收又达到最大值，这样就观察到了光抽运信号，如图 3 - 3 - 10 所示。使用不同的扫场，加入或不加入竖直线圈磁场及水平线圈磁场，以及改变它们的励磁电流大小和方向都将影响光抽运信号。在记录光抽运信号时要将信号幅度调至最大，因此实验中要求首先调出图 3 - 3 - 11 所对应的信号，研究光抽运信号强度（峰峰值）与垂直线圈产生的磁场（大小和方向）的关系，作出它们之间的关系曲线。其次把光抽运信号强度最大处对应的垂直线圈产生的磁场固定（后面的实验也要求这么做），研究光抽运信号强度与水平线圈产生的磁场（大小和方向）的关系，作出它们之间的关系曲线。再次对上述两条曲线作出解释，并计算地磁场的垂直分量和估算地磁场的水平分量。最后调出图 3 - 3 - 12 中所有信号，并且详细记录其条件和分析各光抽运信号的产生原因。

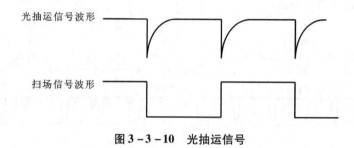

图 3 - 3 - 10 光抽运信号

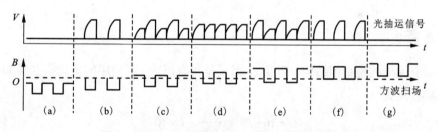

图 3 - 3 - 11 不同扫场信号对应的光抽运信号

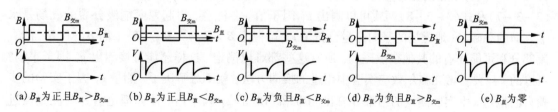

(a) $B_{直}$ 为正且 $B_{直}>B_{交m}$ (b) $B_{直}$ 为正且 $B_{直}<B_{交m}$ (c) $B_{直}$ 为负且 $B_{直}<B_{交m}$ (d) $B_{直}$ 为负且 $B_{直}>B_{交m}$ (e) $B_{直}$ 为零

图 3 - 3 - 12 所加不同磁场对应的光抽运信号

3. 磁共振信号的观察

光抽运信号反映两个能带(分别由 $5^2S_{1/2}$ 和 $5^2P_{1/2}$ 分裂而形成)间的光学跃迁,磁共振信号则反映塞曼子能级之间的射频跃迁。磁共振破坏了粒子分布的偏极化,从而引起新的光抽运。这两种信号都是由透过样品泡的光强变化来探测的。所以,从探测到的光强变化如何鉴别所发生的是单纯光抽运过程还是磁共振过程引起的,实验时要根据它们的产生条件设法区分。

观察磁共振信号时用三角波扫场(扫场法)。每当磁场值 B 与射频频率 ν 满足共振条件式(3-3-10)时,铷原子分布的偏极化被破坏,产生新的光抽运。因此,对于确定的频率,改变磁场值可以获得 ^{85}Rb 或 ^{87}Rb 的磁共振信号。磁共振信号的图像可以与图 3-3-13 相同。对于确定的磁场值(例如三角波中的某一场值),改变频率同样可以获得 ^{87}Rb 与 ^{85}Rb 的磁共振信号。实验中要求在选择适当频率(600 kHz)及场强的条件下,观察铷原子两种同位素的共振信号并详细记录所有参量。

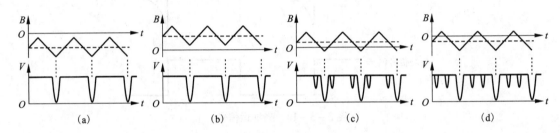

图 3-3-13　所加不同磁场对应的不同共振信号

4. 测量 g_F 因子

为了研究原子的超精细结构,测准 g_F 因子是很有用的。我们用的亥姆霍兹线圈轴线中心处的磁感应强度为

$$B = 16\pi/5^{3/2} \cdot \frac{N}{r} \cdot I \times 10^{-7} \qquad (3-3-14)$$

式中: N 为线圈匝数, r 为线圈有效半径(m), I 为直流电流(A), B 为磁感应强度(T)。式(3-3-7)中,普朗克常量 $h = 6.626 \times 10^{-34}$ J·s,玻尔磁子 $\mu_B = 9.274 \times 10^{-24}$ J/T。利用式(3-3-7)和式(3-3-8)两式可以测出 g_F 因子值。要注意,引起塞曼能级分裂的磁场是水平方向的总磁场(地磁场的竖向分量已抵消),可视为 $\boldsymbol{B} = \boldsymbol{B}_{水平} + \boldsymbol{B}_{地} + \boldsymbol{B}_{扫}$,而 $\boldsymbol{B}_{地}$ 和 $\boldsymbol{B}_{扫}$ 的直流部分和可能还有的其他杂散磁场,所有这些都难以测定。这样还能直接测出 g_F 因子来吗?可以的。只要参考在霍尔效应实验中用过的换向方法,就不难解决了。测量 g_F 因子实验的步骤自己拟定。由实验测量的结果计算出 ^{87}Rb 和 ^{85}Rb 的 g_F 因子值。计算理论值并与测量值进行比较。

5. 测量地磁场

测量地磁场的垂直分量、地磁场的水平分量,地磁场的大小和方向。

预习要求

（1）理解光磁共振的基本原理；

（2）熟悉光磁共振的实验装置及实验操作步骤。

 思考题

（1）^{87}Rb 的基态 $F=1$ 与 $F=2$ 的塞曼子能级排列相反，^{85}Rb 的基态 $F=2$ 与 $F=3$ 的塞曼子能级排列也相反，是何原因？

（2）测量 F_g 值时，将水平换向得到的频率为 $(\nu_1+\nu_2)/2$，为什么不是 $(\nu_1-\nu_2)/2$？必须满足的条件是什么？测地磁场水平分量时，得到的频率为什么是 $(\nu_1-\nu_2)/2$？相应的条件是什么？

（3）为什么实验要在抵消地磁场垂直分量的状态下进行？

（4）扫场在实验中的作用是什么？

（5）为什么射频磁场必须在竖直方向跟产生塞曼子能级的稳定弱磁场相垂直？

 参考文献

［1］北京大华无线电仪器厂. DH807A 光磁共振实验说明书.

［2］张玉霞，池水莲，高浩哲，冯炜兴. 光泵磁共振测量地磁场水平分量［J］. 实验室研究与探索，2016，35（8）：10 – 13.

［3］曲江珊，李晓蕾. 光泵磁共振实验光偏振态及反常共振信号的研究［J］. 科技展望，2016，26（13）：149.

［4］高浩哲，池水莲，陈昕，张玉霞. 光泵磁共振实验中扫场信号研究和测量［J］. 实验技术与管理，2017，34（2）：66 – 69.

［5］曲江珊，李晓蕾. 光泵磁共振异常光抽运信号机理研究［J］. 科技创新与应用，2016（13）：47.

［6］高子镡，池水莲，王彩强，张玉霞. 光泵磁共振中确定地磁水平分量方向的改进方法［J］. 物理实验，2018，38（3）：11 – 14.

［7］吴奕初，胡占成，刘海林，李美亚. 光磁共振实验测量地磁场方法的探究［J］. 物理实验，2016，36（4）：1 – 6.

［8］廖红波. 塞曼效应实验［J］. 物理实验，2017，37（07）：25 – 31.

实验 3.4　巨磁电阻效应及其应用

实验背景

2007 年诺贝尔物理学奖授予了巨磁电阻（giant magneto resistance，简称 GMR）效应的发现者，法国物理学家阿尔贝·费尔（Albert Fert）和德国物理学家彼得·格伦贝格尔（Peter Grunberg）。诺尔奖委员会说明："这是一次好奇心导致的发现，但其随后的应用却是革命性的，因为它使计算机硬盘的容量从几百兆、几千兆字节，一跃而提高几百倍，达到几百吉乃至上千吉。"

凝聚态物理研究原子、分子在构成物质时的微观结构，它们之间的相互作用力，及其与宏观物理性质之间的联系。

人们早就知道过渡金属铁、钴、镍能够出现铁磁性有序状态。量子力学出现后，德国科学家海森伯（W. K. Heisenberg，1932 年诺贝尔奖得主）明确提出铁磁性有序状态源于铁磁性原子磁矩之间的量子力学交换作用，这个交换作用是短程的，称为直接交换作用。

后来发现很多的过渡金属和稀土金属的化合物具有反铁磁有序状态，即在有序排列的磁材料中，相邻原子因受负的交换作用，自旋为反平行排列，如图 3-4-1 所示。则磁矩虽处于有序状态，但总的净磁矩在不受外场作用时仍为零。这种磁有序状态称为反铁磁性。法国科学家奈尔（Louis Neel）因为系统地研究反铁磁性而获 1970 年诺贝尔奖。他在解释反铁磁性时认为，化合物中的氧离子（或其他非金属离子）作为中介，将最近的磁性原子的磁矩耦合起来，这是间接交换作用。另外，在稀土金属中也出现了磁有序，其中原子的固有磁矩来自 4f 电子壳层。相邻稀土原子的距离远大于 4f 电子壳层直径，所以稀土金属中的传导电子担当了中介，将相邻的稀土原子磁矩耦合起来，这就是 RKKY 型间接交换作用。

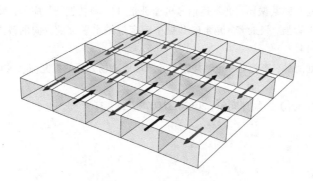

图 3-4-1　反铁磁有序

直接交换作用的特征长度为 0.1～0.3 nm，间接交换作用可以长达 1 nm 以上。1 nm 已经是实验室中人工微结构材料可以实现的尺度。1970 年美国 IBM 实验室的江崎和朱兆祥提出了超晶格的概念。所谓的超晶格就是指由两种（或两种以上）组分（或导电类型）不同、厚度 d 极小的薄层材料交替生长在一起而得到的一种多周期结构材料。由于这种复合材料的周期长度比各薄膜单晶的晶格常数大几倍或更长，因此取名"超晶格"。20世纪80年代，由于摆脱了以往难以制作高质量的纳米尺度样品的限制，金属超晶格成为研究前沿，凝聚态物理工作者对这类人工材料的磁有序、层间耦合、电子输运等进行了广泛的基础方面的研究。

德国于利希研究中心的物理学家彼得·格伦贝格尔一直致力于研究铁磁性金属薄膜表面和界面上的磁有序状态。研究对象是一个三明治结构的薄膜，两层厚度约10 nm的铁层之间夹有厚度为1 nm的铬层。选择这个材料系统并不是偶然的，首先金属铁和铬是周期表上相近的元素，具有类似的电子壳层，容易实现两者的电子状态匹配。其次，金属铁和铬的晶格对称性和晶格常数相同，它们之间晶格结构也是匹配的，这两类匹配非常有利于基本物理过程的探索。但是，很长时间以来制成的三明治薄膜都是多晶体，格伦贝格尔和很多研究者一样，并没有特别的发现。直到1986年，他采用了分子束外延(MBE)方法制备薄膜，样品成分还是铁－铬－铁三层膜，不过已经是结构完整的单晶。在此金属三层膜上利用光散射以获得铁磁矩的信息，实验中逐步减小薄膜上的外磁场，直到取消外磁场。他们发现，在铬层厚度为0.8 nm的铁－铬－铁三明治中，两边的两个铁磁层磁矩从彼此平行(较强磁场下)转变为反平行(弱磁场下)。换言之，对于非铁磁层铬的某个特定厚度，没有外磁场时，两边铁磁层磁矩是反平行的，这个新现象成为巨磁电阻效应出现的前提。既然磁场可以将三明治两个铁磁层磁矩在彼此平行与反平行之间转换，相应的物理性质会有什么变化？格伦贝格尔接下来发现，两个磁矩反平行时对应高电阻状态，平行时对应低电阻状态，两个电阻的差别高达10%。格伦贝格尔将结果写成论文，与此同时，他申请了将这种效应和材料应用于硬盘磁头的专利。当时的申请需要一定的胆识，因为铁－铬－铁三明治上出现巨磁电阻效应所需磁场高达上千高斯，远高于硬盘上磁比特单元能够提供的磁场，但日后不断改进的结构和材料，使得这个设想成为现实。硬盘及磁头结构如图3－4－2所示。

(a)机械硬盘的内部结构　　　　　　　　(b)磁头的结构

图3－4－2　硬盘及磁头结构

另一方面，1988年巴黎第十一大学固体物理实验室物理学家阿尔贝·费尔的小组将铁、铬薄膜交替制成几十个周期的铁－铬超晶格，也称为周期性多层膜。他们发现，当改变磁场强度时，超晶格薄膜的电阻下降近一半，即磁电阻比率达到50%。他们称这个前所未有的电阻巨大变化现象为巨磁电阻，并用两电流模型解释这种物理现象。显然，周期性多层膜可以被看成是若干个格伦贝格尔三明治的重叠，所以德国和法国的两个独立发现实际上是同一个物理现象。

人们自然要问，在其他过渡金属中，这个奇特的现象是否也存在？IBM公司的斯图尔特·帕金(S. P. Parkin)给出了肯定的回答。1990年他首次报道,除了铁－铬超晶格,还有钴－钌和钴－铬超晶格也具有巨磁电阻效应。并且随着非磁层厚度增加,上述超晶格的磁电阻值振荡下降。在随后的几年,帕金和世界范围的科学家在过渡金属超晶格和金属多层膜中,找到了20种左右具有巨磁电阻振荡现象的不同体系。帕金的发现在技术层面上特别重要。首先,他的结果为寻找更多的GMR材料开辟了广阔空间,最后人们的确找到了适合硬盘的GMR材料,1997年制成了GMR磁头。其次,帕金采用较普通的磁控溅射技术,代替精密的MBE方法制备薄膜,目前这已经成为工业生产多层膜的标准。磁控溅射技术克服了物理发现与产业化之间的障碍,使巨磁电阻成为基础研究快速转换为商业应用的国际典范。同时,巨磁电阻效应也被认为是纳米技术的首次真正应用。

诺贝尔奖委员会还指出:"巨磁电阻效应的发现打开了一扇通向新技术世界的大门——自旋电子学,这里,将同时利用电子的电荷以及自旋这两个特性。"

GMR作为自旋电子学的开端具有深远的科学意义。传统的电子学是以电子的电荷移动为基础的,电子自旋往往被忽略了。巨磁电阻效应表明,电子自旋对于电流的影响非常强烈,电子的电荷与自旋两者都可能载运信息。自旋电子学的研究和发展,引发了电子技术与信息技术的一场新的革命。目前电脑、音乐播放器等各类数码电子产品中所装备的硬盘磁头,基本上都应用了巨磁电阻效应。利用巨磁电阻效应制成的多种传感器,已广泛应用于各种测量和控制领域。除利用铁磁膜－金属膜－铁磁膜的GMR效应外,由两层铁磁膜夹一极薄的绝缘膜或半导体膜构成的隧穿磁阻(TMR)效应,已显示出比GMR效应更高的灵敏度。除在多层膜结构中发现GMR效应,并已实现产业化外,在单晶、多晶等多种形态的钙钛矿结构的稀土锰酸盐中,以及一些磁性半导体中,都发现了巨磁电阻效应。

本实验介绍多层膜GMR效应的原理,并通过实验让学生了解几种GMR传感器的结构、特性及应用领域。

 实验目的

(1)了解GMR效应的原理。
(2)测量GMR模拟传感器的磁电转换特性曲线。
(3)测量GMR的磁阻特性曲线。
(4)测量GMR开关(数字)传感器的磁电转换特性曲线。
(5)用GMR传感器测量电流。
(6)用GMR梯度传感器测量齿轮的角位移,了解GMR转速(速度)传感器的原理。
(7)通过实验了解磁记录与读出的原理。

 实验原理

根据导电的微观机理,电子在导电时并不是沿电场直线前进,而是不断和晶格中的原子产生碰撞(又称散射),每次散射后电子都会改变运动方向,总的运动是电场对电子的定向加速与这种无规则散射运动的叠加。称电子在两次散射之间走过的平均路程为平均自由程,电子散射概率小,则平均自由程长,电阻率低。电阻定律 $R = \rho l/S$ 中,把电阻率 ρ 视为常数,与材料的几何尺度无关。这是因为通常材料的几何尺度远大于电子的平均自由程(例如铜中电子的平均自由程约 34 nm),可以忽略边界效应。当材料的几何尺度小到纳米量级,只有几个原子的厚度时(例如,铜原子的直径约为 0.3 nm),电子在边界上的散射概率大大增加,可以明显观察到厚度减小、电阻率增加的现象。

　　电子除携带电荷外,还具有自旋特性,自旋磁矩有平行或反平行于外磁场两种可能取向。早在 1936 年,英国物理学家,诺贝尔奖获得者 N. F. Mott 指出,在过渡金属中,自旋磁矩与材料的磁场方向平行的电子,所受散射概率远小于自旋磁矩与材料的磁场方向反平行的电子。总电流是两类自旋电流之和;总电阻是两类自旋电流的并联电阻,这就是所谓的两电流模型。

　　在图 3-4-3 所示的多层膜结构中,无外磁场时,上下两层磁性材料是反平行(反铁磁)耦合的。施加足够强的外磁场后,两层铁磁膜的方向都与外磁场方向一致,外磁场使两层铁磁膜从反平行耦合变成了平行耦合。

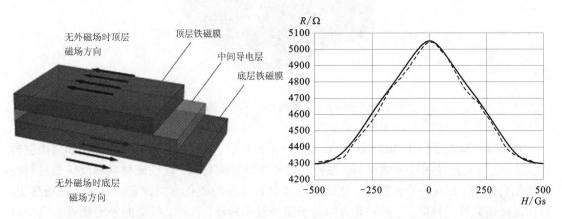

图 3-4-3　多层膜 GMR 结构图　　　　图 3-4-4　某种 GMR 材料的磁阻特性

　　图 3-4-4 是图 3-4-3 结构的某种 GMR 材料的磁阻特性。由图可见,随着外磁场增大,电阻逐渐减小,其间有一段线性区域。当外磁场已使两铁磁膜完全平行耦合后,继续加大磁场,电阻不再减小,进入磁饱和区域。磁阻变化率 $\Delta R/R$ 达百分之十几,加反向磁场时磁阻特性是对称的。注意到图 3-4-4 中的曲线有两条,分别对应增大磁场(实线)和减小磁场(虚线)时的磁阻特性,这是因为铁磁材料都具有磁滞特性。

　　有两类与自旋相关的散射对巨磁电阻效应有贡献。

　　其一,界面上的散射。无外磁场时,上下两层铁磁膜的磁场方向相反,无论电子的初始自旋状态如何,从一层铁磁膜进入另一层铁磁膜时都面临状态改变(平行-反平行,或反平行-平行),电子在界面上的散射概率很大,对应于高电阻状态。有外磁场时,上下两层铁磁膜的磁场方向一致,电子在界面上的散射概率很小,对应于低电阻状态。

　　其二,铁磁膜内的散射。即使电流方向平行于膜面,由于无规则散射,电子也有一定的概率在上下两层铁磁膜之间穿行。无外磁场时,上下两层铁磁膜的磁场方向相反,无论电子的初始自旋状态如何,在穿行过程中都会经历散射概率小(平行)和散射概率大(反平行)两种过程,两类自旋电流的并联电阻相似两个中等阻值的电阻的并联,对应于高电阻状态。有外磁场时，上下两层铁磁膜的磁场方向一致，自旋平行的电子散射概率小，自旋反平行的电子散射概率大，两类自旋电流的并联电阻相似一个小电阻与一个大电阻的并联，对应于低电阻状态。

多层膜 GMR 结构简单，工作可靠，磁阻随外磁场线性变化的范围大，在制作模拟传感器方面得到广泛应用。在数字记录与读出领域，为进一步提高灵敏度，发展了自旋阀结构的GMR，如图 3 - 4 - 5 所示。

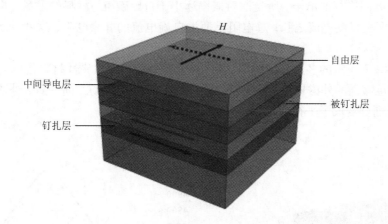

图 3 - 4 - 5　自旋阀 SV - GMR 结构图

自旋阀结构的 SV - GMR(spin valve GMR) 由钉扎层、被钉扎层、中间导电层和自由层构成。其中，钉扎层使用反铁磁材料，被钉扎层使用硬铁磁材料，硬铁磁材料和反铁磁材料在交换耦合作用下形成一个偏转场，此偏转场将被钉扎层的磁化方向固定，不随外磁场改变。自由层使用软铁磁材料，它的磁化方向易于随外磁场转动。这样，很弱的外磁场就会改变自由层与被钉扎层磁场的相对取向，对应于很高的灵敏度。制造时，使自由层的初始磁化方向与被钉扎层垂直，磁记录材料的磁化方向与被钉扎层的方向相同或相反（对应于 0 或 1），当感应到磁记录材料的磁场时，自由层的磁化方向就向与被钉扎层磁化方向相同（低电阻）或相反（高电阻）的方向偏转，检测出电阻的变化，就可确定记录材料所记录的信息，硬盘所用的GMR 磁头就是采用这种结构。

 实验装置

1. 实验仪前面板

图 3 - 4 - 6 为巨磁阻实验仪系统的实验仪前面板图。

区域 1——电流表部分：作为一个独立的电流表使用。

两个挡位：2 mA 挡和 200 mA 挡，可通过电流量程切换开关选择合适的电流挡位测量电流。

区域 2——电压表部分：作为一个独立的电压表使用。

两个挡位：2 V 挡和 200 mV 挡，可通过电压量程切换开关选择合适的电压挡位。

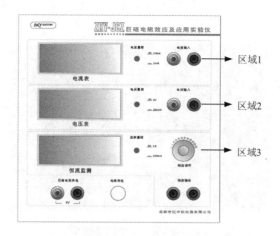

图 3 - 4 - 6　巨磁阻实验仪操作面板

区域 3——恒流源部分：可变恒流源。

实验仪还提供 GMR 传感器工作所需的 4 V 电源和运算放大器工作所需的 ±8 V 电源。

2. 基本特性组件

基本特性组件由 GMR 模拟传感器、螺线管线圈、比较电路及输入输出插孔组成，用以对 GMR 的磁电转换特性、磁阻特性进行测量。基本特性组件如图 3 - 4 - 7 所示。

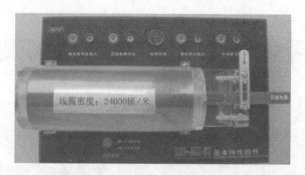

图 3 - 4 - 7　基本特性组件

GMR 传感器置于螺线管的中央。螺线管用于在实验过程中产生大小可计算的磁场，由理论分析可知，无限长直螺线管内部轴线上任一点的磁感应强度为：

$$B = \mu_0 n I \qquad (3 - 4 - 1)$$

式中：n 为线圈密度，I 为流经线圈的电流大小，μ_0 为真空中的磁导率。采用国际单位制时，由上式计算出的磁感应强度单位为特斯拉(1 特斯拉 = 10000 高斯)。

3. 电流测量组件

使用电流测量组件时将导线置于 GMR 模拟传感器近旁，用 GMR 传感器测量导线通过不同大小电流时导线周围的磁场变化，就可确定电流大小。与一般测量电流需将电流表接入电路相比,这种非接触测量不干扰原电路的工作,具有特殊的优点。电流测量组件如图 3 - 4 - 8 所示。

图 3 - 4 - 8　电流测量组件

4. 角位移测量组件

角位移测量组件用巨磁阻梯度传感器作传感元件,铁磁性齿轮转动时,齿牙干扰了梯度传感器上偏置磁场的分布,使梯度传感器输出发生变化,每转过一齿,就输出类似正弦波一个周期的波形。利用该原理可以测量角位移(转速、速度)。汽车上的转速与速度测量仪就是利用该原理制成的。角位移测量组件如图 3 - 4 - 9 所示。

5. 磁读写组件

磁读写组件如图 3 - 4 - 10 所示。

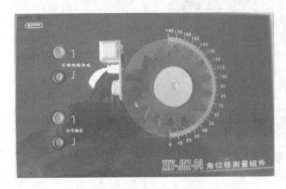

图 3 - 4 - 9　角位移测量组件

图 3 - 4 - 10　磁读写组件

实验内容与实验方法

1. GMR 模拟传感器的磁电转换特性测量

在将 GMR 构成传感器时,为了消除温度变化等环境因素对输出的影响,一般采用桥式结构,图 3 - 4 - 11 是某型号传感器的结构。

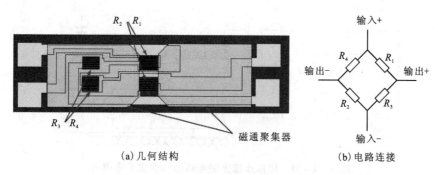

(a) 几何结构　　　　　　　　(b) 电路连接

图 3 - 4 - 11　GMR 模拟传感器结构图

对于电桥结构, 如果 4 个 GMR 电阻对磁场的响应完全同步, 就不会有信号输出。图 3 - 4 - 11 中, 将处在电桥对角位置的两个电阻 R_3、R_4 覆盖一层高导磁率的材料如坡莫合金, 以屏蔽外磁场对它们的影响, 而 R_1、R_2 阻值随外磁场改变。设无外磁场时 4 个 GMR 电阻的阻值均为 R, R_1、R_2 在外磁场作用下电阻减小 ΔR, 简单分析表明, 输出电压:

$$U_{\text{out}} = \frac{U_{\text{in}} \Delta R}{2R - \Delta R} \qquad\qquad (3 - 4 - 2)$$

屏蔽层同时设计为磁通聚集器, 它的高导磁率将磁力线聚集在 R_1、R_2 电阻所在的空间, 进一步提高了 R_1、R_2 的磁灵敏度。

从图 3 - 4 - 11 的几何结构还可见, 巨磁电阻被光刻成微米宽度迂回状的电阻条, 以增大其电阻至千欧数量级, 使其在较小工作电流下得到合适的电压输出。

图 3 - 4 - 12 是某 GMR 模拟传感器的磁电转换特性曲线。图 3 - 4 - 13 是磁电转换特性的测量原理图。

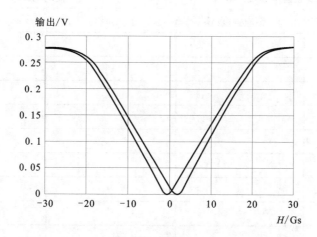

图 3 - 4 - 12　GMR 模拟传感器的磁电转换特性曲线

实验所需装置: 巨磁阻实验仪、基本特性组件。

将 GMR 模拟传感器置于螺线管磁场中, 功能切换按钮切换为"传感器测量"。实验仪的 4 V电压源接至基本特性组件"巨磁电阻供电", 恒流源接至"螺线管电流输入", 基本特性组

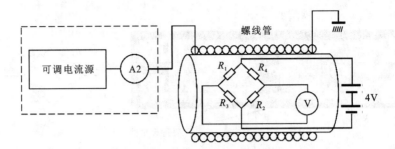

图 3 - 4 - 13　模拟传感器磁电转换特性实验原理图

件"模拟信号输出"接至实验仪电压表。

　　按表 3 - 4 - 1 数据,调节励磁电流,逐渐减小磁场强度,记录相应的输出电压于表格"减小磁场"列中。由于恒流源本身不能提供负向电流,当电流减至 0 后,交换恒流输出接线的极性,使电流反向。再次增大电流,此时流经螺线管的电流与磁感应强度的方向为负,从上到下记录相应的输出电压。

　　电流至 - 100 mA 后,逐渐减小负向电流,电流到 0 时同样需要交换恒流输出接线的极性。从下到上记录数据于"增大磁场"列中。

　　理论上讲,外磁场为零时,GMR 传感器的输出应为零,但由于半导体工艺的限制,4 个桥臂电阻值不一定完全相同,导致外磁场为零时输出不一定为零,在有的传感器中可以观察到这一现象。

表 3 - 4 - 1　GMR 模拟传感器磁电转换特性的测量(电桥电压 4 V)

励磁电流及磁感应强度		输出电压/mV	
励磁电流/mA	磁感应强度/Gs	减小磁场	增大磁场
100			
90			
80			
70			
60			
50			
40			
30			
20			
10			
5			
0			

续表 3 - 4 - 1

励磁电流及磁感应强度		输出电压/mV	
励磁电流/mA	磁感应强度/Gs	减小磁场	增大磁场
- 5			
- 10			
- 20			
- 30			
- 40			
- 50			
- 60			
- 70			
- 80			
- 90			
- 100			

（1）根据螺线管上标明的线圈密度，由公式(3 - 4 - 1)计算出螺线管内的磁感应强度 B。

（2）以磁感应强度 B 为横坐标，电压表的读数为纵坐标作出磁电转换特性曲线。

（3）不同外磁场强度时输出电压的变化反映了 GMR 传感器的磁电转换特性，同一外磁场强度下输出电压的差值反映了材料的磁滞特性。

2. GMR 磁阻特性测量

为加深对巨磁电阻效应的理解，我们对构成 GMR 模拟传感器的磁阻进行测量。将基本特性组件的功能切换按钮切换为"巨磁阻测量"，此时被磁屏蔽的两个电桥电阻 R_3、R_4 被短路，而 R_1、R_2 并联。将电流表串联进电路中，测量不同磁场时回路中电流的大小，就可计算磁阻。测量原理如图 3 - 4 - 14 所示。

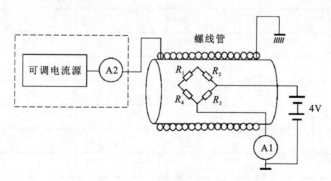

图 3 - 4 - 14　磁阻特性测量原理图

实验所需装置：巨磁阻实验仪、基本特性组件。

将 GMR 模拟传感器置于螺线管磁场中，功能切换按钮切换为"巨磁阻测量"。实验仪的 4 V

电压源串联电流表后接至基本特性组件"巨磁电阻供电",恒流源接至"螺线管电流输入"。

按表3-4-2数据,调节励磁电流,逐渐减小磁场强度,记录相应的磁阻电流于表格"减小磁场"列中。由于恒流源本身不能提供负向电流,当电流减至0后,交换恒流输出接线的极性,使电流反向。再次增大电流,此时流经螺线管的电流与磁感应强度的方向为负,从上到下记录相应的输出电压。

电流至-100 mA后,逐渐减小负向电流,电流到0时同样需要交换恒流输出接线的极性。从下到上记录数据于"增大磁场"列中。

表3-4-2 **GMR磁阻特性的测量**(磁阻两端电压4 V)

励磁电流及磁感应强度		减小磁场		增大磁场	
励磁电流/mA	磁感应强度/Gs	磁阻电流/mA	磁阻/Ω	磁阻电流/mA	磁阻/Ω
100					
90					
80					
70					
60					
50					
40					
30					
20					
10					
5					
0					
-5					
-10					
-20					
-30					
-40					
-50					
-60					
-70					
-80					
-90					
-100					

根据螺线管上标明的线圈密度，由公式(3-4-1)计算出螺线管内的磁感应强度 B。由欧姆定律 $R = U/I$ 计算磁阻。

以磁感应强度 B 为横坐标，磁阻为纵坐标作出磁阻特性曲线。应该注意，由于模拟传感器的两个磁阻是位于磁通聚集器中，与图 3-4-4 相比，我们作出的磁阻曲线斜率大了约 10 倍，磁通聚集器结构使磁阻灵敏度大大提高。

不同外磁场强度时磁阻的变化反映了 GMR 的磁阻特性，同一外磁场强度下磁阻的差值反映了材料的磁滞特性。

3. GMR 开关(数字)传感器的磁电转换特性曲线测量

将 GMR 模拟传感器与比较电路、晶体管放大电路集成在一起，就构成 GMR 开关(数字)传感器，结构如图 3-4-15(a)所示。

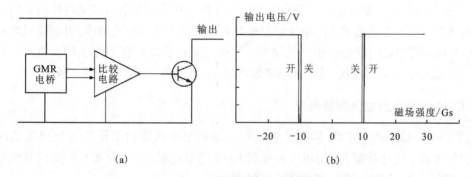

图 3-4-15 GMR 开关传感器结构图与磁电转换特性

比较电路的功能是，当电桥电压低于比较电压时，输出低电平。当电桥电压高于比较电压时，输出高电平。选择适当的 GMR 电桥并结合比较电压调节，可调节开关传感器开关点对应的磁场强度。

图 3-4-15(b)是某种 GMR 开关传感器的磁电转换特性曲线。当磁场强度的绝对值从低增加到 12 Gs 时，开关打开(输出高电平)；当磁场强度的绝对值从高减小到 10 Gs 时，开关关闭(输出低电平)。

实验所需装置：巨磁阻实验仪、基本特性组件。

将 GMR 模拟传感器置于螺线管磁场中，功能切换按钮切换为"传感器测量"。实验仪的 4 V 电压源接至基本特性组件"巨磁电阻供电"，"电路供电"接口接至基本特性组件对应的"电路供电"输入插孔，恒流源接至"螺线管电流输入"，基本特性组件"开关信号输出"接至实验仪电压表。

从 50 mA 逐渐减小励磁电流，输出电压从高电平(开)转变为低电平(关)时记录相应的励磁电流于表 3-4-3"减小磁场"列中。当电流减至 0 后，交换恒流输出接线的极性，使电流反向。再次增大电流，此时流经螺线管的电流与磁感应强度的方向为负，输出电压从低电平(关)转变为高电平(开)时记录相应的负值励磁电流于表 3-4-3"减小磁场"列中。将电流调至 -50 mA。逐渐减小负向电流，输出电压从高电平(开)转变为低电平(关)时记录相应的负值励磁电流于表 3-4-3"增大磁场"列中，电流到 0 时同样需要交换恒流输出接线的极性。输出电压从低电平(关)转变为高电平(开)时记录相应的正值励磁电流于表 3 - 4 - 3"增大磁场"列中。

表 3 - 4 - 3 GMR 开关传感器的磁电转换特性测量(高电平 = ____ V，低电平 = ____ V)

减小磁场			增大磁场		
开关动作	励磁电流/mA	磁感应强度/Gs	开关动作	励磁电流/mA	磁感应强度/Gs
关			关		
开			开		

根据螺线管上标明的线圈密度，由公式(3 - 4 - 1)计算出螺线管内的磁感应强度 B。

以磁感应强度 B 为横坐标，电压读数为纵坐标作出开关传感器的磁电转换特性曲线。

利用 GMR 开关传感器的开关特性已制成各种接近开关，当磁性物体(可在非磁性物体上贴上磁条)接近传感器时就会输出开关信号。这种开关广泛应用在工业生产及汽车、家电等日常生活用品中，控制精度高，恶劣环境(如高低温、振动等)下仍能正常工作。

4. 用 GMR 模拟传感器测量电流

从图 3 - 4 - 12 可见，GMR 模拟传感器在一定的范围内输出电压与磁场强度成线性关系，且灵敏度高，线性范围大，可以方便地将 GMR 制成磁场计，测量磁场强度或其他与磁场相关的物理量。作为应用示例，我们用它来测量电流。

由理论分析可知，通有电流 I 的无限长直导线，与导线距离为 r 的一点的磁感应强度为：

$$B = \frac{\mu_0 I}{2\pi r} \tag{3 - 4 - 3}$$

磁场强度与电流成正比，在 r 已知的条件下，测得 B，就可知 I。

在实际应用中，为了使 GMR 模拟传感器工作在线性区，提高测量精度，还常常预先给传感器施加一固定已知磁场，称为磁偏置，其原理类似于电子电路中的直流偏置。

实验仪的 4 V 电压源接至电流测量组件"巨磁电阻供电"，恒流源接至"待测电流输入"，电流测量组件"信号输出"接至实验仪电压表。模拟传感器测量电流实验原理图如图 3 - 4 - 16 所示。

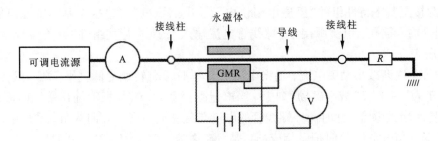

图 3 - 4 - 16 模拟传感器测量电流实验原理图

将待测电流调节至 0。

将偏置磁铁转到远离 GMR 传感器位置，调节磁铁与传感器的距离，使输出约为 25 mV。

将电流增大到 300 mA，按表 3-4-4 数据逐渐减小待测电流，从左到右记录相应的输出电压于表格"减小电流"行中。由于恒流源本身不能提供负向电流，当电流减至 0 后，交换恒流输出接线的极性，使电流反向。再次增大电流，此时电流方向为负，记录相应的输出电压。

逐渐减小负向待测电流，从右到左记录相应的输出电压于表格"增加电流"行中。当电流减至 0 后，交换恒流输出接线的极性，使电流反向。再次增大电流，此时电流方向为正，记录相应的输出电压。

将待测电流调节至 0。

将偏置磁铁转到接近 GMR 传感器位置，调节磁铁与传感器的距离，使输出约 150 mV。

用低磁偏置时同样的实验方法，测量适当磁偏置时待测电流与输出电压的关系。

表 3-4-4　用 GMR 模拟传感器测量电流

			300	200	100	0	-100	-200	-300
	待测电流/mA								
输出电压 /mV	低磁偏置 （约 25 mV）	减小电流							
		增加电流							
	适当磁偏置 （约 150 mV）	减小电流							
		增加电流							

以电流读数为横坐标，电压表的读数为纵坐标作图，分别作出 4 条曲线。

由测量数据及所作图形可以看出，适当磁偏置时线性较好，斜率（灵敏度）较高。由于待测电流产生的磁场远小于偏置磁场，磁滞对测量的影响也较小，根据输出电压的大小就可确定待测电流的大小。

用 GMR 传感器测量电流不用将测量仪器接入电路，不会对电路工作产生干扰，既可测量直流，也可测量交流，具有广阔的应用前景。

5. GMR 梯度传感器的特性及应用

将 GMR 电桥两对对角电阻分别置于集成电路两端，4 个电阻都不加磁屏蔽，即构成梯度传感器，如图 3-4-17 所示。

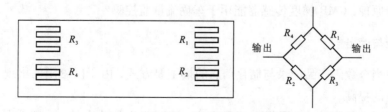

图 3-4-17　GMR 梯度传感器结构图

这种传感器若置于均匀磁场中，由于4个桥臂电阻阻值变化相同，电桥输出为零。如果磁场存在一定的梯度，各 GMR 电阻感受到的磁场不同，磁阻变化不一样，就会有信号输出。图 3 – 4 – 18 以检测齿轮的角位移为例，说明其应用原理。

将永磁体放置于传感器上方，若齿轮是铁磁材料，永磁体产生的空间磁场在相对于齿牙不同位置时，产生不同的梯度磁场。a 位置时，输出为零。b 位置时，R_1、R_2 感受到的磁场强度大于 R_3、R_4，输出正电压。c 位置时，输出回归零。d 位置时，R_1、R_2 感受到的磁场强度小于 R_3、R_4，输出负电压。于是，在齿轮转动过程中，每转过一个齿牙便产生一个完整的波形输出。这一原理已普遍应用于转速（速度）与位移监控，在汽车及其他工业领域得到广泛应用。

实验装置：巨磁阻实验仪、角位移测量组件。

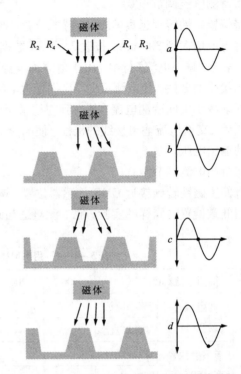

图 3 – 4 – 18　用 GMR 梯度传感器检测齿轮位移

将实验仪的 4 V 电压源接角位移测量组件"巨磁电阻供电"，角位移测量组件"信号输出"接实验仪电压表。

逆时针慢慢转动齿轮，当输出电压为零时记录起始角度，以后每转 3° 记录一次角度与电压表的读数于表 3 – 4 – 5。转动 48° 齿轮转过 2 齿，输出电压变化 2 个周期。

表 3 – 4 – 5　齿轮角位移的测量

转动角度/(°)														
输出电压/mV														

以齿轮实际转过的度数为横坐标、电压表的读数为纵坐标作图。

根据实验原理，GMR 梯度传感器能用于车辆流量监控吗？

6. 磁记录与读出

磁记录是当今数码产品记录与储存信息的最主要方式，由于巨磁阻的出现，存储密度有了成百上千倍的提高。

在当今的磁记录领域，为了提高记录密度，读写磁头是分离的。写磁头是绕线的磁芯，线圈中通过电流时产生磁场，在磁性记录材料上记录信息。巨磁阻读磁头利用磁记录材料上不同磁场时电阻的变化读出信息。磁读写组件用磁卡作记录介质，磁卡通过写磁头时可写入数据，通过读磁头时将写入的数据读出来。

同学们可自行设计一个二进制码，按二进制码写入数据，然后将读出的结果记录下来。

实验所需装置：巨磁阻实验仪、磁读写组件、磁卡。

实验仪的 4 V 电压源接磁读写组件"巨磁电阻供电"，"电路供电"接口接至基本特性组件对应的"电路供电"输入插孔，磁读写组件"读出数据"接至实验仪电压表。同时按下"0/1转换"和"写确认"按键约 2 s 将读写组件初始化，初始化后才可以进行写和读。

将需要写入与读出的二进制数据记入表 3 – 4 – 6 中第 2 行。

将磁卡有刻度区域的一面朝前，沿着箭头标识的方向插入划槽，按需要切换写"0"或写"1"（按"0/1 转换"按键，当状态指示灯显示为红色表示当前为"写 1"状态，绿色表示当前为"写 0"状态），按住"写确认"按键不放，缓慢移动磁卡，根据磁卡上的刻度区域写入。注意：为了便于后面的读出数据更准确，写数据时应以磁卡上各区域两边的边界线开始和结束。即在每个标定的区域内，磁卡的写入状态应完全相同。

完成写数据后，松开"写确认"按键，此时组件就处于读状态了，将磁卡移动到读磁头处，根据刻度区域在电压表上读出的电压，记录于表 3 – 4 – 6 中。

表 3 – 4 – 6   二进制数字的写入与读出

十进制数字								
二进制数字								
磁卡区域号	1	2	3	4	5	6	7	8
读出电平								

此实验演示了磁记录与磁读出的原理与过程。（由于测试卡区域的两端数据记录可能不准确，因此实验中只记录中间的 1~8 号区域的数据。）

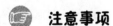 **注意事项**

(1)由于巨磁阻传感器具有磁滞现象，因此，在实验中，恒流源只能单方向调节，不可回调，否则测得的实验数据将不准确。实验表格中的电流只是作为一种参考，实验时以实际显示的数据为准。

(2)测试卡组件不能长期处于"写"状态。

(3)实验过程中，实验环境不得处于强磁场中。

预习要求

(1)理解磁电阻的产生机制及外加磁场影响电阻的原理。

(2)了解双电流模型与 RKKY 模型。

思考题

（1）试分析不同磁偏置影响电流测量灵敏度的原因。

（2）根据实验原理，GMR 梯度传感器能否用于车辆流量监控？试写出基本思路。

参考文献

［1］张朝民. 巨磁电阻效应及在物理实验中的应用［J］. 实验室研究与探索，2009，28（1）：52 − 55.

［2］吴春姬，纪红，徐智博，张剑楠，王文全. 巨磁电阻效应实验仪［J］. 物理实验，2015，35（3）：33 − 36.

［3］张朝民，张欣，陆申龙，时晨. 巨磁电阻效应实验仪的研制与应用［J］. 物理实验，2009，29（6）：15 − 19.

［4］韩思奇，李福新. 利用巨磁电阻效应开展设计性物理实验［J］. 天津中德应用技术大学学报，2017，5（2）：82 − 86.

［5］陈伟平. 巨磁阻效应及其应用［J］. 电子技术杂志，2007（Z3）：106 − 108.

实验 3.5 磁致伸缩效应

 实验背景

磁致伸缩效应是指在外加磁场条件下的变形。磁致伸缩效应于 19 世纪被英国物理学家詹姆斯·焦耳发现。他观察到，一类铁磁材料，如：铁，在磁场中会改变长度。焦耳事实上观察到的是具有负向磁致伸缩效应的材料，但从那时起具有正向磁致伸缩效应的材料也被发现了。对于两类材料来说，磁致伸缩现象的原因是相似的。小磁畴的旋转被认为是磁致伸缩效应改变长度的原因。磁畴旋转以及重新定位导致了材料沿磁场方向的伸展（由于正向磁致伸缩效应）。在此伸展过程中，总体积基本保持不变，材料横截面积减小。总体积的改变很小，在正常运行条件下可以被忽略。增强磁场可以使越来越多的磁畴在磁场方向更为强烈和准确地重新定位。所有磁畴都沿磁场方向排列整齐即达到饱和状态。

由于磁致伸缩材料在磁场作用下，其长度发生变化，可发生位移而做功或在交变磁场作用下可发生反复伸张与缩短，从而产生振动或声波，这种材料可将电磁能（或电磁信息）转换成机械能或声能（或机械位移信息或声信息），相反也可以将机械能（或机械位移信息）转换成电磁能（或电磁信息），它是重要的能量与信息转换功能材料。它在声呐的水声换能器技术、电声换能器技术、海洋探测与开发技术、微位移驱动、减振与防振系统、减噪与防噪系统、智能机翼、机器人、自动化技术、燃油喷射技术、阀门、泵、波动采油等高技术领域有广泛的应用前景。

 实验目的

（1）学习用迈克尔逊干涉仪测量样品的微小伸长量。
（2）测量不同材料的磁致伸缩特性。

 实验原理

如图 3 – 5 – 1 所示，用迈克尔逊干涉法测量材料的磁致伸缩量。M1 是固定的反射镜，LASER 是氦氖激光器（带扩束镜），BS 是分光镜，M2 为安装在待测样品上的反射镜，C 是螺线管，SC 是毛玻璃屏。当在螺线管 C 中通上电流 I，放置在螺线管中心轴上的待测样品在磁场的作用下伸长或缩短，带动安装在样品上的 M2 前后移动，使得干涉圆环从圆环中心冒出或缩进。

螺线管 C 中心磁场可由下式计算：

$$H = \frac{NI}{\sqrt{4R^2 + L_s^2}} \qquad (3-5-1)$$

式中：H 为处于螺线管中心的磁场强度，$A \cdot m^{-1}$；R 为螺线管半径（0.022 m）；L_s 为螺线管长度（0.07 m）；N 为螺线管匝数（758 匝，具体请以螺线管上标示为准）。

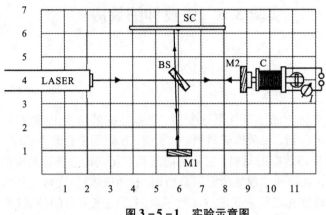

图 3 - 5 - 1　实验示意图

当螺线管的长度 L_s 远大于螺线管半径 R 时：

$$H = \frac{NI}{L_s} \qquad (3-5-2)$$

在本实验中，我们假设磁场强度 H 完全作用于测试样品（$L_1 = 0.11$ m），则样品因磁致伸缩推动迈克尔逊干涉仪动镜（M2）的位移量与干涉条纹变化的级数 n 成正比，即：

$$\Delta L_1 = n \times \frac{\lambda}{2} \qquad (3-5-3)$$

式中：λ 为激光的光波波长，$\lambda = 632.8$ nm。

 实验装置

DTC0504 磁致伸缩实验仪 1 台。

 实验内容与实验方法

1. 光路调节

打开激光器电源，先移开激光器出光孔前的扩束镜，调节激光器出射光、反射镜 M1、反射镜 M2 和分束镜 BS，使毛玻璃屏 SC 上两组光点中两个最强点重合；将带有磁性的扩束镜架放置在激光器出光口上，仔细调节，毛玻璃屏上将出现干涉条纹，通过微调反射镜 M1 和反射镜 M2，可将干涉环调节到毛玻璃屏中便于观察的位置。

2. 实验测试

给螺线管 C 接通电源，调节输出电流大小，使电流从 0 A 开始缓慢上升，记录"吞进"或"吐出"的圆环数（一般在整数个圆环时记录电流值），将结果填入表 3 - 5 - 1。

表 3 - 5 - 1　待测样品长度 $L_1 = 0.11$ m

电流 I/A	磁场 H/(A/m)	圆环数 n	伸缩量 ΔL_1/m	$\Delta L_1/L_1$
		1		
		2		
		3		
		4		
		5		

3. 数据处理

以 $\Delta L_1/L_1 \times 10^{-6}$ 为纵坐标，场强 $H \times 10^3$ (A/m) 为横坐标作图，分析样品的磁致伸缩特性。

4. 实验数据示例

注意：实验数据仅供参考，不作为产品验收标准。

（1）（样品镍）实验数据 $L_s = 0.07$ m，$N = 758$，$L_1 = 0.11$ m。镍磁致伸缩特性如图 3 - 5 - 2 所示；样品镍实验数据如表 3 - 5 - 2 所示。

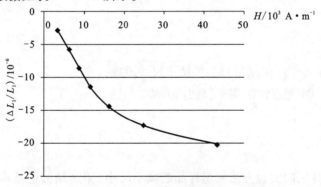

图 3 - 5 - 2　镍磁致伸缩特性曲线

表 3 - 5 - 2　样品镍实验数据

电流 I/A	场强 H/(A/m)	圆环数 n	伸缩量 ΔL_1/m	$\Delta L_1/L_1$
0.316	3421	1	-0.32×10^{-6}	-2.91×10^{-6}
0.575	6226	2	-0.64×10^{-6}	-5.82×10^{-6}
0.801	8673	3	-0.95×10^{-6}	-8.64×10^{-6}
1.072	11608	4	-1.27×10^{-6}	-11.55×10^{-6}
1.501	16253	5	-1.59×10^{-6}	-14.45×10^{-6}
2.291	24808	6	-1.91×10^{-6}	-17.36×10^{-6}
4.001	43355	7	-2.22×10^{-6}	-20.18×10^{-6}

（2）（样品铁）实验数据 $L_s = 0.07$ m，$N = 758$，$L_1 = 0.11$ m。样品铁磁致伸缩实验数据如表 3 – 5 – 3 所示。

表 3 – 5 – 3 样品铁实验数据

电流 I/A	场强 H/(A/m)	圆环数 n	伸缩量 ΔL_1/m	$\Delta L_1/L_1$
1.207	13070	1.0	0.32×10^{-6}	2.91×10^{-6}
1.907	20650	1.8	0.57×10^{-6}	5.18×10^{-6}
3.500	37900	1.4	0.45×10^{-6}	4.09×10^{-6}
5.0000	54142	1.0	0.32×10^{-6}	2.91×10^{-6}

注意事项

（1）禁止给螺线管长时间通入大电流，测试过程要迅速，测试完毕后请将恒流源断开或将电流输出调到最低。

（2）更换样品时要轻拿轻放，避免损坏光学器件。

（3）避免眼睛直视激光。

预习要求

（1）熟悉迈克尔逊干涉仪测量样品的微小尺寸原理；

（2）熟悉 DTC0504 磁致伸缩实验仪使用方法。

思考题

是否还可以设计别的实验方法测量样品的微小尺寸变化？请简述基本原理。

参考文献

[1] 吕新夫，高翔，周惠君，江洪建，王思慧. 用两种可行的光学方法测量磁致伸缩系数[C]. 西安：第六届全国高等学校物理实验教学研讨会，2010：497 – 500.

[2] 丁鸣，崔云康，吴庆春，伊兆广. 基于迈克耳孙干涉仪测铁磁材料磁致伸缩系数的实验装置[J]. 物理实验，2013，33(5)：18 – 20.

[3] 张永炬，林朝斌. 磁致伸缩系数实验测定方法的比较[J]. 台州学院学报，2003(3)：49 – 51.

[4] 王冬梅. 磁致伸缩测量仪的研制与测定[D]. 长春：吉林大学硕士学位论文，2008.

[5] 杭州大华仪器制造有限公司. DTC0504 磁致伸缩实验仪使用说明书.

实验3.6 高灵敏度原子磁力计

 实验背景

高灵敏度原子磁力计是目前世界上最灵敏的磁场测试装置。早在20世纪60年代,科学家提出利用光将碱金属原子极化,再通过原子在磁场中的拉莫进动获取外磁场大小,从而实现高灵敏的磁场探测。原子磁力计根据工作原理可以分为多种类型:非线性法拉第旋转磁力计(NMOR)、无自旋交换弛豫(SERF)原子磁力计、标量原子磁力计和射频原子磁力计。由于原子磁力计在军事、考古、勘探、导航以及医学等领域具有重要的作用,国内外相关顶尖机构都投入大量经费进行研究,研究组通过将激光、微波和射频等手段结合在一起,在磁场精密测量领域取得了一系列重要的科研成果。国外研究单位包括美国普林斯顿大学、伯克利分校和美国标准局等。我国也很早开展了对原子磁力计的自主研制,包括北京航空航天大学、浙江工业大学、中国科学技术大学、北京大学、清华大学等单位。近些年来随着科技的发展,原子磁力计的测磁灵敏度取得了突破性进展,特别是无自旋交换弛豫(spin-exchange relaxation-free,SERF)效应的发现,无自旋交换弛豫磁力计实现了亚飞特斯拉水平的测磁灵敏度(约$0.16\ \text{fT/Hz}^{1/2}$),超越了超导量子干涉仪,成了世界上最灵敏的磁力计。并且原子磁力计的灵敏度还具有极大的提升潜力,根据理论计算,有望达到量子噪声极限灵敏度(约$1\ \text{aT/Hz}^{1/2}$)。相比于超导量子干涉磁力计,原子磁力计除了具有灵敏度的优势外,还有廉价、轻便等特点,在物理、化学、生物和医学等领域发挥重要作用,比如基础物理对称性的研究、惯性器件、脑磁测量以及核磁共振等。

本实验中的高灵敏度原子磁力计使用装有钾、铷和铯等碱金属原子的玻璃气室(如图3-6-1所示),以气室中的碱金属原子蒸气作为媒介,利用磁场和激光同原子的相互作用将磁场信息转变为光信息,利用光学技术探测磁场强度。探测磁场的过程可以大致描述为:通过与原子共振的强激光进行光泵浦使原子产生极化,被极化的原子在磁场作用下进行拉莫进动,使用与原子共振或接近共振的激光探测原子极化的进动过程,之后利用法拉第效应将磁场信息转变为探测光光信息,最后将探测光信号转换成电信号,从而获取磁场信息。

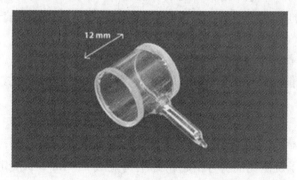

图3-6-1 碱金属被封装在玻璃腔体内,构成原子气体室

通过使用不同成分的原子气体室、调整光的方向和参数以及人为加入额外的磁场，可以满足不同磁场测量的要求。其中无自旋交换弛豫磁力计(后简称 SERF 磁力计)是一种用于测量特定方向的微弱且缓变磁场的碱金属原子磁力计，本实验即演示了 SERF 磁力计的工作方式和基本特性。

 实验目的

(1)复习碱金属原子的能级结构。

(2)理解光泵浦原理和基于法拉第效应的光探测原理。

(3)理解 SERF 效应及其实验观测条件，掌握 SERF 效应的实验观测方法。

(4)在 SERF 效应下测量不同大小磁场下碱金属原子进动频率与弛豫时间变化。

(5)掌握 SERF 磁力计的组成结构和实验调节方法，能将探测光路调整至工作状态，并将实验装置的灵敏度调节到最佳状态。

(6)理解灵敏度测量步骤，测量出 SERF 磁力计的灵敏度谱图、计算出磁力计带宽等参数。

 实验原理

1. 铷(Rb)原子能级结构

原子磁力计的核心器件为一个封装有碱金属的原子气体室。通常在原子气体室中充入氮气或氦气作为缓冲、淬火气体。碱金属原子外层单个电子、内层满壳层电子与原子核构成原子实。其电子轨道能级结构与氢原子类似，分为 S、P、D、F 等轨道，在碱金属原子磁力计中通常只利用 S 轨道到 P 轨道。碱金属的 S 轨道能级为 $^2S_{1/2}$；P 轨道的轨道角动量量子数为 1，与量子数 1/2 的电子自旋角动量耦合成 $^2P_{1/2}$ 与 $^2P_{3/2}$ 两个精细结构能级。从 $^2S_{1/2}$ 能级到 $^2P_{1/2}$ 能级跃迁的光谱线称为 D_1 线(795 nm)，从 $^2S_{1/2}$ 能级到 $^2P_{3/2}$ 能级跃迁的光谱线称为 D_2 线(780 nm)。外层电子自旋与原子核自旋耦合形成超精细能级结构，不同碱金属同位素的核自旋不同。比如实验中使用的 ^{87}Rb 原子的核自旋量子数 $I = 3/2$，而 ^{85}Rb 原子的核自旋量子数为 $I = 5/2$。核自旋与电子的角动量 $S = 1/2$ 的 $^2S_{1/2}$ 能级耦合后得到总角动量量子数 $F = 1$ 和 $F = 2$ 两个超精细结构能级。

在外界弱磁场 $\boldsymbol{B}$ 作用下各能级产生 $\Delta E = m_F \gamma_B$ 的偏移，形成塞曼分裂，同一超精细能级中 m_F 相差 ± 1 的两个能级之间能量相差 γ_B。γ 为原子的旋磁比，其形式如下所示：

$$\gamma_{F = I \pm \frac{1}{2}} = \pm \frac{\gamma_e}{2I + 1} = \pm \frac{g_s \mu_B}{(2I + 1)\hbar} \qquad (3 - 6 - 1)$$

式中：$\gamma_e \approx 2\pi \times 28$ Hz/nT 为孤立电子的旋磁比，g_s 为电子的朗德因子，μ_B 为玻尔磁子，$\hbar$ 为约化普朗克常量，原子旋磁比的符号由超精细结构能级 $F = I \pm 1/2$ 决定。^{87}Rb 原子的旋磁比为 $2\pi \times 7$ Hz/nT。

实验中所用铷原子能级结构如图 $3 - 6 - 2$ 所示。

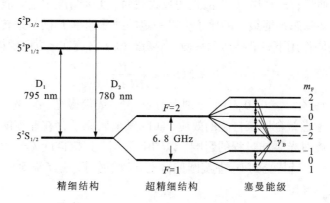

图 3 – 6 – 2 ^{87}Rb 原子能级结构图

2. 光泵浦

高灵敏度原子磁力计采用圆偏振光极化碱金属原子。本实验中用一束与原子 D_1 线共振的左旋圆偏振光 σ^+ 将碱金属原子^{87}Rb 极化，使其在泵浦光方向的平均自旋角动量不为 0。

首先忽略原子核自旋，只考虑^{87}Rb 原子的精细结构。如图 3 – 6 – 3 所示，采用圆偏振（σ^+）的激光作为泵浦激光。因 σ^+ 光子角动量为 +1，由选择定则 $\Delta m_J = +1$，因此满足条件的跃迁只有 $|^2S_{1/2}, m_J = -1/2\rangle \rightarrow |^2P_{1/2}, m_J = +1/2\rangle$，跃迁到 $|^2P_{1/2}, m_J = +1/2\rangle$ 的电子会与缓冲气体发生自旋破坏碰撞，在 $^2P_{1/2}$ 的两态上迅速平均分配，之后又与淬火气体作用，平均分配到 $^2S_{1/2}$ 两个基态（此过程如图 3 – 6 – 3 所示）。总体效果即为 $|^2S_{1/2}, m_J = -1/2\rangle$ 态电子被激发后 50% 概率掉到 $|^2S_{1/2}, m_J = -1/2\rangle$ 态，50% 概率掉到 $|^2S_{1/2}, m_J = +1/2\rangle$ 态。在此过程持续作用下，$|^2S_{1/2}, m_J = -1/2\rangle$ 态电子因泵浦作用逐渐减少，处于态 $|^2S_{1/2}, m_J = +1/2\rangle$ 的电子逐渐增多。最终使电子泵浦光方向的平均自旋角动量大于 0，实现极化目的。

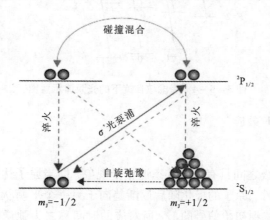

图 3 – 6 – 3   忽略核自旋下的光泵浦示意图

在此定义电子极化度 $P = \langle S \rangle / S = 2\langle S \rangle$；定义泵浦光沿 z 方向照射，其泵浦速率为：

$$R = \Phi \sigma \tag{3 – 6 – 2}$$

式中：Φ 为激光光通量；σ 为 Rb 对于激光的吸收截面。实际情况中基态能级间因各种因素存在自旋弛豫现象，即基态某能级上的原子会以一定的弛豫速率 Γ 随机地转变到其他能级，并在光泵浦和弛豫共同作用下，最终达到平衡，平衡时电子自旋在 z 方向的极化度为

$$P_z = 2\langle S_z \rangle = s\,\frac{R}{R+\Gamma} \tag{3-6-3}$$

式中：s 是泵浦光的极化，-1、0、$+1$ 分别表示 σ^- 光、线偏振光、σ^+ 光。

上述过程均未考虑碱金属核自旋的效应，实际碱金属原子存在非零的核自旋，因此有必要进一步考虑核自旋对光泵浦过程的影响。以 ^{87}Rb 为例，其核自旋 $I = 3/2$，基态有 8 个塞曼能级（见图 3-6-2），当其受到 D_1 左旋圆偏振光 σ^+ 照射时，由能级 $5^2S_{1/2}$ 到能级 $5^2P_{1/2}$ 的激发跃迁遵守光跃迁选择定则

$$\Delta F = 0, \ \pm 1, \ \Delta m_F = +1 \tag{3-6-4}$$

因在激发态 $5^2P_{1/2}$ 中无 $m_F = +3$ 子能级，因此处于基态 $m_F = +2$ 子能级上的粒子无法跃迁到激发态。而由能级 $5^2P_{1/2}$ 到能级 $5^2S_{1/2}$ 的向下跃迁中，$\Delta m_F = 0$，± 1 的跃迁均被允许。经过多次的上下跃迁，基态中 $m_F = +2$ 子能级上的粒子数只增不减，最终可将大部分原子富集到此能级上，如图 3-6-4 所示。

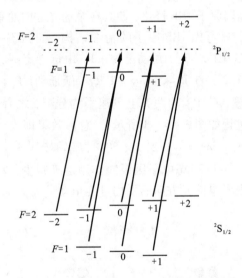

图 3-6-4　考虑核自旋下的光泵浦示意图

3. 弛豫现象与 SERF 效应

1）弛豫现象

碱金属原子基态能级之间具有自旋状态退相干现象，即当原子达到稳态后，突然关闭泵浦激光或者其他物理条件，原子的极化随后逐渐趋向于另一个平衡状态。通常极化的衰减曲线近似为指数衰减，衰减到初始信号的 $1/e$ 所对应的时间称之为弛豫时间。弛豫时间越短代表弛豫速率越大，弛豫时间与碱金属原子的种类、缓冲气体气压、气室材料等有关。下面具体介绍引起碱金属原子自旋弛豫的物理机制。

首先要区分电子弛豫与原子弛豫。以下的大部分弛豫机制都是破坏电子的自旋状态，而原子核自旋的状态不被破坏，所以对于电子的自旋破坏速率作用于整个原子时弛豫速率会被

减缓。定义减缓因子 $q = \langle F \rangle / \langle S \rangle$，此减缓因子是核自旋 I 与极化度 P 的函数，例如 ^{87}Rb 原子减缓因子 $q = (6 + 2P^2)/(1 + P^2)$。

（1）自旋破坏碰撞

原子气体室中碱金属原子与其他粒子频繁碰撞，导致碱金属原子的电子自旋被破坏而退极化，引起自旋弛豫。此类碰撞的碰撞速率为 Γ_{sd}。

（2）光泵浦弛豫

泵浦光虽不断将碱金属原子极化，但随着处于基态能被泵浦的子能级上的原子的减少，碱金属系统对泵浦光的吸收就会减弱，当所有碱金属均被极化至跃迁禁戒的能级时，气室将对泵浦光透明。所以对一定泵浦速率 R 下，原子角动量 $\langle F \rangle$ 受到光泵浦的影响会随着极化度的上升而变小，这可理解为一个与泵浦速率 R 有关的弛豫项。

（3）探测光弛豫

探测光通常使用一束线偏光，因为线偏光可以看作 σ^- 光与 σ^+ 光的叠加，不会使探测光方向的原子产生极化。但碱金属原子仍然会对探测光进行吸收，其弛豫速率为 Γ_{pr}。

（4）扩散引发的弛豫

碱金属原子会在气室内进行扩散，当碱金属原子扩散到气体室的内壁时与壁发生碰撞，其电子与核的自旋状态会发生退极化现象。这是唯一一种直接使原子完全去极化的弛豫现象，也就是说在气体室的壁处 $\langle F \rangle = 0$。总的来说扩散与碰壁使碱金属体系极化度降低，其弛豫速率为 Γ_D。

（5）自旋交换碰撞

在高碱金属气密度条件下，碱金属原子之间会发生碰撞，碰撞是瞬间的，因此保证原子核自旋状态不变，且保证自旋总角动量守恒，但其各自的超精细结构状态可能会发生变化。如图 3-6-5 所示，两个均处于 $F = 2$ 态的原子经历自旋交换碰撞之后，虽然 $m_{F_1} + m_{F_2}$ 是守恒的，但会出现 $F = 1$ 态的原子。

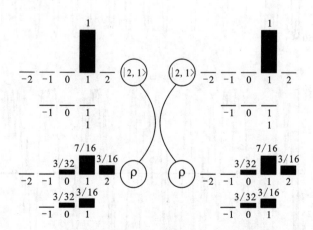

图 3-6-5　自旋交换碰撞总角动量守恒，但超精细结构状态改变

设原子磁力计置于一待测磁场中，沿着磁场方向（称为纵向）的原子极化因没有进动分量在自旋交换碰撞下不变；垂直于磁场方向（称为横向）的原子极化因横向自旋分量在磁场中产生进动。由公式（3-6-1）可知处于不同超精细结构状态下的原子旋磁比符号相反（可由思

考题2中超精细结构朗德因子计算出为何旋磁比符号相反），从而拉莫进动方向相反，即：

$$\omega_0 = \gamma_{F=I\pm\frac{1}{2}} \cdot B = \pm \frac{g_s\mu_B B}{(2I+1)\hbar} \qquad (3-6-5)$$

因此自旋交换碰撞产生进动方向反向的原子，碱金属总体的进动趋势受到影响，横向的电子极化呈现抵消趋势，产生弛豫效应。

此类碰撞对纵向极化不产生弛豫，而对横向的极化产生很大的弛豫，而原子磁力计测量磁场是基于横向自旋分量在磁场中的进动，且自旋交换碰撞对总弛豫的影响比其他弛豫影响大很多，所以抑制自旋交换碰撞是一个关键问题。定义自旋交换碰撞速率为 R_{SE}。

2）SERF 效应

若外磁场很小且自旋碰撞速率很大，原子固有的拉莫进动频率远小于自旋交换碰撞速率（$|\omega_0| \ll \Gamma_{se}$），则在非常小的进动角度范围内，原子已经发生多次的自旋交换碰撞，此时原子会快速形成稳态，横向极化并不会因此出现衰减，该现象称为无自旋交换弛豫效应。

图3-3-6模拟了碱金属原子的进动过程。如果自旋交换速率小于 ω_0，碱金属原子就会正向进动与逆向进动各自交替数个周期，无一致的进动方向；如果自旋交换速率足够快（如(d)图），原子以比 ω_0 小的净频率前后一致地进动，此时自旋交换碰撞弛豫大大减弱以致消失。

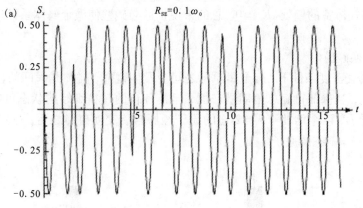

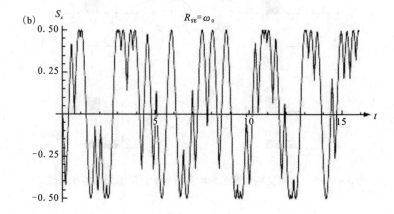

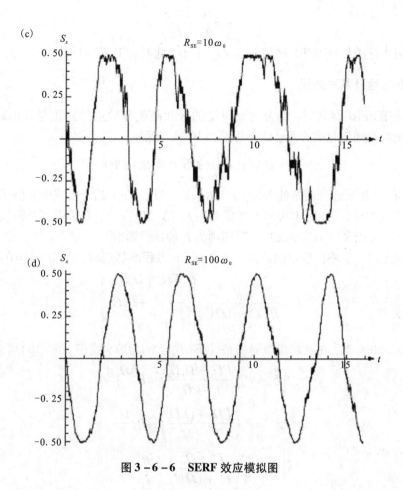

图 3 - 6 - 6   SERF 效应模拟图

当碱金属原子工作在 SERF 区, 并且在低原子极化度下, 原子等效的进动频率以及自旋交换造成的弛豫满足:

$$\omega_{\mathrm{SERF}} = \frac{g_s \mu_B B}{q \hbar}, \quad \frac{1}{T_{\mathrm{se}}} = \frac{\omega_{\mathrm{SERF}}^2}{R_{\mathrm{SE}}}\left[\frac{1}{2} - \frac{(2I+1)^2}{2q^2}\right] q^2 \qquad (3-6-6)$$

式中: q 为减缓因子。可看出, 弛豫速率与磁场平方成正比, 外加磁场越小, 此弛豫影响就越小。本实验中原子磁力计工作在 SERF 态下, 具有很长的自旋弛豫时间, 以保证原子磁力计的高灵敏度。

3) 总弛豫

综合考虑以上各种弛豫机制, 碱金属原子纵向(沿磁场方向)弛豫速率可表示为:

$$\frac{1}{T_1} = \frac{1}{q}(R + \Gamma_{\mathrm{pr}} + \Gamma_{\mathrm{sd}}) + \Gamma_{\mathrm{D}} \qquad (3-6-7)$$

对于仅破坏电子自旋状态的弛豫过程, 其核自旋状态不被破坏, 所以整个原子的自旋弛豫速率被减缓至其 $\frac{1}{q}$。

原子磁力计测量磁场依赖于横向自旋分量的极化程度, 因此本实验更关心的横向(垂直于磁场方向)弛豫速率, 可定义为:

$$\frac{1}{T_2} = \frac{1}{T_1} + \frac{1}{T_{se}} \tag{3-6-8}$$

当原子磁力计工作在 SERF 区域时，$1/T_{se}$ 很小，此时有 $1/T_1 \approx 1/T_2$。

4. Bloch 方程及其稳态解

当原子处于 SERF 区域时，结合前面讨论的极化随弛豫效应的演化与外加磁场的影响，可以写出极化随时间演化的方程，此方程即为 Bloch 方程：

$$\frac{d\boldsymbol{P}}{dt} = D\nabla^2\boldsymbol{P} + \frac{1}{q}(\boldsymbol{\Omega}\times\boldsymbol{P} + R\hat{z} - \varGamma\boldsymbol{P}) \tag{3-6-9}$$

式中：$\boldsymbol{\Omega} = \gamma_e\boldsymbol{B}$，$\hat{z}$ 是泵浦光的泵浦方向，$\varGamma = R + \varGamma_{pr} + \varGamma_{sd} + q \cdot \varGamma_D$。上式中右侧第一项为扩散效应对极化产生的空间影响（本实验不考虑此项）；第二项为原子自旋受到外磁场力矩而做拉莫进动；第三项为光泵浦的泵浦影响；第四项为各种弛豫影响。

外磁场缓变时，忽略扩散空间效应，可得 Bloch 方程准静态解，令 $dP/dt = 0$：

$$P = \frac{R}{\varGamma(\varGamma^2 + |\boldsymbol{\Omega}|^2)}\begin{pmatrix} \varGamma\varOmega_y + \varOmega_x\varOmega_z \\ -\varGamma\varOmega_x + \varOmega_y\varOmega_z \\ \varGamma^2 + \varOmega_z^2 \end{pmatrix} \tag{3-6-10}$$

因工作在 SERF 态，在磁场很微弱的条件下（$\varGamma_{total} \gg |\boldsymbol{\Omega}|$），式(3-6-10)可化简为：

$$\begin{cases} P_x = P_z\left(\frac{\varGamma\varOmega_y + \varOmega_x\varOmega_z}{\varGamma^2 + \varOmega_z^2}\right) \approx P_z\frac{\varOmega_y}{\varGamma} \\ P_y = P_z\left(\frac{\varGamma\varOmega_x + \varOmega_y\varOmega_z}{\varGamma^2 + \varOmega_z^2}\right) \approx P_z\frac{\varOmega_x}{\varGamma} \\ P_z = \frac{\varGamma}{R}\left(\frac{\varGamma^2 + \varOmega_z^2}{\varGamma^2 + |\boldsymbol{\Omega}|^2}\right) \approx \frac{R}{\varGamma} \end{cases} \tag{3-6-11}$$

由上式可知泵浦光方向的极化度 P_z 仅与总弛豫和光泵浦率有关，不与外加磁场有关；而垂直于泵浦光方向的极化度 $P_x(P_y)$ 则与 $y(x)$ 方向的外加磁场成正比。可得出结论：原子磁力计对垂直于泵浦光方向的磁场敏感；若测某个方向的磁场，只需要测出垂直于磁场与泵浦光方向的极化度即可。因此本实验中使用探测光方向极化大小与所加磁场大小的比值来估计灵敏度，即用 $P_x/\varOmega_y$ 或 $\partial P_x/\partial\varOmega_y$ 模拟灵敏度大小。

5. 法拉第效应与光探测

1）法拉第效应

1845 年法拉第发现线偏振光在某些介质中传播时，沿着光的传播方向施加一个强磁场，则线偏振光偏振方向会发生旋转，如图 3-6-7 所示。旋转角度 θ 正比于磁场强度 B 和光穿越介质的长度 l 的乘积。实验发现当线偏振光穿过碱金属气体后也存在法拉第效应，并且法拉第效应很快地被应用于高灵敏度原子磁力计。

由 Bloch 方程求解可知，待测磁场大小是与另一方向的原子极化度成正比的，而原子在沿探测光方向的极化导致对 σ^- 与 σ^+ 产生不同的折射率（线偏振光为两种圆偏振光的叠加），从而在经过碱金属蒸气时产生相位差，导致探测光的偏振方向发生旋转，利用旋转角大小可以反推出原子极化大小，从而测出磁场。

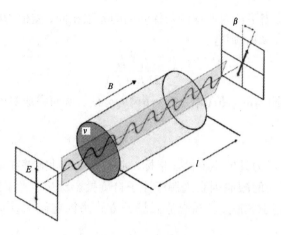

图 3 – 6 – 7 法拉第效应

本实验中使用远离 ^{87}Rb 原子 D_2 线 100 GHz 左右的线偏振光作为探测光，因为法拉第旋转角大小也与光吸收有关，若探测光频率非常接近共振点，则会产生对探测光的严重吸收。法拉第旋转角的数学表达式为（设探测光方向为 x 轴方向）：

$$\theta = \frac{\pi}{2} r_e c l n P_x \left[-f_{D1} D(\nu - \nu_{D1}) + \frac{1}{2} f_{D2} D(\nu - \nu_{D1}) \right] \tag{3-6-12}$$

式中：r_e 为经典电子半径，l 为光穿过原子气体室的有效长度，n 为碱金属原子的数密度，P_x 为沿着探测光传播方向的原子自旋极化分量，f 为振子强度，^{87}Rb 的振子强度为 $f_{D1} = 0.342$，$f_{D2} = 0.696$，$D(\nu)$ 表示色散型洛伦兹曲线：

$$D(\nu - \nu_0) = \frac{(\nu - \nu_0)/\pi}{(\nu - \nu_0)^2 + (\Gamma/2)^2} \tag{3-6-13}$$

因为 $f_{D1} \approx 2 f_{D2}$，所以使用 D_1 或 D_2 波长的探测光可以达到的效果是相同的。

2）光探测装置

在原子磁力计中产生的法拉第旋转角通常很微小，需要精密的检测装置来检测，最简单的偏振检测方法是平衡检查，如图 3 – 6 – 8 所示。利用一块偏振分束器将线偏振光分解为两路互相垂直的线偏振光，再用两个光电二极管分别探测这两束光的光功率，它们的差值正比于法拉第旋转角。在无外磁场信

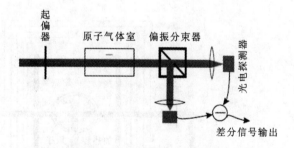

图 3 – 6 – 8 平衡探测装置图

号的时候，通过微调原子气体室前的起偏器将两光电探测器的输出差值调节为零。两个探测器测出的光强分别可以表示为

$$\begin{cases} I_1 = I_0 \sin^2\left(\theta - \frac{\pi}{4}\right) \\ I_2 = I_0 \cos^2\left(\theta - \frac{\pi}{4}\right) \end{cases} \tag{3-6-14}$$

式中：$I_0 = I_1 + I_2$。可见当平衡时两探测器探测到的光强相同，差值为零或接近零。又因为法拉第旋转角 θ 很小，即 $\theta \ll 1$，则有：

$$\theta \approx \frac{I_1 - I_2}{2(I_1 + I_2)} \qquad (3-6-15)$$

由上式可见，两探测器的差值 $(I_1 - I_2) \propto \theta \propto P_x \propto \Omega_y$，从而完成对磁场的探测。

6. 灵敏度与带宽

磁场灵敏度是原子磁力计的主要性能指标，它表示磁力计能够在单位时间内分辨的最小磁场。原子磁力计灵敏度的限制因素来源于原子自旋投影噪声、光子散粒噪声、磁噪声、电子学噪声等。本实验使用外加一已知交流磁场的方式来标定磁力计灵敏度。灵敏度计算公式为：

$$\text{Sensitivity} = B/SNR \times \sqrt{t} \qquad (3-6-16)$$

式中：B 为外加定标磁场的磁感应强度，SNR 为测定出的信号与噪声的比值即信噪比，t 为响应时间即采样频率的倒数。

在 Bloch 方程中已经给出了灵敏度的理论计算估计公式，注意区别这两种灵敏度，P_x/Ω_y 越大说明磁力计对单位磁场的响应就越大，也就越灵敏；而这里提到的灵敏度，其值越小则说明单位时间内能分辨的磁场越小，也就越灵敏。

原子磁力计带宽是描述磁力计对不同频率的交流磁场响应能力的物理量，带宽越大说明允许探测的交流磁场频率越高。通常带宽是通过对信号大小随频率变化拟合得出的。

实验装置

本实验中搭建的 SERF 高灵敏度原子磁力计基于前文提到的正交泵浦光－探测光方式，默认 z 方向为泵浦方向，x 方向为探测光方向，使用 ^{87}Rb 原子作为工作气体，主要结构如图

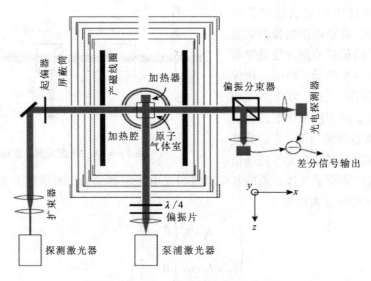

图 3-6-9 原子磁力计装置示意图

3-6-9 所示。原子气体室通过高频交流电加热，置于坡莫合金磁屏蔽桶内部，并有三轴线圈控制内部磁场环境；泵浦光使用与铷 D1 线共振的圆偏振光，探测光使用铷 D2 线附近的线偏光；使用平衡探测的方式进行旋转角探测，两探测器的差分信号通过采集卡录入电脑中进行数据处理。

 实验内容与实验方法

1. 调整探测光至初始工作状态，观测法拉第旋光效应

首先将探测光一路调整至初始工作状态，即在无外加磁场的情况下通过调整偏振片或玻片将平衡探测使用的两探测器差分信号调至零。在正常工作的情况下，使用可直接输出差分信号的双探头探测器以实现平衡探测，并将差分信号接入数字采集卡，以采样频率 $1/t$ 采样；在调整光路过程中，将探测器的差分输出接入示波器以方便观测，通过调整各光学元件将差分输出值调至零附近。

观测法拉第旋光效应为直观观测法拉第效应。本实验通过屏蔽筒内放置的线圈产生 y 方向的磁场，产生探测光方向极化度 P_x，法拉第效应使探测光偏振产生偏转。此效应可通过观测探测器差分输出信号直观地观察到，通过调节所加磁场强度与方向，记录差分信号的大小，并确定两者间是否呈线性关系。实验数据记录于表 3-6-1 中。

表 3-6-1　法拉第旋光效应测试

	1	2	3	4	5	6	7	8	9	10
磁感应强度/nT										
差分输出/mV										

2. 测出灵敏度谱，拟合得出磁力计带宽

为测出各个频率下的灵敏度，通常使用灵敏度谱图来标识原子磁力计的灵敏度与带宽。以下即为绘制灵敏度谱图的步骤：

（1）屏蔽筒内的线圈在 y 方向施加不同频率的交流磁场，此时磁力计输出以此频率振荡的信号，对采集卡输出的数字信号使用离散傅里叶变换，并记录其对应频率下的信号峰值大小。实验数据记录于表 3-6-2 中。

表 3-6-2　不同频率下信号峰值测试（频率范围取 0~400 Hz）

	1	2	3	4	5	6	7	8	9	10
交流磁场频率/Hz										
信号大小/mV										
	11	12	13	14	15	16	17	18	19	20
交流磁场频率/Hz										
信号大小/mV										

（2）将信号峰值取平方，并用以下函数进行拟合

$$A/\sqrt{(f+C)^2+B^2} \qquad (3-6-17)$$

式中：f 为信号峰值对应频率，A、B、C 为待拟合参数，B 即为磁力计的带宽。

（3）测无磁场时空噪声谱线，并作平滑处理（对噪声的功率谱平滑滤波处理）。

（4）使用拟合出的全频段信号强度和测出的噪声谱线得出各个频率的信噪比 SNR，并结合所加磁场强度与采集卡采样频率 $1/t$，绘制出灵敏度谱线图。

3. 测量进动频率与原子磁力计的横向弛豫

在横向弛豫之中，因光泵浦产生的弛豫并非磁力计的固有弛豫，因此一般测量除 R 外的项作为待测弛豫，即：

$$\frac{1}{T_x}=\frac{1}{q}(\Gamma_{pr}+\Gamma_{sd})+\Gamma_D+\frac{1}{T_{se}} \qquad (3-6-18)$$

上式即为 $1/T_2$ 减去 R/q，为实现上式测量进行如下实验。

（1）于 y 方向施加一较大磁场（$50\sim200\ \mu Gs$），此时磁力计已稍稍远离 SERF 区域，且因磁场较大原子极化在 $x-z$ 平面内快速进动，若仍使用原先的连续泵浦，会因每个原子被光极化的时间不同，从而进动相位不同，最终在探测方向观测不到整体极化度 P_x。因此本实验使用一种新的泵浦方式，对泵浦光施加调制，使其以一定频率间断地进行泵浦，当其调制频率等于原子的进动频率时极化度 P_x 达到峰值，且此方式因没有泵浦光的连续泵浦，纵向弛豫将不含泵浦速率 R 项。本实验使用斩波器（图 $3-6-10$）对泵浦光进行调制，通过在一定区间内改变斩波器对泵浦光的调制频率，得出信号大小与调制频率的曲线图，此曲线可以用吸收型洛伦兹线型 $\tau(\nu)$ 进行拟合：

$$\tau(\nu)=\frac{\Gamma/2\pi}{(\nu-\nu_0)^2+(\Gamma/2)^2} \qquad (3-6-19)$$

其中 ν_0 与 Γ 为待拟合参数，得出的 ν_0 为信号最大点对应频率，即原子进动频率；Γ 为曲线的半高宽，其值 $\Gamma=(2\pi qT_x)^{-1}$，由此计算出待测弛豫 T_x。

图 $3-6-10$　斩波器实物图，通过调整其转动频率来调整调制频率

（2）不断提高磁场强度，重复以上过程，得出不同场强下的进动频率与弛豫时间，而弛豫时间只因 $1/T_{SE}$ 随进动频率的改变而改变，所以结合式（3-6-6）进行拟合，得出零磁场下的弛豫，此弛豫为原子磁力计正常工作状态下的横向弛豫。

请结合上述步骤设计实验，测出零磁场下的横向弛豫与自旋交换速率 R_{SE}，并观测旋磁比与磁场强度的关系。

注意事项

（1）请勿晃动光学平台，以免原子磁力计远离最佳工作点。

（2）泵浦光与探测光均为激光，请勿直视光源。

（3）不得将任何无关物体放入屏蔽桶内部，以免引入不必要噪声。

预习要求

（1）按实验目的的要求阅读实验原理、实验装置、实验内容与实验方法三部分。

（2）提前阅读思考题，实验过程将对思考题内容有所启发。

（3）不懂的原理部分可阅读参考文献或询问助教。

思考题

（1）碱金属原子磁力计使用何种碱金属作为研究体系能达到最高测磁灵敏度？为什么？各个碱金属的优势与劣势各是什么？

（2）^{87}Rb 原子两个超精细结构对应的塞曼能级能量大小为何一个与 m_F 正相关，一个与 m_F 负相关？已知超精细结构的朗德因子为：

$$g_F \approx g_S \frac{F(F+1) - I(I+1) + S(S+1)}{2F(F+1)} \qquad (3-6-20)$$

（3）在光泵浦过程中，不加淬火气体是否可以完成极化？能否用与铷原子 D_2 线共振的激光进行泵浦？为什么？

（4）原子固有进动频率 ω_0 与 SERF 态下的进动频率 ω_{SERF} 在极化度 $P=1$ 时是相等的（可计算 $q = (6+2P^2)/(1+P^2)$ 值得到），请分析原因。

（5）请给出另一种测量横向弛豫时间 T_2 的方法，并与实验内容中给出的方法对比优劣势。

（6）通常情况下一台原子磁力计各种弛豫大小是无法改变的，只能改变泵浦光泵浦速率 R 的大小。假设磁场方向为 y 方向，试结合 Bloch 方程的准静态解，确定泵浦方向极化率 P_z 多大时，原子磁力计的灵敏度模拟值（P_x/Ω_y）最大。

（7）为何在平衡探测中要将初始的探测器的差分值调至零附近？如果初始值不是零是否可以完成探测？

（8）实验原理中已确定灵敏度表达式 Sensitivity = $B/SNR \times \sqrt{t}$，那么原子磁力计的灵敏度大小是否受到实验中采样频率 $1/t$ 的影响呢？为什么？

参考文献

［1］江敏. 基于高灵敏度原子磁力计的超低场核磁共振研究［D］. 合肥：中国科学技术大学，2019.

［2］陈伯韬. 基于 SERF 原子磁强计的液体零场核磁共振谱仪的研制［D］. 合肥：中国科学技术大学，2017.

［3］Allred J C, Lyman R N, Kornack T W, et al. High – Sensitivity Atomic Magnetometer Unaffected by Spin – Exchange Relaxation［J］. Physical Review Letters, 2002, 89(13)：1308011 – 1308014.

［4］中国科技大学光泵磁共振实验讲义.

第4章

真空与低温实验

实验4.1　真空的获得及其测量

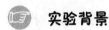 **实验背景**

　　真空是指在给定空间内低于标准大气压的气体状态。许多物理实验都是在真空条件下进行的。在真空状态下，气体分子数大大减少，气体分子之间的相互碰撞也减少，使得分子平均自由程增大。因此，真空技术被广泛应用于工业生产、科学研究的各个领域内，如材料制备、薄膜技术、电真空技术、高能粒子加速器、表面科学、大规模集成电路制造和空间技术等。

实验目的

　　(1)熟悉低真空的获得，练习使用测量低真空的仪器。
　　(2)学习使用分子泵获得高真空，利用电离真空计测量高真空。
　　(3)了解玻璃和金属在高真空中的放气现象和去气方法。

实验原理

一、真空物理基础

1. 真空度

　　真空容器中的真空度可以用其中气体的压强表示。气体的压强越低，表示真空度越高。在国际单位制中，压强的法定单位为帕斯卡(Pa)，$1\ Pa = 1\ N/m^2$。大气环境中的压强定义为大气压(atm)，$1\ atm = 1.01 \times 10^5\ Pa = 1.01\ bar$。物理实验中气体压强常用单位还有托(Torr)。

$$1\ Torr = 1/760\ atm = 133.3\ Pa \qquad (4-1-1)$$

2. 真空度划分

真空度并无严格的区域划分，大致可分为：低真空($10^5 \sim 1$ Pa)、高真空($1 \sim 10^{-6}$ Pa)、超高真空(低于 10^{-6} Pa)。低真空可以通过旋转叶轮泵，如机械泵获得。高真空可以在低真空的基础上通过扩散泵或涡轮分子泵获得，扩散泵借助热油工作，适用于对油污染要求不高的情形，涡轮分子泵适用于对污染要求苛刻的情形。更高的真空需要用离子泵或低温泵来获得。

3. 常用的描述真空物理性质的参数

分子密度 n——用于表示单位体积内的平均分子数。气体压强与密度的关系由公式 $p = nkT$ 描述，其中 k 为玻尔兹曼常量，T 为气体温度。目前，大多数真空计，尤其是测量高真空与超高真空的真空计，都是通过气体密度的变化来进行测量的，但是因为难于从理论上获得真空计的测量物理量与气体密度的定量关系，所以需要用实验方法在已知真空度的系统上进行校正后再对压强进行标度。另外，从理论上看，用分子密度代替压强作气体真空度的指标更合理，只是目前从技术角度讲还存在很大的困难。

气体分子平均自由程——是气体分子连续碰撞两次所通过的距离的统计平均值。对于单一气体，其平均自由程与压强、温度和分子直径有关。而对于多成分的混合气体，某种气体的平均自由程与其分压强、系统温度、所有种类分子的直径和分子质量等因素有关，而且气体的分压强越低，其平均自由程相对越大，即含量少的分子能够迅速扩散。

单分子层形成时间——是指在干净表面上覆盖一个分子厚度的气体层所需要的时间。一般真空度越高，干净表面吸附一层分子的时间越长，从而能较长时间地维持一个干净表面，所以高真空和超高真空技术经常应用于一些诸如集成电路的生产工艺和科学研究等方面。

分子碰撞于壁面的平均吸附时间——气体分子碰撞器壁表面后，大多数都会在表面停留一段时间，该时间与器壁表面组成、结构、状态以及分子种类、运动状态等因素有关。一般要想获得高真空，必须尽可能除去表面吸附的分子或抑制表面吸附的分子返回空间。另外，利用干净表面吸附分子的能力，也是获得真空的一种途径。

二、真空的获得和测量

1. 真空的获取

真空系统由各种真空元件组合而成，主要包括：被抽空的容器、用于抽气的真空泵、真空元件(如真空阀门、储气罐)、连接各个真空元件的真空导管以及测量真空度的真空计。真空的获取主要是利用气体分子的运动特性，借助真空泵的特定机构把被抽容器中的气体分子排出容器外，同时阻止外部的气体分子逆向通过真空泵进入容器，使得容器内部压强不断降低，即获得了真空。

1)真空泵

真空系统所能达到的真空度受到很多因素影响，例如真空泵的工作原理、结构设计、系统内的压强、被抽气体的种类以及真空泵与被抽系统的连接方式等。不同的真空泵进行抽气的工作原理是不同的。选择真空泵要根据最低压强、压强范围、抽速、排气压强等参数来确定。最低压强决定了系统的极限真空度上限,与泵本身的漏气有关;泵的抽速决定了排气速度的大小,泵的抽速随压强而改变,同时还受真空管道粗细的影响,抽速大的泵必须有足够粗的管道;排气压强是指真空泵可以进行排气的压强。根据排气压强,真空泵大致可以分为三类:第一类是往大气中排气的泵,如旋转式机械泵、活塞式机械泵等,它们可以从大气压下开始工作,可单独使用,也可作为其他需要在出口处维持低气压的真空泵的"前级泵";第二类是只往低于大气压的环境中排气的泵,如扩散泵、涡轮分子泵等,它们需要前级泵先抽到一定真空度才能开始工作;第三类是可束缚住容器中气体和蒸气的泵,如吸附泵、低温泵等。

下面主要介绍本实验用到的两种真空泵的结构及工作原理。

(1)机械泵。

机械泵的基本原理是利用机械方法周期性地扩大和压缩泵内空腔的容积来实现抽气。机械泵属于低真空泵,单独使用时可以获得低真空,在真空机组中用作前级泵。图4-1-1是一种常用的旋片式机械真空泵的结构简图。泵壳内部为圆筒形空腔,空腔内设有偏心转子,绕自己的中心轴按箭头所示方向转动,转动中转子与泵壳内腔在顶点处保持密切接触。转子中嵌有两旋片,由于弹簧作用,旋片两端始终紧贴泵壳内壁。

机械真空泵的抽气过程如图4-1-2所示。两旋片将转子与泵壳之间的空间分成了三个部分(Ⅰ、Ⅱ、Ⅲ),进气口与被抽容器相连通,出气口装有单向阀。转子处于图4-1-2(a)的位置时,空腔Ⅲ刚形成,体积将逐渐扩大,开始通过进气口从被抽容器内吸入气体,空腔Ⅱ内被隔离了一部分气体,空腔Ⅰ内气体正被推向排气口并被压缩;转子继续转动到图4-1-2(b)的过程中,空腔Ⅲ不断扩大,吸入的气体量不断增加,空腔Ⅱ内气体继续被隔离传送,空腔Ⅰ内气体持续被压缩,气体的压强升高,直到冲开单向排气阀排出泵外;转子继续转到图4-1-2(c)位置时,空腔Ⅰ排气即将完毕,空腔Ⅱ即将与排气口相通,开始压缩排气过程;空腔Ⅲ继续抽气;转子到图4-1-2(d)位置时,空腔Ⅲ和进气口隔开,又开始重复上述过程。转子连续转动,不断重复上述过程,把与进气口相连的容器内的气体不断抽出,达到真空状态。

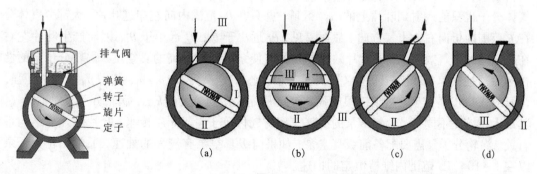

图4-1-1　旋片式机械真空泵　　图4-1-2　机械真空泵的抽气过程

机械泵工作过程中,转子快速转动,旋片不断伸缩,各个机械接触处存在摩擦和使活动零件能够相对运动的微小空隙,因此整个泵体需浸在机械泵油中,借助泵油的密封润滑和冷却作用,机械泵才能工作。一般,在被抽容器不漏气的情况下,机械泵充分抽气后所能达到

的极限真空度为 10^{-2} Pa。

使用旋片式机械真空泵时应注意：①使用前检查油槽中油量是否适当，即油面是否达到规定的刻线；②带动机械泵转子旋转的电动机的转动方向，必须与泵上规定方向一致，不能反向，否则会把泵油压入真空系统；③机械泵停机后要防止发生"回油"现象，因此停泵后必须把进气口连通大气，否则大气会通过缝隙把泵内的油缓慢地从进气口倒压进被抽容器，造成返油。

（2）涡轮分子泵。

分子泵是一种获取高真空的常用设备。如图 4-1-3 所示，涡轮分子泵由一系列高速旋转的动片和固定的静片组成，动片与静片相间排列。其工作原理是基于气体分子与高速旋转的叶片相碰撞，获得沿运动表面方向的速度分量，气体分子从动片的一侧到达另一侧的概率不同，将会产生气体分子的定向运动。涡轮分子泵转速很高，一般为 16000 ~ 42000 r/min，不能直接对大气排气，气体分子需满足分子流条件才能正常运转，因此需要配置前级泵。

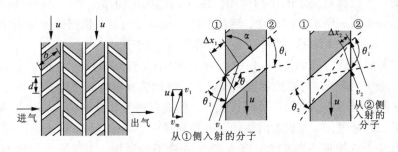

图 4-1-3　涡轮分子泵排气过程示意图

设叶片的切向速度为 u，气体分子以速度 v_m 垂直叶片从泵口入射到叶片表面，则气体分子具有合成速度 v_1，如图 4-1-3 所示，气体分子只能入射到叶片的 Δx_1 区域，而叶片的切向速度越大，Δx_1 越小。由 Δx_1 释放出的气体分子中只有 θ_1 范围内的一部分能够返回入射方向的空间，大部分气体分子都可以在 θ_i 范围内穿过叶片，排出泵外。同理，由右向左的逆流气体分子也只能入射到叶片上的 Δx_2 区域，并只在 θ_2 范围内向左穿过叶片，大部分气体分子在 θ_i' 范围内折向右方出气方向。显而易见，θ_1 远小于 θ_i；θ_2 远小于 θ_i'，因而产生叶片左右存在压强差的排气效果。多层叶片效果的叠加可使泵口达到很高的真空度。涡轮分子泵的性能指标除了抽气速率和极限压强以外，还有压缩比 k，定义为 $k = p_B/p_i$，其中 p_B 为前级压强，p_i 为泵的入口压强，当 p_i 达到极限压强 p_u 时，压缩比达到最大值 k_{max}，涡轮分子泵对不同气体，其最大压缩比不同。涡轮分子泵的抽气速率与气体分子量、叶片转速、叶片的几何结构系数有关。涡轮分子泵需要配备前级真空泵，如果前级真空泵有较大的抽速，通常涡轮分子泵可以在 $1 \sim 10^{-7}$ Pa 范围内维持恒定的抽速。

使用分子泵时要注意：①分子泵使用时必须使用机械泵作为其前级泵。②分子泵不能先于前级泵（机械泵）启动。停机后应立即放气，以防机械泵返油。分子泵的放气请遵循仪器的放气规程。③分子泵使用时，应避免剧烈振动，仪器周围和盖上不允许堆放异物，要有利于机器散热。仪器要防止电磁干扰和强放射性辐射。④及时加注和更新润滑油。分子泵被污染时，要及时清洗。⑤室温高于 25℃时，分子泵请用水冷，水温低于 25℃。

2）真空阀门

真空阀门在真空系统中起着改变气流方向或气体流量大小的作用。在金属真空系统中一般都采用金属阀门，在玻璃真空系统中多采用玻璃制成的阀门，称作玻璃活栓。真空阀门的性能直接影响着真空系统所能达到的最高真空度。

图 4-1-4 是常见的金属角阀、针阀、三通阀和蝶阀的原理结构图。对于角阀，当旋转旋钮，金属杆带动密封盖上升，A 与 B 相通，当反方向旋转旋钮时，金属杆带动密封盖下降，A 与 B 的通路被切断。对于针阀，利用杠杆控制金属针尖，调整针尖与圆锥形通道的位置，可以精确地控制通气量，达到微调的目的。三通阀通过手钮的推拉来控制气体通路，当向内推动手钮到位，C 与 B 相通，C 与 E 不通，当向外拉动手钮到位，C 与 E 相通，C 与 B 不通。蝶阀则是通过旋转密封盖来控制关断。另外有些金属阀门的动作是用电磁铁实现的。图 4-1-5 是一种真空电磁阀的原理图。通电时 A 和 B 相通，C 被切断；断电时 A 和 C 相通，B 被切断。把它装在机械泵的进口处，可起到自动保护真空系统以避免机械泵返油的作用。

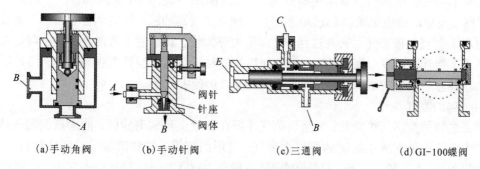

(a)手动角阀　　(b)手动针阀　　(c)三通阀　　(d)GI-100蝶阀

图 4-1-4　常见的金属阀门

玻璃活栓如图 4-1-6 所示。玻璃活栓的芯子和外套之间采用磨口接触，并涂以真空封脂密封。在室温时，低真空用封脂的饱和蒸气压应小于 $10^{-1} \sim 10^{-2}$ Pa(高真空封脂的饱和蒸气压应小于 $10^{-3} \sim 10^{-4}$ Pa)。旋转玻璃活栓芯子时一定要慢而稳，否则会折断活栓或破坏真空封脂形成的薄膜而漏气。在操作玻璃活栓之前，必须先看清楚活栓芯子上孔的位置，搞清楚活栓芯子在哪个位置和哪些玻璃管道相通。

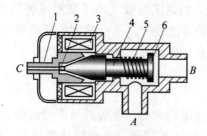

图 4-1-5　电磁阀原理图

1—放气孔嘴；2—放气孔阀头；3—线圈；

4—衔铁；5—压缩弹簧；6—密封盖

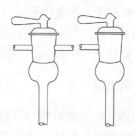

图 4-1-6　玻璃活栓

3) 玻璃和金属的加热去气

玻璃和金属的表面往往会吸附相当数量的气体，或者在整个体积内会吸收(溶解)相当数量的气体。当玻璃和金属在大气中时，这些气体和周围气体达到平衡，但当周围成为真空时，平衡被破坏，吸附或吸收的气体会逐渐放出来，当容器中气压在 10^{-3} Pa 时，这种现象变得明显起来。一般表现为真空度长时间难以提高，或一旦停止抽气真空度立即大大降低。因此，为了获得高的真空度，或在停止抽气后仍能维持原真空度，需要除去这些被吸附或被吸收的气体。

去气方法是在抽到高真空的同时，加热整个金属和玻璃，提高气体分子运动速度，使气体更快地从表面和体内释放出来，温度越高去气过程越快，但温度不能太高。例如玻璃，去气温度不能高于其软化点，一般硬玻璃限于 350℃，加热方法可以用火焰或电炉，本实验中使用电炉。对于金属，一般要求低于其熔点，或不至于引起显著蒸发的温度。Ni、W、Mo 等真空常用金属的去气温度都大大超过玻璃的去气温度。因而对有玻璃外壳的电子器件，就难以用电炉或火焰加热使里面的金属部件都去气。常用高频加热法，即把金属部件置于高频电磁场中，利用金属中的感应电流(涡流)单独把金属加热至很高的温度来达到去气目的，而玻璃等绝热材料不会直接被加热。去气过程中，如果加热太快，真空度很可能会严重下降，而且容易在高温下损坏玻璃或金属部件，应控制加热并随时用电离真空计监视真空度，使其不低于 10^{-2} Pa。随着放气量的减少，可以逐步提高温度以加速去气。

4) 金属的吸气

把去过气的金属加热蒸发，当金属蒸气冷凝在器壁上形成薄膜时，能大量吸附气体，电子器件中常用这种方法在封闭的器件内吸气，常用的有钡、镁和磷等常温活性材料。另外，有些金属如钛、钽、锆、铝等，只要在高温(一般在 1000℃左右)很好地去气后，在较低的温度下(一般在 300~400℃)材料表面可连续吸附气体，并向材料内部不断扩散(称作容器吸气性能)。本实验采用的锆铝吸气剂是将吸气材料锆铝合金粉碾压在片状的金属基体上，直接通电使吸气剂达到工作温度(约 400℃)，即能大量吸气，使用几次后，表面出现饱和，可激活一次，激活温度为 800~900℃，锆铝吸气剂对氢的吸收特别有效。

金属钛有很好的表面吸附和容积吸气性能，利用此性能可制成各种形式的钛泵。钛升华泵是在加热蒸发时，利用在器壁上不断沉积形成的大面积新鲜钛膜进行吸气。它具有抽速大、结构简单的特点，但不能排走惰性气体。在利用金属钛吸气作用的同时把气体电离会大大增强吸气的效果，据此可制成各种形式的钛离子泵。如热阴极吸气离子泵和溅射离子泵，它们的机理不在此介绍。在实际应用中，吸气剂和离子泵已成为高真空技术的常用设备。一方面可用来维持高真空作为扩散泵抽气的辅助手段；另一方面可用来获得高真空。

2. 真空的测量

对系统真空度的测量即对系统压强的测量。真空计是用来测量系统真空度的设备，其基本原理是通过测量与气体压强或密度有某种已知确定规律的物理量来表征所测量的气体压强。真空计的种类繁多，不同的真空计测量范围不同，通过把多种真空计组合起来使用，即可完成大范围内真空度的测量。

1) 扩散硅压阻式差压传感器

差压传感器是压力传感器的一种。压力传感器是利用半导体材料(如单晶硅)的压阻效应制成的器件。半导体材料因受力而产生应变时，由于载流子的浓度和迁移率的变化而导致电阻率发生变化的现象称为压阻效应。差压传感器的原理结构示意图和外形图如图 4 - 1 - 7 所示。

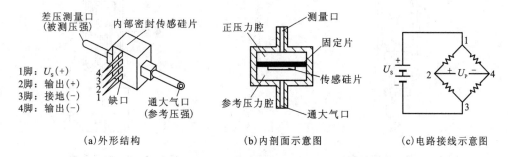

(a)外形结构　　　　　　　　(b)内剖面示意图　　　　　　　(c)电路接线示意图

图 4 - 1 - 7　差压传感器的外形及原理示意图

当在差压传感器的 1、3 两端加上一恒定电压 U_s 后，在其 2、4 两端会输出一与压差 Δp 成线性关系的电压 U_P：

$$U_P = U_0 + k_p \Delta p \qquad\qquad (4 - 1 - 2)$$

式中：U_0 为压差为零时的输出电压，系数 k_p 一般为一常数。差压传感器在使用时要先通过定标确定 U_0 和 k_p 的数值，再利用上述公式进行测量。

本实验中使用的 24PCC 型差压传感器压力范围为 15 Psi(1 Psi $= 6.895 \times 10^3$ Pa)，其工作电源采用 2 mA 恒流源，电压量程为 225 mV，灵敏度为 15 mV/Psi，线性度为 $\pm 1.0\%$。一只 24PCC 用于放电管内气压测量，另一只 24PCC 用于低真空实验测量。

2)复合真空计

复合真空计一般是用 1 ~ 2 个热偶真空计和一个电离真空计组合起来的测量设备。

(1)热偶真空计。

热偶真空计包括两部分：热偶规管和测量电路，原理如图 4 - 1 - 8 所示。

从规管的加热丝(铂丝和钨丝)两端通入恒定电流，使加热丝发热。加热丝的温度在一定压强范围内随管内气体压强而变。压强高时，气体导热性好，加热丝的温度低。压强低时，导热性差，温度高，温度的高低可由热电偶的温差电动势反映出来。测出热电偶的温差电动势即可间接测出管内的压强。测量电路从管脚 1 和管脚 2 供给加热电流，从管脚 3 和管脚 4 测量温差电动势。热偶真空计的量程一般为 10^3 ~ 10^{-1} Pa。它的优点是结构简单，使用方便。缺点是稳定性差，精度不高。

(2)电离真空计。

电离真空计包括两部分：电离规管和测量电路，原理如图 4 - 1 - 9 所示。电离规管的灯丝即阴极灯丝在玻璃管的中央，其外为栅极，用金属丝绕成螺旋状；最外层的金属片圆筒为收集极。栅极对阴极为 + 220 V 直流电压，收集极对阴极为 - 30 V 直流电压。灯丝通电流烧红后发射电子，由于栅极电压的加速作用，电子获得高速度。穿过栅极后则又减速，最后折回栅极，电子在栅极附近往返数次后落在栅极上形成发射电流 I_e，其数值为几个毫安。

图 4 - 1 - 8 热偶真空计

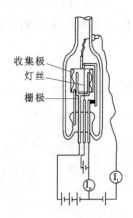

收集极
灯丝
栅极

I_c I_i

图 4 - 1 - 9 电离真空计

如果电离规管内有少量气体，当电子在管内运动时，就会与气体分子相碰撞，使分子失去电子而形成正离子。栅极与收集极之间产生的正离子，被电压为负值的收集极所吸引并收集，形成离子电流 I_i，其数值为几十微安到十分之几微安。在发射电流固定不变的条件下，离子电流 I_i 与气体压强 p 成正比。因此，测出离子电流就可以知道真空度，常用的电离真空计的测量范围是 $10^{-2} \sim 10^{-5}$ Pa。

三、气体放电及放电管光谱

放电管两端加上适当电压后，在电场的作用下，管中气体的原子、分子受到加速电子的碰撞发生激发和电离，气体原子获得能量由基态跃迁到高能的激发态，而处于高能激发态的原子一般是不稳定的，将发生自发辐射或受激辐射由高能激发态跃迁到低能态，能量以光子的形式放出，形成放电。

原子由高能态 E_n 向低能态 E_m 跃迁时，辐射光的频率为 ν

$$\nu = \frac{E_n - E_m}{h} \tag{4 - 1 - 3}$$

式中：h 为普朗克常量。

原子的能级跃迁要满足跃迁的选择定则，原子发光的频率是一定的。在低气压和小电流密度下，原子之间的相互作用小到可以忽略，观察到放电灯的光谱是线状光谱。随着电压和电流密度的增加，单根谱线的强度增加，谱线之间的辐射功率重新分配。同时，相邻原子间的扰动增强。因此，除线状光谱外，出现自由电子和复合发光相联系的连续背景。对于分子发光，由于分子内的电子跃迁时，分子振动及转动能也发生变化，频率展宽，成带状光谱。

气体的电导率为

$$\sigma = ne^2 \frac{\overline{\lambda}_e}{m_e \overline{c}_e} \tag{4 - 1 - 4}$$

式中：n 为电子密度，$\overline{c}_e$ 为气体分子热运动速率，$\overline{\lambda}_e$ 为气体分子平均自由程。一定温度下，e^2、m_e 和 $\overline{c}_e$ 为常数。可以看到，外加电压不同时，场强发生变化，载流子运动状态发生变化，由于产生次级电子的条件变化，电导率数值也要发生变化。此外，由于气体压强的变化，会使得气体分子平均自由程也要跟着发生变化。因此，气体的放电与外界条件，如放电管管径、电压、气体压强都有密切关系。

光谱测量有多种方法，比较常用的是使用光栅光谱仪。目前，比较常用的是平面反射光栅，其是在金属板或镀金属膜的玻璃上刻画齿状槽面（图 4 - 1 - 10）。当光入射到光栅平面上时，由于光的衍射原理，不同波长的光的主极强将出现在不同方位，光栅公式为

$$d\sin\theta = k\lambda \tag{4-1-5}$$

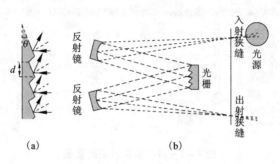

图 4 - 1 - 10　光栅光谱仪

长波衍射角大，短波衍射角小，含不同波长的复合光照射到光栅表面，除 0 级外，其他主极强的位置均不相同，这些主极强亮线就是谱线。各种波长的同一级谱线构成一套光谱。光栅光谱仪的显著特点是有许多级，每一级为一套光谱。

 实验装置

本实验使用的真空获取系统结构如图 4 - 1 - 11 所示，其中下部为低真空实验系统，上部为高真空实验系统。图中旋片机械泵及放气阀 T13 为低真空和高真空系统的公共前级。关闭角阀 T7、T6，打开角阀 T1，即可使机械泵与低真空系统连通，用于低真空实验。关闭角阀 T1，打开角阀 T7、T6，机械泵则与高真空系统接通。放气阀 T13 用于将机械泵与大气相通，以防机械泵返油。整个系统的控制和显示部分安装在仪器控制柜内。

1. 低真空实验系统

该部分实验利用理想气体波义耳定律测量容器 A 和容器 B 的容积比。低真空通过旋片机械泵获取，连接在机械泵上的电磁阀在接通电源时将抽气口与被抽系统接通，停泵时，割断泵与被抽系统的连接，而与大气相通，防止机械泵返油。复合真空计的热偶 I 用于监测系统真空状态，利用差压传感器 24PCC 测量容器 A、B 充气后的压强，推入三通阀 T5 可以使差压传感器的 C 口与大气相通，拉出 T5 时 C 口与容器 B 相通。

2. 高真空实验系统

高真空实验系统的作用是利用多种高真空获取设备把放电管抽到高真空状态，然后充入 Ne 或 He 气，制造 Ne 或 He 放电管，并利用 WDS 光栅光谱仪测量放电管的光谱。公共前级的旋片真空泵起前置真空泵作用，可以用机械泵先把分子泵和系统抽到低真空。当打开角阀

T7，关闭蝶阀 T8 时，机械泵即可直接对系统抽低真空。

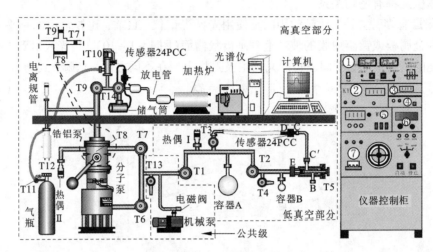

图 4 – 1 – 11 实验系统装置图

T1、T2、T3、T6、T7、T9、T14—角阀；T4、T13—放气阀；T5—三通阀；T8—蝶阀；T10—微调针阀；
T11—减压阀；T12—气瓶总阀；①—复合真空计；②—分子泵电源；③—差压传感器数字电压表；
④—差压传感器电源；⑤—WDS 光栅光谱仪电控箱；⑥—加热炉温度显示器；⑦—开关面板、调压
器及切换开关

FB110 分子泵通过蝶阀 T8 与系统相通，机械泵则通过角阀 T6 连接到分子泵，充当其前级泵。该分子泵使用风冷，使用时，在分子泵电源面板上接通电源开关，电源指示灯亮，同时能听见机箱内继电器吸合声，分子泵立刻启动，随着分子泵旋转速度的增加，前面板转速指示器、频率显示器数字增加，当增至 400 Hz 时前面板上绿灯亮。转速继续增加则频率显示增加，当增至 700 Hz 时分子泵加速完毕，进入匀速旋转状态，正常工作。

复合真空计的热偶计 II 和电离计用于监测高真空系统的真空度。加热炉可以对放电管加热去气，锆铝泵用于进一步提高系统的真空度。

充气系统的气瓶中储存高纯 Ne 或 He。T12 为气瓶总阀，利用减压阀 T11 可以控制充到储气铜管中的气体压强和容量，再通过微调针阀 T10 有控制地把气体充入放电管中。充气后放电管中的气压可以通过传感器 24PCC 测量。

用计算机自动控制的 WDS 光栅光谱仪可以测量放电管的光谱。

 实验内容与实验方法

1. 检查系统

检查系统，关闭所有阀门。

2. 低真空实验

（1）差压传感器定标。

自己设计定标方法和步骤,利用低真空系统定标差压传感器的 U_0 和 k_p。

(2)测量容器 A 和容器 B 的容积比。

自己设计实验方法和步骤。根据理想气体波义耳定律计算出容器 A、B 的容积比(请自己推算出计算公式)。注意,处于低真空状态时气压近似为 0。

重复测量 2~3 次。

(3)实验完毕,关闭阀 T1,停机械泵,打开充大气阀 T13,让机械泵与大气接通。然后使整个低真空系统通大气后关闭所有阀门。

3. 高真空实验

本实验为观察性实验,请仔细观察实验现象,并作详细记录。要求根据下面的大体步骤设计具体的实验方法和步骤。

(1)系统抽低真空。用机械泵分别对分子泵和整个高真空系统抽低真空,注意各阀门的状态及开启顺序。

(2)系统抽高真空。系统达到低真空后,启动分子泵,对系统抽高真空。

(3)系统去气及金属放气和吸气现象观察。当系统真空度低于 1×10^{-3} Pa 时,加热放电管,观察玻璃内壁和金属电极的放气现象。然后加热锆铝泵,观察放气和吸气现象,注意真空度的变化。

(4)对放电管充工作气体。系统真空度达到要求后,向放电管内充入工作气体,利用微调针阀 T10 调节放电管内的气压,并用差压传感器 24PCC 进行测量,观测气体放电与气压的关系。

(5)放电及光谱测量。在放电管两端加电压,观察放电管的放电现象。打开 WDS 光栅光谱仪及计算机,测量放电管的放电光谱。

(6)结束。测量完毕,关闭整个实验系统。注意必须在关闭分子泵电源 5 min 后,待分子泵完全停止,才能停止机械泵。注意及时让机械泵通大气。

注意事项

(1)实验前应先对照实物查明实验系统各部件的作用与使用方法,弄清各阀门的"开"、"关"状态和旋转方向,除放气阀 T4 和 T13 外,打开时要开得最大,关闭时不要关得太死,以防阀门失灵。

(2)复合真空计的使用请严格遵照仪器说明使用,为保护电离规管灯丝不被烧坏,在真空度低于 7 Pa 时,不要强行启动电离规管灯丝。若处于手动启动状态,在真空度低于 7 Pa 时,要及时关断电离规管灯丝。一般,复合真空计的电离规管设为自动启动方式。

(3)高真空阀(蝶阀)T8 不能反向承受大气压力,即蝶阀上部是真空时,不能对其下部充大气,但容许正向承受大气压。因此,在对放电管系统抽低真空时,一定要用机械泵对分子泵先抽低真空。

(4)分子泵的使用请仔细阅读仪器说明书,严格按照要求操作,启动前,一定要先开启机械泵对其抽低真空。

(5)打开微调阀时,逐步充气,以免充气过量。

(6)实验系统中的所有加热设备都有规定的加热电压或温度,超过规定值都会烧坏设备,实验时务必注意。

(7)差压传感器使用时一定先定标,再用于测量,使用中所加电压和电流都不要超过传感器的规定值。

(8)实验系统有许多设备共用电源,使用时请仔细看清仪器控制柜面板上的指示,选择正确的切换开关置于相应状态。

预习要求

(1)了解真空相关的基础物理知识。
(2)学习获取真空和测量真空度的设备的工作原理。

思考题

(1)测量低、高真空的仪表有哪些?它们的工作原理、使用条件、测量范围各是什么?使用时各需要注意什么?

(2)差压传感器的原理是什么?差压传感器如何定标?

(3)容器 A 中压强何时可认为是 0,何时又认为不可忽略?本实验的计算公式有哪些条件?

(4)本实验测得的容器 A 和 B 的体积比,包含着各自的管道等体积。如果要准确测定容器 A 和 B 的体积比时,该如何测量?

(5)抽高真空,为什么要先用机械泵抽低真空?

(6)分子泵如何与机械泵配合使用?为什么能提高真空度?如何正确使用分子泵?

(7)对放电管用电炉加热后,加热炉不要立即撤去,为什么?

参考文献

[1] 何元金,马兴坤. 近代物理实验[M]. 北京:清华大学出版社,2003.
[2] 张天喆,董有尔. 近代物理实验[M]. 北京:科学出版社,2004.

实验4.2 真空镀膜

 实验背景

薄膜技术是现代材料科学领域的重要分支，是现代电子器件微型化的关键技术。薄膜材料的制备是将薄膜的原材料转移到基片上，并与基片牢牢结合的过程，通常需要经历原材料蒸发、迁移和重新凝聚三个过程，整个过程需要在真空或惰性气体中进行。根据成膜原理不同，薄膜制备可以分为物理气相沉积和化学气相沉积，如热蒸发、磁控溅射、电子束蒸发等真空镀膜技术都属于物理气相沉积。目前，真空镀膜技术已经广泛地应用于光学、磁学、半导体物理学、微电子学以及激光技术等领域。本实验以蒸镀高反射多层介质膜 ZnS/MgF_2 为例，让大家了解真空镀膜的基本原理和方法。

 实验目的

(1)进一步熟悉真空的获得与测量。
(2)掌握一般真空蒸发镀膜的基本工艺技术。
(3)学习制备高反射介质膜的原理及方法。

实验原理

任何物质在一定温度下，总有一些分子从凝聚态(液、固相)变成气相离开物质表面。若把该物质密封在容器内，当物质和容器温度相同时，部分气相分子则由无规则运动而返回凝聚态，经过一定时间达成平衡。若在高真空条件下，加热该物质达到某熔点温度后，物质表面会有大量的分子或原子获得足够的能量，离开表面变成气相分子(蒸发)向四周散射。由于在高真空情况下，被蒸发的原子或分子碰撞概率较小，最后在散射途中遇到给定的温度较低的基片，在基片上冷凝而淀积一层该物质的薄膜，该过程叫作真空蒸发镀膜。

要想获得均匀、牢固、杂质少而厚度可控制的高质量薄膜，必须注意如下几点因素：

(1)要有较高的真空度。真空度的高低直接影响薄膜的质量，在真空蒸发镀膜的过程中，如果真空度较低，真空室中有许多的气体分子，由高温蒸发源蒸发出来的物质分子将不断地与气体分子发生碰撞，使源分子改变运动方向，而不能顺利地到达基片表面；另外空气中的氧气可能会使源分子氧化，气体分子与基片不断发生碰撞，并与源分子一起淀积下来形成疏松的薄膜，并使热膜氧化影响了薄膜质量。要保证蒸发出来的源分子顺利到达基片表面，并尽可能减少气体分子与基片碰撞的机会，气体分子在真空室中的平均自由程 λ_e 应大于蒸发物质到基片间的距离 D。平均自由程与压强的关系为

$$\lambda_e = kT/\sqrt{2}\pi d^2 p \qquad (4-1-1)$$

式中：k 为玻尔兹曼常量，d 为气体分子的有效直径，T 为绝对温度，p 为气体压强。上式表明，当压强 p 降低时，平均自由程增大，这样源分子间以及源分子与基片间的碰撞就减少，

因此，压强低真空度高，蒸发镀膜的效果就越好。一般情况下，要想获得比较满意的薄膜，真空度至少要达到 10^{-5} Torr。

（2）要有一定的蒸发速率。蒸发速率高，氧化可能性小，吸附的气体也少。适当的蒸发速率，可使膜层结构紧密，机械牢固增强，质量好。目前一般蒸发系统所用蒸发速率在 $0.5 \times 10^{-10} \sim 10^{-5}$ m/min。温度高，蒸发速度快，蒸发时间短，真空度下降不明显，薄膜的均匀性越好。而且，温度高能使固体物质分子获得足够的动能，在到达衬底表面后过剩的动能可使固体物质分子在衬底表面有一定程度的互扩散，形成稳定牢固的膜层。

（3）被镀基片和真空室内各附件要保持高度清洁。衬底的清洗是真空蒸发制作高质量膜层的关键，影响薄膜的牢固度和均匀性，衬底表面的任何微量灰尘、杂质以及植物纤维都会大大降低薄膜的附着力，并使薄膜出现花斑和过多的针孔，其结果造成薄膜经不住摩擦试验，时间不久就会自行脱落。另外，基片与其他零件不干净会吸附大量气体，使真空度降低，影响薄膜质量。

 实验装置

常用的真空镀膜仪如图 4 - 2 - 1 所示，它由真空镀膜室、抽气系统和电气控制系统组成。在真空镀膜室中，主要组成部分为钟罩、样品支架、蒸发电极、膜厚测试系统、观察窗等。镀膜室内设有两对蒸发电极，可以选择使用，电极的选择可以通过设备正面的"电极位置变换"进行，功率的大小由电流调节实现。

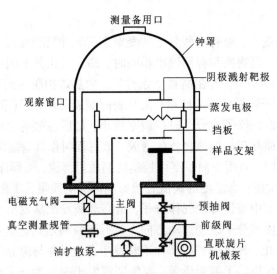

图 4 - 2 - 1 真空镀膜仪

蒸发加热材料一般可用电阻加热法与电子束加热法，后者一般用于难熔材料的蒸发。本实验采用电阻加热，电阻加热即用钨、钼、钽等高熔点金属制成正弦或螺旋形、三角形加热器，将蒸发材料置于加热器上。对于粉末材料，可把加热器制成舟形，如图 4 - 2 - 2 所示。

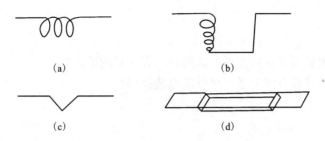

图 4 - 2 - 2　蒸发源加热器形状示意图

(a)　　　　　　　　　　　　(b)

(c)　　　　　　　　　　　　(d)

　　金属或非金属在蒸发前均要进行预熔,以便清除材质内的杂质,同时样品架上的试件需用挡板遮盖住,挡板的转动在仪器的正前方通过拨叉来实现。

实验内容与方法

　　(1)实验前应熟悉真空镀膜仪的结构和工作原理。
　　(2)将清洁处理后的高纯金属丝取所需的量,置于蒸发源加热器上。
　　(3)将清洗之后的待镀膜基片置于样品架上,然后转动挡板,遮住基片,盖上钟罩。
　　(4)按照操作说明,利用抽气将镀膜室的真空抽到 10^{-5} Torr 以下。
　　(5)预蒸。接通蒸发源加热器电源,电流逐步增大(不超过 25A),使加热器上的金属丝熔化,适当增大一些电流,进行预蒸 2 s。
　　(6)蒸发。预蒸结束后,立即移开挡板进行蒸发,观察膜厚测试仪记录的镀膜厚度,达到所需要的厚度时,立即将挡板移回遮盖基片表面,降下蒸发电流,并切断蒸发电源。注意,记录镀膜过程中的物理条件和参数,如真空度、除气时间、蒸发电流、时间等。
　　(7)取样。关闭抽气系统,待镀膜室的气压回到大气压(可适量放入氮气,加速气压回升),打开钟罩,取出镀膜基片和加热器,再次盖好钟罩,对镀膜室进行抽气,并抽到一定真空度,使真空镀膜室保持真空状态。

注意事项

　　(1)使用镀膜仪时,应严格按照操作规程操作,正确使用真空室阀门、扩散泵阀门、机械泵阀门和放气阀门,开启和关闭的顺序不能搞错,否则会引起扩散泵油或机械泵油的倒流。
　　(2)真空系统应保持一定的清洁度,不允许油污及腐蚀性气体、水蒸气留在镀膜室里。
　　(3)蒸发结束后,真空镀膜室应保持真空状态。

预习要求

　　(1)了解真空镀膜的基本原理。
　　(2)熟悉真空镀膜仪的基本结构、工作原理和操作流程。

思考题

（1）真空度与镀膜质量有何关系？如何获得高质量的薄膜？

（2）蒸发源与加热器有何关系？可以随意选择吗？

参考文献

[1] 张天喆，董有尔. 近代物理实验[M].北京：科学出版社，2004.

[2] 羊亿，彭跃华. 近代物理实验教程[M].上海：上海交通大学出版社，2017.

实验4.3　高温超导体的零电阻现象

 实验背景

　　自1911年荷兰物理学家卡默林·昂内斯(Kamerlingh Onnes)首次发现了低温超导体以来,科学家们在超导物理及材料探索方面进行了大量的研究。超导的发展大致经历了三个阶段。第一阶段是人类对超导电性的基本探索和认识阶段。20世纪50年代BCS(Bardeen-Cooper-Schrieffer)超导微观理论的提出,解决了超导微观机理的问题,其核心是提出了库珀电子对概念,库珀电子对是产生超导电性的基础。第二阶段是开展超导应用的准备阶段。20世纪60年代初,强磁场超导材料的研制成功和约瑟夫森效应的发现,使超导技术在强场、超导电子学以及某些物理量的精密测量等实际应用中得到迅速发展。第三阶段是超导技术开发时代。1986年瑞士物理学家缪勒(Karl Alex Miller)等人首先发现La – Ba – Cu – O系氧化物材料中存在高温超导电性,随后世界各国科学家在几个月的时间内相继取得重大突破,研制出临界温度高于90K的Y – Ba – Cu – O(也称YBCO)系氧化物超导体。1988年初又研制出不含稀土元素的Bi系和Tl系氧化物超导体,后者的超导完全转变温度达125 K。超导研究领域的一系列最新进展,为超导技术在各方面的应用开辟了十分广阔的前景。测量超导体的基本性能是超导研究工作的重要环节,临界参数的高低是超导材料性能良好与否的重要判据,因此临界参数的测量是超导研究工作者必须掌握的。

 实验目的

　　(1)通过对氧化物超导材料的临界温度(两种方法:电阻法、电感法)的测定,加深理解超导体的两个基本特性。
　　(2)掌握液氮低温技术和减压降温技术。
　　(3)了解超导磁悬浮输运系统的原理。

 实验原理

一、超导现象及临界参数

1.零电阻现象

　　我们知道,金属的电阻是由晶格上原子的热振动(声子)以及杂质原子对电子的散射造成的。在低温时,一般金属(非超导材料)总具有一定的电阻,如图4 – 3 – 1所示,其电阻率 ρ 与温度 T 的关系可表示为

$$\rho = \rho_0 + AT^5 \tag{4 – 3 – 1}$$

式中: ρ_0 是 $T = 0$ K时的电阻率,称剩余电阻率,它与金属的纯度和晶格的完整性有关,对于

实际的金属，其内部总是存在杂质和缺陷，因此，即使温度趋于绝对零度时，也总存在 ρ_0。1911 年，昂内斯在极低温下研究降温过程中汞电阻的变化时，出乎意料地发现，温度在 4.2 K 附近，汞的电阻急剧下降好几千倍，后来有人估计此电阻率的下限为 3.6×10^{-23} $\Omega \cdot$ cm，而迄今正常金属的最低电阻率为 10^{-13} $\Omega \cdot$ cm，即在这个转变温度以下，电阻为零，这就是零电阻现象，如图 4 - 3 - 2 所示。需要注意的是只有在直流电情况下才有零电阻现象，而在交流电情况下电阻不为零。

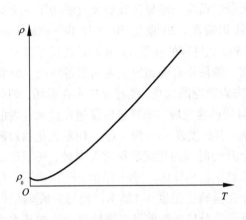

图 4 - 3 - 1   一般金属的电阻率 - 温度关系

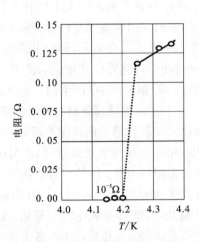

图 4 - 3 - 2   汞的零电阻现象

目前已知包括金属元素、合金和化合物约五千种材料在一定温度下具有超导电性，这些材料称为超导材料。发生超导转变的温度称为临界温度，以 T_c 表示，某些常见超导材料的 T_c 值见表 4 - 3 - 1。

表 4 - 3 - 1   某些常见超导材料的临界温度 T_c 和临界磁场值 $H_c(0)$

材料	T_c/K	H_c/Gs($T \approx 0$ K)	材料	T_c/K	H_c/Gs($T \approx 0$ K)
Al	1.196	99	Cd	0.56	30
Hg(α 相)	4.15	411	Ca	1.091	51
Hg(β 相)	3.95	339	Ir	0.14	19
Nb	9.26	1980	La(α 相)	4.9	798
V	5.30	1020	La(β 相)	6.06	1096
Pb	7.19	803	Ta	4.48	830
Sn	3.72	305	Ti	0.39	100
In	3.40	293	Zr	0.65	47
Zn	0.875	53	NbN	16.0	
Nb$_3$Ge	23.2	3.6×10^5	YBa$_2$Cu$_3$O$_7$	94	

由于受材料化学成分不纯及晶体结构不完整等因素的影响，超导材料的正常 – 超导转变一般是在一定的温度间隔中发生的。如图 4 – 3 – 3 所示。用电阻法（即根据电阻率变化）测定临界温度时，我们通常把降温过程中电阻率温度曲线开始从直线偏离处的温度称为起始转变温度，把临界温度 T_c 定义为待测样品电阻率从起始转变处下降到一半时对应的温度（$\rho = \rho_0/2$），也称作超导转变的中点温度。把电阻率变化 10% 到 90% 所对应的温度间隔定义为转变宽度，记作 ΔT_c，电阻率值刚刚完全降到零时的温度称为完全转变温度。ΔT_c 的大小一般反映了材料品质的好坏，均匀单相的样品 ΔT_c 较窄，反之较宽。

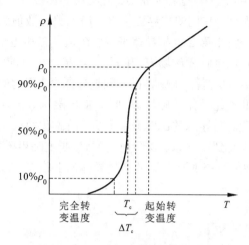

图 4 – 3 – 3　正常 – 超导转变

2. 完全抗磁性

当把导体置于外加磁场时，磁通不能穿透超导体而使其体内的磁感应强度始终保持为 0，超导体的这个特性称为迈斯纳效应。注意：完全抗磁性不是说磁化强度 M 和外磁场 B 等于零，而仅仅是表示 $M = -B/4\pi$。

超导体的零电阻现象与完全抗磁性的两个特性既相互独立又有紧密的联系。完全抗磁性不能由零电阻特性派生出来，但是零电阻特性却是迈斯纳效应的必要条件。超导体的完全抗磁性是由其表面屏蔽电流产生的磁通密度在导体内部完全抵消了由外磁场引起的磁通密度，使其净磁通密度为零，它的状态是唯一确定的，从超导态到正常态的转变是可逆的。

利用迈斯纳效应，测量电感线圈中的一个样品在降温时内部磁通被排出的情况，也可确定样品的超导临界温度，称电感法。

用电阻法测 T_c 较简单，用得较多，但它要求样品有一定形状并能接上电引线，而且当样品材料内含有 T_c 不同的相时，只能测出其中能形成超导通路的临界温度最高的一个相的 T_c。用电感法测 T_c 可以弥补电阻法的不足。

3. 临界磁场 H_c

把一个磁场加到超导体上之后，一定数量的磁场能量用来建立屏蔽电流的磁场以抵消超导体的内部磁场。当磁场达到某一定值时，它在能量上更有利于使样品返回正常态，允许磁场穿透，即破坏了超导电性。如果超导体存在杂质和应力等，则在超导体不同处有不同的 H_c，因此转变将在一个很宽的磁场范围内完成，和定义 T_c 一样，通常我们把 $\rho = \rho_0/2$ 相应的磁场叫临界磁场。

临界磁场是每一个超导体的重要特性，实验还发现，存在着两类可区分的磁行为。在大多数情况下，对于一般的超导体来说，在 T_c 以下，临界磁场 $H_c(T)$ 随温度下降而增加，由实验拟合给出 $H_c(T)$ 与 T 的关系很好地遵循抛物线近似关系。

$$H_c(T) = H_c(0)\left[1 - (T/T_c)^2\right] \tag{4 – 3 – 2}$$

式中：$H_c(0)$ 是物质常数。此类超导体被称为第 I 类超导体，如图 4 – 3 – 4 所示。在远低于 T_c 的温区，它们的临界磁场 $H_c(T)$ 的典型数值为 100 Gs，因此又被称为软超导体。

对于第 II 类超导体来说，在超导态和正常态之间存在过渡的中间态，因此第 II 类超导体存在两个临界磁场 H_{c1} 和 H_{c2}，当 $H < H_{c1}$ 以前它具有和第 I 类超导体相同的迈斯纳态的磁矩；当 $H > H_{c1}$ 后，磁场将进入到超导体中，但这时体系仍具有无阻的能力，我们把这个开始进入第 II 类超导体的磁场 H_{c1} 叫下临界磁场。当 $H > H_{c1}$ 后，磁场进入到超导体中愈来愈多，同时伴随着超导态的比例愈来愈少，故磁化曲线随着 H 的增加磁矩缓慢减小直至为零，超导体完全恢复到正常态。我们把这个 H_{c2} 叫上临界磁场，在区域 $H_{c1} < H < H_{c2}$ 的状态称为混合态，如图 4 – 3 – 5 所示。第 II 类超导体的上临界磁场可高达 10 Gs，被称为硬超导体。

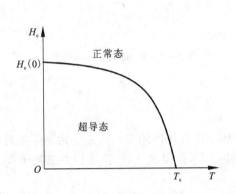

图 4 – 3 – 4　第 I 类超导体临界磁场随温度变化

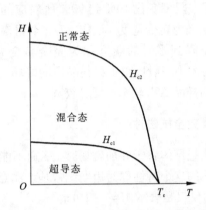

图 4 – 3 – 5　第 II 类超导体临界磁场随温度变化

4. 临界电流密度

实验发现当对超导体通以电流时，无阻的超流态要受到电流大小的限制，当电流达到某一临界值 I_c 后，超导体将恢复到正常态。对大多数超导金属元素正常态的恢复是突变的，我们称这个电流值为临界电流 I_c，相应的电流密度为临界电流密度 J_c。对超导合金、化合物及高温超导体，电阻的恢复不是突变的，而是随 I 增加渐变到正常电阻 R_0。

临界电流 I_c 与临界磁场强度 H_c 是相关的，外加磁场越强，临界电流就越小。临界磁场强度 H_c 有赖于温度，它随温度升高而减小，并在转变温度 T_c 时降为零，这意味着临界电流密度和温度有关，即它在较高温度下减小。

临界温度 T_c、临界电流密度 J_c 和临界磁场 H_c 是超导体的 3 个临界参数，这 3 个参数与物质的内部微观结构有关。在实验中要注意，要使超导体处于超导态，必须将其置于这 3 个临界值以下，只要其中任何一个条件被破坏，超导态都会被破坏。

二、高临界温度氧化物超导体

BCS 理论曾预言，超导临界温度的上限为 40 K 左右，但是一系列新的氧化物超导体的发现突破了这个估计。目前发现的这些高临界温度氧化物超导体基本上都属于某种具有钙钛矿结构的铜的氧化物。图 4 – 3 – 6 是 $Y_1Ba_2Ca_3O_{7-x}$ 的钙钛矿结构，它沿晶胞的 c 轴方向按 Ba – Y – Ba 的次序有序排列，一个晶胞中原则上能容纳 9 个氧原子，但实际上有 2 个氧原子空位，即一个晶胞中大约只有 7 个氧原子，晶胞因此发生畸变。晶胞中所容纳氧原子的数目受材料制备工艺条件的影响，它沿晶胞的 ab 面形成的 CuO_2 平面以及沿 b 轴形成的 $Cu-O$ 链，被认为是这种结构超导行为的起源。晶胞中的 Y 可以被 La、Sm、Nd 等稀土元素代替，Ba 可以被周期表中 Sr 等碱土金属元素代替。当前对新的氧化物超导电性机制有许多理论解释，但尚未最后统一。

近年来人们已经发现了多种高温超导体系，如 Y 系、Bi 系、Tl 系和 Hg 系，对于 Hg 系超导体，通式为 $HgBa_2Ca_{n-1}Cu_nO_{2n+2}$，当 $n=3$ 时称为 1223 相，T_c 约为 134 K，是目前 T_c 最高的超导体，加压 3×10^7 Pa 时，T_c 可达 160 K。在继续挖掘潜力，设法提高 T_c 的同时，人们还开展了多方面的研究，寻找新的组分和结构体系。

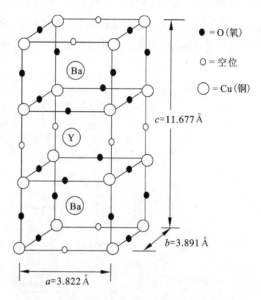

图 4 - 3 - 6　$Y_1Ba_2Ca_3O_{7-x}$ 的一个晶胞

（1）人造结构：采用原子层外延方法，按不同的结构单元 A 和 B，制造出人造构造 A_nB_m，从而大大扩展了新材料探索的范围。其中 A 代表超导结构单元，B 代表蓄电库单元，n 和 m 分别代表层数。目前已经实现的有（Bi2212）$_n$（Bi2201）$_m$ 等，其中 Bi2201 表示 $Bi_2Sr_2CuO_8$。

（2）化学设计及合成：将（CO_3）$^{2-}$，（SO_4）$^{2-}$，（PO_4）$^{3-}$，（BO_3）$^{3-}$ 离子团键合到高温超导铜氧化合物中形成新的材料，仍能得到较高的 T_c，说明这些离子团也可以起到载流子库的作用。

（3）无铜体系：如 R - T - B - C 的硼碳体系，R = 稀土元素，T = Ni，Pd，Pt 等，它们将给我们带来关于高温超导的新启示。5d 族元素 Ir 和 Rh 完全代替 Cu 的化合物也在探索中。

（4）A_3C_{60}（A = 碱金属）：它是超导家族中另一个"小成员"，T_c 虽然不是很高，但我们不应对其忽视。C_{60} 是由 60 个碳原子形成的足球状的单壳结构，这些小球密排成面心立方点阵，点阵的间隙中插入足量的碱金属，达到 A 与 C_{60} 之比为 3∶1 时，成为超导体。它的发现在超导研究中开辟了一个新天地，也使有机超导体的温度从 12 K 左右一下提高到 33 K 左右，这在有机超导体的研究方面也是一个巨大的飞跃。

 实验装置

1. 液氮容器

液氮容器采用真空夹层绝热杜瓦瓶。镀银层上留有透明缝隙，通过它可观察瓶内状况和液面高度。顶部法兰及盖板采用热导系数小的不锈钢制成。杜瓦瓶上端依靠箍紧的橡皮圈将它固定在法兰下部。各部件之间通过压紧橡皮圈保证气密，以便使整个系统可以减压。

2. 减压降温系统

本实验所用薄膜恒压器的结构如图 4-3-7 右部所示。采用 1 mm 厚的氯丁橡胶膜作为控制组件。上部空间通过阀 3 与杜瓦瓶相通，当液氮蒸气气压达到指定数值p_0时，关闭阀 3，这样上部空间的气压就保持在参考压强p_0，关闭阀 2，打开阀 1，恒压器就开始工作。如果杜瓦瓶中液氮蒸气气压$p > p_0$，橡皮膜向上鼓起而离开抽气口，液氮蒸汽可被抽走，p 下降。当 $p < p_0$，橡皮膜向下压，挡住抽气口，这时杜瓦瓶中液氮的自然蒸发将使蒸气气压 p 上升。就这样，杜瓦瓶内液氮的蒸气气压被控制在参考压强p_0。液氮的蒸气气压可用标准真空表读出。

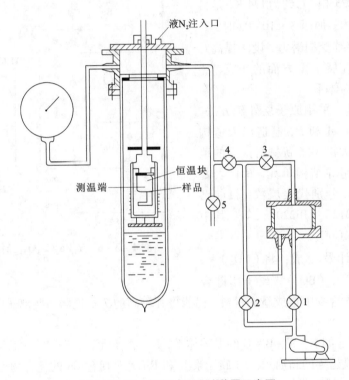

图 4-3-7　低温减压实验装置示意图

需要注意的是，要达到某一低于液氮沸点的温度，一定要从较高的温度逐渐趋近，不应减压降温过头。这是因为在减压中液氮是从表面蒸发的，表层温度首先降低，密度变大，通过对流液池的温度容易均匀。反之降温过头欲升温时，压力增加，表层温度先回升，密度较小的液氮由于没有对流而将停留在表面，而且液氮本身的热导系数又较低，所以液池温度也会在相当长时间内极不均匀。

3. 探头

测试探头包括样品架、初次级线圈、铂电阻温度计及引线板，这些元件都安装在均温块上（见图 4-3-8）。待测样品放在两线圈之间，并从样品上引出四根引线供电阻测量用。各种信号引入与取出均通过引线板经由不锈钢管接至外接仪器。为保证样品温度与温度计温度的一致性，温度计要与样品有良好的热接触，样品处有良好的温度均匀区。不锈钢套的作用是使样品与外部环境隔离，减小样品的温度波动。采用不锈钢管作为提拉杆及引线管可减小漏热对样品的影响，探头距液氮面的距离可通过机械传动装置改变，由此来控制降温速率。

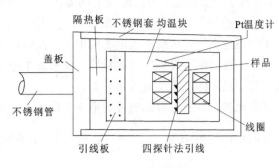

图4-3-8　测试探头

4. 其他仪器

（1）恒流源。

（2）函数发生器：提供原线圈信号。

（3）数字电压表：可测交流或直流电压信号。

实验内容与实验方法

一、T_c 的测量

超导体既具有完全导电性，又具有完全抗磁性，因此当超导材料发生正常态到超导态转变时，电阻消失并且磁通从体内排出，这种电磁性质的显著变化是检测临界温度 T_c 的基本依据。测量方法一般是使样品温度缓慢改变并监测样品电性或磁性的变化，利用此温度与电磁性的转变曲线而确定 T_c。通常分为电测量法——四引线法和磁测量法——电磁感应法。

1. 四引线法

由于氧化物超导样品的室温电阻通常只有 $10^{-1} \sim 10^{-2} \, \Omega$，而被测样品的电引线很细很长，而且被测样品的温度变化很大（300～77 K），这样引线电阻较大而且不稳定。另外，引线与样品的连接也不可避免出现接触电阻。为了避免引线电阻和接触电阻的影响，实验中采用四引线法，两根电源引线与恒流源相连，两根电压引线连至数字电压表，用来检测样品的电压。根据欧姆定律，即可得样品的电阻，由样品尺寸可算出电阻率，从测得的 $R-T$ 曲线可定出临界温度 T_c。

乱真电势的消除：用四点法测量样品在低温下的电阻时常会发现，即使没有电流流过样品，电压端也常能测量到几微伏至几十微伏的电压降，即热电势和接触电势等乱真电势。乱真电势对测量的影响很大，若不采取有效的测量方法予以消除，有时会将良好的超导样品误作非超导材料，造成错误的判断。

为消除乱真电势对测量电阻率的影响，通常采取下列措施：

（1）对于动态测量：应将样品制得薄而平坦。样品的电极引线尽量采用直径较细的导线，例如直径小于 0.1 mm 的铜线。电极引线与均温块之间要建立较好的热接触，以避免外界热量经电极引线流向样品。同时样品与均温块之间用导热良好的导电银浆粘接，以减少热弛豫带来的误差。另一方面，温度计的响应时间要尽可能小，与均温块的热接触要良好，测量中温度变化应该相对较缓慢。对于动态测量中电阻不能下降到零的样品，不能轻易得出该样品不超导的结论，而应该在液氮温度附近，通过后面所述的电流换向法或电流通断法检查。

（2）对于稳态测量：当恒温器上的温度计达到平衡值时，应观察样品两电压测量电极间的电压降及叠加的热电势值是否趋向稳定，稳定后可以采用如下方法。

①电流通断法：切断恒流电源的电流，此时电压电极间测量到的电压即是样品及引线的寄生电势，通电流后得到新的测量值，减去寄生电势即是真正的电压降。若通断电流时测量值无变化，表明样品已经进入超导态。

②电流换向法：将恒流电源的电流 I 反向，分别得到电压测量值 U_a、U_b，则超导材料电压测量电极间的电阻为 $\dfrac{U_a - U_b}{2I}$（自己推导）。本实验采用此法。

2. 电磁感应法

根据物理学的电磁感应原理，若有两个相邻的螺旋线圈，在一个线圈（称初级线圈）内通以频率 ω 的交流信号，则可在另一线圈（称次级线圈）内激励出同频率信号，此感应信号的强弱与频率 ω 有关，又与两线圈的互感 M 有关。对于一定结构的两线圈，其互感 M 与线圈的本身参数（如几何形状、大小、匝数）及线圈间的充填物的磁导率 μ 有关。若在线圈间均匀充满磁导率为 μ 的磁介质，则其互感会增大 μ 倍。按照法拉第定律，若初级线圈中通以频率为 ω 的正弦电流，则次级线圈中感应信号 U_{out} 的大小与 M 及 ω 成正比，若工作频率 ω 一定，则 U_{out} 与 M 成正比，根据式（4-3-3）可得出次级线圈中感应信号的变化与充填材料磁化率变化有关，即

$$M = \mu M_0 \qquad (4-3-3)$$

式中：M_0 为无磁介质时的互感系数。按照法拉第定律，若初级线圈中通以频率为 ω 的正弦电流，则次级线圈中感应信号 U_{out} 的大小与 M 及 ω 成正比，即

$$U_{out} = -\frac{d\Phi}{dt} = -M\frac{dI}{dt} = -M\omega\cos\omega t \qquad (4-3-4)$$

由上式可知，若工作频率 ω 一定，则 U_{out} 与 M 成正比，根据式（4-3-3）可得出次级线圈中感应信号的变化与充填材料磁化率变化有关，即

$$\Delta U_{out} \propto \Delta \mu \qquad (4-3-5)$$

高温超导材料在发生超导转变前可以认为是顺磁物质（$\mu = 1$），当转变为超导体后，则为完全抗磁体（$\mu = 0$）。如果在两线圈之间放入超导材料样品，当样品处于临界温度 T_c 时，样品的磁导率 μ 则在 1 和 0 之间变化，从而使 U_{out} 发生突变，如图4-3-9所示。因此测量不同温度 T 时的次级线圈信号 U_{out} 变化（即 $U-T$ 曲线）可以测定超导材料的临界温度 T_c。

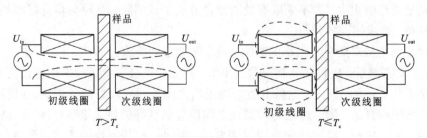

图4-3-9 电磁感应法测试原理（图中虚线为磁力线）

二、温度控制与测量

临界温度 T_c 的测量，主要包括温度控制、温度测量及正常态超导态转变的检出 3 部分，无论哪种测量方法，要想准确地测定 T_c，均离不开温度控制与测量。

1. 温度的控制

液氮的温度为 77.4 K，装在杜瓦瓶内，利用液面以上空间存在的温度梯度来取得所需温度是一种简便易行的控温方法。样品温度及降温速率的控制是靠在测量过程中改变探头在液氮容器内的位置来实现的，只要降温速率足够缓慢，就可认为在每一时刻都达到了温度的动态平衡。其优点是测量装置比较简单，不足之处是控温精度及温度均匀性不如定点测量法好。

2. 温度的测量

在低温物理实验中，温度的测量通常有以下 5 种温度计：气体温度计、蒸气气压温度计、电阻温度计、热电偶温度计和磁温度计。各种温度计的体积大小、适用温区、灵敏度、稳定度、冷热循环的复现性、价格、线性及磁场的影响等各不相同，可根据温区、稳定性及复现性等主要因素来选择适当的温度计。在氧化物超导体临界温度的测量中，一般采用电阻温度计，它简单、可靠、体积小而且易于安装及检测。我们实验中采用铂电阻温度计作为测温组件。电阻温度计是一种二次温度计，必须经过标定才能使用。表 4 − 3 − 1 给出了铂电阻温度计 R − T 数据，R 的单位为欧姆。为了使测量的温度能比较准确地反映样品的温度，在安装温度计时必须使温度计与样品间有良好的热接触。

表 4 − 3 − 1　铂电阻温度计 R − T 表

温度/℃	−0	−1	−2	−3	−4	−5	−6	−7	−8	−9
−250	2.51									
−240	4.26	4.03	3.81	3.60	3.40	3.21	3.04	2.88	2.74	2.61
−230	6.99	6.68	6.38	6.08	5.80	5.52	5.25	4.99	4.74	4.49
−220	10.49	10.11	9.74	9.37	9.01	8.65	8.33	7.96	7.63	7.31
−210	14.45	14.05	13.65	13.25	12.85	12.45	12.05	11.66	11.27	10.88
−200	18.49	18.07	17.65	17.24	16.84	16.44	16.04	15.61	15.24	14.84
−190	22.80	22.37	21.94	21.25	21.08	20.65	20.22	19.79	19.36	18.93
−180	27.08	26.65	26.23	25.80	25.37	24.94	24.52	24.09	23.66	23.23
−170	31.32	30.90	30.47	30.05	29.63	29.20	28.78	28.35	27.93	27.50
−160	35.53	35.11	34.69	34.27	33.85	33.43	33.01	32.59	32.16	31.74
−150	39.71	39.30	38.88	38.46	38.04	37.63	37.21	36.79	36.37	35.95
−140	43.87	43.45	43.04	42.63	42.21	41.79	41.38	40.96	40.55	40.13

续表 4 - 3 - 1

温度/℃	-0	-1	-2	-3	-4	-5	-6	-7	-8	-9
-130	48.00	47.59	47.18	46.76	46.35	45.94	45.52	45.11	44.70	44.28
-120	52.11	51.70	51.29	50.88	50.47	50.06	49.64	49.23	48.82	48.41
-110	56.19	55.78	55.38	54.97	54.56	54.15	53.74	53.33	52.92	52.52
-100	60.25	59.85	59.44	59.04	58.63	58.22	57.82	57.41	57.00	56.60
-90	64.30	63.90	63.49	63.09	62.68	62.28	61.87	61.47	61.06	60.66
-80	68.33	67.92	67.52	67.12	66.72	66.31	65.91	65.51	65.11	64.70
-70	72.33	71.93	71.53	71.13	70.73	70.33	69.93	69.53	69.13	68.73
-60	76.33	75.93	75.53	75.13	74.73	74.33	73.93	73.53	73.13	72.73
-50	80.31	79.91	79.51	79.11	78.72	78.32	77.92	77.52	77.13	76.73
-40	84.27	83.88	83.48	83.08	82.69	82.29	81.89	81.50	81.10	80.70
-30	88.22	87.83	87.43	87.04	86.64	86.25	85.85	85.46	85.06	84.67
-20	92.16	91.77	91.37	90.98	90.95	90.19	89.80	89.40	89.01	88.62
-10	96.09	95.69	95.30	94.91	94.52	94.12	93.73	93.34	92.95	92.55
0	100.00	99.61	99.22	98.83	98.44	98.04	97.65	97.26	96.87	96.48

若待测温度范围为 0 ~ 850℃ , 可按下式计算:

$$R_t = 100(1 + 3.90802 \times 10^{-3}t - 0.580195 \times 10^{-5}t^2) \tag{4-3-6}$$

三、减压降温技术

减压降温方法所依据的是化学纯物质的蒸气气压与温度之间的——对应关系(表 4 - 3 - 2),降低液面上的饱和蒸气气压,从而获得低于液体正常沸点的温度。

液氮的正常沸点(即标准大气压下的沸点)是 77.4 K,利用由机械泵、薄膜恒压器及相关的管道阀门组成的减压系统,可使杜瓦瓶内的蒸气气压降低,并稳定在某个值,液氮的温度随着蒸气气压的降低而下降,并达到稳定。

当蒸气气压降到 1.3×10^4 Pa,相应的平衡温度为 63.15 K 时,达到氮的三相点。这时部分液氮开始凝固,气、液、固三相共存。从杜瓦瓶外观察,液氮表面变得比较平静,只是在气泡冲出时才有晃动。

表 4 - 3 - 2   液氮的饱和蒸气气压与温度的对应关系

蒸气气压/×10⁴ Pa	温度/K	蒸气气压/×10⁴ Pa	温度/K	蒸气气压/×10⁴ Pa	温度/K
10.13	77.34	5.87	72.99	2.80	67.88
9.86	77.12	5.60	72.64	2.67	67.57
9.6	76.89	5.33	72.28	2.53	67.25

续表 4 – 3 – 2

蒸气气压/×10⁴ Pa	温度/K	蒸气气压/×10⁴ Pa	温度/K	蒸气气压/×10⁴ Pa	温度/K
9.33	76.85	5.06	71.91	2.40	66.91
9.06	76.41	4.80	71.52	2.27	66.56
8.8	76.17	4.53	71.12	2.13	66.19
8.53	75.92	4.27	70.69	2.00	65.81
8.26	75.66	4.00	70.24	1.87	65.40
8	75.39	3.87	70.01	1.73	64.97
7.73	75.12	3.73	69.77	1.60	64.51
7.46	74.84	3.60	69.53	1.47	64.02
7.2	74.56	3.47	69.27	1.33	63.49
6.93	74.26	3.33	69.01	1.25	63.15
6.6	73.96	3.20	68.74	1.20	62.94
6.4	73.65	3.07	68.47	1.07	62.39
6.13	73.32	2.93	68.18	0.93	61.77

表中所列蒸气气压是在 0℃和标准重力加速度 $g = 9.80665 \text{ m/s}^2$ 下的测量值。

四、实验内容

(1)用电阻法和电感法两种方法同时测出 Bi 系氧化物带材临界温度 T_c、ΔT_c 等值。

(2)利用减压降温技术,比较铂电阻温度计和蒸气气压温度计测量的结果。

(3)(选做)迈斯纳效应的观察:模拟磁悬浮列车的观察。

(4)(选做)用减压降温技术冷却样品,待其温度稳定后,测量其临界电流。

注意事项

(1)安放或提拉测试探头时,必须十分仔细并注意探头在液氮中位置,防止滑落。

(2)在液氮正常沸点以上测量时,必须打开充气阀 5,绝不能完全封死。否则,由于不可避免的外界漏热使液氮逐渐汽化,容器内压力就会越来越高,最后造成损坏甚至爆炸。实验完毕一定要把阀 5 打开。

(3)避免玻璃杜瓦瓶骤冷或被尖角划伤,否则容易炸裂。保护好杜瓦瓶底部的真空封口。

(4)不要让液氮接触皮肤,以免造成冻伤。

(5)减压降温过程中改变蒸气气压时,以及最后停机械泵时,阀 3 必须打开。

(6)氧化物超导体对氧含量极为敏感,因此在测量过程中注意不能让样品在低于 0℃状态下暴露在大气中,测量完毕后样品要注意干燥保存。

预习要求

（1）学习超导基础知识。

（2）熟悉低温技术。

 思考题

（1）为什么采用四引线法可避免引线电阻和接触电阻的影响？

（2）采用电磁感应法测定 T_c 时，当样品转变为超导态后次级线圈信号为什么仍不为零？

（3）试比较四引线法与电磁感应法的优缺点。

（4）用四引线法测量 T_c 时，常采用电流换向法消除乱真电势，试分析产生乱真电势原因及消除原理。

（5）在零电阻实验中，如果测量信号太小，能否用增大电流的方法来增大测量的信号？

 参考文献

何元金，马兴坤. 近代物理实验［M］. 北京：清华大学出版社，2003.

第5章

辐射与等离子实验

实验5.1　热辐射与红外扫描成像

 实验背景

物体因温度而辐射能量的现象叫作热辐射。热辐射是自然界中普遍存在的现象。实验表明，一切物体，只要其温度高于绝对零度（－273.15℃）都将产生热辐射。热辐射的光谱范围几乎涵盖整个电磁波谱，其强度跟辐射源的温度以及所观察的光谱范围有关。红外辐射的物理本质就是热辐射。在我们日常生活的温度范围内（20℃左右），热辐射主要集中在 8～14 μm 这个长波红外波段。

红外成像仪是利用光电设备来检测和测量红外辐射并在红外辐射与表面温度之间建立相互联系的一种器件。通俗地讲红外成像仪就是将物体发出的不可见红外辐射转变为可见的热图像（图5－1－1）。所获得的"热图"上面的不同颜色代表被测物体的不同温度。红外热成像技术为我们打开了一扇窗，让我们从不同的角度看世界。不同于我们肉眼看到的颜色和形

(a) 可见光图片

(b) 红外热图像

图5－1－1　可见光图片与红外热图像

状，我们可以通过红外成像设备"看到"温度分布，更准确地说，是有效的热辐射分布。目前，红外探测技术的发展使红外热成像被广泛应用于国防、科研以及工农业生产等各个领域，众所周知的应用包括遥感、夜视、非接触式温度测量等。

 实验目的

(1) 学习热辐射的基本理论知识，复习黑体辐射定律。

(2) 研究辐射体温度与物体红外辐射能力的关系。

(3) 研究物体表面状况对比发射率及物体红外辐射能力的影响，理解比发射率对红外测温及成像的重要影响。

(4) 了解红外辐射在大气中的传输。测量并记录物体辐射照度 E 与测试点到辐射体距离 s 的关系，并绘制 $E - s^2$ 关系曲线。

(5) 依据维恩位移定律，测绘物体辐射出射度与波长的关系图。

(6) 了解红外成像原理，根据热辐射原理测量发热物体温度分布。

 实验原理

1. 热辐射及红外成像

任何温度高于绝对零度的物体，都会向周围空间辐射出电磁波。物体因温度而辐射能量的现象叫作热辐射。热辐射的微观机制是粒子在振荡中释放的能量产生热辐射，这种振荡本身是由物质的温度引起的。气体、液体或固体之间产生的热辐射是有区别的。对于气体，热辐射是体积的，即气体中的颗粒对热发射做出贡献，而对于固体和液体，这一现象是表面现象。也就是说对于固体或者液体，所讨论的热辐射将限定为表面热辐射。

热量传递有三种方式：热传导、热对流和热辐射。其中只有热辐射不需要任何介质就可以进行传输。实际上有两种方法可以解释热辐射的传输。一种方法是考虑光子发射。光子是静止时质量为零的能量粒子，具有被称为量子的离散能量。另一种方法是考虑具有特定频率和能量的电磁波。事实上，这两个概念是相互关联的，因为对于给定的波长 λ，由物质内部粒子的振荡所释放的能量 W 可以写作：

$$W = \frac{hc}{\lambda} = h\nu \tag{5-1-1}$$

式中：h 是普朗克常量；c 是光速；ν 是频率。

1800 年，英国的天文学家 William Herschel 用分光棱镜将太阳光分解成从红色到紫色的单色光，依次测量不同颜色光的热效应。他发现，当水银温度计移到红色光边界以外，人眼看不见任何光线的黑暗区的时候，温度反而比红光区更高。反复试验证明，在红光外侧，确实存在一种人眼看不见的"热线"，后称为"红外线"，也就是"红外辐射"。图 5-1-2 显示的是电磁波谱。红外辐射的波长比可见光中的红光更长，红外光谱又被细分为五种，即近红外（波长范围：$0.8 \sim 1.7\ \mu m$）、短波红外（波长范围：$1.0 \sim 2.5\ \mu m$）、中波红外（波长范围：$3 \sim 5\ \mu m$）、长波红外（波长范围：$8 \sim 14\ \mu m$）和远红外（波长范围：$15 \sim 100\ \mu m$）。我们知道大气的消光作用与波长相关,且有明显的选择性,除可见光波段(0.4~0.7 μm)外,还在诸多波段具有较大的透射比,犹如光谱波段上辐射透射的窗口,故称"大气窗口"。常见的大气窗口如图5-1-3所示。这也解释了为什么我们常常使用3~5 μm(中波红外)和8~14 μm(长波红外)这些波段来进行红外成像。

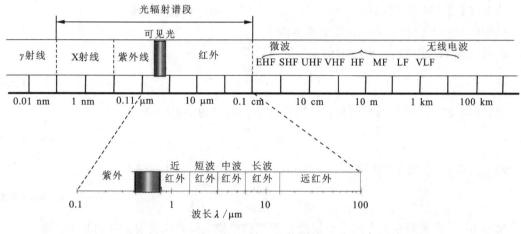

图 5 – 1 – 2　电磁波谱

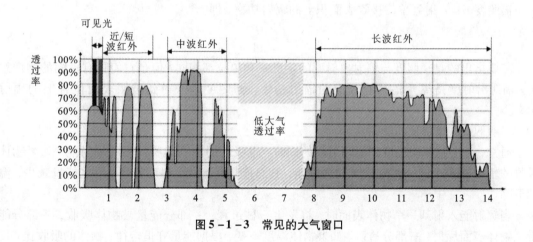

图 5 – 1 – 3　常见的大气窗口

2. 黑体的红外辐射规律

自然界中存在的任何物体对于不同波长的入射辐射(包括红外辐射)都有一定的反射(吸收率不等于1)。我们在研究物体的辐射规律时,普遍先从一种简单的模型——黑体入手。我们设想有一物体,它能够在任何温度下吸收一切外来的电磁辐射,这种物体称之为绝对黑体,简称黑体。在自然界中并不存在绝对黑体,实验室中常用人工制作的带孔空腔来近似绝对黑体,所需要满足的条件是:①腔壁近似等温;②开孔面积远小于腔体表面积。黑体作为一种理想化的物理模型,就有很多独特的特性:能够在任何温度下全部吸收所有波长的辐射能量，与入射波的波长和入射方向无关；在任何温度下，黑体单位面积都能发出最大的辐射通量，其发射与方向无关，黑体是一个漫射体。

人工黑体在红外成像中非常重要，红外测温以及红外成像的标准化检定法都是采用人工黑体。黑体热辐射的基本规律是红外测温或红外成像领域中许多理论研究和技术应用的基础。实际上，黑体辐射定律也揭示了红外热辐射随温度及波长变化的定量关系。

接下来我们回顾理想辐射体——黑体的一些基本知识和重要定律。

首先回顾一下辐射度学里的几个基本概念。

辐射功率 P：单位时间内传递的辐射能 W，即

$$P = \frac{dW}{dt} \quad\quad (5-1-2)$$

辐射出射度 M：单位面积的辐射源向半球空间发射的辐射功率，即

$$M = \frac{dP}{dA} \quad\quad (5-1-3)$$

辐射强度 I：点源在某方向单位立体角内 Ω 发射的辐射功率，即

$$I = \frac{dP}{d\Omega}\bigg|_\theta \quad\quad (5-1-4)$$

辐亮度 L：扩展源在某方向上单位投影面积和单位立体角内发射的辐射功率，即

$$L = \frac{\partial^2 P}{\partial A_\theta \partial \Omega}\bigg|_\theta \quad\quad (5-1-5)$$

辐照度 E：入射到单位接收表面积上的辐射功率，即：

$$E = \frac{dP}{dA} \quad\quad (5-1-6)$$

需要指出的是辐照度与辐射出射度的定义式和单位都相同，但是它们具有不同的物理意义。辐射出射度是离开辐射源表面的辐射功率，而照度是入射到被照表面位置上的辐射功率。

1）吸收比、反射比与透射比

通常，一个物体向周围发射辐射能的同时，也吸收周围物体所放出的辐射能。如果物体吸收的辐射能多于同一时间放出的辐射能，其总能量将增加，温度升高；反之能量减少，温度下降。

当辐射能入射到一个物体表面时，将发生三种过程：一部分能量被物体吸收，一部分能量从物体表面反射，一部分透射。如果物体温度不变，根据能量守恒定律，物体的吸收比、反射比和透射比之和为 1，即：

$$\alpha + \rho + \tau = 1 \quad\quad (5-1-7)$$

需要指出的是物体的吸收、反射和透射本领除了与物体的性质(材料种类、表面状态及均匀性)有关，还跟物体温度以及入射辐射波长有关。

2）基尔霍夫定律

物体的辐射出射度 M 和吸收率 α 的比值 M/α 与物体的性质无关，都等同于在同一温度下的绝对黑体的辐射出射度 M_B，这就是著名的基尔霍夫定律。

$$\frac{M_1}{\alpha_1} = \frac{M_2}{\alpha_2} = \cdots = M_B = f(T) \quad\quad (5-1-8)$$

基尔霍夫定律是一切物体热辐射的普遍定律。该定律不仅对所有波长的全辐射(或称总辐射)而言是正确的,而且对任意单色波长 λ 也是正确的。该定律表明,吸收本领大的物体,其发射本领也大,如果物体不能发射某波长的辐射能,则它也不能吸收该波长的辐射能,反之亦然。绝对黑体对于任何波长发出或者吸收的辐射能都比同温度下的其他物体要多。

3)普朗克辐射定律

19 世纪,由于冶金以及照明设备制造等的需要,人们急需找到黑体辐射强度和辐射频率的关系。1889 年卢默与鲁本斯通过研究空腔辐射得出了黑体辐射光谱的实验数据。但是,单使用实验数据找对应点的方法十分不便,于是,人们开始了寻找一般的公式。1893 年维恩从热力学理论出发,在分析了实验数据之后,得到了一个半经验公式,这就是维恩公式,该公式在短波波段与实验数据符合得很好,但是在长波波段与实验有明显的偏离。1900 年,瑞利根据经典统计力学推出了一个公式,1905 年,金斯修正了瑞利辐射公式中的一个数值错误,此后,此公式被称为瑞利-金斯定律。该公式在长波或高温情况下,同实验结果相符,但是在短波范围,能量迅速单调上升,趋向于无穷大,与实验数据无法吻合。瑞利-金斯公式的这一严重缺陷在物理学史上称作"紫外灾难",它深刻揭露了经典物理的困难,从而对辐射理论和近代物理学的发展起到了重要的推动作用。

普朗克使用插值法将维恩公式和瑞利-金斯公式化成了一条公式也即普朗克公式,并为了解释这个半经验公式对黑体辐射能量作了如下两点假设:

①黑体是由无穷多个各种固有频率的简谐振子构成的发射体,而每个频率的简谐振子的能量只能取最小能量 $E = h\nu$ 的整数倍:E, $2E$, $3E$, $\cdots$, nE,其中 h 为普朗克常量,ν 是简谐子的频率。

②简谐振子不能连续地发射或吸收能量,只能以 $E = h\nu$ 为单位跳跃式进行,因此简谐振子只能从一个能级跃迁到另一个能级,而不能处于两个能级间的某一能量状态,简谐振子跃迁时,伴随着辐射的发射或吸收。

根据普朗克量子假说,以及热平衡时简谐振子能量分布满足麦克斯韦-玻尔兹曼统计,可以推导出描述黑体辐射出射度随波长和温度变化的函数关系,即普朗克公式:

$$M_B(\lambda, T) = \frac{c_1}{\lambda^5 [\exp(c_2/\lambda T) - 1]} \qquad (5-1-9)$$

式中:第一辐射常数 $c_1 = 2\pi hc^2 = 3.7415 \times 10^{-16} \text{ W} \cdot \text{m}^2$;$c$ 为光速;h 为普朗克常量;第二辐射常数 $c_2 = hc/k = 1.4388 \times 10^{-2} \text{ m} \cdot \text{K}$;$k$ 为玻尔兹曼常量。辐射能量按波长分布的实验结果(圆点)和计算曲线结果如图 5-1-4 所示。

一般来说,面辐射源的发射功率与方向有关,并非均匀分布。但是对于某些面辐射源,其辐射强度与方向无关,是一个常数。这种辐射源称为漫辐射源或朗伯体,黑体就是理想的朗伯体。朗伯体的辐射亮度 L 与辐射出射度 M 有如下的关系:

$$L = \frac{M}{\pi} \qquad (5-1-10)$$

所以,黑体光谱辐射亮度由下式给出:

$$L_{\lambda, T} = \frac{M_B(\lambda, T)}{\pi} = \frac{c_1}{\pi \lambda^5 [\exp(c_2/\lambda T) - 1]} \qquad (5-1-11)$$

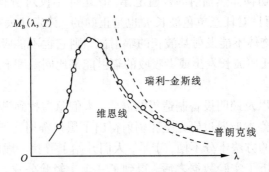

图 5 - 1 - 4　辐射能量按波长分布的实验结果(圆点)和计算曲线结果

普朗克定律描述了黑体辐射的光谱分布规律,是黑体辐射理论的基础。图 5 - 1 - 5 为根据普朗克公式得出的数据绘制于双对数坐标中,200 K 到 6000 K 黑体的光谱曲线。

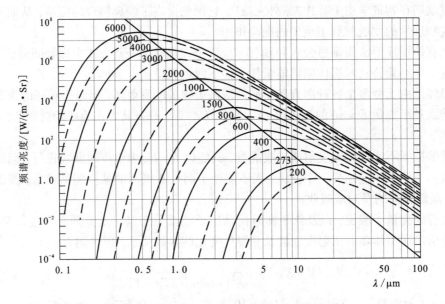

图 5 - 1 - 5　黑体的频谱亮度随波长的变化曲线

4)斯特藩 - 玻尔兹曼定律

在全波长内,对普朗克公式积分得到黑体辐射出射度的斯特藩 - 玻尔兹曼定律:

$$M_B(T) = \int_0^\infty M_B(\lambda, T)\mathrm{d}\lambda = \sigma T^4 \qquad (5 - 1 - 12)$$

式中:$\sigma = c_1\pi^4/15c_2^4 = 5.669 \times 10^{-8}$ W·m^{-2}·K^{-4},称为斯特藩 - 玻尔兹曼常量。

斯特藩 - 玻尔兹曼定律表明,黑体在单位面积上,单位时间内辐射的总能量与黑体的温度 T 的四次方成正比。而本实验的目的之一,就是要我们验证温度和辐射出射度的这种关系。

5)维恩位移定律

利用极值条件 $\dfrac{\partial M_B(\lambda, T)}{\partial \lambda} = 0$,得到峰值波长 λ_m 满足维恩位移定律:

$$\lambda_m T = b \tag{5-1-13}$$

式中：常数 $b = c_2/4.9651 = 2898\ \mu m \cdot K$。维恩位移定律指出，当黑体的温度升高时，其光谱辐射的峰值波长向短波方向移动，由图 5-1-5 也可以观察到该结论。

6）最大辐射定律

将峰值波长 λ_m 代入普朗克公式，得到黑体辐射的最大辐射出射度 M_{Bm} 为：

$$M_{Bm} = M_B(\lambda_m,\ T) = BT^5 \tag{5-1-14}$$

式中：$B = c_1 b^{-5}/(e^{c_2/b} - 1) = 1.2862 \times 10^{-11}\ W \cdot m^{-2} \cdot \mu m^{-1} \cdot K^{-5}$。最大辐射定律指出，一定温度下，黑体最大辐射出射度与温度的五次方成正比。

7）非黑体及比发射率

如前所述，自然界中并不存在绝对的黑体，实际中红外测温或者成像的对象都不是绝对黑体。为了描述非黑体的辐射，引入比发射率的概念，用 ε 表示。比发射率的定义为，在相同温度下，辐射体的光谱辐射出射度与黑体的光谱辐射出射度之比。ε 与辐射体的表面性质有关，数值在 $0 \sim 1$ 之间变化。按照 ε 的不同，一般将辐射体分为三类。

①黑体，$\varepsilon = 1$。

②灰体，$\varepsilon < 1$，与波长无关，光谱辐射曲线与黑体辐射曲线的形状类似。

③选择体，$\varepsilon < 1$，随波长和温度而变化。

表 5-1-1 列出了常见材料及物体的比发射率。它们都低于黑体辐射的发射率，抛光的铝的比发射率只有 0.05，这对红外成像来说非常不利。而人体皮肤的比发射率有 0.98，接近黑体，所以利用红外进行测温或者成像都有非常好的效果。COVID-19 疫情期间，红外点温仪以及红外热成像系统能有效地从目标人群中识别出体温异常者，成为抗击疫情的重要工具。

表 5-1-1　一些常见材料及物体的比发射率

材料	温度/℃	ε	材料	温度/℃	ε
毛面铝	26	0.55	平滑的冰	20	0.92
抛光铝	20	0.05	黄土	20	0.85
氧化的铁面	125~525	0.78~0.82	雪	-10	0.85
磨光的钢板	940~1100	0.55~0.61	皮肤/人体	32	0.98
无光泽黄铜板	50~350	0.22	水	0~100	0.95~0.96
非常纯的水银	0~100	0.09~0.12	毛面红砖	20	0.93
混凝土	20	0.92	无光黑漆	40~95	0.96~0.98
干的土壤	20	0.90	白色瓷漆	23	0.90

对于非黑体，黑体辐射定律也是适用的，但是要考虑到比发射率的影响，普朗克公式需

要乘上一个比发射率 ε。

8）红外辐射在大气中的传输规律

我们知道，许多物理量都与距离 r 的反平方成正比。现代物理学认为，这很大程度上是由空间的几何结构决定的。以天体辐射为例，如果距离 r 的指数比 2 大或者比 2 小，就会影响太阳的辐射场，使地球温度过低或者过高，从而不适合碳基生命形式的存在。那么热源的辐射量与距离的关系是否也遵循这一规律呢？对于球形均值热源和各种不同形状、不同材料构成的热源的辐射量在空气中的衰减规律及其分布是否都遵循反平方定律呢？

我们已知辐射出射度 M 是单位面积的辐射源向半球空间发射的辐射功率，即 $M = \mathrm{d}P/\mathrm{d}A$，辐射强度 I 是点源在某方向单位立体角内发射的辐射功率，即 $I = \mathrm{d}P/\mathrm{d}\Omega$，面积微元 $\mathrm{d}A$ 与立体角微元 $\mathrm{d}\Omega$ 有关系：$\mathrm{d}A = r^2 \mathrm{d}\Omega$，所以距辐射源 r 处的辐射出射度 M 与辐射照度 I 的关系为：

$$M = \frac{I}{r^2} \qquad\qquad (5-1-15)$$

如果光源的辐射功率恒定，那么辐射强度 I 为常量，就可以得到辐射出射度 M 与距离 r 的二次方成反比的结论。辐射传感器测量的是传感器所在位置单位面积的辐射功率，即辐射照度 E，当辐射强度 I 为常量时，我们可以得到 $E \propto r^{-2}$ 的结论。该结论将在本实验中得到验证。

4. 红外扫描成像

红外成像技术作为军事工业中的"顶尖技术"，在国防中已用到目标跟踪、武器制导、夜间侦察等各个方面。红外成像技术在医疗诊断上作用也非同寻常，它可以和 B 超、CT、X 光等仪器相媲美，并互为补充，特别是它的无损伤的探测，对人体不会造成任何损害，而且操作简捷、方便，可以作为普查筛选之用。

红外热成像器件反映了一个国家在光电子器件研制方面，包括材料、器件制作等方面的能力和水平。中国的红外线技术起步于 1985 年，现与西方相比有 10 年左右差距，红外影像技术更有 15 年左右的差距。中国在近红外和中红外技术的研究应用已有较高水准，其中单元及多元近红外和中红外光敏元件的生产技术比较成熟，已广泛在中国三军中推广应用。

红外热像仪利用红外光学成像系统，接受被测目标的红外辐射能量分布，将其反映到红外探测器的光敏元上。根据红外探测器的原理，热成像系统可以分为制冷型和非制冷型。按照成像方式，红外热成像系统可分为光机扫描型和凝视型。光机扫描型热成像仪是在光学系统和红外探测器之间，有一个光机扫描机构，使单元或者多元探测器依次扫描景物视场，形成景物的二维图像。而凝视型焦平面热成像系统取消了光机扫描系统，同时探测器前置放大电路与探测器合一，集成在位于光学系统焦平面的探测器阵列上，这也是所谓"焦平面"的含义。光机扫描型热成像系统由于存在光机扫描，系统结构复杂、体积较大，但由于对探测器性能的要求相对较低，技术难度相对较低，成为 20 世纪 70 年代以后国际上主要的实用热成像类型，目前仍有一些重要的应用。近些年，凝视型焦平面热成像技术发展非常迅速，大阵列制冷型和非制冷型探测器均取得了重要突破，形成了系列化的产品。

1）红外传感器

无论是光机扫描型还是凝视型热成像仪，红外传感器都是红外热成像仪的核心部件。目前较为常见的红外传感器按工作机理可分为光子型传感器和热传感器,光子型传感器包括光电导传感器和光伏传感器。光子型传感器是利用某些固体受到红外辐射照射后,其中的电子直接吸收红外辐射光子能量而发生运动状态的改变,从而导致该固体的某种电学参量改变,这种电学性质的改变统称为固体的光电效应。而利用光电效应制成的红外探测器称为光子探测器或光电探测器,这类探测器依赖内部电子直接吸收红外辐射,不需要经过加热物体的过程,因此反应时间快,具有较高的响应频率,单探测波段较窄,一般需要在低温下工作。热传感器是利用材料吸收红外辐射后产生温升,而发生某些物理及电学性质的变化,如产生温差电动势、电阻率变化、自发极化强度变化、气体体积和压强变化等。通过测量自发电极化强度的变化来获得红外辐射功率的热传感器称为热释电传感器。该类传感器只能在动态热源的照耀下才会产生,故需用斩波器(辐射调制器)把来自待测目标的辐射调制成交变的辐射光,然后再通过热释电传感器才可用于静态辐射源的测量。

本实验平台的红外传感器选用的是微测辐射热计(Microbolometer),无须制冷或斩波,具有成本低、结构简单、操作方便等优点。微测辐射热计一般是在硅片上采用淀积技术,用 Si_3N_4 支撑有高电阻温度系数和高电阻率的热敏电阻材料 VO_2 或多晶硅做成微桥结构的器件(单片式焦平面阵列),如图 5-1-6 所示。在桥面下的衬底上镀一层金属铝膜,用于反射桥面上透射的红外线,从而提高热辐射吸收效率。电学通道用于铺设读出校正电路。热敏电阻材料 VO_2 接收热辐射引起温度变化而改变阻值,这样微测辐射热计将感应到的热辐射力转化为与之成正比的电压值,故可用此电压值等效替代红外辐射照度,即传感器单位面积的接收的辐射功率。与热释电非制冷平面阵列比较,微测辐射热计可以采用硅集成工艺,制造成本低廉,有好的线性响应和高的动态范围,像元间有好的绝缘和低的串音及图像模糊,低噪声以及高的帧速和潜在高灵敏度(理论上可达 0.01 K)。此类技术在 20 世纪 90 年代发展神速,成为热点。

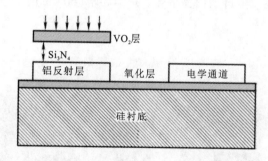

图 5-1-6　微测辐射热计的双层结构

2)红外光机扫描成像

本实验用到了光机扫描红外成像技术。下面简要介绍光机扫描型红外热成像仪。光机扫描型红外热成像仪主要是由探测器(红外传感器)、光学成像系统、光机扫描系统、电子信号处理和显示系统组成。图 5-1-7 为光机扫描型热成像系统方框图。在光学成像系统和红外探测器之间的光机扫描机构(焦平面热像仪无此机构)对被测物体的红外热像进行扫描,并聚焦在单元或分光探测器上,由探测器将红外辐射能转换成电信号,经放大处理、转换成标准视频信号通过电视屏或监测器显示红外热像图。这种热像图与物体表面的热分布场相对应。

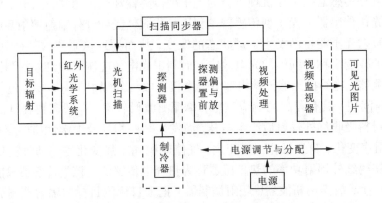

图 5 – 1 – 7　光机扫描型热成像系统方框图

光机扫描机构的收集系统对目标空间形成一个很小的角度,即瞬时视场角,在瞬时视场内的目标辐射能由旋转棱镜反射到反射镜组,经其反射,聚焦在分光器上,经分光器分光后分别照射到相应的探测器单元上。探测器将辐射能转变为视频信号,通过隔直流电路把背景辐射从场景电信号中消除,以获得对比度良好的热图像。由于光学扫描系统的瞬时视场角很小,可以认为扫描镜只收集点的辐射能量,利用本身的旋转或摆动形成一维线性扫描,加上平台移动,实现对成像目标扫描,达到收集目标辐射的目的。

实验装置

如图 5 – 1 – 8 所示,实验系统主要包括 DHRH – 1 测试仪、黑体辐射测试架、红外成像测试架、红外热辐射传感器、半自动扫描平台、光学导轨(60 cm)、计算机软件以及专用连接线等。

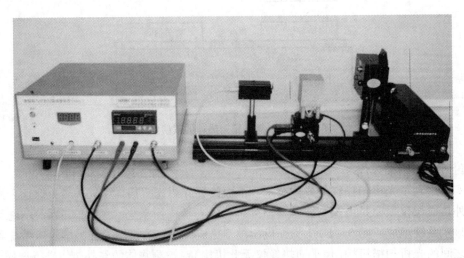

图 5 – 1 – 8　实验装置图

实验内容与实验方法

1. 研究物体温度与物体辐射能力的关系

(1)将黑体热辐射测试架、红外传感器安装在光学导轨上,调整红外热辐射传感器的高度,使其正对模拟黑体(辐射体)中心,然后再调整黑体辐射测试架和红外热辐射传感器的距离,调整为一较合适的距离并通过光具座上的紧固螺丝锁紧。

(2)将黑体热辐射测试架上的加热电流输入端口和控温传感器端口分别通过专用连接线和 DHRH - 1 测试仪面板上的相应端口相连;用专用连接线将红外传感器和 DHRH - 1 面板上的专用接口相连;检查连线是否无误,确认无误后,开通电源,对辐射体进行加热。

(3)记录不同温度时的辐射照度,填入表 5 - 1 - 2 中,并绘制温度 - 辐射照度曲线图。

表 5 - 1 - 2　黑体温度与辐射照度记录表

温度 $T/℃$	20	25	30	...	80
辐射照度 E/V					

注:本实验可以动态测量,也可以静态测量。静态测量时要设定不同的控制温度,具体如何设置温度见控温表说明书。静态测量时,由于控温需要时间,用时较长,故做此实验时建议采用动态测量。

2. 研究物体表面状况对辐射照度的影响

将红外辐射传感器移开,控温表设置在 60℃,待温度控制好后,将红外辐射传感器移至靠近辐射体处,转动辐射体(辐射体较热,请戴上手套进行旋转,以免烫伤)测量不同辐射表面上的辐射照度(实验时,保证红外辐射传感器与待测辐射面距离相同,以便于分析和比较),数据记录在表 5 - 1 - 3 中。

表 5 - 1 - 3　黑体表面状况与辐射照度记录表

黑体面	黑面	粗糙面	光面 1	光面 2(带孔)
辐射照度 E/V				

在实验前,认真阅读实验教材,深刻了解实验原理;阅读仪器电子版说明资料和软件操作说明,了解仪器构成、各部分的功能、操作方法。在此基础上,根据实验内容和要求制定测量方法,选定合理的实验参数,拟定实验步骤,并在实验过程中不断完善实验步骤。

3. 探究红外传感器测量的辐射照度与距离的关系

(1)将黑体热辐射测试架紧固在光学导轨左端某处，红外传感器探头紧贴对准辐射体中心，稍微调整辐射体和红外传感器的位置，直至红外辐射传感器底座上的刻线对准光学导轨标尺上的一整刻度，并以此刻度为两者之间距离零点。

(2)将红外传感器移至导轨另一端，并将辐射体的黑面转动到正对红外传感器。

(3)将控温表设置在80℃，待温度控制稳定后，移动红外传感器的位置，每移动一定的距离后，记录测得的辐射照度，并记录在表5-1-4中，绘制辐射照度-距离图以及辐射照度-距离的平方图，即 $E-s$ 和 $E-s^2$ 图。

表5-1-4　黑体红外辐射与距离关系记录表

距离 s/mm	400	380	...	0
辐射照度 E/V				

(4)分析绘制的图形，你能从中得出什么结论？辐射传感器测量的是辐射出射度 M。如果辐射体的辐射功率恒定，是否可以得到辐射出射量与距离的二次方成反比的结论？

4. 描绘辐射照度与波长的关系，验证维恩位移定律

(1)按实验1，测量不同温度时，红外传感器测得的辐射照度和辐射体温度的关系并记录。

(2)根据维恩位移定律，求出不同温度对应的最大辐射波长 λ_m。

(3)根据不同温度下的辐射照度和对应的 λ_m，描绘 $E-\lambda_\text{m}$ 曲线图。

(4)分析所描绘图形，并说明原因。

*5. 测量不同物体的红外防辐射能力（选做）

(1)分别测量在辐射体和红外辐射传感器之间放入物体板之前和之后，红外辐射出射度的变化。

(2)放入不同的物体板时，测量的辐射照度有何变化？分析原因，你能得出哪些物质的红外防辐射能力较好？从中你可以得到什么启发？

注：可比较玻璃和纸的防红外辐射能力。

6. 红外成像实验（使用计算机）

(1)将红外成像测试架放置在导轨左边，半自动扫描平台放置在导轨右边，将红外成像测试架上的加热输入端口和传感器端口分别通过专用连线同测试仪面板上的相应端口相连；将红外传感器安装在半自动扫描平台上，并用专用连接线将红外辐射传感器和面板上的输入接口相连，用USB连接线将测试仪与电脑连接起来，如图5-1-9所示。

(2)将一红外成像体放置在红外成像测试架上，设定温度控制器控温温度为60℃或70℃等，检查连线是否无误；确认无误后，开通电源，对红外成像体进行加热。

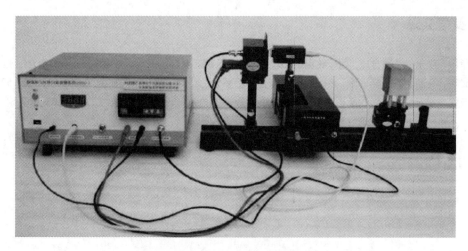

图 5 - 1 - 9　红外成像实验装置图

(3)温度控制稳定后,将红外成像测试架向半自动扫描平台移近,使成像物体尽可能接近热辐射传感器(不能紧贴,防止高温烫坏传感器测试面板)。

(4)启动扫描电机,开启采集器,采集成像物体横向辐射强度数据;手动调节红外成像测试架的纵向位置(每次向上移动相同坐标距离,调节杆上有刻度),再次开启电机,采集成像物体横向辐射强度数据;电脑上将会显示全部的采集数据点以及成像图,软件具体操作详见软件界面上的帮助文档。

注意事项

(1)实验过程中,当辐射体温度很高时,禁止触摸辐射体,以免烫伤。

(2)测量不同辐射表面对辐射强度影响时,辐射温度不要设置太高,转动辐射体时,应戴手套。

(3)实验过程中,计算机在采集数据时不要触摸测试架,以免造成对传感器的干扰。

(4)辐射体的光面 1 光洁度较高,应避免受损。

预习要求

(1)复习黑体辐射的相关定律。

(2)了解红外热成像的基本原理。

思考题

(1)温度相同的物体,其辐射能力是否相同?

(2)利用红外温度计测量一块抛光铝板的温度,能否得到比较准确的结果,为什么?

(3)为什么目前常用的红外热成像仪只有中波红外热像仪和长波红外热像仪?

参考文献

[1] 邓泽微,熊永红,邱自成,等. 热辐射扫描成像系统的实验研究[J]. 大学物理实验,2005(01):1-4.

[2] 贾斐霖,高丽丽,刘晓,等. 热辐射研究综合实验平台的设计[J]. 大学物理,2012,31(09):57-60.

[3] 杨东侠,刘安平,欧琪,等. 关于热辐射强度与距离的关系讨论[J]. 物理与工程,2019,29(S1):1.

实验 5.2　微波系统中电压驻波比的测量

 实验背景

1933 年人们在实验中发现空心金属管可以用来传输能量。二战期间，微波技术得到空前发展，其重要标志是雷达的发明。微波工程设计中，很多复杂情况最终要通过微波测量来解决。微波在波导中传播，有行驻波、行波和驻波 3 种状态，不同工作状态在于终端负载的不同情况，测量驻波比成为一种重要的手段。由于微波的波长很短，传输线上的电压、电流既是时间的函数，又是位置的函数，使得电磁场的能量分布于整个微波电路而形成"分布参数"，导致微波的传输与普通无线电波完全不同。此外微波系统的测量参量是功率、波长和驻波参量，这也是和低频电路不同的。

 实验目的

(1)了解波导测量系统，熟悉基本微波元件的作用。
(2)掌握驻波测量线的正确使用方法和用驻波测量线校准晶体检波器特性的方法。
(3)掌握大、中、小电压驻波系数的测量原理和方法。

 实验原理

探测微波传输系统中电磁场分布情况，测量驻波比、阻抗，调匹配等，是微波测量的重要工作。测量所用基本仪器是驻波测量线(见图 5 - 2 - 1)。

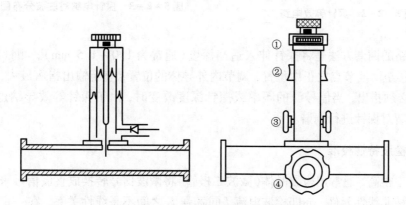

图 5 - 2 - 1　驻波测量线结构外形图
①探针高低位置调节；②外导体位置调节；③内导体位置调节；④探针左右位置调节

1.驻波测量线的调谐

当探针插入波导时在波导中会引起不均匀性,影响系统的工作状态。因此在测量驻波比和波导波长之前,必须对驻波测量线进行调谐。

在分析驻波测量线时,为了方便起见通常把探针等效成一导纳 Y_u 与传输线并联,如图 5 – 2 – 2 所示。其中 G_u 为探针等效电导,反映探针吸取功率的大小;B_u 为探针等效电纳,表示探针在波导中产生反射的影响。当终端接任意阻抗时,由于 G_u 的分流作用,驻波腹点的电场强度要比真实值小,而 B_u 的存在将使驻波腹点和节点的位置发生偏移。当测量线终端短路时,如果探针放在驻波的波节点 B 上,由于此点处的输入导纳 $Y_{in} \to \infty$,故 Y_u 的影响很小,驻波节点的位置不会发生偏移。如果探针放在驻波的波腹点,由于此点上的输入导纳 $Y_{in} \to 0$,故 Y_u 对驻波腹点的影响就特别明显,探针呈容性电纳时将使驻波腹点向负载方向偏移,如图 5 – 2 – 3 所示。所以探针引入的不均匀性,将导致场的图形畸变,使测得的驻波波腹值下降而波节点略有增高,造成测量误差。欲使探针导纳影响变小,探针愈浅愈好,但这时在探针上的感应电动势也变小了。通常我们选用的原则是在指示仪表上有足够指示下,尽量减小探针深度,一般采用的深度应小于波导高度的 $10\% \sim 15\%$。而 B_u 影响的消除是靠调节探针座的调谐电路来得到。

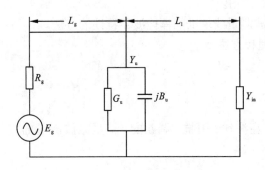

图 5 – 2 – 2 探针等效电路

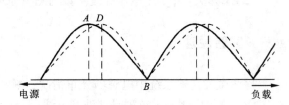

图 5 – 2 – 3 探针电纳对驻波分布图形的影响

探针电路的调谐方法是将探针伸入适当深度(通常为 $1.0 \sim 1.5$ mm),测量系统终端短路,将探针移至两波节点之正中位置,调节内外导体的位置,直至输出指示最大,此时 B_u 已减至最小。必须指出,当信号源的频率或探针深度改变时,由于探针等效导纳也随之改变,所以必须重新对探针进行调谐。

2.晶体检波特性校准

微波频率很高,通常用检波晶体(微波二极管)将微波信号转换成直流信号来检测。晶体二极管是一种非线性元件,亦即检波电流 I 同场强 E 之间不是线性关系,在一定范围内,大致有如下关系

$$I = kE^{\alpha} \tag{5 – 2 – 1}$$

式中:k,α 是和晶体二极管工作状态有关的参量。当微波场强较大时呈现直线律,当微波场强较小时($P < 1$ μW)呈现平方律。因此,当微波功率变化较大时 α 和 k 就不是常数,且和外

界条件有关,所以在精密测量中必须对晶体检波器进行校准。

校准方法:将测量线终端短路,这时沿线各点驻波的振幅与到终端的距离 l 的关系应当为

$$E = k' \left| \sin \frac{2\pi l}{\lambda_g} \right| \qquad (5-2-2)$$

上述关系中的 l 也可以以任意一个驻波节点为参考点。将上两式联立,并取对数得到

$$\lg I = K + \alpha \lg \left| \sin \frac{2\pi l}{\lambda_g} \right| \qquad (5-2-3)$$

用双对数纸作出 $\lg I - \lg \left| \sin(2\pi l/\lambda_g) \right|$ 曲线,若近似为一条直线,则直线的斜率即是 α,若不是直线,也可以方便地由检波输出电流的大小来确定电场的相对关系。

3. 电压驻波比测量

驻波测量是微波测量中最基本和最重要的内容之一,通过驻波测量可以测出阻抗、波长、相位和 Q 值等参量。在测量时,通常测量电压驻波系数,即波导中电场最大值与最小值之比,即

$$\rho = \frac{E_{\max}}{E_{\min}} \qquad (5-2-4)$$

测量驻波系数的方法与仪器种类很多,本实验着重熟悉用驻波测量线测驻波系数的几种方法。

1)小驻波比($1.05 < \rho \leqslant 1.5$)

这时,驻波的最大值和最小值相差不大,且不尖锐,不易测准,为了提高测量准确度,可移动探针到几个波腹点和波节点记录数据,然后取平均值再进行计算。

若驻波腹点和节点处电表读数分别为 $I_{\max}$,$I_{\min}$,则电压驻波系数为

$$\rho = \frac{E_{\max 1} + E_{\max 2} + \cdots + E_{\max n}}{E_{\min 1} + E_{\min 2} + \cdots + E_{\min n}} = \alpha \frac{I_{\max 1} + I_{\max 2} + \cdots + I_{\max n}}{I_{\min 1} + I_{\min 2} + \cdots + I_{\min n}} \qquad (5-2-5)$$

2)中驻波比($1.5 < \rho \leqslant 6$)

此时,只测一个驻波波腹和一个驻波波节,即直接读出 $I_{\max}$,$I_{\min}$

$$\rho = \frac{E_{\max}}{E_{\min}} = \alpha \frac{I_{\max}}{I_{\min}} \qquad (5-2-6)$$

3)大驻波比($\rho \geqslant 6$)

此时,波腹振幅与波节振幅的区别很大,因此在测量最大点和最小点电平时,使晶体工作在不同的检波律,故可采用等指示度法,也就是通过测量驻波图形中波节点附近场的分布规律的间接方法(见图 5-2-4)。

我们测量驻波节点的值、节点两旁等指示度的值及它们之间的距离。

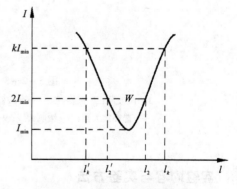

图 5-2-4   节点附近场的分布

$$\rho = \frac{k^{\frac{2}{\alpha}} - \cos^2 \frac{\pi W}{\lambda_g}}{\sin^2 \frac{\pi W}{\lambda_g}} \qquad (5-2-7)$$

$$k = \frac{测量读数 \, I}{最小点读数 \, I_{min}} \qquad (5-2-8)$$

式中：I 为驻波节点相邻两旁的指示值，W 为等指示度之间的距离。

当 $k=2$ 时（若 $\alpha = 2$）

$$\rho = 1 + \frac{1}{\sin^2 \frac{\pi W}{\lambda_g}} \qquad (5-2-9)$$

称为"二倍最小值"法。

当驻波比很大（$\rho \geqslant 10$）时，W 很小，有

$$\rho = \frac{\lambda_g}{\pi W} \qquad (5-2-10)$$

必须指出：W 与 λ_g 的测量精度对测量结果影响很大，因此必须用高精度的探针位置指示装置（如百分表）进行读数。

👉 实验装置

本实验装置如图 5 – 2 –5 所示。

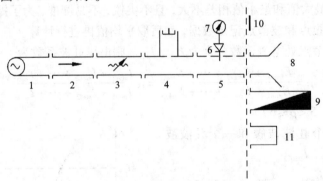

图 5 – 2 – 5　实验装置示意图

1—微波源；2—隔离器；3—衰减器；4—频率计；5—测量线；6—检波晶体；
7—选频放大器；8—喇叭天线；9—匹配负载；10—短路片；11—失配负载

👉 实验内容与实验方法

（1）开启微波源，选择好频率，工作方式选择"方波"。

（2）将测量线探针插入适当深度，用选频放大器测量微波的大小，选择较小的微波输出功率并进行驻波测量线的调谐。

（3）用直读频率计测量微波频率，并计算微波波导波长。

（4）作短路负载时的 $I - l$ 曲线，通过此曲线求出实测波导波长并与理论值进行比较。

（5）根据短路负载的 $\lg I - \lg|\sin(2\pi l/\lambda_g)|$ 曲线，求出 α。

（6）测量不同负载的驻波比（匹配负载、喇叭天线、开路及失配负载）。

（7）（选做）微波辐射的观察。

在测量线与晶体检波器中间连接两个相对放置的喇叭天线，并拉开一段距离，将检波晶体的输出接到电流表上，用电流表测量微波的大小。

将金属板放入两个喇叭天线之间，观察终端和测量线的输出有何变化。再将金属栅框竖着和横着分别代替金属板，观察输出又有何变化。

移动晶体检波器，使两个喇叭天线呈垂直放置；然后分别将金属板和竖放及横放的金属栅框按图 5 - 2 - 6(b) 中所示的位置放置，再记录下你所观察到的现象。

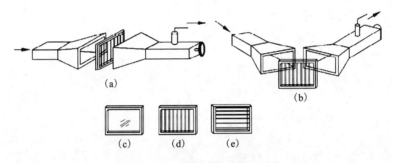

图 5 - 2 - 6　微波传输特性的观察

(a)栅网对微波的阻挡；(b)栅网对微波的反射；(c)金属板；(d)竖直栅框；(e)水平栅框

请用你所学过的知识解释上述现象。

用晶体检波器测量微波时，为获得最高的检波效率，它都装有一可调短路活塞，调节其位置，可使检波管处于微波的波腹。改变其位置时，也应随之改变晶体检波器短路活塞位置，使检波管一直处于微波波腹的位置。

 预习要求

（1）了解微波的传输特性以及微波元件的作用。

（2）预习驻波测量线的调谐操作。

（3）预习测量微波驻波比以及微波波导波长的方法。

 思考题

（1）开口波导的 $\rho \neq 0$，为什么？

（2）驻波节点的位置在实验中精确测准不容易，如何比较准确地测量？

（3）如何比较准确地测出波导波长？

（4）在对测量线调谐后进行驻波比的测量时，能否改变微波的输出功率或衰减大小？

参考文献

［1］郭劼，罗举，张志华，等. 微波在波导中传输时膜片对驻波比的影响［J］. 物理实验，2014，34(8)：1-4.

［2］李善祥，孙一翎. 改进微波实验中测量驻波比的方法［J］. 深圳大学学报(理工版)，2000，17(1)：85-88.

［3］董键，崔秀芝. 波导管中微波波长测量方法的研究［J］. 物理实验，2013，33(8)：30-32，36.

［4］王俊华，沙春芳，单国威，单金丽. 微波综合实验仪的设计［J］. 实验室研究与探索，2011，30(10)：32-34.

实验5.3 等离子体特性测量

 实验背景

随着温度的升高,物质一般会经历从固态、液态到气态的相变过程。如果温度继续升高到 10^4 K 甚至更高,将会有越来越多的物质分子/原子被电离;这时,物质就变成了一团由电子、离子和中性粒子组成的混合物,称为等离子体;也正如此,等离子体常被称作物质的第四态。

等离子体(Plasma)一词来源于古希腊语"plasma",意为可塑物质或浆状物质。1929 年,朗缪尔(Langmuir)和汤克斯(Tonks)在研究气体放电时首次将"plasma"一词用于物理学领域,用来表征所观察到的放电物质。

由于常温下气体热运动的能量不大,不会自发电离,因而在我们生活的环境中物质都以固液气三态的形式存在。根据天体物理学家沙哈(Saha)给出的一个公式,在热平衡的气体中,电离度,即电离部分粒子数占总粒子数的比(常温下可近似为电离部分粒子数与未电离部分粒子数的比)跟温度密切相关。室温下气体中电离的成分微乎其微。若要使电离成分占千分之一,必须使温度 T 高于 10^4 K。尽管在人类生活的环境中,物质不会自发地以等离子体的形式存在,但根据沙哈的计算,宇宙中 99% 以上的可见物质都处于等离子态。从炽热的恒星、灿烂的气态星云、浩瀚的星际物质,到多变的电离层和高速的太阳风,它们都是等离子体。地球上,人们最早见到的等离子体是火焰、闪电和极光。随着科学技术的发展,各类人造等离子体在生活、生产和研究中的应用越来越广泛,如荧光灯、霓虹灯、等离子体显示屏中彩色的放电、电焊中的弧光放电和核聚变装置中燃烧的等离子体等等。

等离子体技术在工业、农业、国防、医药卫生等领域获得了越来越广泛的应用,其主要原因在于等离子体具有两个突出的优点:同其他的方法(如化学方法)相比,等离子体具有更高的温度和能量密度;等离子体能够产生更多的活性成分,从而引发用其他方法不能或难以实现的物理变化和化学反应。活性成分包括紫外和可见光子、电子、离子、自由基,以及高反应性的中性成分,如活性原子、受激原子、活性分子碎片。比如,工业等离子体工程已经发展成了一种更有效率的工业加工方法,不但能在减少副产品、废料,以及污染和有毒废物的情况下达到相关的工业结果,甚至能完成其他方法不能实现的目标。此外,从国家重大需求来看,我国等离子体物理学科的发展空间还很大。在受控热核聚变研究方面,我国通过大科学工程和"863"高技术计划已经形成了较大规模的磁约束聚变和惯性约束研究基地,已经参加了国际热核实验反应堆(ITER)计划,并酝酿进行自己的点火工程。在空间资源开发和利用方面,随着"神舟"系列载人飞船的发射、"双星"计划以及绕月工程等项目的实施,我国的空间探索活动日趋频繁。这些计划的进行都需要大量的掌握了丰富的等离子体物理知识的优秀专业人才。

实验目的

(1)掌握气体放电中等离子体的特性。

(2)测定等离子体的电流 – 电压($I-V$)曲线。

(3)测定等离子体的一些基本参量。

 实验原理

1. 等离子体物理

等离子体是由电子、离子和中性粒子组成的,宏观上呈现准中性,且具有集体效应的混合气体。准中性是指等离子体中正负电荷的总数基本相等,系统在宏观上呈现电中性,但在小尺度上则呈现出电磁性。

集体效应突出地反映了等离子体和中性气体的区别。理想气体模型中,中性气体分子之间的相互作用只在碰撞的时候才有。等离子体中带电粒子之间的相互作用是长程库仑力,任何带电离子的运动均受到其他带电粒子的影响。带电粒子的运动可以形成局域的电荷集中,从而产生电场,带电离子的运动又会产生电流,进而产生磁场,这些电磁场又会影响其他带电粒子的运动。因此,等离子体呈现出集体效应。

等离子体中的电子、离子以及中性粒子之间发生着各种类型的相互作用。由于静电作用力的存在,使得问题比理想气体中粒子间的相互作用要复杂得多。总的来说,等离子体中粒子间的相互作用可分为两大类:一类是弹性碰撞;另一类是非弹性碰撞。

(1)弹性碰撞:碰撞过程中粒子的总动能保持不变,碰撞粒子的内能不发生变化,也没有新的粒子或光子产生,碰撞只改变粒子的速度。

(2)非弹性碰撞:在碰撞过程中引起粒子内能的改变,或者伴随着新的粒子、光子的产生。非弹性碰撞可以导致激发、电离、复合、电荷交换、电子吸附,甚至核聚变。

描述等离子体的一些主要参量包括:

(1)等离子体温度:对于平衡态等离子体(高温等离子体)温度是各种粒子热运动的平均量度;对于非平衡态等离子体(低温等离子体),电子、离子可以达到各自的平衡态,故要用双温模型予以描述。一般用 T_i 表示离子温度,T_e 表示电子温度,经常用 eV 作单位。因为在等离子体中电子碰撞电离是主要的,所以常常测量电子温度 T_e,并把它看作是等离子体的一个主要的参量。

(2)等离子体密度:单位体积内(一般以 cm^3 为单位)某带电粒子的数目。n_i 表示离子浓度,n_e 表示电子密度。在等离子体中 $n_e \approx n_i$。

(3)轴向电场强度 E_L:表征为维持等离子体的存在所需的能量。

(4)电子平均动能 $\overline{E}_e$。

(5)空间电位分布。

等离子体中,当发生了轻微的电荷分离就会形成电场。由于电子和离子间的静电吸引力,使得等离子体有强烈的回复宏观电中性的趋势。因为离子的质量远大于电子的质量,我们可以近似认为离子不动。当电子相对于离子往回运动时,在电场作用下不断加速。由于惯性的原因它会越过平衡位置,又造成相反方向的点和分离,从而又产生相反方向的电场,使电子再次向平衡位置运动。这个过程不断重复就形成了等离子体内部电子的集体振荡,也叫作朗谬尔振荡。可以得到振荡的频率是

$$\omega = \sqrt{\frac{ne^2}{\varepsilon_0 m_e}} \tag{1}$$

等离子体中存在大量的以各种形式运动的带电粒子,因而由此引起的辐射过程也是多种多样的。等离子体除了会产生极光、闪电、霓虹灯等多彩的可见光辐射,还会发出肉眼看不见的紫外线,甚至 X 射线。根据光谱的不同,等离子体辐射可以分为连续光谱和线光谱(不连续的特征谱)两类。根据辐射过程的微观特性,等离子体辐射可以分为韧致辐射、复合辐射、回旋辐射、激发辐射以及契仑柯夫辐射等。

2. 气体放电

本实验主要研究气体放电中等离子体的特性,并将测量等离子体的一些参量。

干燥气体通常是良好的绝缘体,但当气体中存在自由带电粒子时,它就变为电的导体。这时如在气体中安置两个电极并加上电压,就有电流通过气体,这个现象称为气体放电。依气体压力、施加电压、电极形状、电源频率的不同,气体放电有多种多样的形式。主要的形式有暗放电、辉光放电、电弧放电、电晕放电、火花放电、高频放电等。20 世纪 70 年代以来激光导引放电、电子束维持放电等新的放电形式,也日益受到人们的重视。

气体放电的根本原因在于气体中发生了电离的过程,在气体中产生了带电粒子。气体电离的基本形式有:

(1)碰撞电离:气体中的带电粒子在电场中加速获得能量,这些能量大的带电粒子跟气体原子碰撞进行能量交换,从而使气体电离。碰撞电离中主要是电子的贡献。

(3)光电离:当气体受到光的照射时,原子也会吸收光子的能量,如果光子的能量足够大,也会引起电离。光电离主要发生在气体稀薄的情况下。

(3)热电离:在高温下,气体质点的热运动速度很大,具有很大的动能,相互之间的碰撞会使原子中的电子获得足够大的能量,一旦超过电离能就会产生电离。

从基本方面来说,碰撞电离、热电离及光电离是一致的,都是能量超过某一临界值的粒子或光子碰撞分子使之发生电离,只是能量来源不同。在实际的气体放电过程中,这三种电离形式往往同时存在,并相互作用。

气体放电可以采用多种能量激励形式,如直流、微波、射频等能量形式。其中直流放电因为结构简单、成本低而受到广泛应用。直流放电形成辉光等离子体的典型结构如图 5 - 3 - 1 所示。

在电气击穿形成等离子体前要经历暗放电阶段,包括本底电离区、饱和区、汤森放电区和电晕放电区。非自持放电是指存在外致电离源的条件下放电才能维持的现象;若去掉外致电离源的条件下放电仍能维持,则为自持放电。放电从非自持放电转变到自持放电的过程称为气体的击穿。整个放电现象称为汤森放电。

由于宇宙射线和地壳中放射性元素的辐射作用,气体中均具有一定量的电子和离子,这种现象称为剩余电离。当放电管两端加上较低电压时,这部分电子与离子会在外场作用下形

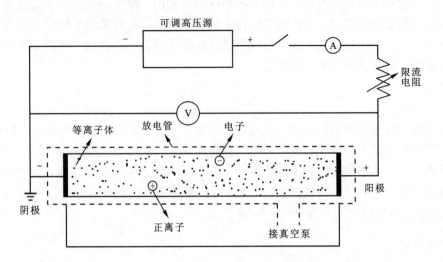

图 5 - 3 - 1　气体放电管工作原理图

成电流。如图 5 - 3 - 2 所示，这一电流会随着放电管两端的电压增加而增加，在 T_0 区域形成饱和电流 i_0，i_0 的面密度约为 10^{-12} A/cm^2。

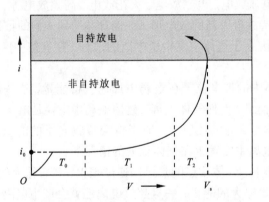

图 5 - 3 - 2　汤森放电区的 I - V 特性曲线

　　从阴极发射的电子在电场的作用下获得足够的能量，可以在与气体分子碰撞时产生电离，使得放电电流增加。这一过程称为 α 过程，由汤森第一电离系数 α 来描述，α 表示一个电子经过单位路程与中性气体粒子发生非弹性碰撞产生的电子 - 离子数目。

　　随着放电管两端电压的增加，正离子在电场中加速也能获得足够的能量，可以在与气体分子发生碰撞时使其电离。这一过程称为 β 过程，由汤森第二电离系数 β 来描述，β 表示一个正离子经过单位路程与中性气体做非弹性碰撞产生的电子 - 离子对数目。

　　当用具有一定能量的带电粒子轰击金属等物体时，也会引起电子从这些物体表面发射出来，这种物理现象称为二次电子发射。一个正离子撞击阴极表面时平均从阴极表面逸出的电子数目（二次电子发射），称为汤森第三电离系数 γ。一般地，引起电子从阴极逸出的过程的总和都称为 γ 过程。

在汤森放电区，当电压继续增加时，可能发生两种放电情况。如果电源的内阻很高，从而电源只能提供很小的电流，放电管内不存在足够的电子以击穿气体，放电管仍处于只有很小电晕点的电晕区，或在电极上出现扇形电晕放电；如果电源内阻很低，电流随电压快速增加，管内气体就会在击穿电压处被击穿，放电将从暗放电区转移到正常辉光放电区。

辉光放电是一种自持放电，其放电电流的大小为毫安数量级，它是靠正离子轰击阴极所产生的二次电子发射来维持的，即辉光放电的基本特性要借助汤森第三电离系数来描述。

经典的直流低气压放电在正常辉光放电区（如图 5 - 3 - 3 所示），从左至右，其唯象结果如下：

- 阴极：阴极由导电材料制成，二次电子发射系数 γ 对放电管的工作有很大影响。

- 阿斯顿（Aston）暗区：紧靠在阴极右边的阿斯顿暗区，是一个有强电场和负空间电荷的薄的区域。它含有慢电子，这些慢电子正处于从阴极出来向前的加速过程中。在这个区域里电子密度和能量太低不能激发气体，所以出现了暗区。

- 阴极辉光区：紧靠在阿斯顿暗区右边的是阴极辉光区。这种辉光在空气放电时通常是微红色或橘黄色，是由于离开阴极表面溅射原子的激发，或外部

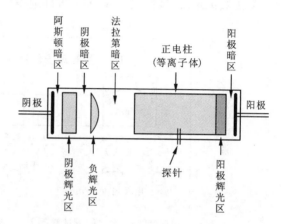

图 5 - 3 - 3　辉光放电的唯象结构示意图

进入的正离子向阴极移动形成的。这种阴极辉光有一个相当高的离子密度。阴极辉光的轴向长度取决于气体类型和气体压力。阴极辉光有时紧贴在阴极上，并掩盖阿斯顿暗区。

- 阴极暗区：这是在阴极辉光区的右边比较暗的区域，这个区域内有一个中等强度电场，有正的空间电荷和相当高的离子密度。

- 阴极区：阴极和阴极暗区至负辉光区之间的边界之间的区域叫作阴极区。大部分功率消耗在辉光放电的阴极区。在这个区域内，被加速电子的能量高到足以产生电离，使负辉光区和负辉光右面的区域产生雪崩。

- 负辉光区：紧靠在阴极暗区右边的是负辉光区，在整个放电中它的光强最强。负辉光区中电场相当低，它通常比阴极辉光区长。在负辉光区内，几乎全部电流由电子运载，电子在阴极区被加速产生电离，在负辉光区产生强激发。

- 法拉第暗区：这个区紧靠在负辉光区的右边，在这个区域里，由于在负辉光区里的电离和激发作用，电子能量很低，在法拉第暗区中电子密度由于复合和径向扩散而降低。净空间电荷很低，轴向电场也相当小。

- 正电柱：正电柱是准中性的，在正电柱中电场很小，一般约 1 V/cm。这种电场的大小刚好在它的阴极端保持所需的电离度。空气中正电柱等离子体是粉红色至蓝色的。在不变的压力下，随着放电管长度的增加，正电柱变长。正电柱是一段长的均匀的辉光，除非触发了自发波动的或运动的辉纹，或产生了扰动引发的电离波。

- 阳极辉光区：阳极辉光区是在正电柱的阳极端的亮区，比正电柱稍强一些，在各种低

气压辉光放电中并不总有，它是阳极鞘层的边界。

● 阳极暗区：阳极暗区在阳极辉光区和阳极本身之间，是阳极鞘层。它有一个负的空间电荷，是在电子从正电柱向阳极运动中引起的，其电场高于正电柱的电场。

 实验装置

该实验使用 DL－1 型等离子体物理实验组合仪（图 5－3－4）和 TJ—2001（A，O，P）型等离子体放电管。实验仪可以满足三种实验的要求，并且可以直接测试实验数据，另外备有一台 X－Y 函数记录仪（或微机），以便更准确地得到探针的特性曲线。

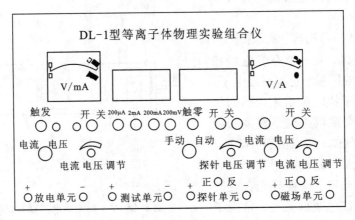

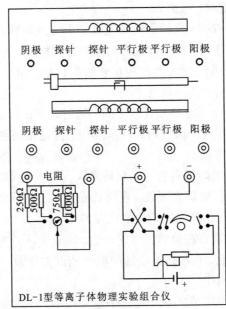

图 5－3－4　DL－1 型等离子体物理实验组合仪面板

实验装置包括：组合仪主机、接线板、赫姆霍兹线圈(2 只)、等离子体放电管、电源线、连接线、保险丝(3A1 个，1A1 个)、X - Y 记录仪、等离子体实验数据分析安装盘。

相关实验参数如下：

- 探针面积：$1/4\pi D^2$ ($D = 0.45$ mm)
- 探针轴向间距：30 mm
- 放电管内径：$\Phi 6$ mm
- 平行板面积：4×7 mm^2
- 平行板间距：4 mm
- 赫姆霍兹线圈直径：$\Phi 200$ mm
- 赫姆霍兹线圈间距：100 mm
- 赫姆霍兹线圈圈数：400 圈(单只)

 实验内容与实验方法

1. 单探针法

单探针法实验原理图如图 5 - 3 - 5 所示。进行单探针法诊断实验可用两种方法。

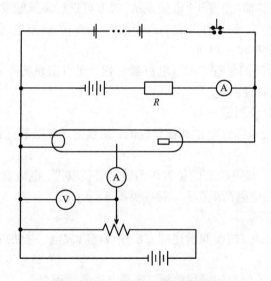

图 5 - 3 - 5　单探针法实验原理图

1)逐点记录法

逐点改变探针电位，记录每点的探针电位和相应的探针电流数值，然后在直角坐标纸或半对数纸上描出 $I - V$ 特性曲线，并进行计算。

具体步骤如下：

(1)按图 5 - 3 - 6 连接好线路。

(2)接通仪器箱总电源。

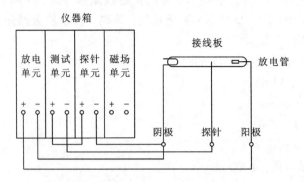

图 5 - 3 - 6　单探针法实验接线图(逐点记录)

(3)接通测试单元、探针单元电源。

(4)接通放电单元电源，显示开关置"电压显示"，调节输出电压，使输出电压为 300 V 左右，再把显示开关置"电流显示"挡。

(5)按"高压触发"按钮数次，放电管即触发并转入正常放电。此时，可将放电电流调节至 100 mA 左右，稳定数分钟，然后，将放电电流调到实验需要值 30 ~ 40 mA，待稳定后，即可开始做实验。(如果按"高压触发"数次后，放电管不能转入正常放电，可将输出电压再调高一些，但不要忘了应把"输出"置于"电流显示"时方可进行高压触发。)

(6)接通探针单元电源，输出开关置"正向输出"。调节"输出电压电位器"，使输出电压为实验需要的数值(一般为 50 ~ 70 V)。

(7)置测试单元为合适的量程。调节电位器旋钮，逐点记录测得的探针电压和电流，直至完成单探针法的 I - V 特性曲线。

2)用 X - Y 函数记录仪测量

用函数记录仪直接记录探针电位和探针电流，函数记录仪随着探针电位的变化自动描出实验曲线。

(1)参见图 5 - 3 - 5，将电压表的位置用函数记录仪取代，电流表的位置用电阻取代，并将函数记录仪的"Y"并在电阻两端，实际接线见图 5 - 3 - 7。

(2)接通仪器箱总电源。

(3)接通放电单元电源，按前面所述的方法使放电管放电，并使放电电流为需要值(30 ~ 40 mA)。

(4)接通(微机)X - Y 函数记录仪电源，选择合适的量程。

(5)接通探针单元电源，选择合适的输出电压。

(6)将接线板上的电阻调至适当阻值。

(7)将选择开关置于"自动"，则探针电压自动输出扫描电压，绘制出 I - V 特性曲线，并将数据保存。当需要回到"零点"电位时，请按动"清零按钮"，电压又从零点开始上升。

(8)运行等离子体实验辅助分析软件，将数据文件打开，并进行处理，求得电子温度 T_e 等主要参量。

值得一提的是，用 X - Y 函数记录仪可以得到比逐点记录法好的数据，因为等离子体电位在几分钟内可以有 25% 的漂移，而用逐点记录法测试所需的时间与等离子体电位发生较大

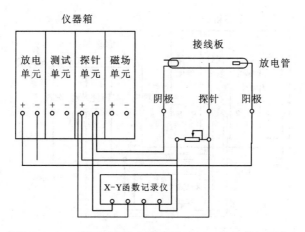

图 5 – 3 – 7　单探针法实验接线图（用 X – Y 函数记录仪）

变化的时间是可以比拟的，这会使得到的曲线失真。

　　不管是用逐点记录还是用函数记录仪，都不要使加在探针上的电压超过等离子体电位 V_P 太多，否则会烧毁放电管。

2. 双探针法

　　双探针法同样可以用逐点记录，或用函数记录仪记录测出双探针伏安曲线，求电子温度 T_e 和电子密度 n_e，实验方法和单探针法相同，见图 5 – 3 – 8、图 5 – 3 – 9、图 5 – 3 – 10。

　　注意：双探针的探针电流要比单探针小两个数量级，在 10^{-5} A 以内，故要合理选择仪表量程。

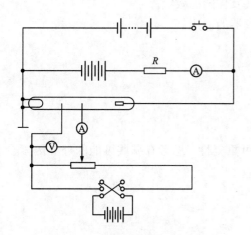

图 5 – 3 – 8　双探针法实验原理图

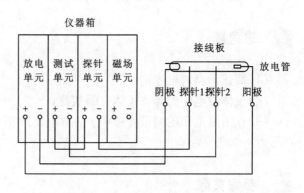

图 5 – 3 – 9　双探针法实验接线图（逐点记录）

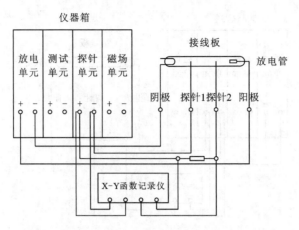

图 5-3-10　双探针法实验接线图（用函数记录仪）

👉 注意事项

（1）检查确认设备各部件完好、连接安全（注意接地）。

（2）在实验过程中禁止用手去触摸高压电源线以及放电极杆，以免触电。

（3）探针测量过程中注意电压、电流量程的变换。

👉 预习要求

（1）预习等离子体物理的基本知识和一些主要的应用领域。

（2）预习气体放电的基本过程、气体放电的形式及伴随的效应。

（3）阅读等离子体实验装置使用说明书，了解仪器的使用。

👉 思考题

（1）简述汤森放电理论。

（2）气体放电中的等离子体有哪些特点？

（3）在击穿电压的测量实验中，常常会出现不可重复性。思考有哪些可能的外界因素会对等离子体产生影响。

👉 参考文献

［1］徐学基，诸定昌. 气体放电物理［M］. 上海：复旦大学出版社，1996.

［2］陈远喜，刘祖黎. 气体放电等离子体参量诊断实验［J］. 物理实验，1993，13（2）：49-52.

［3］王合英，陈国旭，葛楠，等. 低温等离子体物理实验教学实践［J］. 物理实验，2013（3）：35-38.

第 6 章

半导体物理实验

实验 6.1　PN 结特性与玻尔兹曼常量的测定

　实验背景

玻尔兹曼常量 k 是统计物理中的一个重要常量，k 与理想气体常数 R 之间的关系可以用下述公式表示：

$$k = \frac{R}{N_A} \tag{6-1-1}$$

式中：N_A 是阿伏伽德罗常数 k。玻尔兹曼常量为

$$k = 1.38064852(79) \times 10^{-23} \text{ J/K} \tag{6-1-2}$$

在经典统计力学里，同质理想气体每个原子每一自由度具有的能量为 $kT/2$。一个系统的熵 S 与微观状态数目 Ω 自然对数成正比，比例常数即为玻尔兹曼常量数值，

$$S = k\ln\Omega \tag{6-1-3}$$

上述方程描述系统的微观状态数 Ω 和宏观物理量 S 之间的关系，是统计力学的一个中心概念。

常用的温度传感器是基于热电偶、测温电阻器等温度敏感元件制作的，它们各有优缺点。其中基于 PN 结的温度传感器，虽然测温范围较小，但是具备灵敏度高、线性较好、热响应快和体小轻巧易集成化等优点，而被广泛地应用。PN 结的结构如图 6-1-1 所示。

实验目的

（1）同一温度下，测量正向电压随正向电流的变化关系，绘制伏安特性曲线。

（2）不同温度下，测量玻尔兹曼常量。

（3）恒定正向电流条件下，测绘 PN 结正向压降随温度的变化曲线，计算灵敏度，估算被测 PN 结材料的禁带宽度。

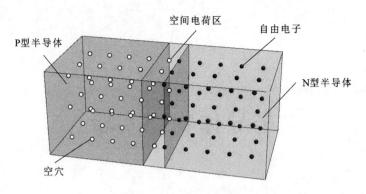

图 6 – 1 – 1 PN 结的结构

 实验原理

1. PN 结伏安特性及玻尔兹曼常量测量

由半导体物理理论可知，PN 结的正向电流 – 电压关系满足：

$$I = I_0 (e^{\frac{eU_{be}}{kT}} - 1) \qquad (6-1-4)$$

式中：I 是通过 PN 结的正向电流，I_0 是不随电压变化的常数，T 是热力学温度，e 是电子的电量，U_{be} 为 PN 结正向电压降。由于在常温（$T \approx 300$ K）时，$kT/e \approx 0.026$ V，而 PN 结正向电压降约为十分之几伏，则 $\exp(U_{be}/kT) \gg 1$，于是有：

$$I = I_0 e^{\frac{eU_{be}}{kT}} \qquad (6-1-5)$$

也即 PN 结正向电流随正向电压按指数规律变化。若测得 PN 结 $I - U$ 关系值，则利用式 （6 – 1 – 4）可以求出 e/kT。在测得温度 T 后，就可以得到常数 e/k，把电子电量 e 作为已知值 （1.6022×10^{-19}C）代入，即可求得玻尔兹曼常量 k。

为精确地测量玻尔兹曼常量，不采用常规的加正向压降测正向微电流的方法，而是采用 1 nA ~ 1 mA 范围的可变精密微电流源，既可以有效地避免测量微电流不稳定的问题，又能准确地测量正向压降。

2. 弱电流测量

以前常采用光点反射式检流计测量 10^{-6}A ~ 10^{-11} A 量级 PN 结扩散电流，但该仪器有许多不足之处而且容易损坏。故本仪器采用高输入阻抗运算放大器组成的电流 – 电压变换器 （弱电流放大器）测量弱电流信号，其具有输入阻抗低、电流灵敏度高、温漂小、线性好等优点。

3. PN 结的结电压 U_{be} 与热力学温度 T 关系测量

当 PN 结通过恒定小电流（通常电流 $I = 1000$ μA）时，由半导体理论可得 U_{be} 与 T 近似关系：

$$U_{be} = ST + U_{g(0)} \tag{6-1-6}$$

式中：$S \approx -2.3$ mV/℃，为 PN 结温度传感器灵敏度。由 $U_{g(0)}$ 可求出温度为 0 K 时半导体材料的近似禁带宽度 $E_{g(0)}$，$E_{g(0)} = qU_{g(0)}$，硅材料的 $E_{g(0)}$ 约为 1.20 eV。

👉 实验装置

PN 结温度传感器相对于其他温度传感器来说，具有灵敏度高、线性好、热响应快、易于实现集成化等优点。根据半导体理论可知，PN 结的正向压降与其正向电流和温度有关，当正向电流保持不变时，正向压降只随温度的变化而变化。

本实验是在恒定的正向电流条件下，测试 PN 结正向压降与温度的关系，从而验证这一原理。

FB302A 型 PN 结特性研究与玻尔兹曼常量测定仪（以下简称测试仪）如图 6-1-2 所示。

图 6-1-2 FB302A 型 PN 结特性研究与玻尔兹曼常量测定仪

1. 测试仪

测试仪由恒流源、基准电压、测量显示和 PID 智能温度控制器等部分组成，原理框图见图 6-1-3。

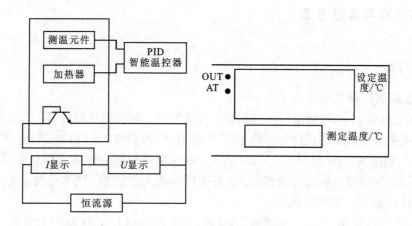

图 6-1-3 测试仪原理框图

恒流源提供正向电流 I_F，$V_F I_F$ 量程选择开关置 $\Delta V \cdot I_F$ 挡，电流输出范围为 $0 \sim 1000$ μA，可连续调节；$V_F I_F$ 量程选择开关置 $10^{-6} \sim 10^{-9}$ 挡，可调精密微电流源，用于测量玻尔兹曼常量。

基准电压源用于补偿被测 PN 结在 0℃ 或室温 T_R 时的正向压降 $V_F(0)$ 或 $V_F(T_R)$，可通过面板上的"ΔV 调节"电位器实现 $\Delta V = 0$。此时若升温 $\Delta V < 0$ 而降温 $\Delta V > 0$，则表明正向压降随温度升高而下降。用三位半数字电压表显示电压，而且直接用摄氏温标(℃)显示温度，这更符合实验者的使用习惯。

2. 使用步骤

(1)组装好加热测试装置，注意安装牢靠，螺丝要拧紧。

(2)连接加热器与测试仪的电缆插头(七芯)。

(3)打开机箱背后的电源开关，两组数字表即有指示，若发现数字乱跳或溢出，则应检查信号电缆插头是否插好，芯线有无折断、脱焊，或检查待测 PN 结、测温元件连线是否正常。

(4)将 $V_F I_F$ 量程选择开关转到 $V_F \cdot I_F$ 挡，转动"I_F 调节"旋钮，把 I_F 调节到需要数值，再将量程选择开关转到 $\Delta V \cdot I_F$ 挡，转动"ΔV 调节"旋钮，使 $\Delta V = 0$。

(5)可见温度显示逐渐上升。至此，仪器进入正常运行。可选择不同大小的加热功率(低、高)来调节温升速率。

3. 注意事项

(1)加热装置加热较长时间后，隔离圆筒外壳会有一定温升，应当注意安全。

(2)仪器应存放于温度为 $0 \sim 40$℃、相对湿度为 $30\% \sim 85\%$ 的环境中，避免与腐蚀性的有害物质接触，并防止剧烈碰撞。

(3)需要加热器迅速降温，可打开风扇开关，强制散热。

🖐 实验内容与实验方法

1. 实验内容

(1)实验系统检查与连接：

将 NPN 三极管的 bc 极短路，be 极构成一个 PN 结，并用长导线连接，可方便插入加热器。用七芯插头导线连接测试仪与加热器。"加热功率"开关置"断"位置，在连接插头时，应先对准插头与插座的凹凸定位标记，方可插入。带有螺母的插头待插入后与插座拧紧，导线拆除时，直插式的应拉插头的可动外套，带有螺母的插头应旋松，决不可鲁莽左右转动或硬拉，否则可能拉断引线影响实验。

(2)转动"加热功率"开关，从"断"至"低"，此时测试仪上将显示出室温 T_R，并逐渐升温。

（3）$V_F(0)$ 或 $V_F(T_R)$ 的测量和调零：

将 $V_F I_F$ 量程选择开关转到 $V_F \cdot I_F$ 挡，转动"I_F 调节"旋钮使 $I_F = 50\ \mu\text{A}$，将 $V_F I_F$ 量程选择开关转到 $\Delta V \cdot I_F$ 挡，记下 $V_F(T_R)$ 值，由"ΔV 调节"使 $\Delta V = 0$。

（4）测定 $\Delta V - T$ 曲线：

将"加热功率"开关置"低"位置（若气温低加热慢，可置"高"），进行变温实验，并记录对应的 ΔV 和 T。至于 ΔV、T 的数据测量，采用每改变 10 mV 立即读取一组 ΔV、T 值，这样可以减小测量误差。应该注意：在整个实验过程中升温速率要慢，且温度不宜过高，最好控制在 120℃ 以内。

（5）求被测 PN 结正向压降随温度变化的灵敏度 $S(\text{mV}/℃)$。以 T 为横坐标，ΔV 为纵坐标，作 $\Delta V - T$ 曲线，其斜率就是 S。

（6）估算被测 PN 结材料的禁带宽度。

$$E_{g(0)} = U_{F1} - \frac{\partial U_{F1}}{\partial T} T_1 = U_{F1} - S T_1 \qquad (6-1-7)$$

实际计算时将斜率 S、温度 T_1（注意单位为 K）及此时的 U_{F1} 值代入上式即可求得禁带宽度 $E_{g(0)}$。将实验所得的 $E_{g(0)}$ 与公认值 $E_{g(0)} = 1.21$ eV 进行比较，求其误差。

（7）玻尔兹曼常量测量：

调整温度到 30.0℃ 附近，稳定 3 min 左右，即可进行测量。$V_F I_F$ 量程选择开关转到 10^{-6} 挡至 10^{-9} 挡之间（常用 10^{-8} 挡、10^{-9} 挡），从 20 nA 起，等间隔（10 nA）选调 I，调一个 I，读对应的 U_{be} 值，并记录。连续测十几组数据。

调整温度为 60.0℃ 附近，重复以上测量并分析比较测量结果。调整温度为任意自选温度附近，重复以上测量并分析比较测量结果。

由

$$I = I_0 e^{\frac{eU_{be}}{kT}} \qquad (6-1-8)$$

$$\frac{I}{I_0} = e^{\frac{eU_{be}}{kT}} \qquad (6-1-9)$$

$$\ln I - \ln I_0 = \frac{eU_{be}}{kT} \qquad (6-1-10)$$

$$U_{be} = \frac{kT}{e} \ln I - \frac{kT}{e} \ln I_0 \qquad (6-1-11)$$

可知 U_{be} 与 $\ln I$ 成线性关系，kT/e 即为 U_{be} 与 I 的关系直线的斜率。

2. 实验数据处理方法

用作图法画出两个不同温度下的 U_{be} 与 I 的关系曲线，应为一直线，求出其斜率，进而求得玻尔兹曼常量 k，并与公称值进行比较。实验数据处理方法示范参考如表 6-1-1、图 6-1-4 所示。

表 6 - 1 - 1 PN 结温度特性测试实验数据(示范参考表)

测试条件 $I_F = 50 \ \mu A$			测试条件 $I_F = 100 \ \mu A$		
$T/℃$	$\Delta V/mV$	T/K	$T/℃$	$\Delta V/mV$	T/K
32.0	0	305.2	40.7	0	313.9
35.4	10	308.6	45.8	10	319
40.4	20	313.6	49.3	20	322.5
45.0	30	318.2	53.7	30	326.9
49.6	40	322.8	58.2	40	331.4
54.2	50	327.4	62.7	50	335.9
58.9	60	332.1	67.3	60	340.5
63.4	70	336.6	71.9	70	345.1
68.0	80	341.2	76.6	80	349.8
72.5	90	345.7	81.2	90	354.4
77.2	100	350.4	85.9	100	359.1
81.7	110	354.9	90.6	110	363.8
86.2	120	359.4	95.3	120	368.5
90.7	130	363.9	100.1	130	373.3
95.2	140	368.4	104.9	140	378.1
99.7	150	372.9	109.6	150	382.8
104.2	160	377.4	114.5	160	387.7
108.9	170	382.1	119.3	170	392.5
113.3	180	386.5			
117.7	190	390.9			

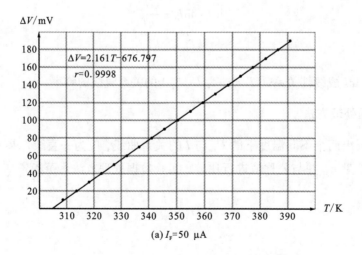

(a) $I_F = 50 \ \mu A$

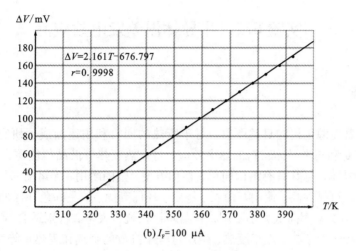

$$\Delta V = 2.161T - 676.797$$
$$r = 0.9998$$

(b) $I_F = 100\ \mu A$

图 6-1-4　$\Delta V - T$ 线性拟合

注意事项

(1)数据处理时，对于较小的扩散电流(起始状态)及扩散电流接近或达到饱和时的数据应予删除，因为这些数据可能偏离式(6-1-5)。

(2)由于各公司的运算放大器性能存在差异，有可能达到饱和电压的值不同。

预习要求

(1)了解 PN 结的构成和物理特性，以及三极管内部载流子的运动特点。

(2)用基本函数进行曲线拟合求经验公式时，如何检验哪一种函数是最佳拟合？

思考题

(1)玻尔兹曼常量还可以用什么方法测量？简述测量原理。

(2)测量微小电流有哪些方法？用运算放大器组成的电流-电压变换器测量微小电流有哪些优点？

(3)PN 结温度传感器会因工作电流而产生热效应，如何在实际应用中减少其影响？

参考文献

黄昆，韩汝琦. 半导体物理基础[M]. 北京：科学出版社，2015.

实验 6.2　半导体温差发电效应

 实验背景

近年来，随着能源危机的日益严重，对于废热的回收利用逐渐成了研究者关注的重点。半导体温差发电是利用半导体材料的热电效应，将余热废热等低品位能源，直接转换为电能的一种能量转换技术。且其具有结构简单、移动方便、坚固耐用、无运动部件、无磨损、无介质泄露、无噪声且可靠性高、使用寿命长、稳定、环保等优点，是绿色环保的发电技术。最重要的是温差发电不受温度高低大小限制，有温差存在就可发电，特别适合低品位热源的回收利用，可利用各种工业余热、汽车废热、生产过程中排放的余热和废热水等发电。

 实验目的

(1) 了解半导体温差发电的基本原理。
(2) 研究发电(开路)电压与温度差之间的关系。

 实验原理

塞贝克效应(Seebeck effect)：不同的金属导体(或半导体)具有不同的自由电子密度(或载流子密度)，当两种不同的金属导体相互接触时，在接触面上的电子就会由高浓度向低浓度扩散。而电子的扩散速率与接触区的温度成正比，所以只要维持两金属间的温差，就能使电子持续扩散，在两块金属的另两个端点形成稳定的电压(图 6 - 2 - 1)。由此产生的电压通常每开尔文温差只有几微伏。这种塞贝克效应通常应用于热电偶，用来直接测量温差。

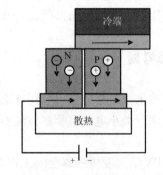

图 6 - 2 - 1　塞贝克效应装置原理图

帕尔贴效应是塞贝克效应的逆效应，当有电流通过不同的导体组成的回路时，除产生不可逆的焦耳热外，在不同导体的接头处随着电流方向的不同会分别出现吸热、放热现象。这是帕尔贴(Peltier)在 1834 年发现的。简而言之，当在两种金属(或半导体)回路上施加电压通入电流后，不同金属的接触点会有一个温差。

半导体温差发电技术，它的工作原理是在两块不同性质的半导体两端设置一个温差，于是在半导体上就产生了直流电压(它的温差电原理与热电偶的原理相同)。温差半导体发电有着无噪声、寿命长、性能稳定等特点。可在零下 40 摄氏度的寒冷环境中迅速启动，因此在实际中得到越来越广泛的应用。

一个温差发电电路由两种塞贝克系数不同的材料接触构成(比如 P 型半导体和 N 型半导体)。如果没有负载,电路中不会有电流但是两端会有电动势,这时候它以检测温度的热电偶方式工作。

温差发电依靠塞贝克效应,由于半导体温差电材料的效果比金属的高得多,所以有实用价值的温差电材料都是用半导体材料制成的。帕尔贴器件是利用半导体的帕尔贴效应制冷的器件,实用的半导体制冷器由很多对热电元件经并联、串联组合而成,也称热电堆。单级热电堆可得到大约 60℃ 的温差。热电堆也可根据塞贝克效应把热能(即内能)转化为电能进行温差发电。当温差电堆两端处于不同温度时,就会产生电动势,可以输出功率。

温差发电是一种新型的发电方式,利用塞贝尔效应将热能直接转换为电能。以半导体温差发电模块制造的半导体发电机,只要有温差存在即能发电。工作时无噪声、无污染,因而是一种应用广泛的便携电源。

 实验装置

本实验仪器分为电源指示和发电用户装置两部分。发电部分的下端是一个电发热部分,给半导体制冷块的热端加热。外部用不锈钢罩住,防止手碰触到发热部分,造成烫伤。发热部分的中间有一个孔,可以插入感温探头,用于测量热端的温度。发电部分的上端是一个不锈钢杯子,实验时加入冰水。另一个感温探头放入水中,用于测量冷端的温度。

 实验内容与实验方法

将温差发电加热电源和演示实验装置用导线连接好,打开电源给温差发电装置加热,同时在温差半导体上部放一杯冰水(或冷水),逐步调大加热电流,观察并记录温差值和发电电压。在坐标系上绘制关系曲线。同时可打开用户系中的用电模型,如电风扇、发光管、蜂鸣器等,观察带负载能力。

实验时,接好连接线,调节加热电流,让热端温度升高。记录两端温差值和发电的电压于表 6-2-1。

表 6-2-1 实验数据记录

序号	热端温度	冷端温度	温差值	发电电压
1				
2				
3				
4				
5				

注意事项

（1）温差发电装置不要长时间通电加热，以免温度过高损坏半导体发电装置。

（2）温度值最高不要超过 110℃，使用者切勿用手触摸发热部分，以免烫伤。温度达到 100℃时，调小加热电流。

（3）风扇和蜂鸣器在 0.5 V 左右即可工作，而发光管必须要 1.7 V 左右才能工作。

（4）发电量低时，不要几个负载同时打开。

（5）不要将水洒在制冷片上，也不要在冷端温度很高时，忽然将冰水放在上面，以免制冷片损坏。

 预习要求

（1）了解塞贝克效应和帕尔贴效应。

（2）了解半导体温差发电装置，包括它的原理、功能、特性。

 思考题

温差发电装置的优势是什么？列举主要的应用领域。

 参考文献

赵新兵. 热电材料与温差发电技术. 现代物理知识, 2013, 25(3): 40 – 43.

实验 6.3　四探针测半导体电阻率

 实验背景

电阻率是半导体材料的重要参数之一。电阻率的测量方法很多,如四探针法、霍尔效应法、扩展电阻法等。其中四探针法则是一种广泛采用的标准方法,其主要优点在于设备简单、操作方便、精确度高、对样品的几何尺寸无严格要求。不仅能测量大块半导体材料的电阻率,也能测量异型层、扩散层、离子注入层、外延层及薄膜半导体材料的电阻率,因此在科学研究及实际生产中得到广泛应用。

 实验目的

(1)掌握四探针法测量半导体材料电阻率和薄层电阻的原理与方法。
(2)了解四探针测试仪的结构、原理和使用方法。

 实验原理

四探针法测量薄膜样品电阻率的基本原理是由恒流源给探针头(1、4 探针)提供稳定的测量电流 I(由 DVM1 监测),并由探针头(2、3)测取电位差 V(由 DVM2 测量),即可计算出材料的电阻率。

当样品的厚度小于 4 倍探针间距时,样品的电阻率可以通过下式求出:

$$\rho = \frac{V}{I} \cdot W F_{SP} F(W/S) F(S/D) F_{T} \qquad (6-3-1)$$

式中:V 为 DVM2 的读数,mV;I 为 DVM1 的读数,mA;W 为被测样片的厚度值,cm;$F(W/S)$ 为厚度修正系数,数值可查附录二;$F(S/D)$ 为直径修正系数,数值可查附录三;F_{SP} 为探针间距修正系数;F_{T} 为温度修正系数,数值可查附录一。

由于本机具有小数点处理功能,因此使用时无须再考虑电流、电压的单位问题。如果用户配置了 HQ-710E 数据处理器只要置入厚度 W、探针间距修正系数 F_{SP}、测量电流 I 等有关参数,一切计算、记录均由它代劳了。如果没有数据处理器(HQ-710E),用户同样可以依据上式用普通计算器算出准确的样片电阻率。

对于厚度大于 4 倍探针间距的样片或晶锭,电阻率可按下式计算:

$$\rho = 2\pi S V / I \qquad (6-3-2)$$

这是大家熟悉的样品厚度和任一探针离样品边界的距离均大于 4 倍探针间距(近似半无穷大的边界条件),无须进行厚度、直径修正的经典公式。此时如用间距 $S=1$ mm 的探头,电流 I 选择 0.628;用 $S=1.59$ mm 的探头,电流 I 选择 0.999,即可从本仪器的电压表(DVM2)上直接读出电阻率。

用 KDY-1 测量导电薄膜、硅的异型外延层、扩散层的方块电阻时,计算公式为:

$$R = \frac{V}{IF}(D/S)F(W/S)F_{SP} \qquad (6-3-3)$$

由于导电层非常薄，故 $F(W/S)=1$，所以只要选取电流 $I = F(S/D)F_{SP}$，$F(S/D) = 4.532$。从 KDY-1 右边的电压表(DVM2)上即可直接读出方块电阻 R。

注意：在测量方块电阻时选择要在"R"，仅在电流 0.01 挡时电压表最后一位数溢出(其他挡位可以正常读数)，故读数时需要注意，如电流在 0.01 挡时电压表读数为 00123(忽略小数点)，实际读数应该是 001230。

 ## 实验装置

KDY-1 型四探针电阻率/方阻测试仪(以下简称电阻率测试仪)是用来测量半导体材料(主要是硅单晶、锗单晶、硅片)电阻率，以及扩散层、外延层、ITO 导电薄膜、导电橡胶方块电阻的测量仪器。它主要由电气测量部分(简称主机)、测试架及四探针头组成。仪器工作原理如图 6-3-1 所示。测试仪主机由主机板、电源板、前面板、后面板、机箱组成。电压表、电流表、电流调节电位器、恒流源开关及各种选择开关均装在前面板上(见图 6-3-2)。后面板上只装有电源插座、电源开关、四探针头连接插座、数据处理器连接插座及保险管(见图 6-3-3)。机箱底座上安装了主机板及电源板，相互间均通过接插件连接。

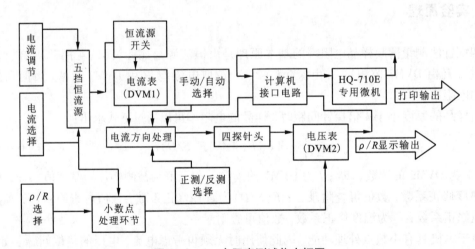

图 6-3-1　电阻率测试仪方框图

本仪器的特点是主机配置双数字表，在测量电阻率的同时，另一块数字表(以万分之几的精度)实时监测全程的电流变化，免除了测量电流/测量电阻率的转换，及时掌控测量电流。主机还提供精度为 0.05% 的恒流源，使测量电流高度稳定。本机配有恒流源开关，在测量某些薄层材料时，可免除探针尖与被测材料之间接触火花的发生，更好地保护薄膜。仪器配置了"小游移四探针头"，探针游移率为 0.1~0.2%，保证了仪器测量电阻率的重复性和准确度。本机如加配 HQ-710E 数据处理器，测量硅片时可自动进行厚度、直径、探针间距的修正，并计算、打印出硅片电阻率、径向电阻率的最大百分变化、平均百分变化、径向电阻率不均匀度，给测量带来很大方便。

实验内容与实验方法

1. 主机前面板、后面板介绍

主机前面板、后面板如图 6 – 3 – 2、图 6 – 3 – 3 所示。

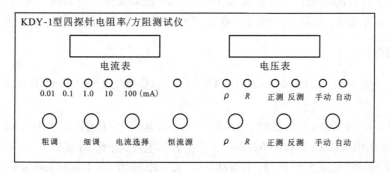

图 6 – 3 – 2　前面板图

图 6 – 3 – 3　后面板图

　　仪器除电源开关在后面板外其他控制部分均安装在前面板上,面板的左边集中了所有与测量电流有关的显示和控制部分,电流表(DMV1)显示各挡电流值,"电流选择"按钮供电流选挡用,~220 V 电源接通后仪器自动选择在常用的 1.0 (mA)挡,此时 1.0 上方的红色指示灯亮,随着选择开关的按动,指示灯在不同的挡位亮起,直至选到合适挡位为止。打开恒流源,上方指示灯亮,电流表显示电流值,调节粗调旋钮使前三位数达到目标值,再细调旋钮使后两位数达到目标值。这样就完成了电流调节工作,此时我们可以把注意力集中到右边,面板的右边集中了所有电压测量有关的控制部件,电压表(DMV2)显示各挡(手动/自动)的正向、反向电压测量值。键必须选对,否则测量值会相差 10 倍;同样手动/自动挡也必须选对,否则仪器拒绝工作。

　　后面板上主要安装的是电缆插座,图上标得很清楚,安装时请注意插头与插座的对位标志。因为在背后容易漏插,松动时不易被发现,所以安装必须插全、插牢。

2. 仪器连线与开关选择

使用仪器前将电源线、测试架连接线、主机与数据处理器的连接线(如使用处理器)连接好,并注意一下测试架上是否已接好探针头。电源线插头插入 ~220 V 插座后,开启背板上的电源开关,此时前面板上的数字表、发光二极管都会亮起来。探针头压在被测单晶上,打开恒流源开关,左边的表显示从 1、4 探针流入单晶的测量电流,右边的表显示电阻率(测单晶锭时)或 2、3 探针间的电位差。电流大小通过旋转前面板左下方的两个电位器旋钮加以调节,其他正、反向测量,自动、手动测量都通过前面板上可自锁的按钮开关控制。

3. 电流挡选择

仪器测量电流分五挡:0.01 mA(10 μA)、0.1 mA(100 μA)、1 mA、10 mA、100 mA,读数方法如下:

- 在 0.01 mA 挡显示 5 位数时:10000   表示电流为:0.01 mA(10 μA)
  又如在 0.01 mA 挡显示:06282   表示电流为:6.28 μA
- 在 0.1 mA 挡显示 5 位数时:10000   表示电流为:0.1 mA(100 μA)
  又如在 0.1 mA 挡显示:04532   表示电流为:45.32 μA
- 在 1 mA 挡显示 5 位数时:10000   表示电流为:1 mA
  又如在 1 mA 挡显示:06282   表示电流为:0.6282 mA
- 同样在 10 mA 挡显示:10000   表示电流为:10 mA
  显示:04532   表示电流为:4.532 mA
- 100 mA 挡显示:10000   表示电流为:100 mA
  显示:06282   表示电流为:62.82 mA

电流挡的选择采用循环步进式的选择方式,在仪器面板上有一个电流选择按钮,每按一次进一挡,仪器通电后自动设定在常用的 1.0 mA 挡,如果你不断地按下"电流选择"按钮,电流挡位按下列顺序不断地循环。

1.0 mA→10 mA→100 mA→0.01 mA→0.1 mA→1.0 mA→10 mA→⋯

可以快速找到你所需的挡位。

4. 电压表读数

为了方便直接用电压表读电阻率,人为地改动了电压表的小数点位置,如需要直接读取电压值时需注意,本电压表为 199.99 mV 的数值电压表,读电压值时小数点位置是固定的。例如:

电压表显示	读电压值
1.9999	199.99 mV
19.999	199.99 mV
199.99	199.99mV
1999.9	199.99mV
19999	199.99mV

根据国标 GB/T 1552—1995,测量不同电阻率硅试样所需要的电流值如表 6 - 3 - 1 所示。

表 6 - 3 - 1　测量不同电阻率硅试样所需要的电流值

电阻率/$(\Omega \cdot cm^{-1})$	电流/mA	推荐的圆片测量电流值/mA
<0.03	≤100	100
0.03 ~ 0.30	<100	25
0.3 ~ 3	≤10	2.5
3 ~ 30	≤1	0.25
30 ~ 300	≤0.1	0.025
300 ~ 3000	≤0.01	0.0025

根据 ASTM F374—1984 标准方法测量方块电阻所需要的电流值如表 6 - 3 - 2 所示。

表 6 - 3 - 2　测量方块电阻所需要的电流值

方块电阻/Ω	电流/mA
2.0 ~ 25	10
20 ~ 250	1
200 ~ 2500	0.1
2000 ~ 25000	0.01

5. 恒流源开关

恒流源开关是在发现探针带电压接触被测材料影响测量数据(或材料性能)时再使用,即先让探针头压触在被测材料上,后开恒流源开关,避免接触时瞬间打火。为了提高工作效率,如探针带电压接触被测材料对测量并无影响时,恒流源开关可一直处于开的状态。

6. 正、反向测量开关

正、反向测量开关只有在手动状态下才能被工作人员控制,在自动状态下由数据处理器控制,因此在手动正反向开关不起作用时,先检查手动/自动开关是否处于手动状态。相反在使用数据处理器测量材料电阻率时,仪器必须处于自动状态,否则数据处理拒绝工作。

7. 数据处理器

在使用数据处理器自动计算及记录时,必须严格按照使用说明操作,特别注意输入数据的位数。有关数据处理器的使用方法请仔细阅读 KDY 测量系统的操作说明。

注意事项

（1）压下探针压力要适中，不要损坏探针。

（2）样品的电阻率可能会分布不均匀，注意多测一些区域，取平均值。

 预习要求

了解四探针法测试电阻率的原理、方法和关于样品几何尺寸的修正。

 思考题

（1）为什么要用四探针法测量半导体的电阻率，如果使用两探针，即作为电压探针又作为电流探针，是否可以准确测量电阻率，为什么？

（2）除了四探针法还有哪些测量电阻率的方法？请举例说明。

 参考文献

孙恒慧，包宗明，半导体物理实验，高等教育出版社，1985.

附录

附录一

附表1　温度修正系数表$(\rho_T = F_T \cdot \rho_{23})$

温度/℃ \ F_T \ 标称电阻率ρ_{23} /$(\Omega\cdot cm^{-1})$	0.005	0.01	0.1	1	5	10
10	0.9768	0.9969	0.9550	0.9097	0.9010	0.9010
12	0.9803	0.9970	0.9617	0.9232	0.9157	0.9140
14	0.9838	0.9972	0.9680	0.9370	0.9302	0.9290
16	0.9873	0.9975	0.9747	0.9502	0.9450	0.9440
18	0.9908	0.9984	0.9815	0.9635	0.9600	0.9596
20	0.9943	0.9986	0.9890	0.9785	0.9760	0.9758
22	0.9982	0.9999	0.9962	0.9927	0.9920	0.9920
23	1.0000	1.0000	1.0000	1.0000	1.0000	1.0000
24	1.0016	1.0003	1.0037	1.0075	1.0080	1.0080
26	1.0045	1.0009	1.0107	1.0222	1.0240	1.0248
28	1.0086	1.0016	1.0187	1.0365	1.0400	1.0410
30	1.0121	1.0028	1.0252	1.0524	1.0570	1.0606

注：①温度修正系数表的数据来源于中国计量科学研究院。

附表2　温度修正系数表$(\rho_T = F_T \cdot \rho_{23})$

温度/℃ \ F_T \ 标称电阻率ρ_{23} /$(\Omega\cdot cm^{-1})$	25	75	180	250/500/1000
10	0.9020	0.9012	0.9006	0.8921
12	0.9138	0.9138	0.9140	0.9087
14	0.9275	0.9275	0.9275	0.9253
16	0.9422	0.9425	0.9428	0.9419
18	0.9582	0.9580	0.9582	0.9585
20	0.9748	0.9750	0.9750	0.9751
22	0.9915	0.9920	0.9922	0.9919
23	1.0000	1.0000	1.0000	1.0000

标称电阻率 ρ_{23} /($\Omega \cdot cm^{-1}$) 温度/℃ F_T	25	75	180	250/500/1000
24	1.0078	1.0080	1.0082	1.0083
26	1.0248	1.0251	1.0252	1.0249
28	1.0440	1.0428	1.0414	1.0415
30	1.0600	1.0610	1.0612	1.0581

附录二

附表3　修正系数 $F(W/S)$ 为圆片厚度 W 与探针间距 S 之比的函数

W/S	$F(W/S)$	W/S	$F(W/S)$	W/S	$F(W/S)$	W/S	$F(W/S)$
0.40	0.9993	0.60	0.9920	0.80	0.9664	1.0	0.921
0.41	0.9992	0.61	0.9912	0.81	0.9645	1.2	0.864
0.42	0.9990	0.62	0.9903	0.82	0.9627	1.4	0.803
0.43	0.9989	0.63	0.9894	0.83	0.9608	1.6	0.742
0.44	0.9987	0.64	0.9885	0.84	0.9588	1.8	0.685
0.45	0.9986	0.65	0.9875	0.85	0.9566	2.0	0.634
0.46	0.9984	0.66	0.9868	0.86	0.9547	2.2	0.587
0.47	0.9981	0.67	0.9853	0.87	0.9526	2.4	0.546
0.48	0.9978	0.68	0.9842	0.88	0.9505	2.6	0.510
0.49	0.9976	0.69	0.9830	0.89	0.9483	2.8	0.477
0.50	0.9975	0.70	0.9818	0.90	0.9460	3.0	0.448
0.51	0.9971	0.71	0.9804	0.91	0.9438	3.2	0.422
0.52	0.9967	0.72	0.9797	0.92	0.9414	3.4	0.399
0.53	0.9962	0.73	0.9777	0.93	0.9391	3.6	0.378
0.54	0.9958	0.74	0.99762	0.94	0.9367	3.8	0.359
0.55	0.9953	0.75	0.9747	0.95	0.9343	4.0	0.342
0.56	0.9947	0.76	0.9731	0.96	0.9318		
0.57	0.9941	0.77	0.9715	0.97	0.9293		
0.58	0.9934	0.78	0.9699	0.98	0.9263		
0.59	0.9927	0.79	0.9681	0.99	0.9242		

注：①厚度修正系数表的数据来源于国标 GB/T 1552—1995《硅、锗单晶电阻率测定直排四探针法》

附录三

附表 4　修正系数 $F(S/D)$ 为探针间距 S 与圆片直径 D 之比的函数

S/D	$F(S/D)$	S/D	$F(S/D)$	S/D	$F(S/D)$
0	4.532	0.035	4.485	0.070	4.348
0.005	4.531	0.040	4.470	0.075	4.322
0.010	4.528	0.045	4.454	0.080	4.294
0.015	4.524	0.050	4.436	0.085	4.265
0.020	4.517	0.055	4.417	0.090	4.235
0.025	4.508	0.060	4.395	0.095	4.204
0.030	4.497	0.065	4.372	0.100	4.171

注：①直径修正系数表的数据来源于国标 GB/T 1552—1995《硅、锗单晶电阻率测定直排四探针法》

实验 6.4　温度传感器

 实验背景

　　"温度"是一个重要的热学物理量，它不仅和我们的生活环境密切相关，在科研及生产过程中，温度的变化对实验及生产的结果也是至关重要的，所以温度传感器的应用是十分广泛的。

 实验目的

　　(1)学习用恒电流法和直流电桥法测量热电阻；
　　(2)测量铂电阻和热敏电阻温度传感器的温度特性；
　　(3)测量电压型、电流型和结温度传感器的温度特性；
　　(4)了解半导体致冷的工作原理及其应用。

 实验原理

　　温度传感器是利用一些金属、半导体等材料与温度相关的特性制成的。常用的温度传感器的类型、测温范围和特点见表 6 − 4 − 1。本实验将通过测量几种常用的温度传感器的特征物理量随温度的变化，来了解这些温度传感器的工作原理。

表 6 − 4 − 1　常用的温度传感器的类型、测温范围和特点

类型	传感器	测温范围/℃	特点
热电阻	铂电阻	− 200 ~ 650	准确度高、测量范围大
	铜电阻	− 50 ~ 150	
	镍电阻	− 60 ~ 180	
	半导体热敏电阻	− 50 ~ 150	电阻率大、温度系数大、线性差、一致性差
热电偶	铂铑 − 铂(S)	0 ~ 1300	用于高温测量、低温测量两大类，必须有恒温参考点（如冰点）
	铂铑 − 铂铑(B)	0 ~ 1600	
	镍铬 − 镍硅(K)	0 ~ 1000	
	镍铬 − 康铜(J)	− 20 ~ 750	
	铁 − 康铜(J)	− 40 ~ 600	
其他	PN 结温度传感器	− 50 ~ 150	体积小、灵敏度高、线性好、一致性差
	IC 温度传感器	− 50 ~ 150	线性好，一致性好

1. 直流电桥法测量热电阻

直流单臂电桥(惠斯通电桥)的电路如图 6 - 4 - 1 所示。把四个电阻连成一个四边形回路,每条边称作电桥的一个"桥臂"。在四边形的一组对角接点之间连入直流电源;在另一组对角接点之间连入检流计,两点的对角线形成一条"桥路",它的作用是将桥路两个端点的电位进行比较,当两点电位相等时,桥路中无电流通过,检流计示值为零,电桥达到平衡。指示器指零,有 $U_{AB} = U_{AD}$, $U_{BC} = U_{DC}$, 电桥平衡,电流 $I_g = 0$, 流过电阻 R_1, R_3 的电流相等,即 $I_1 = I_3$, 同理 $I_2 = I_{Rt}$, 因此:

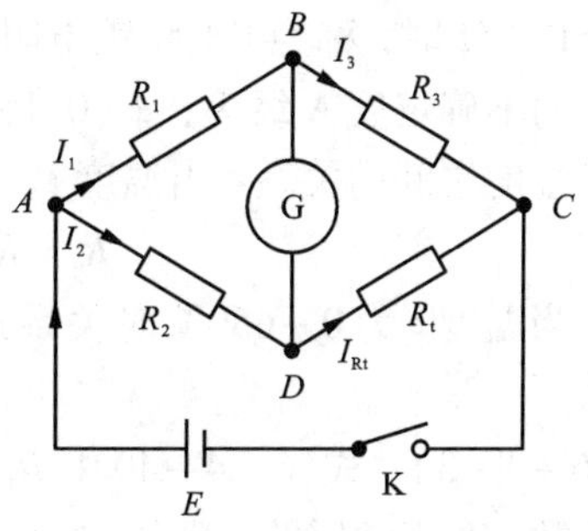

图 6 - 4 - 1 单臂电桥原理图

$$\frac{R_1}{R_2} = \frac{R_3}{R_t} \Rightarrow R_t = \frac{R_2}{R_1} R_3 \qquad (6 - 4 - 1)$$

若 $R_1 = R_2$, 则有

$$R_t = R_3$$

2. 恒电流法测量热电阻

恒电流法测量热电阻电路如图 6 - 4 - 2 所示。电源采用恒流源, R_1 为已知数值的固定电阻, R_t 为热电阻。U_{R1} 为 R_1 上的电压, U_{Rt} 为 R_t 上的电压, U_{R1} 用于监测电路的电流,当电路电流恒定时则只要测出热电阻两端电压 U_{Rt}, 即可知道被测热电阻的阻值。当电路电流为 I_0, 温度为 t 时,热电阻 R_t 为:

$$R_t = \frac{U_{Rt}}{I_0} = \frac{R_1 U_{Rt}}{U_{R1}} \qquad (6 - 4 - 2)$$

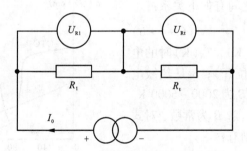

图 6 - 4 - 2 恒电流法测量热电阻的电路

3. 铂电阻温度传感器

铂电阻是一种利用铂金属导体电阻随温度变化的特性制成的温度传感器。铂的物理性质、化学性质都非常稳定,抗氧化能力强,复制性好,容易批量生产,而且电阻率较高。因此铂电阻大多用于工业检测中的精密测温。显著的缺点是高质量的铂电阻价格十分昂贵,并且温度系数偏小,由于其对磁场的敏感性,所以会受电磁场的干扰。按国际电工委员会(IEC)

标准，铂电阻的测温范围为 $-200℃ \sim 650℃$，百度电阻比 $W(100) = 1.3850$。在 $0℃$ 时，当 $R_0 = 100\ \Omega$ 时，称为 Pt100 铂电阻；当 $R_0 = 10\ \Omega$ 时，称为 Pt10 铂电阻。t 为摄氏度温度值，其允许的不确定度 A 级为：$\pm(0.15℃ + 0.002|t|)$；B 级为：$\pm(0.3℃ + 0.05|t|)$。铂电阻的阻值与温度之间的关系：当温度 $t = -200 \sim 0℃$ 时，其关系式为：

$$R_t = R_0[1 + At + Bt^2 + C(t - 100℃)t^3] \qquad (6-4-3)$$

当温度 t 为 $0 \sim 650℃$ 时关系式为：

$$R_t = R_0(1 + At + Bt^2) \qquad (6-4-4)$$

式 $(6-4-3)$、式 $(6-4-4)$ 中 R_t，R_0 分别为铂电阻在温度 t，$0℃$ 时的电阻值；A，B，C 为温度系数，对于常用的工业铂电阻：

$$A = 3.90802 \times 10^{-3}℃^{-1}$$

$$B = -5.80195 \times 10^{-7}℃^{-1}$$

$$C = -4.27350 \times 10^{-12}℃^{-1}$$

在 $0 \sim 100℃$ 范围内 R_t 的表达式可近似为：

$$R_t = R_0(1 + A_1 t) \qquad (6-4-5)$$

式中：A_1 为温度系数，近似为 $3.85 \times 10^{-3}℃^{-1}$。Pt100 铂电阻的阻值，在 $0℃$ 时，$R_t = 100\ \Omega$；在 $100℃$ 时 $R_t = 138.5\ \Omega$。

4. 热敏电阻温度传感器

热敏电阻是利用半导体电阻阻值随温度变化的特性来测量温度的。按电阻值随温度升高而减小或增大，分为 NTC 型（负温度系数）、PTC 型（正温度系数）和 CTC 型（临界温度系数）。热敏电阻电阻率大，温度系数大，但其非线性范围大，置换性差，稳定性差，通常只适用于一般要求不高的温度测量。以上三种热敏电阻的温度特性曲线见图 $6-4-3$。

在一定的温度范围内（小于 $450℃$）热敏电阻的电阻 R_t 与温度 T 之间有如下关系：

$$R_t = R_0 e^{B\left(\frac{1}{T} - \frac{1}{T_0}\right)} \qquad (6-4-6)$$

式中：R_t，R_0 是温度为 $T(K)$，$T_0(K)$ 时的电阻值（K 为热力学温度单位开）；B 是热敏电阻材料常数，一般情况下 B 为 $2000 \sim 6000$ K。

对一定的热敏电阻而言，B 为常数，对式 $(6-4-6)$ 两边取对数，则有：

$$\ln R_t = B\left(\frac{1}{T} - \frac{1}{T_0}\right) + \ln R_0 \quad (6-4-7)$$

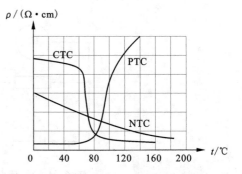

图 $6-4-3$　三种热敏电阻的温度特性曲线

由式 $(6-4-7)$ 可见，$\ln R_t$ 与 $1/T$ 成线性关系，作 $\ln R_t - (1/T)$ 曲线，用直线拟合，由斜率可求出常数 B。

5. 电压型集成温度传感器（LM35）

LM35 温度传感器，标准 TO-92 工业封装，其准确度一般为 $\pm 0.5℃$。由于其输出为电压，且线性极好，故只要配上电压源、数字式电压表就可以构成一个精密数字测温系统。内部的激光校准保证了极高的准确度及一致性,且无须校准。输出电压的温度系数 $K_V = 10.0$ mV/℃,利用下式可计算出被测温度 $t(℃)$:

$$V_o = K_V t = 10\,t$$

即

$$t = V_o/10 \qquad (6-4-8)$$

LM35 温度传感器的电路符号见图 6-4-4,V_o 为输出端输出电压。

实验测量时只要直接测量其输出端电压 V_o,即可知待测量的温度。

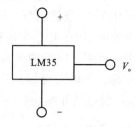

图 6-4-4 LM35 电路符号

6. 电流型集成温度传感器(AD590)

AD590 是一种电流型集成电路温度传感器。其输出电流大小与温度成正比。它的线性度极好,AD590 温度传感器的温度适用范围为 -55~150℃,灵敏度为 1 μA/K。它具有高准确度、动态电阻大、响应速度快、线性好、使用方便等特点。AD590 是一个二端器件,电路符号如图 6-4-5 所示。

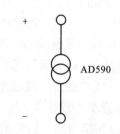

图 6-4-5 AD590 电路符号

AD590 等效于一个高阻抗的恒流源,其输出阻抗 > 10 MΩ,能大大减小因电源电压变动而产生的测量误差。

AD590 的工作电压为 +4 ~ +30V,测温范围是 -55~150℃。对应于热力学温度 T,每变化 1 K,输出电流变化 1 μA。其输出电流 $I(μA)$ 与热力学温度 $T(K)$ 严格成正比。其电流灵敏度表达式为:

$$\frac{I}{T} = \frac{3k}{eR}\ln 8 \qquad (6-4-9)$$

式中:k, e 分别为玻尔兹曼常量和电子电量;R 是内部集成化电阻。将 $k/e = 0.0862$ mV/K,$R = 538\ \Omega$ 代入式(6-4-9)中得到

$$\frac{I}{T} = 1.000\ μA/K \qquad (6-4-10)$$

在 $t = 0℃$ 时其输出为 273.15 μA(AD590 有几种级别,一般准确度差异在 ±(3 ~ 5) μA)。因此,AD590 的输出电流 I 的微安数就代表着被测温度的热力学温度值(K)。

AD590 的电流-温度($I-T$)特性曲线如图 6-4-6 所示。

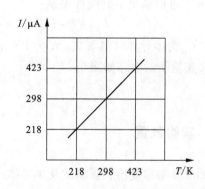

图 6-4-6 AD590 电流-温度特性曲线

其输出电流表达式为:

$$I = AT + B \qquad (6-4-11)$$

式中:A 为灵敏度;B 为 0 K 时的输出电流。如需显示摄氏温标(℃)则要加温标转换电路,其关系式为:

$$t = T - 273.15 \qquad (6-4-12)$$

AD590 温度传感器其准确度在整个测温范围内小于或等于 0.5℃，线性极好。利用 AD590 的上述特性，在最简单的应用中，用一个电源、一个电阻、一个数字式电压表即可用于温度的测量。由于 AD590 以热力学温度 T 定标，在摄氏温标应用中，应该进行 0℃ 的转换。实验测量电路如图 6-4-7 所示。

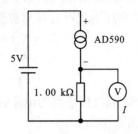

图 6-4-7　AD590 实验测量电路

7. PN 结温度传感器

PN 结温度传感器是利用半导体 PN 结的结电压对温度依赖性，实现对温度检测的，实验证明在一定的电流通过情况下，PN 结的正向电压与温度之间有良好的线性关系。通常将硅三极管 b, c 极短路，用 b, e 极之间的 PN 结作为温度传感器测量温度。硅三极管基极和发射极间正向导通电压 U_{be} 一般约为 600 mV（25℃），且与温度成反比。线性良好，温度系数约为 -2.3 mV/℃，测温精度较高，测温范围可达 -50 ~ 150℃。缺点是一致性差，所以互换性差。

通常 PN 结组成二极管的电流 I 和电压 U 满足式(6-4-13)：

$$I = I_S(e^{\frac{qU}{KT}} - 1) \qquad (6-4-13)$$

在常温条件下，且 $e^{\frac{qU}{KT}} \gg 1$ 时，式(6-4-13)可近似为：

$$I = I_S e^{\frac{qU}{KT}} \qquad (6-4-14)$$

式(6-4-13)、式(6-4-14)中：$q = 1.602 \times 10^{-19}$ C 为电子电量；$k = 1.381 \times 10^{-23}$ J/K 为玻尔兹曼常量；T 为热力学温度；I_S 为反向饱和电流。

当正向电流保持恒定条件下，PN 结的正向电压 U 和温度 T 近似满足下列线性关系：

$$U = KT + U_{g0} \qquad (6-4-15)$$

式中：U_{g0} 为半导体材料参数；K 为 PN 结的结电压温度系数。实验测量电路如图 6-4-8 所示。

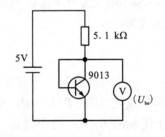

图 6-4-8　PN 结测温实验电路

实验装置

FB820 型温度传感器测试及半导体致冷控温实验仪 1 台及五种不同的温度传感器。

实验内容与实验方法

1. 用直流电桥法测量 Pt100 铂电阻的温度特性

按附录 C 图 6-4-13 接线。控温传感器 Pt100 铂电阻（A 级）已经装在致冷井和加热井中与其他井孔离中心相同半径的位置,保证其测量温度与待测元件实际温度相同。在环境温度高于零摄氏度时,先把温度传感器放入致冷井中(图中实线所示),利用半导体致冷把温度降到 0℃,并以此温度作为起点进行测量,每隔 10℃ 测量一次,直到需要待测温度高于环境温度时,就把温度传感器转移到加热井中,然后开启加热器,控温系统每隔 10℃ 设置一次,待控温稳定 2 min 后,调整电阻箱 R_3 使输出电压为零,电桥平衡,则按式(6-4-1)测量、计算待测 Pt100 铂电阻的阻值(R_1、R_2 为精度千分之一的精密电阻,R_3 为五盘十进精密电阻箱),数据记入表 6-4-1。

表 6-4-1　温度特性测试数据

序号	1	2	3	4	5	6	7	8	9	10	11
$t/℃$	0	10	20	30	40	50	60	70	80	90	100
R_t/Ω											

将测量数据 $R_X(\Omega)$ 用最小二乘法直线拟合,求温度系数 A_1。

2. 用恒电流法测量热敏电阻的温度特性

按附录 C 图 6-4-14 接线。接通电路后,先监测 R_1 上电流是否为 1 mA 即测量 U_{R1}(U_1 =1.00 V,R_1 =1.000 kΩ)。在环境温度高于零摄氏度时,先把 MF53-1 放入致冷井(图中虚线所示),操作方法同上。控温稳定 2 min 后按式(6-4-2)测试 MF53-1 热敏电阻的阻值。数据记入表 6-4-2 中。

表 6-4-2　MF53-1 热敏电阻温度特性测试数据

序号	1	2	3	4	5	6	7	8	9	10	11
$t/℃$	0	10	20	30	40	50	60	70	80	90	100
R_t/Ω											

将测量数据用最小二乘法进行曲线指数回归拟合,求温度系数 B。

3. 电压型集成温度传感器温度特性的测试

按附录 C 图 6-4-15 接线。操作方法同上,待温度恒定,测试传感器的输出电压,数据记入表 6-4-3。

表 6-4-3　温度特性测试数据

序号	1	2	3	4	5	6	7	8	9	10	11
$t/℃$	0	10	20	30	40	50	60	70	80	90	100
V_o/V											

将测量数据用最小二乘法进行拟合，求温度系数 K_V。

4. 电流型集成温度传感器(AD590)温度特性的测试

(1)按附录 C 图 6-4-16 接线。将温度设置为 25℃(25℃位置进行 PID 自适应调整，保证达 25℃±0.1℃的控温精度)。温度传感器 AD590 插入加热井中，升温至 25℃。温度恒定后测试 1 kΩ 电阻(精密电阻)上的电压是否为 298.15 mV。(上述实验，环境温度必须低于 25℃，AD590 输出电流定标温度为 25℃，输出电流为 298.15 μA。0℃时则为 273.15 μA。如果实验环境温度已经高于 25℃，则此时要把 AD590 插入致冷井中，通过半导体致冷，使待测温度达到 25℃)

(2)在环境温度高于零摄氏度时，先把温度传感器放入致冷井，将致冷井温度设置为 0℃，每隔 10℃控温系统设置一次，每次待温度稳定 2 min 后，测试 1 kΩ 电阻上电压。当需要温度高于环境温度时，把温度传感器转移到加热井，操作方法同上。

数据记录于表 6-4-4 中。

表 6-4-4　AD590 温度特性测试数据

序号	1	2	3	4	5	6	7	8	9	10	11
$t/℃$	0	10	20	30	40	50	60	70	80	90	100
U/V											
$I/μA$											

I 为从 1.000 kΩ 电阻上测得电压换算所得($I = U/R$)，用最小二乘法进行直线拟合得：$I/T =$ _____ μA/K。

5. PN 结温度传感器温度特性的测试(选作)

按附录 C 图 6-4-17 接线。每隔 10℃控温系统设置一次，待控温稳定 2 min 后，进行 PN 结正向导通电压 U_{be} 的测量，结果记入表 6-4-5。

表 6-4-5　PN 结温度特性测试数据

序号	1	2	3	4	5	6	7	8	9	10	11
$t/℃$	0	10	20	30	40	50	60	70	80	90	100
U_{be}/V											

用最小二乘法进行直线拟合，求出结果：$A =$ _____，$B =$ _____。

附录

附录 A　FB820 型温度传感器测试及半导体致冷控温实验仪面板功能

如图 6 - 4 - 9 所示，FB820 型仪器面板功能如下：①加热功能指示；②加热、致冷功能转换按钮，释放位置为加热，按下为致冷；③致冷功能指示；④毫伏表作为电压表测量功能指示；⑤电压表、致冷电流表测量功能转换按钮，释放时为电压功能，按下时为致冷器工作电流测量功能；⑥致冷电流测量功能指示；⑦四位半电压、电流数值显示；⑧电压表 2 V 量程指示；⑨电压表量程转换，释放位置为 20 V 量程，按下时为 2 V 量程；⑩电压表 20 V 量程指示；⑪控温设定值显示；⑫温度设置功能键；⑬测量温度显示；⑭致冷井致冷工作指示；⑮致冷井；⑯加热井加热工作指示；⑰加热井；⑱加热器降温风扇开关；⑲加热器工作电压选择：电压分别为 0 V，16 V，24 V（$I_{\max} = 2$ A），可控制加热速度快慢；⑳PN 结温度传感器专用测试单元；㉑电压型 LM35 温度传感器专用测试单元；㉒集成电流型 AD590 温度传感器专用测试单元；㉓恒流源法 Pt100、MF53 - 1 温度传感器测试单元；㉔直流电桥法温度传感器测试单元（需用户自备五盘电阻箱）；㉕、㉖外接电阻箱接入端钮；㉗分别为三路电源负极；㉘2V（$I_{\max} = 100$ mA）直流电源正极；㉙20 V（$I_{\max} = 100$ mA）直流电源正极；㉚1 mA（$V_{\max} = 15$ V）恒流源正极；㉛致冷器工作电流调节（$I_{\max} = 3.5$ A）。

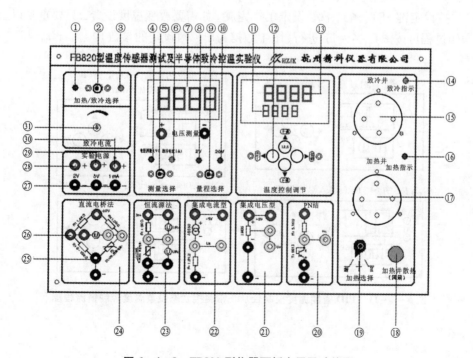

图 6 - 4 - 9　FB820 型仪器面板布局及功能图

附录 B PID 智能温度控制仪使用说明

该控制器是一种高性能、可靠性好的智能型调节仪表，广泛使用于机械化工、陶瓷、轻工、冶金、热处理等行业的温度、流量、压力、液位自动控制系统。控制器面板布置图如图 6 – 4 – 10 所示。

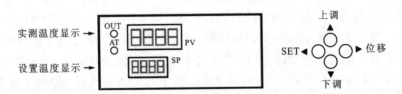

图 6 – 4 – 10　PID 智能温度控制仪面板布置图

例如需要设置加热温度为 30℃，具体操作步骤如下：

（1）先按设定键 SET（◄）0.5 s，进入温度设置。（注：若学生不慎按设定键时间长达 5 s，出现进入第二设定区符号，这时只要停止操作 5 s，仪器将自动恢复温控状态。）

（2）按位移键（►），选择需要调整的位数，数字闪烁的位数即是可以进行调整的位数。

（3）按上调键（▲）或下调键（▼）确定这一位数值，按此办法，直到各位数值满足设定温度。

（4）再按设定键 SET（◄）1 次，设定工作完成。如需要改变温度设置，只要重复以上步骤即可。操作过程可按图 6 – 4 – 11 进行（图中数据为出厂时设定的参数）。

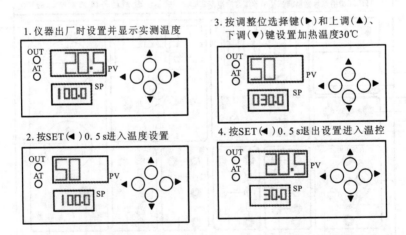

图 6 – 4 – 11　PID 智能温度控制仪从正常温控状态设置温度控制值流程图

附录 C　实验接线示意图

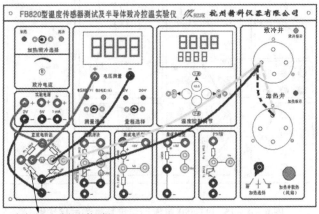

图 6 – 4 – 12　用直流电桥法测量 PT100 铂电阻的温度特性

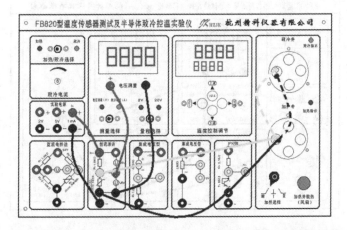

图 6 – 4 – 13　用恒电流法测量 MF53 – 1 热敏电阻温度特性接线图

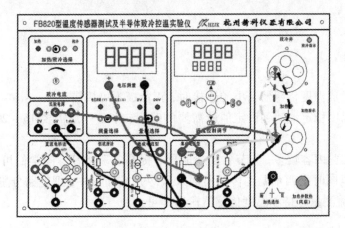

图 6 – 4 – 14　电压型 LM35 温度传感器温度特性测试接线图

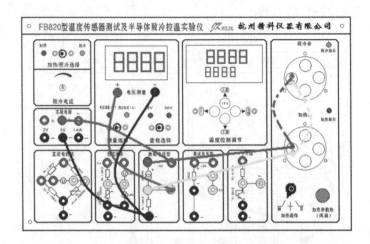

图 6 - 4 - 15　AD590 电流型温度特性测试接线图

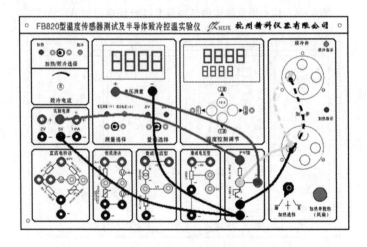

图 6 - 4 - 16　PN 结温度特性测试接线图

 注意事项

(1) AD590 集成温度传感器与电源连接时,正负极不可接错。

(2) 温控仪温度稳定地达到设定值所需要的时间较长,一般需要 15 ~ 20 min,务必耐心等待。

(3) 由于本实验内容较多,为节省实验时间,提高实验效率,同学们可以合理安排实验步骤。例如:可以同时把四个温度传感器插入致冷井或加热井,把电路分别接通,用仪器上的数字电压表轮流测量各待测温度传感器输出即可。

预习要求

了解几种温度传感器的工作原理和温度特性。

 思考题

(1)为什么常选用铂金属材料作温度传感器？可用镍、铜一类的材料作温度传感器吗？
(2)为什么铂电阻的激励电流选用 1 mA 而不是 100 mA？

 参考文献

周真，苑惠娟. 传感器原理与应用[M]. 北京：清华大学出版社，2011.

第 7 章

量子计算实验

实验 7.1　连续波实验

 实验背景

一、量子计算背景

在过去的几十年中，经典计算机经历了快速的发展时期。第一台通用电子计算机 ENIAC 占地约 170 m²，如今的掌上电脑已经可以放进口袋。体积的巨大变化，主要归功于集成电路工业的飞速发展。英特尔公司创始人之一戈登·摩尔曾提出著名的摩尔定律，用以总结和预期集成电路的发展，即集成电路上可容纳的晶体管数目，约每隔 18 个月便会翻一倍，其性能也会翻倍。然而随着电路集成度越来越高，摩尔定律也遇到了新的挑战。因为按照摩尔定律描述的发展趋势，集成电路的工艺已进入纳米尺度。在芯片上如此高密度地集成元器件，热耗散问题是一个巨大的挑战。更严重的是，随着集成电路的工艺进入纳米尺度，量子效应会逐渐显现并占据支配地位。当描述元器件工作的物理规律由经典物理转变为量子力学，试图按照原来的方式保持集成电路的发展趋势就非常困难了。

既然在微观尺度下，量子力学效应占主导，那有没有可能利用量子力学效应来构造计算机呢？费曼最先在 1982 年指出，采用经典计算机不可能以有效方式来模拟量子系统的演化。我们知道，经典计算机与量子系统遵从不同的物理规律，用于描述量子态演化所需要的经典信息量，远远大于用来以同样精度描述相应的经典系统所需的经典信息量。费曼提出用量子计算则可以精确而方便地实现这种模拟。1985 年，David Deutsch 深入研究量子计算机是否比经典计算机更有效率的问题。他首次在理论上描述出了量子计算机的简单模型——量子图灵机模型，研究了它的一般性质，预言它的潜在能力。但当时的人们还不知道有什么具体的可求解问题，量子计算能比经典计算更有优越性。1994 年，美国数学家 Peter Shor 从原理上指出，量子计算机可以用比经典计算机快得多的速度来求解大数的质因子分解问题。由于大数质因子分解问题是现代通信与信息安全的基石，Shor 的开创性工作引起了巨大的关注，其可期待的辉煌应用潜力有力地刺激了量子计算机和量子密码等领域的研究发展，成为量子信息科学发展的重要里程碑之一。1996 年 Grover 发现了另一种很有用的量子算法，即所谓的量子搜索算法，它适用于解决如下问题：从 N 个未分类的客体中寻找出某个特定的客体。经典算法只能是一个接一个地搜寻，直到找到所要的客体为止，这种算法平均地讲要寻找 $N/2$ 次，成功概率为 $1/2$，而采用 Grover 的量子算法则只需要 $\sqrt{N}$ 次。

随着一系列量子算法的提出，量子计算对某些重要问题相对于已知的经典计算方式的计算能力展现出巨大的优势。量子计算不仅吸引着众多的科研人员，其应用前景也吸引了谷歌、微软、IBM 等国际知名公司参与这一领域的竞争。近年来，各研究团队更是试图实现"量子霸权"（Quantum supremacy），即通过量子计算实现对经典计算能力的极限的突破。

二、量子计算基本概念

经典计算机需要信息的载体、逻辑操作、状态读出等一系列基本元素。量子计算机也类似，首先我们需要量子信息的载体，即量子比特。然后需要具备对量子比特进行初始化、操控和读出的能力。我们利用一系列的逻辑操作，构成量子算法，来实现特定的计算目的。

1. 量子比特

如果我们把数据送入计算机处理，就必须把数据表示成为计算机能识别的形式。在经典计算机中，信息单元用 1 个二进制位表示，它处于"0"态或"1"态，如图 7 – 1 – 1 所示。而在量子计算机中，信息单元称为"量子比特"，它除了可以处于"0"态或"1"态外，还可处于一种叠加态。

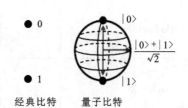

图 7 – 1 – 1　经典比特与量子比特对比示意图

我们用 $|0\rangle$ 和 $|1\rangle$ 表示量子比特可取的状态基矢，单个量子比特可取为

$$|\Psi\rangle = \alpha|0\rangle + \beta|1\rangle \qquad (7-1-1)$$

因为存在约束条件 $\alpha\alpha^* + \beta\beta^* = 1$，我们也可以把量子比特表示为：

$$|\Psi\rangle = \cos\frac{\theta}{2}|0\rangle + e^{i\varphi}\sin\frac{\theta}{2}|1\rangle \qquad (7-1-2)$$

这里 $-\pi \leqslant \theta \leqslant \pi$，$0 \leqslant \varphi \leqslant 2\pi$，$x = \sin\theta \times \cos\varphi$，$y = \sin\theta \times \sin\varphi$，显然 θ 和 φ 在单位三维球体上定义了一个点，这个球通常被称为布洛赫球。单个量子比特的纯态可以与布洛赫球面上的点一一对应，如图 7 – 1 – 2 所示。

2. 量子逻辑门

经典计算中用到很多基本逻辑门，包括与门、或门、非门、异或门、与非门和或非门等，这些元件组合在一起能构成用来计算任何函数的硬件电路。量子计算机与此类似，也由一系列的量子门组合而成，以此来完成复杂计算任务。表 7 – 1 – 1 列出了常用的量子逻辑门代表符号和矩阵表示。描述单个量子门的矩阵 U 要求必须是幺正的，即 $UU^\dagger = I$。C – Not 门是一个两比特门，当控制比特是 $|0\rangle$ 时，目标比特不变。当控制比特是 $|1\rangle$ 时，目标比特发生翻转，即 $|0\rangle \rightarrow |1\rangle$，$|1\rangle \rightarrow |0\rangle$。

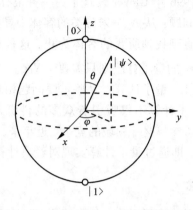

图 7 - 1 - 2　布洛赫球上二能级量子态的表示

表 7 - 1 - 1　常用量子逻辑门的符号和矩阵表示

名称	符号	矩阵表示
Hadamard	H	$\frac{1}{\sqrt{2}}\begin{bmatrix} 1 & 1 \\ 1 & -1 \end{bmatrix}$
Pauli - X	X	$\begin{bmatrix} 0 & 1 \\ 1 & 0 \end{bmatrix}$
Pauli - Y	Y	$\begin{bmatrix} 0 & -i \\ i & 0 \end{bmatrix}$
Pauli - Z	Z	$\begin{bmatrix} 1 & 0 \\ 0 & -1 \end{bmatrix}$
C - Not		$\begin{bmatrix} 1 & 0 & 0 & 0 \\ 0 & 1 & 0 & 0 \\ 0 & 0 & 0 & 1 \\ 0 & 0 & 1 & 0 \end{bmatrix}$

　　要实现实用的量子计算,需要的量子比特的数目远不止两个,因此需要能够实现多比特的量子逻辑门。而且,量子计算中需要施加的量子逻辑门与要解决的问题有关,也就是说,为了解决不同的问题,需要使用不同的量子逻辑门。那么,能不能只用一些基本的量子逻辑门,来实现任意的量子逻辑门的效果呢? 理论上可以证明,对于任意的多比特量子逻辑门,都可以通过两比特受控非门结合单比特量子逻辑门的方式实现。由单比特量子逻辑门和受控非门可形成一组普适的量子逻辑门。

3. 量子测量

为了得到量子计算的结果，需要对末态进行量子测量。对于量子比特$|\Psi\rangle = \alpha|0\rangle + \beta|1\rangle$，采用基矢$|0\rangle$和$|1\rangle$进行测量，得到结果$|0\rangle$和$|1\rangle$的概率分别为$|\alpha|^2$和$|\beta|^2$。如果选择另外的一组正交基矢：

$$|+\rangle = \frac{1}{\sqrt{2}}(|0\rangle + |1\rangle), \quad |-\rangle = \frac{1}{\sqrt{2}}(|0\rangle - |1\rangle) \qquad (7-1-3)$$

任意量子比特的态可以写成：

$$|\Psi\rangle = \alpha|0\rangle + \beta|1\rangle = \frac{\alpha + \beta}{\sqrt{2}}|+\rangle + \frac{\alpha - \beta}{\sqrt{2}}|-\rangle \qquad (7-1-4)$$

测量之后，坍缩到$|+\rangle$和$|-\rangle$的概率分别是$\frac{1}{2}|\alpha + \beta|^2$，$\frac{1}{2}|\alpha - \beta|^2$。

一般情况下，给出任意的基矢$|a\rangle$和$|b\rangle$，可以将任意态表示为$\alpha|a\rangle + \beta|b\rangle$，只要$|a\rangle$和$|b\rangle$是正交的，就可以进行相当于$|a\rangle$和$|b\rangle$的测量，以$|\alpha|^2$的概率得到$|a\rangle$，以$|\beta|^2$的概率得到$|b\rangle$。

4. 量子算法

经典计算机在处理某些问题的时候，速度是很快的，比如计算乘法"$127 \times 229 = ?$"。但如果将这个问题反过来，求解 29083 这个数能分解成哪两个质数的乘积"$? \times ? = 29083$"，这时候经典计算机可能要花费很长的时间来处理。尤其是当要分解的数非常大的时候，普通计算可能要运算几年或者更长的时间才能得到结果。而此时如果采用量子算法，则大数质因子分解问题可以迎刃而解。利用量子计算机，几乎可以瞬间完成大数分解。

量子算法与经典算法相比，其差别在于，量子算法融入了量子力学的很多特征。经典算法本质上不依赖于量子物理，只是数学上的技巧。而量子算法中用到了量子相干性、量子叠加性、量子并行性、波函数坍缩等量子力学特性，进而大大提高了计算效率。这种崭新的计算模式，给计算科学带来重大影响。有些问题，依据经典计算复杂性理论，是不存在有效算法的，但在量子算法的框架里却找到了有效算法。最为典型的量子算法有：Shor 算法（质因数分解）、QEA 算法（组合优化求解）、Grover 算法（量子搜索算法）等。这些量子算法可能处理的问题不同，但是都是采用了量子力学物理性质进行计算的。每一种算法都有其独特性，比如 Shor 算法对质因素分解将直接威胁 RSA 加密体系，Grover 算法在搜索方面具有指数级的速度。这些都有潜在的应用价值。下面我们以 Deutsch - Jozsa 算法为例，说明量子并行性的优势。

5. Deutsch - Jozsa 算法

考虑定义在$\{0, 1\}^n$上的函数$f(x)$，满足$f(x) \in \{0, 1\}$，且$f(x)$的输出分为两种情况。一种是对于任意输入，它只输出 0 或者 1，我们称之为常函数；另一种情况是，恰好对于一半的输入，输出为 0，另一半输入，输出为 1，我们称之为平衡函数。问题是：对于未知的$f(x)$，我们要区分它是常函数还是平衡函数，如果采用经典计算的方式，需要挨个检查输出结果，要得到准确无误的判断，最坏的情况需要进行$2^{n-1} + 1$次计算。这是因为，如果进行了2^{n-1}次计算后，得到的是 2^{n-1} 个相同的输出，这时候仍不能确定 $f(x)$ 是常函数还是平衡函数。如果采用量子计算的方式，对于同样的问题，只需要一次计算就可以得出结果，解决这个问题的量子算法称为 Deutsch – Jozsa 算法(简称 D – J 算法)。D – J 算法是 1992 年由 David Deutsch 和 Richard Jozsa 提出的，是对 1985 年 David Deutsch 单独提出的 Deustsh 算法的一般性推广。Deutsch 算法即是 D – J 算法 $n=1$ 的情况。因为 Deutsch 算法更易说明，下面我们就详细讲解 Deutsch 算法。

函数 $f(x)$，其定义域为 $\{0,1\}$，且 $f(x) \in \{0,1\}$，那么这样的函数共有四种情况，如图 7 – 1 – 3 所示。

<table>
<tr><td colspan="2" align="center">$f_1(x)$</td><td></td><td colspan="2" align="center">$f_2(x)$</td></tr>
<tr><td>输入</td><td>输出</td><td></td><td>输入</td><td>输出</td></tr>
<tr><td>0</td><td>0</td><td></td><td>0</td><td>1</td></tr>
<tr><td>1</td><td>0</td><td></td><td>1</td><td>1</td></tr>
</table>

<table>
<tr><td colspan="2" align="center">$f_3(x)$</td><td></td><td colspan="2" align="center">$f_4(x)$</td></tr>
<tr><td>输入</td><td>输出</td><td></td><td>输入</td><td>输出</td></tr>
<tr><td>0</td><td>0</td><td></td><td>0</td><td>1</td></tr>
<tr><td>1</td><td>1</td><td></td><td>1</td><td>0</td></tr>
</table>

图 7 – 1 – 3　常函数与平衡函数

图 7 – 1 – 3 中 $f_1(x)$ 与 $f_2(x)$ 是常函数，$f_3(x)$ 与 $f_4(x)$ 是平衡函数。

现在我们需要判断 $f(x)$ 是常函数还是平衡函数，采用经典计算的方法，需要分别计算 $f(0)$ 和 $f(1)$，然后判断 $f(0)$ 和 $f(1)$ 是否相等，共需进行两次计算。如果采用量子计算中的 Deutsch 算法，则只需一次计算就能够判定。图 7 – 1 – 4 是 Deutsch 算法的量子线路图。

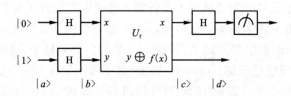

图 7 – 1 – 4　Deutsch 算法的量子线路图

该算法需要两个量子比特，其初态是 $|a\rangle = |0,1\rangle$，然后对两个比特分别施加 Hadamard 门，得到的态为：

$$|b\rangle = \left(\frac{|0\rangle + |1\rangle}{\sqrt{2}}\right)\left(\frac{|0\rangle - |1\rangle}{\sqrt{2}}\right) \qquad (7-1-5)$$

对 $|b\rangle$ 施加量子逻辑门 U_f，其中 U_f 对量子比特的作用为

$$U_f|x,y\rangle = |x, y \oplus f(x)\rangle \qquad (7-1-6)$$

$y \oplus f(x)$ 代表 $y + f(x)$ 除以 2 的余数。因此有

$$\begin{cases} U_{\mathrm{f}}|x, 0\rangle = |x, f(x)\rangle \\ U_{\mathrm{f}}|x, 1\rangle = |x, 1-f(x)\rangle \end{cases} \tag{7-1-7}$$

所以

$$U_{\mathrm{f}}|x\rangle\left(\frac{|0\rangle - |1\rangle}{\sqrt{2}}\right) = |x\rangle\left(\frac{|f(x)\rangle - |1-f(x)\rangle}{\sqrt{2}}\right) = (-1)^{f(x)}|x\rangle\left(\frac{|0\rangle - |1\rangle}{\sqrt{2}}\right)$$

$$\tag{7-1-8}$$

如果 $f(0) = f(1)$，即 $f(x)$ 是常函数，经过 U_{f} 作用之后得到的态是：

$$|c\rangle = \pm\left(\frac{|0\rangle + |1\rangle}{\sqrt{2}}\right)\left(\frac{|0\rangle - |1\rangle}{\sqrt{2}}\right) \tag{7-1-9}$$

如果 $f(0) \neq f(1)$，即 $f(x)$ 是平衡函数，经过作用之后的态是：

$$|c\rangle = \pm\left(\frac{|0\rangle - |1\rangle}{\sqrt{2}}\right)\left(\frac{|0\rangle - |1\rangle}{\sqrt{2}}\right) \tag{7-1-10}$$

算法运行到这一步，第一个量子比特的态，已经与 $f(x)$ 是常函数还是平衡函数产生关联。若 $f(x)$ 是常函数，则第一个量子比特的态是 $\frac{|0\rangle + |1\rangle}{\sqrt{2}}$；若 $f(x)$ 是平衡函数，则第一个量子比特的态是 $\frac{|0\rangle - |1\rangle}{\sqrt{2}}$。然后对第一个量子比特加 Hadamard 门，如果 $f(0) = f(1)$，即 $f(x)$ 是常函数，我们得到

$$|d\rangle = \pm|0\rangle\left(\frac{|0\rangle - |1\rangle}{\sqrt{2}}\right) \tag{7-1-11}$$

如果 $f(0) \neq f(1)$，即 $f(x)$ 是平衡函数，得

$$|d\rangle = \pm|1\rangle\left(\frac{|0\rangle - |1\rangle}{\sqrt{2}}\right) \tag{7-1-12}$$

以 $|0\rangle$ 和 $|1\rangle$ 作为基矢，对第一个量子比特进行测量，如果 $f(x)$ 是常函数，则测量结果是 0；如果 $f(x)$ 是平衡函数，则测量结果是 1。

总结一下 Deutsch 算法的过程，我们将量子比特制备到 $|0\rangle$ 和 $|1\rangle$ 的叠加态，只需进行一次计算，就可以根据末态的测量结果是 0 还是 1，来判断 $f(x)$ 是常函数还是平衡函数。根据经典算法，则需进行两次计算。将 Deutsch 算法的定义域从 $\{0, 1\}$ 推广到 $\{0, 1\}^n$，其解决方法即是 D-J 算法。D-J 算法是最早提出的量子算法之一，虽然 D-J 算法解决的问题不具备太多实际意义，但该算法向人们展示了，解决某些问题时，量子计算能够比经典计算更高效。下面我们将讨论如何在实验上实现这一算法。

☞ 实验目的

（1）了解量子计算的基本原理。
（2）了解自旋量子比特的原理和操控手法。
（3）了解 D-J 算法的原理和实验实现方法。
（4）了解量子比特退相干的原理和延长相干时间的方法。

实验原理

一、DiVincenzo 判据

2000 年，DiVincenzo 讨论了实现量子计算的物理要求，并提出如下七条判据：

(1)可扩展的具有良好特性的量子比特系统；

(2)能够制备量子比特到某个基准态；

(3)具有足够长的相干时间来完成量子逻辑门操作；

(4)能够实现一套通用量子逻辑门操作；

(5)能够测量量子比特；

(6)能够使飞行量子比特和静止量子比特互相转化；

(7)能够使飞行量子比特准确地在不同的地方之间传送。

后面两条是针对量子计算机之间通信提出的要求，前面五条是实现量子计算的要求。人们已经在多种系统上试验了量子计算机的实现方案，包括离子阱、超导约瑟夫森结、腔量子电动力学、硅基半导体、量子点、液体核磁共振等。下面我们以金刚石中的 NV 色心为例，说明量子计算的实验实现。

二、金刚石中的 NV 色心

NV(Nitrogen – Vacancy)色心是金刚石中的一种点缺陷，如图 7 – 1 – 5 所示。金刚石晶格中一个碳原子缺失形成空位，近邻的位置有一个氮原子，这样就形成了一个 NV 色心。我们这里所说的 NV 色心，指的是带负电荷 NV⁻ 顺磁中心。NV 色心有六个电子，两个来自氮原子，三个来自空位相邻的碳原子，还有一个是俘获的(来自施主杂质的)电子。

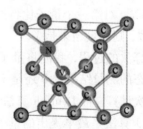

图 7 – 1 – 5　金刚石和金刚石中的 NV 色心原子结构

三、自旋态初始化和读出

图 7 – 1 – 6 是室温下金刚石 NV 色心的能级结构。NV 色心的基态为自旋三重态，三重态基态与激发态间跃迁相应的零声子线为 637 nm，箭头上方区域为声子边带。基态的自旋三重态($|m_s = 0\rangle$，$|m_s = 1\rangle$，$|m_s = -1\rangle$)中，$|m_s = 1\rangle$，$|m_s = -1\rangle$ 在无磁场时是简并的，它们与 $|m_s = 0\rangle$ 态之间的能隙(零场劈裂)对应微波频率为 2.87 GHz。激发态的能级自旋分裂对应的微波频率为 1.4 GHz。

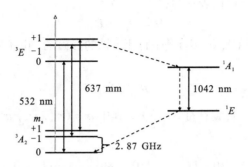

图 7 - 1 - 6　室温下金刚石 NV 色心的能级结构示意图

（会辐射出光子的跃迁用实线箭头表示，非辐射跃迁用虚线箭头表示）

首先 532 nm 的激光激发基态电子，由于电子跃迁是电偶极跃迁，与电子自旋无关，所以跃迁前后的自旋是守恒的。$|m_s = 0\rangle$ 的基态电子到 $|m_s = 0\rangle$ 的声子边带，而 $|m_s = \pm 1\rangle$ 的基态电子到 $|m_s = \pm 1\rangle$ 的声子边带。之后 $|m_s = 0\rangle$ 的电子绝大多数都直接跃迁到基态辐射荧光，而 $|m_s = \pm 1\rangle$ 的电子则有一部分直接跃迁到基态辐射荧光，而另一部分通过无辐射跃迁到单重态再到三重态的 $|m_s = 0\rangle$ 态。经过多个周期之后，基态 $|m_s = \pm 1\rangle$ 上的布居度会越来越少，而 $|m_s = 0\rangle$ 上的布居度会越来越多。这相当于，在激光的照射下，布居度从 $|m_s = \pm 1\rangle$ 转移到了 $|m_s = 0\rangle$，从而实现了自旋极化。室温下 NV 色心电子自旋的极化率可达 95% 以上。

如果我们选取基态的 $|m_s = 0\rangle$ 和 $|m_s = 1\rangle$ 作为量子比特，NV 色心的自旋极化就对应于将量子比特的初态极化到 $|0\rangle$ 态。

由于 $|m_s = \pm 1\rangle$ 态有更大的概率通过无辐射跃迁，回到基态。所以 $|m_s = 0\rangle$ 态的荧光比 $|m_s = \pm 1\rangle$ 态的荧光强度大，实验上得出大 20% ~ 40%。根据 $|m_s = 0\rangle$ 态和 $|m_s = \pm 1\rangle$ 态对应荧光强度的差别，就可以区分 NV 色心的自旋态，即实现对自旋量子比特状态的读出。由于单次实验得到的 $|m_s = 0\rangle$ 态和 $|m_s = \pm 1\rangle$ 态的荧光强度并不明显，室温下对 NV 色心电子自旋量子比特的测量一般为多次实验重复测量，测得的结果为某个观测量（如 $|m_s = 0\rangle\langle m_s = 0|$）的平均值。

四、自旋态的操控

为了实现量子逻辑门，需要对 NV 色心自旋状态进行操控。调控 NV 色心自旋态使用的是自旋磁共振技术，即利用微波场与自旋的相互作用，来调控自旋态的演化，如图 7 - 1 - 7 所示。

1. 磁场中自旋的薛定谔方程描述

量子力学中，描述量子态随时间演化的方程是薛定谔方程：

$$H\Psi = i\hbar \frac{\partial \Psi}{\partial t} \qquad (7 - 1 - 13)$$

为了得到薛定谔方程的解，我们需要知道哈密顿量和初态波函数。考虑一个自旋 1/2 的电子，处在均

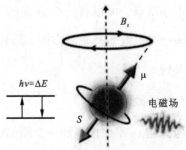

图 7 - 1 - 7　自旋磁共振原理图

匀外磁场中，系统哈密顿量可以表示为：

$$H = -\boldsymbol{\mu} \cdot \boldsymbol{B}_0 \tag{7-1-14}$$

式中：$\boldsymbol{\mu}$ 是电子磁矩；$\boldsymbol{B}_0 = (0, 0, B_0)$ 是平行于 z 轴的静磁场。电子磁矩和自旋算符之间的关系是：

$$\boldsymbol{\mu} = \gamma \boldsymbol{S} \tag{7-1-15}$$

比例常数 γ 被称作旋磁比。自旋算符 $\boldsymbol{S} = \dfrac{\hbar}{2}\boldsymbol{\sigma}$，其中 $\boldsymbol{\sigma} = (\sigma_x, \sigma_y, \sigma_z)$ 是泡利算符，其矩阵形式如下：

$$\sigma_x = \begin{pmatrix} 0 & 1 \\ 1 & 0 \end{pmatrix};\ \sigma_y = \begin{pmatrix} 0 & -i \\ i & 0 \end{pmatrix};\ \sigma_z = \begin{pmatrix} 1 & 0 \\ 0 & -1 \end{pmatrix} \tag{7-1-16}$$

代入公式可得到：

$$H = -\frac{\hbar}{2}\begin{pmatrix} \gamma B_0 & 0 \\ 0 & -\gamma B_0 \end{pmatrix} = -\frac{\hbar}{2}\begin{pmatrix} \omega_0 & 0 \\ 0 & -\omega_0 \end{pmatrix} \tag{7-1-17}$$

该哈密顿量的本征能级是 $-\dfrac{1}{2}\hbar\omega_0$ 和 $\dfrac{1}{2}\hbar\omega_0$，分别对应自旋向上和向下本征态。能级差为 $\hbar\omega_0$，恰好是频率为 ω_0 的光子的能量。

2. 自旋进动

为了得到电子自旋在静磁场中的演化方程，我们记其自旋初态为 $\Psi_0(t) = a_0|0\rangle + b_0|1\rangle$，随时间演化的状态为 $\Psi(t) = a|0\rangle + b|1\rangle$。其中 $|0\rangle = \begin{pmatrix} 1 \\ 0 \end{pmatrix}$，$|1\rangle = \begin{pmatrix} 0 \\ 1 \end{pmatrix}$。将哈密顿量式 (7-1-17) 代入薛定谔方程式 (7-1-13) 可得到：

$$i\hbar \begin{pmatrix} \dot{a} \\ \dot{b} \end{pmatrix} = -\frac{\hbar}{2}\begin{pmatrix} \omega_0 & 0 \\ 0 & -\omega_0 \end{pmatrix}\begin{pmatrix} a \\ b \end{pmatrix} \tag{7-1-18}$$

该方程的解是：

$$a = a_0 e^{\frac{i\omega_0 t}{2}},\ b = b_0 e^{\frac{i\omega_0 t}{2}} \tag{7-1-19}$$

如果记 $|a_0| = \cos\left(\dfrac{\alpha}{2}\right)$，$|b_0| = \sin\left(\dfrac{\alpha}{2}\right)$，那么可以得到：

$$\langle S_z \rangle = \frac{\hbar}{2}\cos\alpha,\ \langle S_x \rangle = \frac{\hbar}{2}\sin\alpha\cos(\omega_0 t + \alpha_0),\ \langle S_y \rangle = -\frac{\hbar}{2}\sin\alpha\sin(\omega_0 t + \alpha_0)$$

对于上述结果，可以有一个直观的几何解释。如图 7-1-8 所示，磁矩的 xy 分量大小是 $\dfrac{1}{2}\hbar\sin\alpha$，并且绕着外磁场方向 z 轴转动，转动频率为 ω_0。这个过程也叫作拉莫进动，ω_0 被称作拉莫频率。

3. 共振微波驱动

考虑在 xy 平面内施加一个圆偏振的微波场：

$$\begin{cases} B_x = B_1\cos\omega t \\ B_y = B_1\sin\omega t \end{cases} \tag{7-1-20}$$

记 $\omega_1 = \gamma B_1$，代入薛定谔方程式 $(7-1-13)$ 得：

$$i\hbar \begin{pmatrix} \dot{a} \\ \dot{b} \end{pmatrix} = -\frac{\hbar}{2} \begin{pmatrix} \omega_0 & \omega_1 e^{i\omega t} \\ \omega_1 e^{-i\omega t} & -\omega_0 \end{pmatrix} \begin{pmatrix} a \\ b \end{pmatrix} \tag{7-1-21}$$

假设 $t=0$ 的时候，电子占据的是自旋向下的态。我们希望得到，$t>0$ 时，在微波场的驱动下，电子占据自旋向上态的概率。也就是说：

$$\Psi(0) = \begin{pmatrix} 0 \\ 1 \end{pmatrix} \tag{7-1-22}$$

$t>0$ 时自旋向上的概率 $P_\uparrow = |a(t)|^2$。

通过求解薛定谔方程，可以得到：

$$P_\uparrow = |a(t)|^2 = \frac{\omega_1^2}{\omega_1^2 + (\omega_0 - \omega)^2} \sin^2 \delta t \tag{7-1-23}$$

其中

$$\delta = \sqrt{\omega_1 + (\omega_0 - \omega)^2} \tag{7-1-24}$$

该过程也可以几何地理解。前面提到，当有静磁场的时候，自旋绕着静磁场方向做进动（图 $7-1-8$）。当施加一个额外交变磁场，自旋会感受一个力矩，使其沿 z 轴方向翻转（图 $7-1-9$）。这个过程也叫作自旋的拉比振荡，翻转频率也称作拉比频率。

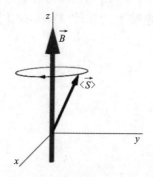

图 $7-1-8$　磁矩绕着外磁场方向做拉莫进动

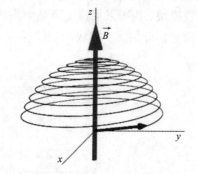

图 $7-1-9$　微波频率与拉莫进动频率一致时，磁矩绕着外磁场方向 z 轴做章动

　　实现了拉比振荡，即说明实现了对 NV 色心自旋的相干操控，量子比特在 0 态和 1 态之间振荡。在共振驱动的情况下，当 $\omega_1 t = \pi$ 时，量子比特从 0 态完全转到 1 态，即实现非门操作，这个脉冲也叫 π 脉冲，如图 $7-1-10$ 所示。当 $\omega_1 t = \dfrac{\pi}{2}$，我们得到 0 态和 1 态的叠加态，即 $|0\rangle \to \dfrac{|0\rangle + i|1\rangle}{\sqrt{2}}$。这是量子计算中非常重要的逻辑门，这个脉冲叫作 $\dfrac{\pi}{2}$ 脉冲。

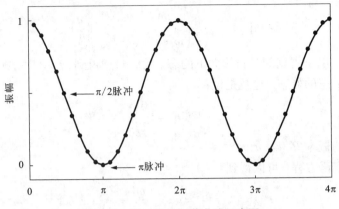

图 7 - 1 - 10　拉比振荡曲线示意图

 实验装置

　　实验所用仪器"金刚石量子计算教学机"，是以光探测磁共振为基本原理，以金刚石 NV 色心为量子比特的量子计算教学设备。实验装置如图 7 - 1 - 11 所示。仪器装置分为光路模块、微波模块、控制采集模块及电源模块，整机由运行在电脑上的软件（Diamond I Studio）控制。下面分别介绍每个模块的功能。

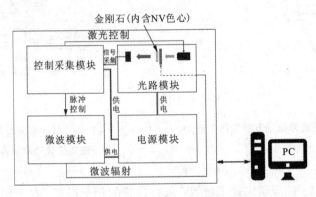

图 7 - 1 - 11　仪器拓扑结构图

1. 光路模块

　　图 7 - 1 - 11 中的激光脉冲发生器、笼式光路、光电探测器统称光路模块。激光脉冲发生器产生 520 nm 的绿色激光脉冲，用于金刚石中 NV 色心状态的初始化和读出。光路模块将绿色的激光聚焦到金刚石上，金刚石中的 NV 色心在绿色激光的照射下，会发出红色荧光。在金刚石之后，经过滤光片及聚焦透镜，将产生的荧光聚焦到光电探测器中。光电探测器将光信号转化成电信号，发送给信号采集模块。

2. 微波模块

前面已经提到，对于 NV 色心自旋状态的操控，是通过施加微波脉冲实现的，如图 7-1-12 所示。微波模块中，微波源能产生特定频率的微波信号，经过微波开关调制成脉冲形式，然后经过微波功率放大器，实现功率增强，最后进入微波辐射模块，辐射到金刚石上。

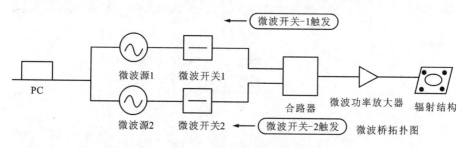

图 7-1-12　微波模块拓扑结构图

3. 控制采集模块

控制采集模块分为脉冲控制部分以及信号采集处理部分。脉冲控制部分产生 TTL 信号，输送给激光脉冲发生器、微波模块和信号采集处理部分。一方面，用于调制激光脉冲，控制激光脉冲发生器的输出，以及触发微波开关，调制微波脉冲。另一方面，用于同步各个器件之间的时序。光电探测器将收集到的红色荧光信号转化成电信号，信号采集处理部分负责将采集到的这部分电信号转换为数字信息，经过数据处理后展示出来。

4. 电源模块

电源模块为实验装置中所有部件提供所需要的电能，其工作电压为 220 V、50 Hz 交流电，待机电流约为 0.6 A，工作电流不大于 0.95 A，最大功率约 200 W。可提供：28 V、6 A 直流电，+12 V、3 A 直流电，±12 V、3 A 直流电和 +5V、1 A 直流电。

 实验内容与实验方法

本实验仪的实验内容包含仪器调节实验、连续波实验、拉比振荡实验、回波实验、T2 实验、动力学去耦实验和 D-J 算法实验。连续波实验测量的是 NV 色心的光探测磁共振谱，用于确定共振频率。拉比振荡实验测量的是 NV 色心在微波驱动下的拉比振荡，用来确定量子逻辑门对应的微波脉冲长度。回波实验测量的是回波信号，用来确定回波探测的时间。T2 实验测量的是 NV 色心的相干时间。动力学去耦实验是通过设计脉冲序列，在时间 t 内平均掉量子比特与环境的耦合，延长退相干时间。D-J 算法实验，则是利用 NV 色心作为量子比特，实现前面描述的 Deutsch 算法。本节先介绍仪器调节实验和连续波实验。

本实验内容通过"金刚石量子计算教学机"完成，实验装置的启动流程如下：

（1）打开"金刚石量子计算教学机"背部的电源总开关，电源指示灯亮起，表示仪器正常上电。

（2）打开电脑上控制软件 Diamond I Studio，进入软件主界面，如图 7－1－13 所示。

图 7－1－13　软件启动界面

（3）点击"连接设备"按钮后，若显示"仪器已连接，请开始实验"，表示仪器已经可以进行实验。如果显示"仪器连接失败，请重新连接"。请再次点击"连接设备"按钮，直至仪器连接成功。

（4）首页列出了本仪器可开展的七种类型的实验，点击首页下方图标或者顶部的标签，都可进入相应的实验界面。

（5）实验界面的左侧显示实验原理示意图或脉冲序列图，右侧显示实验结果，下方为实验参数配置区域。点击原理图右上角的问号，可查看相应的实验操作文档。

一、仪器调节实验

通过对仪器模块的搭建、连线和参数调节，熟悉仪器不同模块的功能和信号控制方式，理解光探测磁共振和金刚石 NV 色心体系进行量子计算的实验原理。通过任意序列实验学习和理解脉冲序列的概念，并学会脉冲序列发生器的使用和脉冲序列的编写。实验内容包括：

（1）仪器模块连接。

（2）任意序列实验。实验一：编写脉冲序列，使用示波器观察脉冲序列发生器波形输出的结果是否正确；实验二：根据已知波形结果，编辑出对应的脉冲序列。

（3）光路调节实验。

1. 模块连接

仪器装置分为光路模块、微波模块、控制采集模块及电源模块。

（1）微波模块与光路模块采用同轴线连接，接口为 BNC 接头对接形式。

（2）控制采集模块与微波模块采用同轴线连接，接口为 BNC—BNC 接头对接形式。

（3）光路模块与控制采集模块同样采用同轴线连接，接口为 BNC—BNC 接头对接形式。

任意序列实验具体端口连接顺序如图 7-1-14 所示。光路调节实验和后续软件内置实验具体端口连接顺序如图 7-1-15 所示。

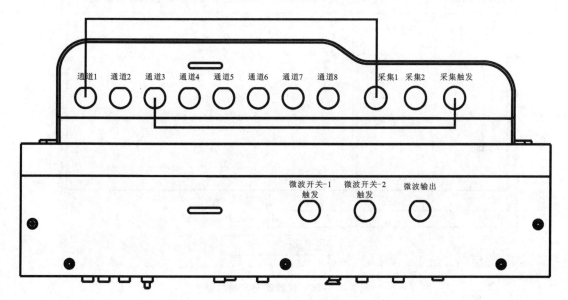

图 7-1-14　任意序列实验接线图

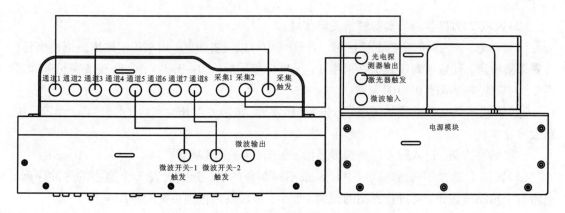

图 7-1-15　光路调节实验和后续实验接线图

2. 任意序列实验

脉冲序列编辑说明:

按图7-1-14连接模块,连接仪器,点击"仪器调节实验",打开仪器调节实验界面,如图7-1-16所示。

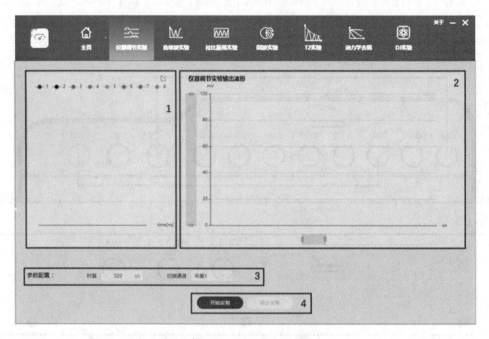

图7-1-16 仪器调节实验界面

(1)区域1为脉冲序列预览区域,点击右上角编写按钮,可进行脉冲序列编辑,如图7-1-17所示。

(2)区域2为仪器调节实验输出波形区域。

(3)区域3为实验的参数配置区域。此区域中可以设置时基,用来规定输出波形横坐标。设置采集通道,任意序列实验选择采集1,纵坐标范围对应0~3.3 V;光路调节实验选择采集2,对应纵坐标范围0~100 mV。

(4)区域4为实验的控制区域。点击"开始实验"按钮可以开始实验,点击"停止实验"按钮会停止实验。

点击编写按钮,进入脉冲序列编辑界面,如图7-1-18所示。

(1)区域1脉冲序列预览区域中有8条不同颜色的线,分别代表8个通道的脉冲序列。点击右上角缩放按钮,可进行界面的放大、缩小,可观察到范围更宽的脉冲序列。

(2)区域2的脉冲序列编辑区域为一个表格,共有10列和100行,最后两列为长度和步进数字输入框。1至8列分别对应控制采集模块中的通道1至通道8,每一个方框表示了当前状态,如果方框颜色为绿色,则表示该通道在定义的长度和步进时间内输出的是高电平,否则为低电平。注意:每个通道的脉冲序列中单个方波脉冲的电平时间必须在10 ns至2.5 s

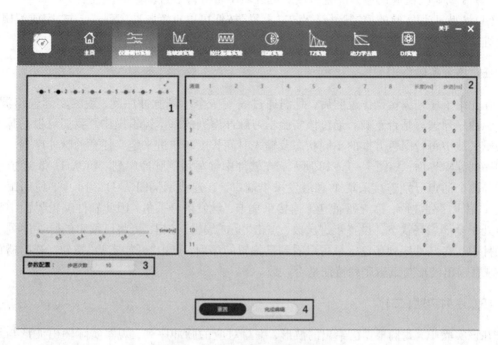

图 7 - 1 - 17 脉冲序列编辑界面

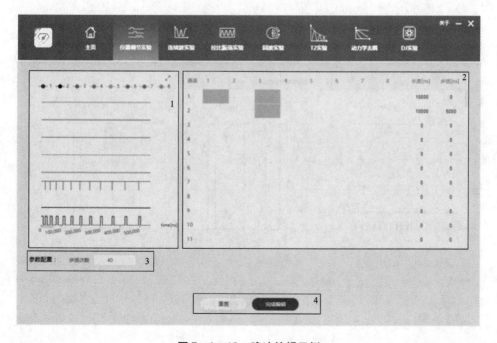

图 7 - 1 - 18 脉冲编辑示例

范围内。

（3）区域 3 为实验的参数配置区域。此区域中可进行步进次数的设置。

（4）区域 4 为实验的控制区域。点击"重置"按钮可以重置脉冲序列；点击"完成编辑"按钮会进入到实验参数配置界面。

任意序列实验（一）

在介绍了序列编辑操作说明后，我们通过编写一个示例脉冲序列，观察实际输出波形，判断脉冲序列编写是否正确。通过该实验学习脉冲序列的基本编辑操作。我们可根据脉冲序列编辑区域中每行绿色方框的不同状态及输入时间长度和步进来定义任意的脉冲序列。打开脉冲序列编辑界面，如图 7 – 1 – 18 所示，在软件中编写示例脉冲序列。可从 1~8 通道中任意选择两个通道分别连接采集 1 和触发采集端口，在连线示例图 7 – 1 – 14 中，使用第一列通道 1 编辑序列波形，第三列通道 3 连接采集卡，触发信号采集，因此软件编辑界面中相应通道处于全部点亮状态。设置步进次数，点击"完成编辑"按钮，可将已编辑的脉冲序列下载到硬件中。在脉冲序列预览区域可以看到已编辑的序列，点击"开始实验"按钮，开始播放序列，观察输出波形与编辑序列特征是否一致。

任意序列实验（二）

在该实验中，我们根据已给出的波形，编写对应的脉冲序列，观察实际输出波形与示例输出波形是否一致，验证序列编写是否正确。通过该实验加深对任意序列编写操作的理解。已知波形如图 7 – 1 – 19、图 7 – 1 – 20 所示，在脉冲序列编辑界面中编写该脉冲序列。

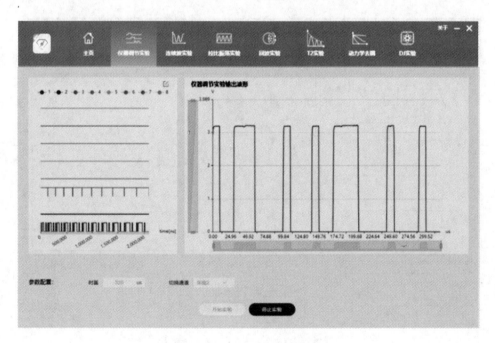

图 7 – 1 – 19 输出波形示例

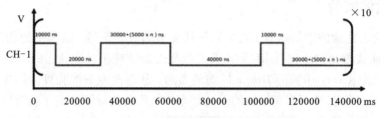

图 7-1-20　输出波形对应序列图示例

3. 光路调节

按图 7-1-15 连接模块，连接仪器，进入仪器调节实验。光路调节需要设置激光脉冲序列，然后分别调节三个光路模块调节螺钉，调整光路聚焦，通过示波器检测输出结果，判断光路调节的好坏。光路模块示意图如图 7-1-21 所示，具体调节步骤如下：

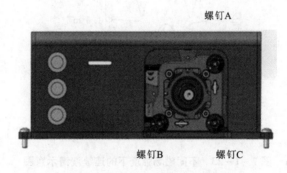

图 7-1-21　光路模块示意图

(1)编辑光路调节实验的激光脉冲序列，如图 7-1-22 所示。

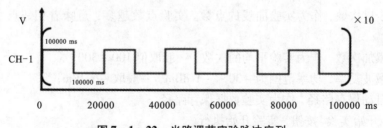

图 7-1-22　光路调节实验脉冲序列

(2)通过顺时针或逆时针旋转螺钉 A，调节光路准直性，使激光聚焦于金刚石上，边调节螺钉 A 边观察示波器信号强度变化。当信号强度位于最大值时，说明激光光路位于金刚石中心位置。

(3)同理调节另外两个螺钉。

二、连续波实验

测量 NV 色心连续波谱的时候,收集的是其发出的荧光信号,这其中的物理基础是:NV 色心的自旋态能被激光初始化,并且发出荧光的亮度是依赖于自旋状态的。施加微波到色心上,可以改变自旋在 $|m_s=0\rangle$ 态和 $|m_s=1\rangle$ 态的布居,从而改变荧光强度。因为 NV 色心的荧光亮度是依赖于自旋态的。改变施加的微波频率,当共振的微波改变了自旋状态,荧光亮度会相应地发生改变。因此,当微波频率与能级间隔共振时,谱线上会出现低谷。图 7-1-23 是不同磁场大小下的连续波谱示意图。左侧的低谷对应于 $|m_s=0\rangle \rightarrow |m_s=-1\rangle$ 的跃迁,右侧的低谷对应于 $|m_s=0\rangle \rightarrow |m_s=1\rangle$ 的跃迁。根据塞曼效应,两个低谷对应的频率之差,正比于外磁场的大小。

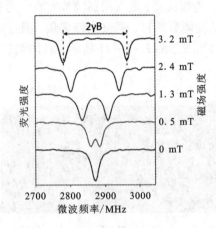

图 7-1-23　不同磁场强度下的连续波谱示意图

图 7-1-24 是连续波实验的操作界面。实验流程如下:

(1)输入微波频率起始值和结束值,或者输入中心值和频率宽度,确定频率扫描的范围,频率范围为 2500~3000 MHz。

(2)输入步进次数,作为实验曲线的点数。实验点数越多,意味着相邻点之间的频率差越小。

(3)输入累加次数,作为实验平均的次数,一般取值 100~300 次。

(4)输入微波功率,功率范围为 -30~-1 dBm,一般取 -6 dBm;

(5)选择自动保存路径,作为实验数据保存路径。

(6)点击"开始实验"按钮,实验开始执行。

(7)点击"停止实验"按钮,或等待执行完所设定循环次数,则实验终止。

(8)在自动保存路径中找到实验数据文件,一个典型的连续波实验数据文件名是"CW 2019-03-01-11-01-34",其中 CW 表示连续波实验,后面的数字表示文件保存的时间。

(9)数据第一列是频率,第二列是信号强度。读出共振频率(两组峰关于 2870 MHz 对称)。

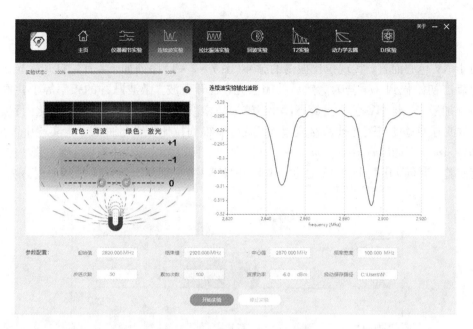

图 7 – 1 – 24　连续波实验界面

三、磁场调节实验

记录外磁场初始位置后，改变磁场位置，再次开始实验，观察外磁场变化对连续波实验结果的影响。

实验7.2 拉比振荡实验

对于 NV 色心而言，实现拉比振荡的脉冲（图 7-2-1）序列如下：首先打开激光，将 NV 色心自旋态初始化到 $|m_s = 0\rangle$，然后关闭激光，打开微波。微波脉冲的频率等于共振频率，最后再施加激光，将 NV 色心自旋态读出。施加的微波脉冲宽度不同，自旋演化的状态就不同。将微波脉冲宽度与荧光计数对应起来，就可以得到拉比振荡的曲线。本实验中需要用到 $|m_s = 0\rangle \rightarrow |m_s = 1\rangle$ 和 $|m_s = 0\rangle \rightarrow |m_s = -1\rangle$ 两个频率，所以微波模块中有两个微波源，在进行拉比振荡实验的时候，用两个波源（记为"MW1"和"MW2"）分别测定两个频率的拉比振荡。

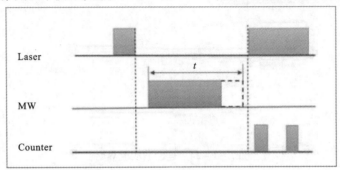

图 7-2-1 拉比振荡实验脉冲序列

（其中 t 是微波脉冲宽度，$t = t_0 + (N-1)\Delta t$，N 是实验的点数，t_0 是第一个实验点的脉冲宽度，Δt 是脉冲宽度的增量）

图 7-2-2 是拉比振荡实验的操作界面，实验流程如下：

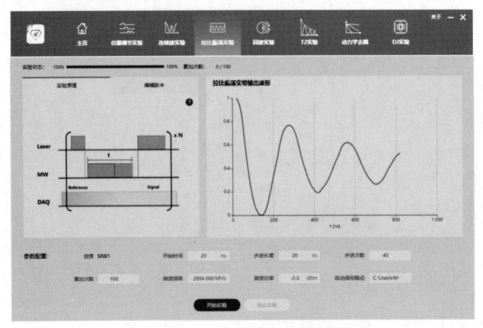

图 7-2-2 拉比振荡实验界面

（1）点击编辑脉冲，进入编辑脉冲页面。第 1 列通道对应激光，第 3 列通道对应采集，第 5 列通道和第 8 列通道对应微波波源 MW1 和 MW2。

（2）拉比振荡实验示例脉冲序列如图 7 - 2 - 3 所示，用户可进行自定义。

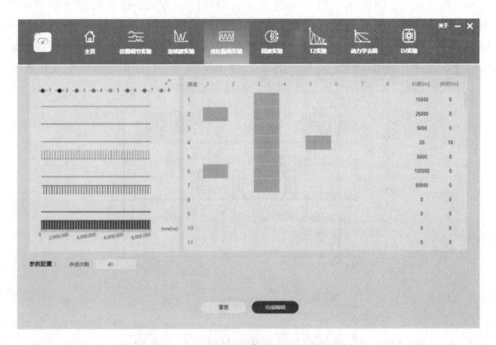

图 7 - 2 - 3　拉比振荡实验脉冲序列示例

（3）点击"完成编辑"将验证序列编写是否符合规则，并自动跳转至实验主页。

（4）输入开始时间，作为微波脉冲宽度的起始值；输入步进长度，用于规定微波脉冲宽度步进；输入步进次数，一般取 50 次，作为实验曲线的点数，实验点数越多，意味着相邻点之间的脉冲宽度之差越小；输入微波频率，即通过连续波实验得到的共振频率；输入微波功率，范围 -30 ～ -1 dBm；输入循环次数，作为实验平均的次数，一般取值 100~300 次；选择自动保存路径，作为实验数据保存路径。

（5）点击"开始实验"按钮，实验开始执行；点击"停止实验"按钮，或等待执行完所设定循环次数，则实验终止。

（6）在自动保存路径中找到实验数据文件，一个典型的拉比振荡实验数据文件名是"Rabi 2019 - 03 - 01 - 11 - 15 - 21"，其中 Rabi 表示拉比振荡实验，后面的数字表示文件保存的时间；数据第一列是脉冲宽度时间，第二列是信号强度。通过拟合得到 π/2 脉冲，π 脉冲和 2π 脉冲的宽度。

（7）选择第 1，3，5 通道和 $|m_s = 0\rangle \to |m_s = 1\rangle$ 共振频率，以 MW1 完成拉比振荡实验；选择第 1，3，8 通道和 $|m_s = 0\rangle \to |m_s = -1\rangle$ 共振频率，以 MW2 完成另一组拉比振荡实验。分别记录两个频率对应的 π/2 脉冲，π 脉冲和 2π 脉冲的宽度。

实验 7.3 回波实验

在磁共振实验中，回波实验是指通过施加去耦脉冲的方式，让自旋相干信号重聚的过程。图 7-3-1 是回波实验的脉冲序列。首先用激光将 NV 色心自旋态初始化到 $|m_s=0\rangle$ 态，然后施加脉冲，将自旋制备到 $|0\rangle$ 态和 $|1\rangle$ 态的叠加态，自由演化时间 $\tau = t_1$ 后，施加 π 脉冲，然后再等待自由演化时间 $\tau = t$，施加第二个 $\pi/2$ 脉冲，将相干信息转化成布居度读出。

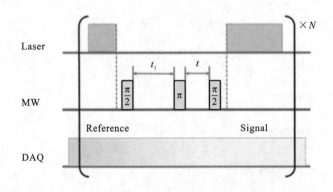

图 7-3-1 回波实验的脉冲序列

图 7-3-1 是回波实验的脉冲序列。其中 t_1 是第一个 $\pi/2$ 脉冲与 π 脉冲之间的自由演化的时间间隔。$t = t_0 + (N-1)\Delta t$，N 是实验的点数，t_0 是第一个实验点的自由演化时间长度，Δt 是时间间隔的增量。

图 7-3-2 是回波实验的操作界面，其实验流程如下：

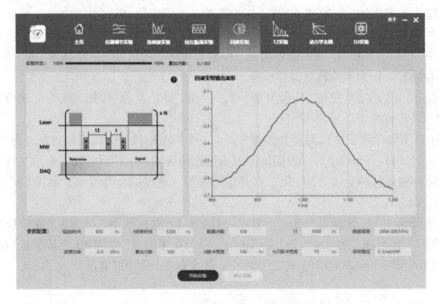

图 7-3-2 回波实验的操作界面

（1）输入 t 起始时间和 t 结束时间，作为自由演化时间的起始值和终止值。

（2）输入步进次数，作为实验曲线的点数。实验点数越多，意味着相邻点之间的自由演化时间差别越小。

（3）该实验所需微波频率和功率，与使用"MW1"时拉比振荡实验保持一致。

（4）根据拉比振荡实验的结果，输入 π 脉冲和 π/2 脉冲的宽度。

（5）输入累加次数，作为实验平均的次数，一般取值 300～500 次。

（6）选择自动保存路径，作为实验数据保存路径。

（7）点击"开始实验"按钮，实验开始执行。

（8）点击"停止实验"按钮，或等待执行完所设定循环次数，则实验终止。

（9）在自动保存路径中找到实验数据文件，一个典型的回波实验数据文件名是"Echo 2019 – 03 – 01 – 11 – 15 – 21"，其中 Echo 表示回波实验，后面的数字表示文件保存的时间。

实验7.4　T2 实验

T2 实验，也叫作自旋回波实验，其目的是测量 NV 色心自旋的退相干时间。因为量子系统不是一个孤立系统，其与环境的相互作用，会引起退相干效应。图 7 - 4 - 1 是 T2 实验的脉冲序列。首先用激光将 NV 色心自旋态初始化到 $|m_s = 0\rangle$ 态，然后施加 π 脉冲，将自旋制备到 $|0\rangle$ 态和 $|1\rangle$ 态的叠加态，自由演化时间 $\tau = t/2$ 后，施加 π 脉冲，然后再等待自由演化时间 $\tau = t/2$，施加第二个 π/2 脉冲，将相干信息转化成布居度读出。

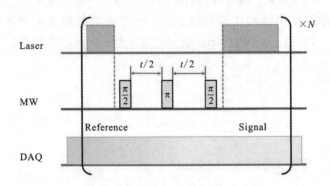

图 7 - 4 - 1　T2 实验脉冲序列

图 7 - 4 - 1 是 T2 实验脉冲序列。其中 t 是两个 π/2 脉冲之间自由演化的时间间隔。$t = t_0 + (N-1)\Delta t$，N 是实验的点数，t_0 是第一个实验点的自由演化时间长度，Δt 是时间间隔的增量。

图 7 - 4 - 2 是 T2 实验的操作界面，其实验流程如下：

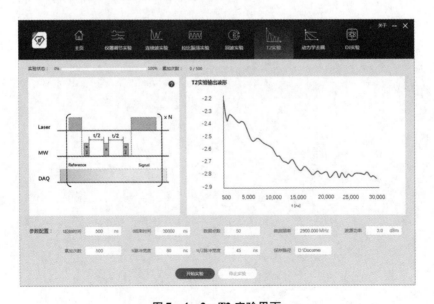

图 7 - 4 - 2　T2 实验界面

（1）输入开始时间和结束时间，作为自由演化时间的起始值和终止值。

（2）输入步进次数，作为实验曲线的点数。实验点数越多，意味着相邻点之间的自由演化时间差别越小。

（3）该实验所需微波频率和功率，与使用"MW1"时拉比振荡实验保持一致。

（4）根据拉比振荡实验的结果，输入 π 脉冲和 π/2 脉冲的宽度。

（5）输入循环次数，作为实验平均的次数，一般取值 100～300 次。

（6）选择自动保存路径，作为实验数据保存路径。

（7）点击"开始实验"按钮，实验开始执行。

（8）点击"停止实验"按钮，或等待执行完所设定循环次数，则实验终止。

（9）在自动保存路径中找到实验数据文件，一个典型的 T2 验数据文件名是"T2 2019 - 03 - 01 - 11 - 15 - 21"，其中 T2 表示 T2 实验，后面的数字表示文件保存的时间。

（10）数据第 1 列是自由演化时间，第 2 列是信号强度。课后请通过拟合得到 T2 时间长度。拟合函数为

$$f = A \cdot \exp[-(t/T_2)a] + B$$

实验 7.5　动力学去耦实验

　　量子系统不是一个孤立的系统，其与环境的相互作用，会引起退相干效应。而动力学去耦是能削弱或者完全去除这种耦合达到抑制退相干目的的最直观方法之一。动力学去耦是磁共振波谱学中的平均哈密顿量方法的推广，即通过精心设计脉冲操作序列的方法，在特定的时间内平均掉量子比特与环境中的耦合。图 7-5-1 为动力学去耦实验脉冲序列。其中 t 为两个 $\pi/2$ 脉冲之间的自由演化时间间隔，整个脉冲序列中含有 M 个 π 脉冲，$\pi/2$ 脉冲与 π 脉冲之间有 $90°$ 的相位差，每个 π 脉冲前后各有 $\tau = t/2$ 的自由演化时间；N 为实验点数；t 为时间间隔的增量。零阶动力学去耦，也称为自由感应衰减实验或 T2* 实验，相干时间短，衰减速度快。

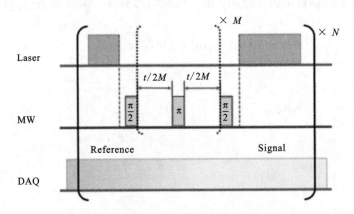

图 7-5-1　动力学去耦实验脉冲序列

　　图 7-5-2 是零阶动力学去耦实验的脉冲序列。首先用激光将 NV 色心自旋态初始化到 $|0\rangle$ 态，然后施加 $\pi/2$ 脉冲，等待自由演化时间 $\tau = t$ 后，施加第二个 $\pi/2$ 脉冲。最后将相干信息转化成布居度读出。一阶动力学去耦$(M=1)$，即 T2 实验，是用回波的方法进行动力

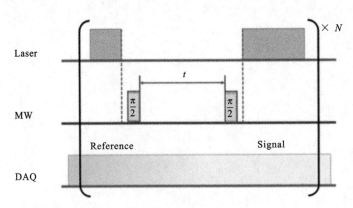

图 7-5-2　零阶动力学去耦实验脉冲序列

学去耦，在 T2* 实验中加入一个 π 脉冲，延长了相干时间，衰减速度变慢。

　　图 7-5-3 是一阶动力学去耦实验的脉冲序列。首先用激光将 NV 色心自旋态初始化到 |0⟩ 态，然后施加 π/2 脉冲，等待自由演化时间 τ = 2t 后，施加 1 个 π 脉冲，然后再等待自由演化时间 τ = 2/t，施加第二个 π/2 脉冲。最后将相干信息转化成布居度读出。

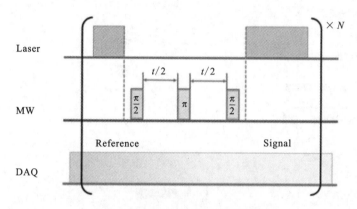

图 7-5-3　一阶动力学去耦实验

　　图 7-5-4 是动力学去耦实验界面，实验步骤如下：

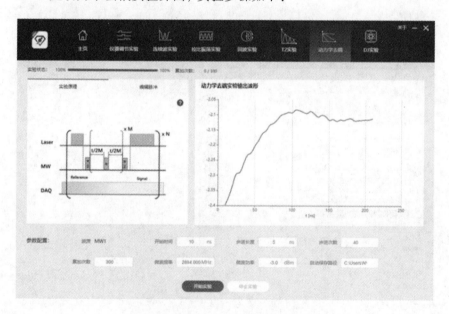

图 7-5-4　动力学去耦实验界面

　　(1)打开脉冲编辑页面，选择对应的 1,3,5 通道，根据示例脉冲序列(图 7-5-5、图 7-5-6)，设置脉冲长度、步进长度，点击保存，保存零阶或一阶动力学去耦实验编辑序列。
　　(2)点击"完成编辑"将验证序列编写是否符合规则，并自动跳转至实验主页。
　　(3)仪器调节主界面脉冲序列预览区显示已编辑的脉冲序列，设置开始时间、步进长度、步进次数、累加次数、微波频率、微波功率。

图 7 - 5 - 5　零阶动力学去耦实验脉冲序列示例

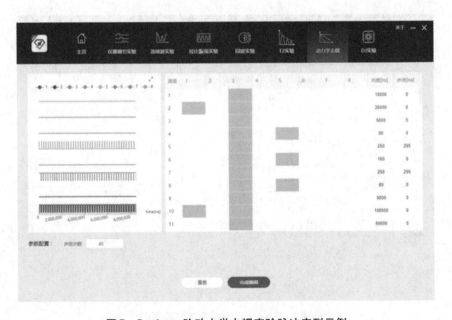

图 7 - 5 - 6　一阶动力学去耦实验脉冲序列示例

　　(4)点击"开始实验"按钮,实验开始执行;点击"停止实验"按钮,或等待执行完所设定循环次数,则实验终止。

　　(5)在自动保存路径中找到实验数据文件,一个典型的动力学去耦实验数据文件名是"Dynamic 2019 - 03 - 01 - 11 - 15 - 21",其中 Dynamic 表示动力学去耦实验,后面的数字表示文件保存的时间。

实验 7.6　D - J 算法实验

我们已经介绍了 D - J 算法的基本原理，下面我们将在实验上实现这个算法。D - J 算法的实验序列如图 7 - 6 - 1 所示。我们将量子比特和辅助比特均编码到 $S=1$ 的电子自旋上。$U_f(x)$ 的定义与式（7 - 1 - 7）一致，即 $U_f(x)=(-1)^{f(x)}|x\rangle$，其中 $f(x)$ 表示四个不同的函数，$f_1(x)=0$ 和 $f_2(x)=1$ 是常函数，$f_3(x)=f_4(x)=1-x$ 是平衡函数。其输入输出情况如图 7 - 1 - 3 所示。对于两能级体系，U_{fi} 的矩阵表示见图 7 - 6 - 2。实现量子算法时，我们将 $|0\rangle$ 和 $|-1\rangle$ 编码成量子比特，$|1\rangle$ 为辅助能级。在系统用激光初始化到 $|0\rangle$ 后，输入态用 MW1 的 $\dfrac{\pi}{2}$ 脉冲作用在 $|0\rangle$ 上面制备得到。控制门 U_{fi} 通过 2π 脉冲的四种组合实现。当 MW2 的 2π 微波脉冲作用在辅助态 $|1\rangle$ 上时，会在 $|0\rangle$ 上产生 π 相位，等效态于 $|0\rangle$ 和 $|-1\rangle$ 张成的子空间进行绕 z 轴的 π 旋转。常函数作用结束后，末态是 $\pm\dfrac{|0\rangle+|1\rangle}{\sqrt{2}}$。平衡函数作用结束后，末态是 $\pm\dfrac{|0\rangle-|1\rangle}{\sqrt{2}}$。两种末态分别对应正向的回波和反向的回波。因此，我们就以通过回波测量，来判断 U_{fi} 操作对应的是常函数还是平衡函数。

图 7 - 6 - 3 是 D - J 算法实验的操作界面，其实验流程如下：

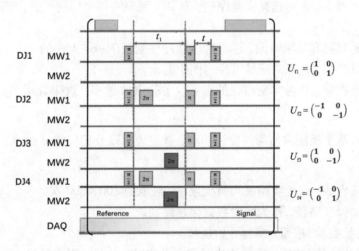

图 7 - 6 - 1　实现 D - J 算法的脉冲序列从上到下依次命名为 DJ1 到 DJ4

$$U_{f1}=\begin{pmatrix}1&0\\0&1\end{pmatrix}\Leftrightarrow f(x)=0 \qquad U_{f2}=\begin{pmatrix}-1&0\\0&-1\end{pmatrix}\Leftrightarrow f(x)=1$$

$$U_{f3}=\begin{pmatrix}1&0\\0&-1\end{pmatrix}\Leftrightarrow f(x)=x \qquad U_{f4}=\begin{pmatrix}-1&0\\0&1\end{pmatrix}\Leftrightarrow f(x)=1-x$$

图 7 - 6 - 2　常函数和平衡函数，与算法的对应关系

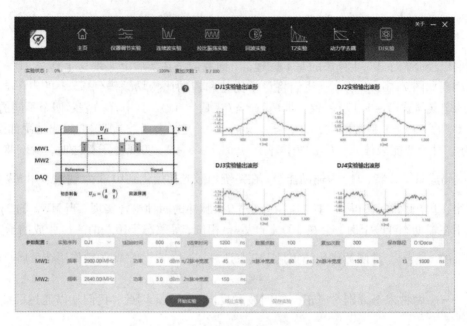

图 7 – 6 – 3　D – J 算法实验界面

（1）从实验序列下拉框，选择实验序列，有 DJ1 到 DJ4 四个序列可选，依次对应 U_{f1} 到 U_{f4} 的操作。

（2）输入开始时间和结束时间，这里对应脉冲序列图 7 – 6 – 1 中的 t。

（3）输入回波时间，这里对应脉冲序列图中的 t_1。

（4）输入步进次数，作为实验曲线的点数。实验点数越多，意味着相邻点之间的自由演化时间差别越小。

（5）分别输入两个微波源所需的微波功率、微波频率以及相应的 π 脉冲、$\dfrac{\pi}{2}$ 和 2π 脉冲的宽度。

（6）输入循环次数，作为实验平均的次数，一般取值 100 ~ 300 次。

（7）选择自动保存路径，作为实验数据保存路径。

（8）点击"开始实验"按钮，实验开始执行。

（9）点击"停止实验"按钮，或等待执行完所设定循环次数，则实验终止。

（10）在自动保存路径中找到实验数据文件，一个典型的 D – J 算法实验数据文件名是 "DJ 2019 – 03 – 01 – 11 – 15 – 21"，其中 DJ 表示 D – J 算法实验，后面的数字表示文件保存的时间。

（11）通过图像上的回波方向，能够直观地判断 $f(x)$ 是常函数还是平衡函数。

注意事项

(1)硬件设备注意事项:

①任意序列发生器的外界工作环境温度必须在 -10℃至 +50℃之间。

②任意序列发生器的外界工作环境湿度必须小于50%。

③搬运仪器时请轻拿轻放,切勿将重物放置在机箱上。

(2)光路模块注意事项:

①实验前应在熟悉仪器说明书内容,了解光路模块的性能、结构特点和操作要领后开始工作,要遵守操作规则。

②光路模块的调节比较困难,调整各部件用力要适当,不要强旋、硬扳。光路模块精度要求较高,模块上的螺钉不得擅自转动调节。

③光学元件表面要求清洁,不能有磨损,不能用手摸,不能随意擦拭。

④将光路模块外壳罩好,防止灰尘、潮气进入。

 思考题

(1)请用布洛赫球表示以下量子态:

① $|\Psi\rangle = \dfrac{|0\rangle + |1\rangle}{\sqrt{2}}$

② $|\Psi\rangle = \dfrac{|0\rangle - |1\rangle}{\sqrt{2}}$

③ $|\Psi\rangle = \dfrac{|0\rangle + i|1\rangle}{\sqrt{2}}$

④ $|\Psi\rangle = \dfrac{|0\rangle - i|1\rangle}{\sqrt{2}}$

(2)如果实验中施加的微波频率 f 与共振频率 f_0 有偏差,即 $f = f_0 + \delta f$,拉比振荡的频率会如何变化?

(3)拉比振荡频率与微波功率的关系是什么?

(4)参照 $n=1$ 的特殊情况,即图7-1-4所示的量子线路图,画出一般情况的D-J算法量子线路图,并解释算法原理。

 参考文献

F. Shi, X. Rong, N. Xu, et al. Room - temperature implementation of the Deutsch - Jozsa algorithm with a single electronic spin in diamond[J]. Phys. Rev. Lett., 2010, 105: 040504.

实验 7.7　量子密码实验

 实验背景

"绝对安全"的通信是千百年来人类的梦想之一，而在信息技术飞速发展的时代，由于经典信息容易被复制、窃取。这样，保障经典通信安全唯一的方法就是对信息加密，通过加密使窃取者即使复制了加密后的密文也无法在有限的时间内完成破译、读取原文，从而保证通信安全。但是，经典密码加密算法不属于"绝对安全"的通信系统，随着计算科学和技术的发展，人类所拥有的计算能力已远远超过了人们最初的想象，经典密码加密技术对于通信安全的保障能力也不像人们预先估计的那么可靠了。随着信息安全日趋重要，怎样实现保密通信已成为当今最为紧迫的问题之一。目前，量子通信系统一次一密的加密方案安全性毋庸置疑，基于量子不可克隆定理的量子密码学这种通信技术应运而生，进入公众的视野。

 实验目的

(1)理解 BB84 量子密钥分发协议；
(2)了解量子密码通信。

 实验原理

BB84 协议是 Charles H. Bennett 与 Gilles Brassard 于 1984 年提出的，是利用光子的偏振态来传输信息的量子密钥分发协议。发送方 Alice 和接收方 Bob 用量子信道(如果光子作为量子态载体，对应的量子信道就是传输光子的光纤)来传输量子态。同时双方通过一条公共经典信道(比如因特网)比较测量基矢和其他交流信息，进而两边同时安全地获得和共享一份相同的密钥。公共信道的安全性不需考虑，BB84 协议在设计时已考虑到了两种信道都被第三方(Eavesdropper 通常称为 Eve)窃听的可能。

其具体过程是：

首先，Alice 随机产生一个比特(0 或 1)，并且随机选取一对正交态(基矢)"+"或"×"，从而制备出一个随机的量子态(0°水平偏振记作$|\rightarrow\rangle$，90°垂直偏振记作$|\uparrow\rangle$，+45°偏振记作$|\nearrow\rangle$，和-45°偏振记作$|\searrow\rangle$)。编码如表 7-7-1 所示。

表 7-7-1　编码表

随机产生一个比特		随机选取基矢
0	1	
↑	→	+
↗	↘	×

然后 Alice 把这个光子通过量子信道传送给 Bob，Bob 测量接收到的光子的量子态。然而 Bob 并不知道 Alice 制备量子态时选择了哪个基矢，只得随机地选择一个测量基矢（"＋"或"×"）来测量。Bob 测量它接收到的每个光子并记录所选的基矢和测量结果，同时通过公共经典信道同 Alice 进行交互：Alice 公布制备每个光子量子态所选择的基矢，Bob 将测量对应光子所选择的测量基矢与之对比，舍弃那些双方选择了不同的基矢的比特（50%），剩下的比特还原保留为它们共有的密钥，从而完成密钥分发，如表 7－7－2 所示。

表 7－7－2　密钥分发原理

Alice 产生随机比特	0	1	1	0	1	0	0	1
Alice 随机选择基矢	+	+	×	+	×	×	×	+
Alice 光子偏振态	↑	→	↘	↑	↘	↗	↗	→
Bob 随机选择测量基矢	+	×	×	×	+	×	+	+
Bob 测量得到的光子偏振态	↑	↗	↘	↗	→	↗	→	→
在公共信道中的对比基矢								
共有的密钥	0	舍弃	1	舍弃	舍弃	0	舍弃	1

BB84 协议是如何保证安全的呢？

如果窃听者 Eve 选择基矢"＋"来测量 $|\uparrow\rangle$，会以 100% 的概率得到 $|\uparrow\rangle$，但是选择基矢"＋"来测量 $|\nearrow\rangle$ 或 $|\searrow\rangle$ 态光子，结果就是随机的，会以 50% 的概率得到 $|\rightarrow\rangle$，或以 50% 的概率得到 $|\uparrow\rangle$。于是即便当 Eve 选择和 Alice 同样的基矢"＋"，也无法彻底分辨原本状态是 $|\uparrow\rangle$ 还是 $|\nearrow\rangle$ 或 $|\searrow\rangle$（非正交态无法通过测量被彻底分辨），即原始状态的信息丢失了。窃听的目的是获得信息而不是密钥，因此 Eve 还必须保证不能被 Bob 发现。然而 Eve 为了获得光子偏振信息而作了测量，就不可能再完全克隆出原截获的光子！因此 Alice 和 Bob 最后可以拿出它们密钥的一部分，然后相互对比来检查是否有第三方 Eve 窃听。一旦发现 Eve，则将丢弃这次分发的密钥，重新选择别的量子信道进行密钥分发。

 实验装置

1. 量子信号发射机

量子信号发射机（图 7－7－1）由一个发送方主控板和两个光源板组成。主控板控制四个 850 nm 的分布反馈激光器，可随机地发射频率为 1 MHz 的脉冲激光，四路激光对应将被制备为四种偏振态（我们简单地记为 HV＋－）；同时主控板还输出一路同步电信号，控制单光子探测器开门时间。此外，量子信号发射机还有一个 USB 接口，用于上位机软件下发、上传数据和命令。

图7-7-1 量子信号发射机

2. 量子信号接收机

量子信号接收机(图7-7-2)由一个接收方主控板和一个单光子探测器组成。主控板根据同步电信号和延时、门宽等参数,让探测器开门探测接收到的光子。单光子探测器是利用雪崩效应探测光子,输入的电脉冲信号由主控板处理。同时主控板将得到的信息通过 USB 上传到计算机上,通过经典网络和发送方完成基矢比对。

图7-7-2 量子信号接收机

3. 光学平台

本光学平台(图7-7-3)是根据 BB84 协议,用偏振分束器 PBS、单模耦合器 SMC、光纤跳线、手动偏振控制器 MPC 和法兰式可调衰减器 ATT 等光纤器件搭建起来的量子密钥分发光路。

BB84 量子密码实验系统光路原理图如图7-7-4所示。

4. 光功率计和光功率

实验中光强和偏振的调试,都需要光功率计(图7-7-5)来测量,光功率是表征光的能量的单位。由于光在光纤中传播是按照指数衰减的,因此常用光功率的单位是毫瓦分贝(dBm)。其计算方法是:规定 1 mW 为 0 dBm,则 P mW 为 $-10\lg(P/1)$ dBm。

对于光的衰减用分贝(dB)作为单位,假设输入光是 X dBm($=P$ mW),输出光是 Y dBm($=Q$ mW),光衰减$(X-Y)$ dB $=-10\lg(P/1)$ dBm $+10\lg(Q/1)$ dBm $=10\lg(Q/P)$ dB。显然 dBm 作为光功率单位只有减法运算,十分方便。一些常用的换算公式如表7-7-3所示。

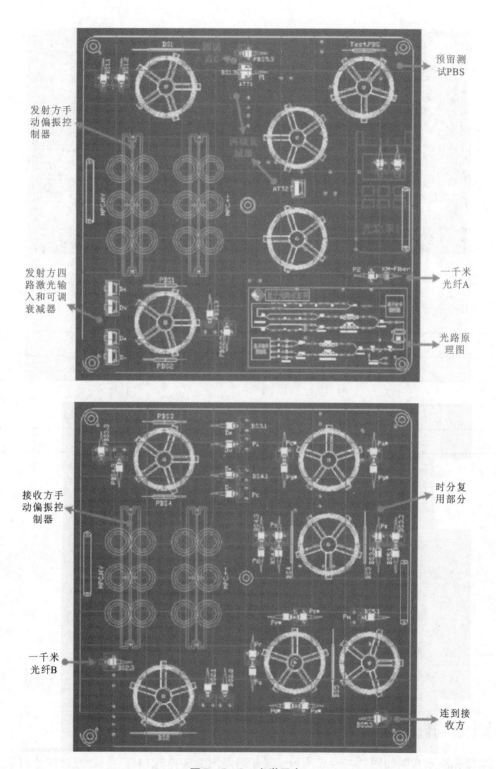

图 7 - 7 - 3　光学平台

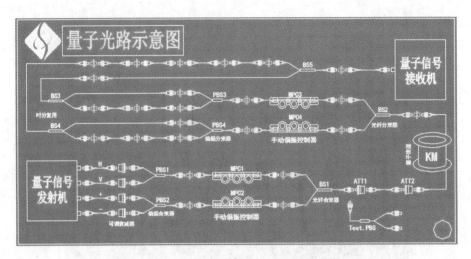

图 7 - 7 - 4　BB84 量子密码实验系统光路原理图

表 7 - 7 - 3　光衰减数据对照表

出射光/入射光	光衰减/dB
1/2	3
1/3	4.77
1/5	6.99
1/100	20

图 7 - 7 - 5　光功率计

5. 实验光路示意图

实验光路示意图如图 7 - 7 - 6 所示。激光器发出的四路光（HV + -）经过四个可调衰减器后，衰减为光强同样大小（实验允许的误差为 1dB）的随机光，在以后的光纤链路中，同一延时位置将等概率出现四种光之一。四路光再经过 PBS1 和 PBS2 合束为两对相互垂直的偏振

光。紧接着用 MPC1 和 MPC2 制备成|0°⟩、|90°⟩、|+45°⟩和|-45°⟩的四种偏振光(简单记为 HV + -),并用 BS1 将四种偏振光合束。最后再经过两级衰减,成为单光子脉冲。其中我们在 BS1 的 Common 端预留了一个 Test 光路,用于配合 MPC1 和 MPC2 制备 HV + - 四种偏振光,这部分为 QKD 光路的发送方。

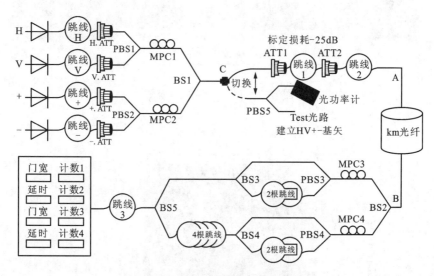

图 7 - 7 - 6　实验光路示意图

在 QKD 光路接收方,四种偏振光分别递增 2 根 2 m 的跳线,从而用 BS3、BS4、BS5 将四种光合束到一个单光子探测器中分时复用(在延时 $X+0$ ns 处探测 H 光子,在延时 $X+20$ ns 处探测 V 光子,在延时 $X+40$ ns 处探测 + 光子,在延时 $X+60$ ns 处探测 - 光子)。经过 1 km 光纤后,单光子在 BS2 处会随机地(50% 概率)选择一条路径继续传输(比如 H 光子 50% 概率走错了路径,这样就相当于接收方选择了错误的测量基矢,这部分探测信号将直接被丢弃)。而接收方的手动偏振控制器 MPC3 和 MPC4 则是用于反馈补偿接收方的光子偏振,偏振光子再通过 PBS3 和 PBS4 进行偏振分束。此时偏振光子仍会有一定的概率(取决于 PBS 的消光比和 MPC 的调节效果)走偏振方向与之垂直的路径,这部分光子将影响到最终错误率。

 实验内容与实验方法

1. BB84 实验系统平台器件准备

准备两台 PC 机、量子信号发射机、量子信号接收机、发射方光学平台、接收方光学平台、1 km 光纤、五根光纤跳线、标准网线、USB 线、同轴电缆线和电源线;图 7 - 7 - 7 是一张连接好的实际实验系统效果图。

图 7 - 7 - 8 是 BB84 实验系统的发射方和接收方光学平台效果图。

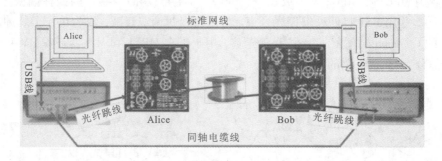

图7-7-7 实际实验系统图

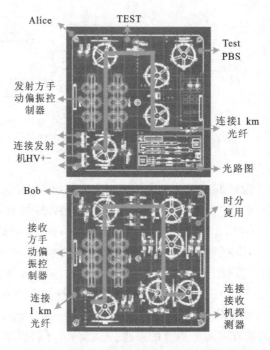

图7-7-8 BB84实验系统光学平台效果图

2. 软件安装

安装量子密码实验系统上位机软件,安装好后打开 B92Settings. exe 初始化驱动程序和设置缓存文件存放位置(在设备管理中识别为 DEVICE)。设置发送方和接收方计算机的本地连接 IP 地址(必须在同一网段,如 10. 88. 100. 50 和 10. 88. 100. 53)。打开 BB84 上位机软件,发送方 B92TS - Alice. exe,接收方 B92TS - Bob. exe,并设置连接 IP 地址。量子密码实验系统上位机软件设置图如图 7 - 7 - 9 所示。

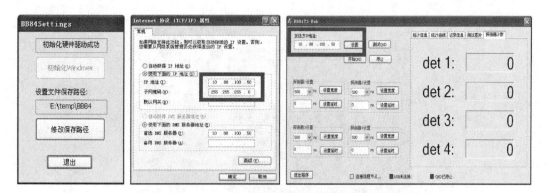

图 7 - 7 - 9 量子密码实验系统上位机软件设置图

一切连接就绪后，软件上就会显示"远程准备就绪"和"USB 工作中"，如图 7 - 7 - 10 所示。如果此时"发送随机光"，由于接收方光路还没有接入（用不透光铁帽子盖住探测器光入口），接收方显示的计数就是探测器的暗计数（暗室环境小于 30 个为正常）。

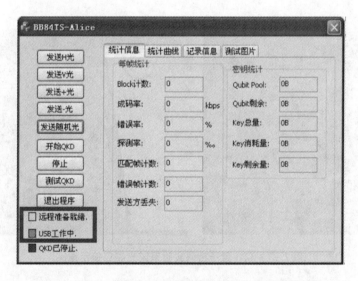

图 7 - 7 - 10 量子密码实验系统上位机软件通信示意图

3. 连接光路，搭建光学平台

连接发射机：用四根光纤跳线分别连接量子信号发射机的 HV + - 激光和发送方的四个可调衰减器，如图 7 - 7 - 11 所示。（最后两级可调衰减器初始应处于较大衰减状态，防止强光进入单光子探测器）

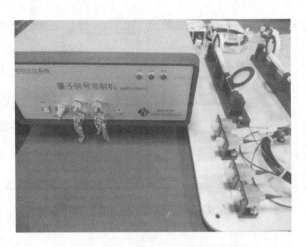

图7-7-11 量子信号发射机连接示意图

接入千米光纤盘，并用一根光纤跳线将接收方四路合束端接入量子信号接收机，如图7-7-12所示。

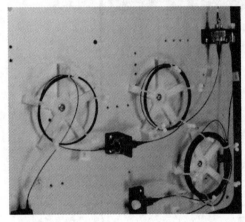

图7-7-12 量子密码实验系统光路连接示意图

4.标定后两级可调衰减器衰减

用上位机软件发送任一路周期光，用一根跳线分别连接到后两级可调衰减器，标定其损耗为一个固定衰减值，例如使ATT1和ATT2损耗都为20 dB。配合下一步调发送方SMC合束端随机光功率，标定衰减保证进入一千米光纤的光脉冲是单光子脉冲。标定好接回光路。

量子密码实验系统是1 M系统(光脉冲频率是1 MHz)，波长是850 nm，一个光子的能量 $\varepsilon = hc/\lambda = 2.337 \times 10^{-16}$ mW。如果平均每个脉冲光子数为 $N = 1$，则每秒光子数 $M = N \times 1$ M/s $= 10^6$/s，计算可知进入千米光纤的光强应是 -96 dBm；同理如果要求平均每个脉冲光子数为 $N = 0.5$，则对应光强为 -99.3 dBm，要求平均每个脉冲光子数为 $N = 0.1$，则对应的光强为 -106.3 dBm(参考脉冲激光器泊松分布、双光子事件和PNS攻击)。

5. 调发送方 BS1 合束端光功率

用上位机软件分别发射四路周期光,调发射方四路可调衰减器,使四种偏振光合束时光强一致:发送 H 光,调节 H 路可调衰减器 H. ATT,用光功率计测 BS1 合束端(Test 端),使光功率计读数为 -56 dBm(正负误差不要超过 0.5 dB);同样发送 V + - 光,分别调节各自相应的衰减器,使每一路光传输到 Test 端处功率为 -56 dBm;这样发射随机光在 Test 端的平均光功率大约为 -56 dBm。

注意:四路光不要衰减得过小,否则在接入后面 Test 光路会超过光功率计量程 Lo 而无法显示。

量子密码实验系统光学测试平台测试 C 点结构图如图 7 - 7 - 13 所示。

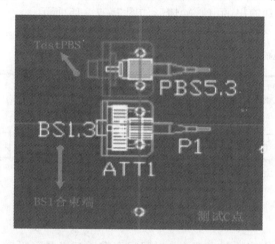

图 7 - 7 - 13　量子密码实验系统光学测试平台测试 C 点结构图

6. 接入预留的 TestPBS 光路,制备两对偏振态 HV 和 + -

将 Test 端接入预留的 TestPBS 的公共端,用光功率计测 PBS 的两个单端。发 H 光,调发射方 HV 路手动偏振控制器 MPC1,使预留 PBS 的两个单端功率一个最大一个最小(Lo)。此时便相当于 HV 偏振光和预留 PBS 的两个偏振分束方向重合。

量子密码实验系统光学测试平台如图 7 - 7 - 14 所示。

图 7 - 7 - 14　量子密码实验系统光学测试平台

发 + 光,调发射方 + − 路手动偏振控制器 MPC2,使预留光路的两个单端功率相等(相差不到 0.5 dB)。此即相当于 + − 偏振光和预留 PBS 的两个偏振分束方向成 45°夹角。

这样在 Test 端,HV 和 + − 之间成 45°夹角的两对偏振基矢已制备好,去掉预留 PBS,将 Test 端接回可调衰减器 ATT1。

7. 发送随机光,设置探测器门宽和延时扫描

首先我们有必要先了解一下光子探测和数据处理的一般过程。对于单光子探测器,一旦提供 5 V 工作电压,任何进入到探测器 APD 的光子事件都会引起雪崩放大效应,然后转换输出为电脉冲给主控板甄别处理。如果我们不给探测器输入任何单光子脉冲(如前第二步),探测器自发辐射或者外界杂散光等都会引起一定的暗计数。

输入的单光子脉冲和输出的电脉冲情形如图 7 – 7 – 15 所示。

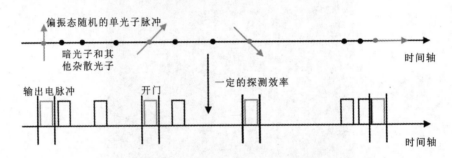

图 7 – 7 – 15 单光子脉冲和输出的电脉冲原理图

由上图可知门宽越小暗计数也越少。设置门宽实质意义是降低暗计数影响,并考虑要区分不同输出,每个周期(1 μs)内只记录信号光到达时刻门宽内的有效数据。因此开门时间在大于单光子脉冲宽度(发射方发出的信号光脉冲宽度大约为 1 ns)前提下,尽可能地小。暗计数越小,可提高对比度,降低最终错误率。此系统最低设置门宽是 10 ns。

其次关于量子密码实验系统的周期和同步概念。量子信号发射机主控板以 1 MHz 频率(周期 1 μs)发出两路电脉冲信号:一路驱动激光器发随机光,一路输出为同步电信号,如图 7 – 7 – 16 所示。因此在接收方一个同步电信号后面必然有一个对应的单光子信号脉冲。通过示波器测量,发射机输出的同步电信号较随机光脉冲提前 1175 ns 发出。

单光子脉冲信号传到接收方经过了很长的一段光纤链路,可以粗略估计一下其传输时间:

PBS 和 SMC 尾纤都是 2 m 长,光纤跳线 2 m,光纤盘是 1000 m,因此单光子信号脉冲共走了 $L = 1036$ m 距离的光纤。按一米 5 ns 换算后,其传输时间 $T = 5180$ ns。又同步电信号经过 3 m(15 ns)同轴线以及在接收机内部信号脉冲再落后同步电信号大约 100 ns。因此对于整个链路来说,相对于同步电脉冲,对应的信号脉冲在整个系统延时落后 6000 ~ 7000 ns,如图 7 – 7 – 17 所示。

最后,我们需要进行延时扫描,让接收方探测器在准确时间开门。具体步骤是:

H 路(探测器 1)延时粗扫:先设置门宽为 500 ns,分别设置延时为 5500 ns,6000 ns,6500 ns 或者 7000 ns,找到信号光脉冲是在 6000 ~ 6500 ns 或在 6500 ~ 7000 ns 范围内。注意

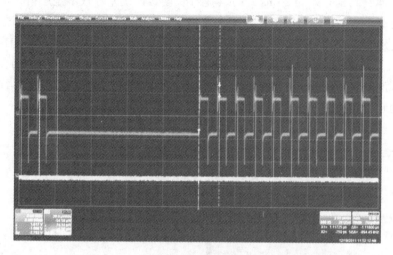

图 7 - 7 - 16　量子信号发射机输出的同步电信号图

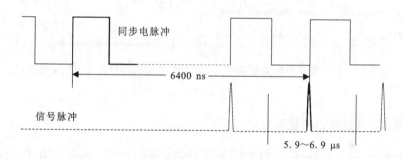

图 7 - 7 - 17　单光子脉冲信号与同步信号数据对比图

在前后 1 μs 范围内找,超过这个范围,找错脉冲后可能会无法正确修正。假设在 6500 ~ 7000 ns 范围内找到很大的计数(上位机软件上的探测计数表示一秒内探测器在同一延时位置处探测到的光子总数)。再缩小门宽为 200 ns,分别设置延时为 6500 ns 或 6400 ns 或 6600 ns 或 6800 ns 或 7000 ns。若找到大计数时的延时范围为 6600 ~ 6800 ns。依此类推设置 100 ns 和 50 ns 门宽粗扫。

　　H 路延时细扫:假设在 6600 ns ~ 6650 ns 延时范围内粗扫到光脉冲,紧接着进行延时细扫。设置门宽为 10 ns,依次尝试设置延时为 6600 ns,6610 ns,6620 ns,6630 ns,6640 ns,6650 ns,结果发现在某一延时位置(例如 6640 ns 处)出现了大的计数。此时可以看到扫描脉冲信号的一个典型现象:在脉冲延时 6440 ns 两侧计数都是暗计数水平,只有当 10 ns 门宽开在 6640 ns 处时计数很大。此时再前后细微调整 5 ns,延时扫描便完成了,请记录这个延时值。

　　接下来我们设置 V + - 路(探测器 234)门宽(10 ns)和延时。由于在接收方光路,四路通过两路光纤跳线再合束到单光子探测器里,实现分时复用,因此可以立刻知道这三路延时相对于第一路延时,例如 H 路设置延时为 6645 ns,则余下三路延时依次为 6665 ns,6685 ns,

6705 ns，其中四路间延时差为 20 ns±5 ns（尾纤长度累计误差导致不是严格 2 m）。

门限和延时设好后，四路探测计数应大致相等（图 7-7-18）：若计数超过一个数量级，则可能：一是延时没有找对，要重新找延时；二是路径损耗不一致造成的，须检查接收方光路插入损耗；三是 det4 计数为暗计数而其他三路都是很高的计数，则表明延时整体错位了一个 20 ns，只需将延时值都减少 20 ns 即可；四是如果四路延时都找到，但是错误率为 50%，则表明延时值正好错位了一个周期 1 μs，可以看作错误率加减 1 μs。

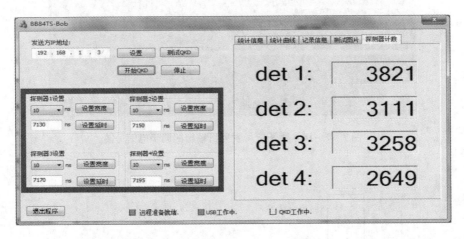

图 7-7-18　量子密码实验系统上位机软件四路探测设置与计数结果图示

8. 偏振反馈，调接收方测量基矢

在延时扫描完成后，就可以进行光的偏振补偿。如前所述，调接收方手动偏振控制器，补偿偏振光在链路中偏振模色散，使之和接收方 PBS 偏振分束方向吻合，等效为调接收方测量基矢（手动偏振控制器和 PBS 一起构成测量基矢），如图 7-7-19 所示。

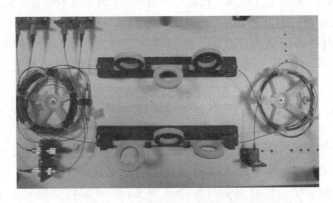

图 7-7-19　偏振控制器与补偿偏振光图示

偏振反馈步骤是：发 H 偏振光，调 HV 路 MPC3，使 det1 探测计数最大，det2 探测计数小于 200（相当于 H 光以较大概率走 H 路，与之垂直的 V 光则会大部分走 V 路）。det1 和 det2

的对比度要求大于 10∶1，对比度越高表明偏振调得越好，最终错误率也越低，如图 7 – 7 – 20 所示。

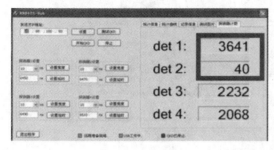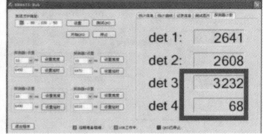

图 7 – 7 – 20 量子密码实验系统上位机软件四路探测设置图

同样发 + 光，调 + – 路手动偏振控制器 MPC，使 det3 探测计数最大而 det4 探测计数小于 200，如图 7 – 7 – 20 所示。如此便建立好了接收方的测量系统，此时发送随机光四路探测计数仍然要大致相等。如果两路计数相差始终太大，则应检查光路中发射方光强是否变化了以及接收方连接损耗和是否过高。

9. 实验操作

一切准备就绪后，先停止发射方发随机光，接着发射方点"开始 KQD"，接收方再点"开始 KQD"，整个系统就运行起来了。观察成码率、错误率：成码率在 3 ~ 5 kbps 较好；错误率要求低于 5%，且系统匹配帧计数为 1024。如果错误率过高，则要重新调整发射方手动偏振控制器重新校准制备的 HV + – 四种偏振态，再调整接收方手动偏振控制器，提高 HV 或 + – 的对比度。

看系统加密解密效果：当一段时间密钥分发后，密钥总量会增加到一定数量。加密是通过密钥和信息按位(bit)异或运算得到的，有多少信息，就要多少密钥。而解密则是用相同的密钥再次和异或运算后的信息进行异或运算。等到密钥足够，我们可以测试一张图片：

例如我们要加密一个 144 kb 的图片，等到密钥剩余量超过 144 kb 后，我们在 Bob 端测试图片选项卡中选择"加密图片"并发送加密图片到 Alice 端，而在 Alice 端测试图片选项卡中就可以点"显示加密图片"查看解密后的图片，如图 7 – 7 – 21 所示。可以看出解密后的图片有许多斑斑点点，这正和 5% 的错误率相符合，错误率越低，噪声斑点越少，如果加入纠错等技术手段，就可以彻底解决错误率问题。

10. 实验完成

实验结束后关闭系统，将光学平台上的光纤连接归位，保证光学平台安全和洁净，收好实验的连接线。此外，系统长期多次运行后，由于发射方时刻记录各种信息，可能会占用大量硬盘空间，实验完请及时清理数据。

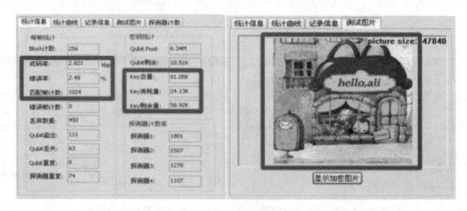

图 7 - 7 - 21　加密解密图示

 注意事项

进行操作时请至少遵守以下注意事项以避免硬件损坏！

（1）不要在探测器输入端口敞开的时候（没有接入光纤或没有盖帽子）打开探测器电源！电源接入探测器前检查是否是正常 5 V 直流电压。

（2）保证输入探测器光强小于 1 μW。

（3）不要将强光直接接入探测器。在调试的过程中，需用强光时，一定要关闭接收方探测器电源，或者断开发送方到接收方的光纤。硅单光子雪崩探测器对于可见光和近红外波段的光很敏感，即使普通日光（μW 量级）也能产生近乎饱和的计数，长时间工作在强光下可能烧毁雪崩二极管。

（4）请勿弯折光纤！光纤抗拉伸的能力很强，甚至比相同直径（<1 mm）的细铜丝更强。但光纤很"脆"，一旦弯折光纤，很容易将其折断。为节省空间，可以将正常使用的光纤盘成环状，甚至可以将光纤绕到手指上（直径约 1 cm），但此时这段光纤会有很大的额外损耗。所以一般要求光纤环的直径大于 4 cm，以保证光纤不会由于弯曲带来额外的损耗。

（5）为光纤和法兰盘盖上帽子！请为暂时不用光纤器件盖好帽子，空气中的灰尘随时可能附着在光纤表面，每一粒位置合适的灰尘都将带来极大的额外损耗，为了实验顺利进行，请保持随时为光纤盖上帽子的好习惯。注意法兰也要及时盖上帽子，防止对光纤头产生二次污染！

（6）AB 型 BB84 光学平台：由于采用倒扣式打包，请在拆封前，先用螺丝刀将五根柱子卸下，然后小心分开互相倒扣的发射方和接收方平台，不要碰到脆弱的光纤。

 预习要求

（1）熟悉分束器、偏振分束器等光学器件的原理和操作方式；

（2）熟悉单光子探测器的工作原理和操作方式；

(3)理解保密通信的基本流程;

(4)理解量子密钥分发的目的和作用,理解 BB84 协议的基本流程;

(5)分析截取 – 重发攻击下 BB84 协议误码率的变化情况,理解为什么 BB84 协议是安全的;

(6)熟悉量子密码实验操作流程和控制软件的操作流程,以及实验中的注意事项。

思考题

(1)移动中间的光纤,观察错误率等受到扰动的影响。

系统长时间运行后,由于偏振控制器光纤本身应力变化以及环境的振动和温度变化导致光偏振飘移,使错误率增加,需重新调整回来。

(2)原始密钥分析。

量子密码实验系统上位机软件会在 D 盘的 BB84TS 文件夹中以打开软件时间命名的文件夹中保存原始数据、Log 信息、生成的密钥数据,以及传输的图片文件。本实验进行了最基本的光纤光学光路搭建,以及基本的数据分析。有兴趣的可以更进一步地分析保存的原始数据,如自己可以分析原始数据估计密钥的错误率。

(3)QKD 后续工作:了解一些诱骗态理论、密钥纠错、隐私放大和密钥管理。

正如上面我们可以看到的,用原始密钥加密的图片解密之后会有噪点出现,这是因为发送方和接收方生成的密钥有部分不同,即错误率。一般应用中要求双方的密钥完全相同,所以需要对密钥进行纠错工作。最经典的纠错算法是 Cascade 算法(Brassard & Salvail, 1994),该算法可以比较高效地进行纠错工作。

参考文献

[1]尹浩,韩阳,等. 量子通信原理与技术[M]. 北京:电子工业出版社,2013.

[2]郭弘,李政宇,等. 量子密码[M]. 北京:国防工业出版社,2016.

第8章

前沿物理创新实验

实验8.1　薄膜的气相生长基本原理及其光学表征

 实验背景

高质量的薄膜材料对于凝聚态物理学、半导体器件与光电子学器件的发展具有重要的意义。了解薄膜生长基本原理及其物性表征、潜在应用对于应用物理专业高年级本科生来说，是一项十分有必要的实验课程。薄膜沉积的方法很多，包括分子束外延、有机金属化学气相沉积、物理与化学气相方法、磁控溅射法以及电镀方法等。其中，分子束外延方法具有超高真空的物理沉积过程、精准的膜层组分与掺杂浓度可控性等优势，生长本质为动力学控制过程，不在热平衡条件下进行，能够生长普通热平衡方法难以生长的薄膜。利用该方法制备的薄膜材料具有晶体质量高、缺陷密度低及可控制生长人工超晶格结构等特点，已经成为凝聚态物理研究中的重要材料制备方法。然而，分子束外延设备价格昂贵，操作复杂，实验人员需要长时间的培训。因而，物理与化学气相沉积(physical or chemical vapor deposition, PVD or CVD)方法以其操作简便、设备价格适中和装配方便等优势，同时其制备的薄膜材料质量较高，已成为高等学校、研究所及工业界非常关注的一类薄膜生长方法。

物理与化学气相沉积是指反应物通过气相输运的过程，到达基底表面进行物理沉积或发生化学反应进而沉积薄膜材料的方法，是半导体工业中应用最为广泛的技术，包括绝缘体、大多数金属材料和金属合金材料等。早在十九世纪末，有人就通过气相沉积方法尝试沉积高熔点金属及其化合物的试验。一百多年来，气相沉积技术也很快在半导体器件工艺中占据重要的位置，CVD技术已占有与其他单项工艺相同或更高的组合工艺的地位。其原因是半导体器件工艺特别是集成电路工艺已成为极其微型化的技术，微细控制的必要性日益增大，而CVD技术的良好控制性正好是解决这些问题的最适当的方法。CVD技术不仅在半导体工艺方面，而且在更广阔的领域受到重视，例如：自1968年、1970年美国电化学协会的冶金学部两次召开CVD专题讨论会后，美国原子能协会的物质科学及工艺学部于1972年5月召开了关于CVD的国际会议(第三次)，1973年10月美国电化学协会的电热学和冶金学部在波士顿城召开第4届CVD国际会议。在以上会议中，与电子工业有关的应用是主要的，其中半导体器件工艺又占了一大半。所以，CVD 技术是普遍用于半导体集成工艺的方法，并且是高度实用化且急速发展的一门技术。

 实验目的

（1）了解 CVD 技术的薄膜生长基本原理：CVD 技术的物理化学含义、CVD 技术的一般准则、CVD 技术薄膜生长的通用方程式。

（2）了解 CVD 技术的工艺流程，学会 CVD 工艺中相关基础仪器的使用规范与基本操作。

（3）了解光学显微镜成像原理，学会应用光学显微镜观察 CVD 技术制备的薄膜样品质量，理解光学衬度相的基本原理，获得薄膜的光学图像数据。

 实验原理

CVD 薄膜沉积技术的基本原理是把一种或多种前驱体的气体反应剂或者液体反应剂的蒸汽，通过载气输运到沉积系统中，前驱体同时经历裂解为分子、原子或团簇的过程和横向与纵向传输过程，最后在衬底表面发生化学反应或物理重组过程析出所要生长的非挥发性物质薄层，即薄膜材料。CVD 反应过程可概括如图 8 - 1 - 1 所示过程，其中 A 阶段：气态前驱体或蒸汽态反应前驱体引入反应腔室；B 阶段：前驱体穿过边界层到达反应衬底表面；C 阶段：前驱体吸附在基底表面并在表面运动；D 阶段：化学反应或物理沉积过程在基底表面发生；E 阶段：成核并生长；F 阶段：融合并生长至连续薄膜；G 阶段：气态副产物从基底表面脱附并抽出反应腔室。

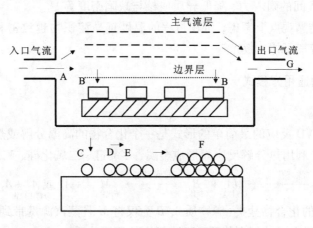

图 8 - 1 - 1　CVD 反应过程原理图

薄膜生长分为形核与生长两个过程，形核是薄膜诞生的起初阶段，实际是一个气固或气液固相变过程。薄膜的生长模式可以分为三种：岛状模式（Volmer - Weber 模式）、层状模式（Frank - van der Merwe 模式）、层岛结合模式（Stranski - Krastanov 模式）。三种生长模式的示意图如图 8 - 1 - 2 所示。

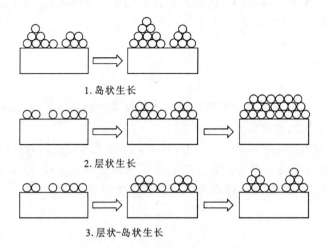

1.岛状生长

2.层状生长

3.层状-岛状生长

图 8 - 1 - 2　薄膜生长模式原理图

1. CVD 技术的普适性原则

利用 CVD 技术完成高质量的薄膜沉积生长，必须满足以下三个准则：

(1)固体反应物必须具有较高的蒸汽压，进而可使其在合适的速率下引入反应室内，室温下气体或液态反应物可利用载气进行输运，从而到达反应基底。

(2)在反应体系中，除去待淀积的薄膜以外，其他产物必须是挥发性的。

(3)淀积物本身必须具有足够低的蒸汽压，且化学反应过程最好发生在加热的衬底上，进而增加薄膜与基底间的附着力、降低异质成核与缺陷密度等。

一般来说，从结晶观点上考虑，沉积过程的温度越高淀积物越致密和完整，反应的激活能通常来自热能、等离子体、激光等。

2. CVD 技术的通用方程式

1)高温分解反应

从概念上讲，CVD 反应的最简单的形式是一个化合物的高温分解或热分解。在满足 CVD 一般准则的前提下，利用热分解反应而形成金属，多晶硅、二氧化硅、三氧化二铝等绝缘体：

$$\underset{(\text{液体或固体})}{MA} \xrightarrow{\text{源气化温度}} \underset{(\text{气体})}{MA} + \underset{(\text{载体})}{B} \xrightarrow{\text{衬底温度}} \underset{(\text{析出物质})}{M} + \underset{(\text{分解生成物})}{A(\text{或} A_1 + A_2)} + \underset{(\text{载气})}{B}$$

式中：MA 是要淀积的化合物盐类（源物质），B 为仅将 M 且蒸汽源携带到衬底表面的气体，A（或 $A_1 + A_2$）为分解后生成的气态物质，M 为析出的所需物质。

2)化学合成反应

目前，大部分 CVD 反应涉及两个或多个气体物质在一个加热的表面上所进行的相互作用，利用合成反应能形成半导体、超导体、金属与绝缘体。对金属与半导体的淀积来说，多采用氢对某一卤化物的还原作用或者接触还原作用：

$$\underset{(\text{液体或固体})}{MA} \xrightarrow{\text{源气化温度}} \underset{(\text{气体})}{MA} + \underset{(\text{气体})}{C} + \underset{(\text{载体})}{B} \xrightarrow{\text{衬底温度}} \underset{(\text{析出物质})}{M} + \underset{(\text{还原生成物})}{AC} + \underset{(\text{载气})}{B}$$

式中：MA 为源物质，B 为携带的惰性气体，C 为本身也参与反应的载体、添加剂或者参与催化作用的衬底，M 为淀积的所需物质，AC 为还原生成的气态物质。

对绝缘薄膜的淀积来说，使用了一个适宜的氢化物、卤化物或有机金属化合物的氧化作用：

$$MA \xrightarrow{\text{源气化温度}} MA + DC + B \xrightarrow{\text{衬底温度}} MC + $$
（液体或固体）　　　　　　　　（气体）（气体）（载体）　　　　　　　（析出绝缘物质）

$$AD（\text{或} A、D、C \text{的多种化合物}） + B$$
　　　（副生成气体物质）　　　　　　　　（载气）

式中：MA 为源物质，DC 为本身也参与反应的载体、添加剂或参与催化作用的衬底，B 为携带气体，MC 为淀积的所需绝缘薄膜，AD（或 A、D、C 的多种化合物）为副生成的气体物质。

3）输运反应

输运反应是类似于化学合成反应的，但是，排除了挥发性试剂，采用一个所需化合物当作起始原料，借助一个适宜的输运剂（如 HCl 或水蒸气）将化合物挥发并进行输运。

3. 光学显微镜原理

光学显微镜，是利用光学原理将微小物体形成放大影像的仪器。目前使用的光镜种类繁多，外形和结构差别较大，如暗视野显微镜、荧光显微镜、相差显微镜、倒置显微镜等，但其基本的构造和工作原理是相似的。一台普通光镜主要由机械系统和光学系统两部分构成，而光学系统则主要包括光源、反光镜、聚光器、物镜和目镜等部件。物镜和目镜的结构虽然比较复杂，但它们的作用都是相当于一个凸透镜，由于被检标本是放在物镜下方的 1~2 倍焦距之间的，上方形成一倒立的放大实像，该实像正好位于目镜的下焦点（焦平面）之内，目镜进一步将它放大成一个虚像，通过调焦可使虚像落在眼睛的明视距离处，在视网膜上形成一个直立的实像。显微镜中被放大的倒立虚像与视网膜上直立的实像是相吻合的。其光路图如图 8 - 1 - 3 所示。

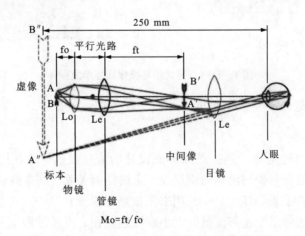

图 8 - 1 - 3　光学显微镜光路图
Mo 代表物镜放大倍数；ft 代表管镜焦距；fo 代表物镜焦距

分辨力是光镜的主要性能指标。所谓分辨力也称为辨率或分辨本领，是指显微镜或人眼在 25 cm 的明视距离处，能清楚地分辨被检物体细微结构最小间隔的能力，即分辨出标本上相互接近的两点间的最小距离的能力。据测定，人眼的分辨力约为 $100~\mu m$。显微镜的分辨力由物镜的分辨力决定，物镜的分辨力就是显微镜的分辨力，而目镜与显微镜的分辨力无关。光镜的分辨力(R)(R 值越小，分辨率越高)可由下式计算：

$$R = \frac{0.61\lambda}{n\sin\theta} \qquad\qquad (8-1-1)$$

这里 n 为聚光镜与物镜之间介质的折射率(空气为 1、油为 1.5)；θ 为标本对物镜镜口张角的半角，$\sin\theta$ 的最大值为 1；λ 为照明光源的波长(白光为 $390 \sim 770~nm$)。放大率或放大倍数是光镜性能的另一重要参数，显微镜总放大倍数等于物镜放大倍数与目镜放大倍数的乘积。

 实验装置

1. 高温管式炉

热电偶将炉温转变成电压信号后，加在微电脑温度控制调节仪(如图 8-1-4 右侧)上。调节仪将此信号与程控设定相比较，输出一个可调信号。再用可调信号控制触发器，再由触发器触发调压器，达到反馈调节电炉电压和电炉温度的目的。

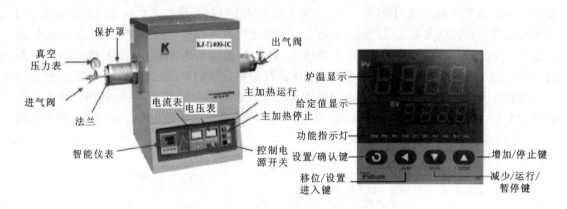

图 8-1-4　管式炉与操作面板示意图

2. 气体流量控制组件

1)气体流量计

流量计(图 8-1-5)是基于热扩散原理而设计的流量仪表。即利用流体流过发热物体时，发热物体的热量散失多少与流体的流量成一定的比例关系。该系列流量计的传感器有两只标准级的电阻温度探测器(RTD)：一只用来测量热源温度；另一只用来测量流体温度。当流体流动时，两者之间的温度差与流量的大小成线性关系，再通过微电子控制技术，将这种关系转换为测量流量信号的线性输出。

2)流量控制器

本实验流量控制器(图 8-1-6)通过 VGA 线连接气体流量计，可设定 $0 \sim 500~sccm$ 的气体流量和监测实时的气体流量。红色数字为实时气体流量，黄色数字为设定的气体流量。

图 8 - 1 - 5　气体流量计

图 8 - 1 - 6　流量控制器

3. 光学显微镜系统

光学显微镜系统主要由以下几部分构成：①光学显微镜；②适配镜；③摄像机（CCD）；④A/D（图像采集）；⑤计算机。本实验光学显微镜示意图如图 8 - 1 - 7 所示，主要由机械部分和光学部分构成，机械部分包括：镜筒、物镜转换器（物镜转换盘）、镜臂、调焦器、载物

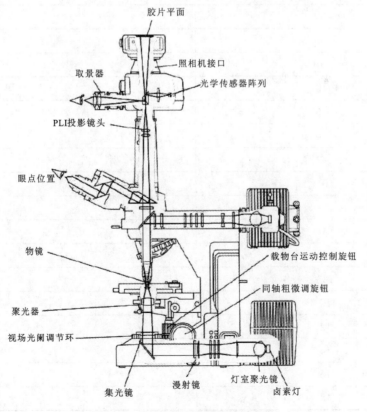

图 8 - 1 - 7　普通光学显微镜示意图

台、镜柱、镜座；光学部分包括：目镜、物镜。详细的部件结构和功能介绍参见光学显微镜使用说明书。

 实验内容与实验方法

本实验以二硫化钼薄膜为生长目标，除上述介绍仪器外还需用到电子天平、超声清洗器、鼓风干燥箱等常用实验仪器。

1. 准备工作

1）管式炉温区校正

将管式炉以 30℃/min 升温速率升至 850℃，管式炉升温程序设置方法参见管式炉使用说明书，使用热电偶测量炉内各区间段温度，测量区间间隔为 2 cm，依次记录各点温度于表 8 - 1 - 1，并绘制炉温校正曲线于图 8 - 1 - 8。

表 8 - 1 - 1　炉温校正表

中心距/cm	测量温度/℃
-18	
-16	
-14	
-12	
-10	
-8	
-6	
-4	
-2	
0	
2	
4	
6	
8	
10	
12	
14	
16	
18	

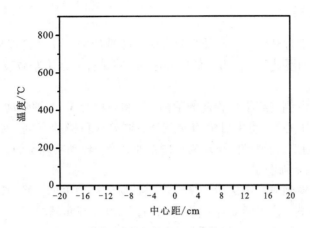

图 8-1-8　温度校正曲线

2）基片的清洗

本实验采用 Si/SiO$_2$ 晶片（以下简称硅片）作为生长衬底，用玻璃刀将硅片裁至合适大小（大号燃烧舟：1.7 cm × 1 cm；小号燃烧舟：1 cm × 1 cm），将裁剪好的硅片用去离子水超声清洗 5 min 并进行干燥处理，放入密封盒备用。

3）气路检查

检查 Ar、H$_2$ 气压及气路阀门开关情况，确保减压阀出气压力为 0.2 MPa。

2. 二硫化钼生长实验

（1）使用电子天平称取约 10 mg MoCl$_5$ 粉末与 1 g 升华硫粉末，分别放在两个陶瓷燃烧舟内。（电子天平使用方法见电子天平使用说明书）

（2）将放有称量好 MoCl$_5$ 和升华硫粉的燃烧舟分别放置在 850℃和 300℃温区段，将硅片放置于 720℃温区段，示意图如图 8-1-9 所示。拧紧法兰件，检查气密性。

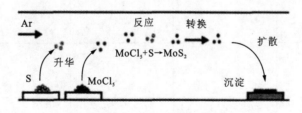

图 8-1-9　MoS$_2$ 生长示意图

（3）洗气过程：通入 500 sccm Ar，10 min 后将气流调整为 50 sccm。

（4）设置升温程序为 50℃/min，升至 850℃保温 10 min，后自然降至室温。

（5）关闭气流，使用铁钩取出样品。

3. 观察 MoS₂ 薄膜

（1）取下防尘罩，打开电源，打开光源开关，打开 CCD 开关，检查当前所用物镜是否为最低倍（5×）物镜，如不是，调整为最低倍并记录。将试样放在干净载玻片上后，将载玻片平放在载物台上。

（2）转动显微镜左侧与载物台相连的手柄，控制载物台 X、Y 轴移动，将试样移动到观察视场下（光斑在试样中心）。使用目镜直接观察，调整双目镜的宽度，使双目能看到同一视场。缓慢转动粗调旋钮，当视场内出现模糊图像时，停止转动粗调旋钮，改为转动微调旋钮，直至整个视场内出现清晰图像。

（3）在目镜中观察到清晰图像后，继续转动载物台移动手柄，移动试样，找到目标观测物，选择视频采集方式，拔出活动杆，使光路通过 CCD 至显示器。

（4）如要用不同倍数进行观察，可转动物镜旋座到所需要的放大倍数的物镜。（注意：切不可直接抓住物镜进行旋转！）

（5）调整至合适参数后，应用图像处理软件对图像进行采集、记录、处理。

（6）观察采集结束后，取走样品及载玻片，将数据拷贝，关闭计算机，关闭 CCD，关闭光源开关，关闭电源，将物镜调至最低倍物镜，盖好防尘罩。登记填写《仪器使用记录》。

（7）完成报告。把实验数据填入表 8–1–2。

表 8–1–2　CVD 制备 MoS₂ 光学显微镜图

区域	衬底对应位置	光学显微镜图	样品大小	对比度计算值	厚度（层数）
1					
2					
3					
4					
5					
6					

注意事项

（1）本实验涉及高温管式炉、高压气体的使用，实验前应仔细阅读学习消防安全管理规定，做好预习工作。

（2）转动物镜转换盘时切勿直接触碰物镜筒，装放和取走样品时应轻拿慢放，不要碰到镜头。

预习要求

（1）熟悉薄膜生长基本原理，了解气相沉积的基本原则。

（2）了解质量流量计控制原理与气路设计原理。

（3）熟悉光学显微镜成像原理，了解薄膜的光学衬度相的物理原理。

思考题

（1）什么是边界层理论？如何区分气相生长中的平流与湍流过程？

（2）解释雷诺数，探讨雷诺数对气相生长过程的影响。

（3）影响薄膜与衬底间光学衬度的本质原因有哪些？光学衬度是否与薄膜的结晶质量有关系？

参考文献

[1] 关旭东，等. 硅集成电路工艺基础[M]. 北京：北京大学出版社，2003.

[2] 赞特. 芯片制造——半导体工艺制程实用教程[M]. 第6版. 北京：电子工业出版社，2015.

[3] 冯其波. 光学测量技术与应用[M]. 北京：清华大学出版社，2008.

实验8.2　制备和测试基于二维材料的液晶单元

 实验背景

液晶于 19 世纪首次发现。1883 年奥地利布拉格德国大学植物生理学家斐德烈·莱尼泽（Friedrich Reinitzer）观察到在加热胆固醇苯甲酸酯的过程中会出现两个熔点，即它在 145.5℃时熔化，会产生带有光彩的混浊物，待温度上升为 178.5℃时，光彩消失，液体呈现透明状。等液体稍稍冷却，混浊现象再次出现，瞬间呈现蓝色。1926 年，K. Lichtennecker 通过实验分析研究发现了液晶的介电各向异性。1927 年，V. Freedericksz 和 V. Zolinao 通过实验发现在电场（或磁场）作用下，向列相液晶会产生形变并存在电压转变等现象。而这成为制作液晶显示器的重要依据。1932 年，W. Kast 将向列相分为正性和负性。基于对先前工作的研究，1968 年美国 RCA 公司 R. Williams 通过实验发现向列相液晶材料在电场作用下会形成条纹畴，并且伴随着光散射现象。G. H. Heilmeir 在此研究基础上将其发展成动态散射显示模式，并制成世界上第一个液晶显示器（LCD）。自此拉开了液晶显示器发展的大幕，随后，扭曲向列相液晶显示器进一步推进了该领域，同时推动了信息技术的快速发展。

2004 年，英国曼彻斯特大学的 A. K. Geim 和 K. S. Novoselov 在 Science 上发表了一篇关于"二维材料"石墨烯的文献，这是首次被报道的二维材料。该石墨烯是利用胶带撕扯石墨（机械剥离法）而获得的单层纳米片。2010 年，也正因为他们两位在石墨烯方面的进一步研究性创新，即在单层和双层石墨烯体系中分别发现了整数量子霍尔效应及常温条件下的量子霍尔效应而获得了物理学领域的最高荣誉——诺贝尔物理学奖。自此，科学界掀起了研究石墨烯的热潮，也拉开了研究"二维材料"的大幕。关于二维材料的研究越来越多，其应用的领域也越来越深，其中最具代表性的研究之一就是二维材料在液晶方面的应用。

现如今，液晶已经完全融入了我们的日常生活。我们所使用的智能手机、电脑以及所有的投影设备等皆包含了液晶模块。也正因为其具有独特的物理、化学以及光电等特性吸引了越来越多科研人员的兴趣，使得目前对于液晶的研究已发展成为集物理学、化学、材料科学、生物工程以及光电科学的交叉学科。使用液晶材料制成的轻薄型的电子显示设备具有驱动电压低、功耗微小、成本低廉、大幅度减小体积等优势，方便制成顾客所要求的液晶显示器规格，自动化程度高、效益快，可大幅度地促进微电子技术和光电信息技术的发展。所以用于制备和测试基于二维材料的液晶单元尤为重要，我们需要在理解的基础上进一步改良。本实验主要介绍基于二维材料的液晶单元的原理，并通过实验让学生了解液晶单元的测试方法和实验结果处理方法。

 实验目的

（1）了解基于二维材料的液晶单元的实验原理。

（2）了解液晶单元各器件的主要功能，掌握其基本操作方法。

（3）测量二维材料的液晶特性曲线。

（4）通过实验结果分析材料的液晶性能。

实验原理

该实验主要涉及两种实验原理：液晶盒的克尔效应以及液晶的电光效应。其中该实验包含的液晶的电光效应是指它的干涉、散射、衍射、旋光、吸收等受电场调制的光学现象。

克尔效应是指在电场的作用下，溶液中的分子会按电场的方向进行排列，因此会变成和晶体相类似的各向异性，成为光学上的单轴晶体，结果产生双折射，即沿两个不同方向物质对光的折射能力有所不同。该现象是在 1875 年被克尔（Kerr）首次发现的，后人称它为克尔电光效应，简称克尔效应。图 8 - 2 - 1 就是克尔用于检测这一效应所使用的液晶克尔盒的实验原理图。

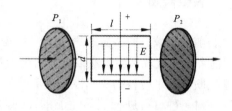

图 8 - 2 - 1　克尔效应的实验原理图

其中 P_1 和 P_2 为偏振方向相互垂直的偏振片，中间是装有液晶材料的克尔盒，在盒子内部有长为 l、间隔为 d 的一对平行板电极。在电极上通上电之后，盒中的液体在电场的作用下获得和单轴晶体相同的性质，且光轴的方向同电场方向相同。

实验研究表明，o 光和 e 光之间折射率的差值和电场强度的平方成正比，因而这一效应又被称为二次电光效应。两个折射率的差值为：

$$n_o - n_e = KE^2 \qquad (8-2-1)$$

式中：K 叫克尔常数，不同液体的克尔常数有所不同；E 为电场强度。当经过起偏器 P_1 而产生的线偏振光透过克尔盒中的液晶材料时会产生双折射现象，且 o 光和 e 光之间的光程差为：

$$\delta = (n_o - n_e)l = KlE^2 \qquad (8-2-2)$$

如果两个电极之间的电压大小为 U 时，则上式可以表述为：

$$\delta = Kl(U^2/d^2) \qquad (8-2-3)$$

当电压发生改变时，光程差 δ 也会随之变化，从而导致通过检偏器 P_2 的光强也发生改变，因此可以利用电压的大小对偏振光的光强进行控制，从而用来初步检测一个样品是否有应用于液晶的潜在价值。

而在应用领域，电场导致偏振光进入材料后的光程差 δ 通常用双折射率 Δn 表示，不同波长的折射光存在不同的双折射率，Δn 公式如下：

$$\Delta n = \lambda KE^2 \qquad (8-2-4)$$

式中：λ 是光的波长，K 是克尔常数，E 是电场的强度。当光线垂直于电场的方向入射到其上时，折射率的这种差异导致材料像波片一样起作用。如果材料放置在两个"交叉"（垂直）线性偏振器之间，电场关闭时则不会发出光。而电场电压为最佳值时，几乎所有光将通过。克尔常数较高，则最佳电压较小。因为克尔效应对电场的响应非常快，光可以在高达 10 GHz 的频率下进行调制。由于克尔效应相对较弱，典型的克尔器件可能需要高达 30 kV 的电压才能实现完全透明。此外，克尔器件的另一个缺点是最好的可用材料硝基苯是有毒的。

液晶的电光效应是指由于液晶分子的规则排列，液晶会具有电学和光学各向异性等性质。当对液晶施加电场，其内部偶极子会受到外部电场力的作用，导致原有的排列方式发生改变，进而沿着电场方向进行重新排序，因此液晶的电光学性质也将随之发生改变。1968 年美国 RCA 公司的 Heimeier 发现了液晶的一系列电光效应，并制成了显示器件。液晶显示器件由于具有驱动电压低(一般为几伏)、功耗极小、体积小、寿命长、环保无辐射等优点，在当今已广泛应用于各种显示器件中。

实验装置

目前测试液晶的装置有两种：一种是宏观液晶实验装置；另一种是电致双折射实验装置。前者是在宏观层次观察二维材料是否具有液晶现象的装置，后者是通过测量材料的双折射来判断该二维材料的液晶性能的实验装置。

在对一种材料进行液晶性能的详细研究之前，可以先从宏观上观察其是否有电致双折射现象和流动双折射现象，因此实验室根据相关原理搭建了实验光路，实验光路图如图 8 - 2 - 2 所示。需要说明的是，光路中的光源采用的是普通白光光源，起偏器和检偏器均是线性偏振片，两偏振片的偏振方向可自由调节。观察宏观电致双折射现象时用到的样品槽是玻璃比色皿改装而成的，在两个不透光的内壁上加上两个铜电极，比色皿宽厚可变，根据实际需要进行调节。在样品槽两端施加的电场是由交流电

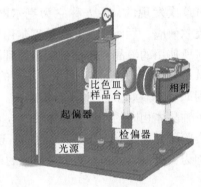

图 8 - 2 - 2 拍摄宏观液晶现象的实验装置图

源提供的交流电场，电场强度依据实验而定，最后的拍摄工作可以使用相机，也可使用具有拍摄功能的手机。

对液晶在不同条件下的双折射率进行定量的测量是深入研究一种材料是否具有液晶效应的基础，而液晶双折射率的测量方法主要有两大类：干涉法和折射法。其中包括正交偏振光干涉法、薄膜多光束干涉法、1/4 波片法、三棱镜折射法以及阿贝折射法等。在实验室测试试验中主要采用的是正交偏振光干涉法。按照观察宏观液晶现象同样的实验原理，搭建了实验室用于定量测量双折射的光路，实验原理图如图 8 - 2 - 3 所示，实验原理为激光通过前置调

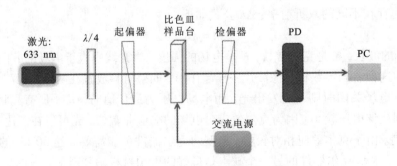

图 8 - 2 - 3 测量双折射的实验光路图

节好的光路打至 1/4 波片，1/4 波片将光调节成圆偏振光，光通过起偏器、比色皿样品台、检偏器，将光传至 PD 光电探测器，最后通过 PC 上的软件进行测量得到光强数据 I_0 和 I。其中 I_0 是起偏器和检偏器偏振方向平行不加电场下所测的光强，I 是起偏器和检偏器偏振方向垂直加电场下所测的光强。若复合折射率 $n^* = n_{\parallel,\perp} + i\kappa_{\parallel,\perp}$，则实验中测到的光强可以表述为：

$$I = I_0 e^{-\frac{4\pi d\bar{\kappa}}{\lambda}} \left\{ \sin^2 \frac{4\pi d\Delta n}{\lambda} + \frac{1}{4}\left(\frac{2\pi d\Delta\kappa}{\lambda}\right)^2 + \cdots \right\} \qquad (8-2-5)$$

其中

$$\bar{\kappa} = \frac{(\kappa_{\parallel} + \kappa_{\perp})}{2} \qquad (8-2-6)$$

$$\Delta\kappa = \kappa_{\parallel} + \kappa_{\perp} \qquad (8-2-7)$$

根据实验，会发现有：

$$\sin^2 \frac{\pi d\Delta n}{\lambda} \gg \frac{1}{4}\left(\frac{2\pi d\Delta\kappa}{\lambda}\right)^2 - 10^{-2}\sin^2 \frac{\pi d\Delta n}{\lambda} \qquad (8-2-8)$$

因此可以忽略式(8-2-5)中的高阶部分得到：

$$I = I_0 e^{-\frac{4\pi d\bar{\kappa}}{\lambda}} \sin^2 \frac{\pi d\Delta n}{\lambda} \qquad (8-2-9)$$

由于：

$$e^{-\frac{4\pi d\bar{\kappa}}{\lambda}} \approx 1 \qquad (8-2-10)$$

所以有：

$$I = I_0 \sin^2 \frac{\pi d\Delta n}{\lambda} \qquad (8-2-11)$$

通过上述实验装置所测得 I_0 和 I，最后利用推导的公式(8-2-11)求得双折射率 Δn。

实验室中具备多台可测激光器，包括半导体激光器、He-Ne 激光器以及飞秒脉冲激光器等。飞秒脉冲激光器采用的激光光源是美国的 Newport 旗下的 Spectra-Physics 公司生产的飞秒脉冲激光器。该激光器主要由以下四个部分组成：①飞秒脉冲振荡器(Maitai SP)；②放大器泵浦源(Empower 30)；③第四代低色散飞秒放大器(Spitfire Ace)；④波长扩展器(Topas C)。各部分详细参数见表 8-2-1。

表 8-2-1　飞秒脉冲激光器详细参数

型号	参数
Maitai SP	激发波长范围 780~820 nm，重复频率为 86 MHz，脉冲宽度小于 30 fs，单脉冲能量达到 5 nJ
Empower 30	波长 532 nm，重复频率 2 kHz，脉冲宽度 200 ns，单脉冲能量 28 mJ，噪声小于 0.15% rms
Spitfire Ace	平均功率为 4.2 W，脉冲宽度为 35 fs，光束指向稳定性为 20 mrad/℃，能量稳定性小于 0.15% rms(24 hrs)
Topas C	输出波长范围 230~1640 nm，输入波长范围 770~830 nm，脉冲能量为 0.15~5 mJ，脉冲宽度为 35~200 fs

其中，涉及的光学平台仪器有 1/4 玻片、起偏器和检偏器、比色皿、PD 光电探测器以及交流电源。1/4 波片的作用在于当光从法向入射透过波片时，寻常光（o 光）和非常光（e 光）之间的位相差等于 π/2 或其奇数倍。当线偏振光垂直入射 1/4 波片，并且光的偏振和波片的光轴面（垂直自然裂开面）成 θ 角，出射后成椭圆偏振光。特别当 θ=45°时，出射光为圆偏振光。1/4 波片可通过起偏器获得任意想要方向偏振的线偏振光。起偏器和检偏器都是偏振片。当起偏器和检偏器的偏振方向相互垂直且与电场的方向呈 45°时透过光强最大。样品比色皿具有多种规格（1 mm，2 mm，5 mm，1 cm 等），可根据具体情况进行选择。一般采用 5 mm，光通路为 1 cm 的规格。实验室中的交流电源是台湾普斯 PS－61005 交流电源，如图 8－2－4 所示，PS－61005 交流电源具有四挡固定频率：50 Hz、100 Hz、200 Hz 和 400 Hz，45～70 Hz 连续可调，最高电压 300 V，频率表解析度 0.1 Hz，电压表解析度 0.1 V。PD 光电探测器的作用在于用它来测量通电前后透过光强的变化。

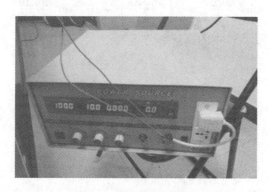

图 8－2－4　交流电源 PS－61005

实验内容与实验方法

1. 样品的流动双折射与宏观电致双折射实验

在观察流动双折射时，我们需要使用观察宏观电致双折射现象类似的实验方法，只要把上述光路中的样品台换成一个小玻璃瓶和一个玻璃胶头滴管即可。操作过程为首先在玻璃瓶内装入需要测试的样品，然后把胶头滴管垂直放入玻璃瓶，在挤出胶头内空气松开的同时，用相机即可抓拍到样品的流动双折射现象，结果类似图 8－2－5 所示。该方法的优点就是在不需要精确测量流动双折射的情况下，快速地辨别一种样品是否具有液晶的应用潜力。

在观察宏观电致双折射现象时，需选择合适的样品比色皿，使用比较多的样品槽是利用 1 cm 玻璃比色皿改装而成的，在两个不透光的内壁上加上两个铜电极，使得两电极之间的间距改变为 5 mm。操作流程为打开白光光源，通过旋转两偏振器选取不同的正交偏振角度。然后打开交流电源选择合适的电压，分别在初始状态、开启状态、关闭状态以及关闭几秒后的状态下拍摄宏观电致折射率照片，最终结果类似图 8－2－6 所示。

图 8-2-5　氧化石墨烯水溶液的流动双折射现象

图 8-2-6　氧化石墨烯水溶液的
宏观电致双折射现象（左右电极）

2. 不同电场下电致双折射实验

该实验主要使用图 8-2-3 所示实验操作平台，操作流程为选取适合的激光波长，调节并固定光路，使得光路的利用率达到最大化，避免激光功率的不必要损失。首先测量透过光强 I_0：让光依次通过光学仪器，通过调节起偏器和检偏器方向，从而将偏振方向调整为相互平行状态；不对样品比色皿施加交流电压，通过软件操作探头得到透过光强 I_0。接下来需测量透过光强 I：让光依次通过光学仪器，通过调节起偏器和检偏器方向，从而将偏振方向调整为相互垂直且与电场成 45°夹角；对样品比色皿施加合适交流电压，通过软件操作探头得到透过光强 I。然后重复上述实验，分别改变实验过程中所施加的电压大小从而获取不同电场下透过光强 I_0 与 I 的值，并利用式（8-2-11）算出该材料在不同电压下的双折射率，再利用软件 Origin 绘制相关图形，图形如图 8-2-7 所示。

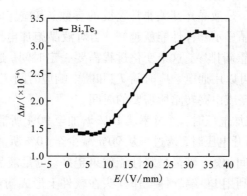

图 8-2-7　某二维材料溶液的双折射率与电场的关系图

3. 不同浓度下电致双折射实验

该实验的重点在于在进行光学实验之前先配好一批浓度不同的样品溶液，注意所使用的溶剂要一致，对配好的溶液进行标签标记处理。若溶剂有挥发性，需给溶液加盖以防浓度变化。按照同样的测量方法，唯一不同的是在进行不同电场下电致双折射实验的基础上选取一个光透效果好的电压当作固定电压测量。步骤如下，首先选取一个浓度的样品进行实验，测量透过光强 I_0：让光依次通过光学仪器，通过调节起偏器和检偏器方向，从而将偏振方向调整为相互平行状态；不对样品比色皿施加交流电压，通过软件操作探头得到透过光强 I_0。接下来需测量透过光强 I：让光依次通过光学仪器，通过调节起偏器和检偏器方向，从而将偏振方向调整为相互垂直且与电场成 45° 夹角；对样品比色皿施加合适交流电压，通过软件操作探头得到透过光强 I。然后，使用其他不同浓度样品重复上述实验，获取不同浓度下透过光强 I_0 与 I 的值，并利用式（8-2-11）算出该材料在不同电压下的双折射率，再利用软件 Origin 绘制相关图形，图形如图 8-2-8 所示。

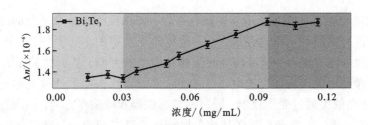

图 8-2-8　某二维材料溶液的双折射率与浓度的关系图

4. 液晶光开关实验

液晶光开关实验主要是测量液晶光开关响应时间。液晶光开关响应时间反映液晶材料对外界施加电场的响应速度，是液晶光开关非常重要的参数。其响应时间越短，液晶显示器件的画面显示帧数越多，液晶显示器件性能就越好。当对液晶施加电压时，其内部的液晶分子排序将被电场力影响导致重新排序，这个变化过程需要一定时间。通电和断电都会使液晶分子的状态产生改变，因此可以用通电响应时间 T_{on} 和断电响应时间 T_{off} 两个参数来反映该动态过程，也就是液晶由暗转亮或由亮转暗所需要的时间。

通电响应时间 T_{on}：施加电压时，透过率从 10% 增加至 90% 所消耗的时间；

断电响应时间 T_{off}：断开电压时，透过率从 90% 减少至 10% 所消耗的时间。

液晶的光开关响应时间越短，液晶材料性能效果越好。测量液晶光开关响应实验是在电致双折射实验基础之上，利用 PC 端软件操作探头在软件上形成初步的液晶图像，然后将不同电压下的液晶图像导入 Origin 软件中进行归一化处理，处理后图形如图 8-2-9 所示。定义从 1 值到峰值时间为通电响应时间，从峰值到 1 值时间为断电响应时间，从图像中分别记录相同浓度、不同电压下的样品溶液与液晶响应时间的关系。利用同样的方式记录样品溶液液晶响应时间与浓度的关系图，最后的图像如图 8-2-10 所示。

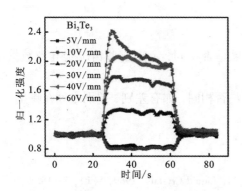

图 8-2-9 不同电场强度下，某二维材料溶液的
透过光强归一化数据与液晶响应时间的关系图

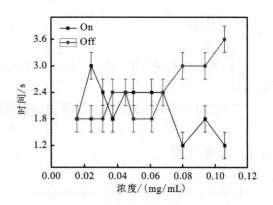

图 8-2-10 某二维材料溶液的液晶响应
时间与浓度的关系图

 注意事项

（1）进行实验操作前必须熟知激光开关步骤，切勿随意开关激光器。

（2）实验进行中切勿蹲下操作，以防激光直射眼睛造成伤害，正常操作时注意佩戴护目镜。

（3）禁止将激光直射向面前的玻璃。常规玻璃会有约4%的反射率，这样可能会导致反射回的激光入眼造成伤害。

（4）操作过程中不要在激光路径上放置易燃、易爆物品及黑色的纸张、布、皮革等燃点低的物质，以防发生火灾。

（5）未经允许请勿随意拆卸光学仪器，不能接触任何样品或光学器件，更不要在光学镜片上留下指纹。

（6）测试样品尽量不要有挥发性或腐蚀性、毒性，如有需要提前与老师进行沟通。

（7）操作交流电压时注意先小后大，视情况调高电压。

（8）操作过程中注意调节激光强弱（可通过加减衰减片进行调节），避免光强太强打坏光学仪器。

 预习要求

（1）预习了解激光器的原理。

（2）预习了解基于二维材料的液晶单元的组成以及实验原理。

（3）预习了解液晶单元各器件的主要功能，初步熟悉操作方法。

思考题

(1)试分析不同电场、浓度、波长下所测的结果是否相同,考虑哪些情况会导致数据出现偏差。

(2)试分析不同的偏振角度所测得的光强数据是否相同,如有差别,差别之处在哪里。

 参考文献

[1] Reinitzer F. Contributions to the knowledge of cholesterol[J]. Liquid Crystals, 1989, 5(1): 7 – 18.

[2] Novoselov K S, Geim A K, Morozov S V, et al. Electric field effect in atomically thin carbon films[J]. Science, 2004, 306(5696): 666 – 669.

[3] Shen T Z, Hong S H, Song J K. Electro – optical switching of graphene oxide liquid crystals with an extremely large Kerr coefficient[J]. Nature Materials, 2014, 13(4): 394 – 399.

[5] 朱玉伟. 规则形状的 Bi_2TexSe_{3-x} 纳米片的三相液晶现象研究[D]. 长沙:中南大学, 2018.

实验 8.3　二维半导体场效应管性能特性测试

 实验背景

　　场效应管（Field – Effect Transistor，缩写：FET）是一种通过电场效应控制电流的电子元件。它依靠电场去控制导电沟道形状，因此能控制半导体材料中某种类型载流子的沟道的导电性。为了区别于双极性晶体管（Bipolar Junction Transistor），场效应管有时被称为"单极性晶体管"。从参与导电的载流子来划分，它有电子作为载流子的 N 沟道器件和空穴作为载流子的 P 沟道器件。从场效应管的结构，主要划分为结型、绝缘栅型两大类。结型场效应管（JFET）因有两个 PN 结而得名，绝缘栅型场效应管（IGFET）则因栅极与其他电极完全绝缘而得名。目前在绝缘栅型场效应管中，应用最为广泛的是 MOS 场效应管，简称 MOS 管（即金属 – 氧化物 – 半导体场效应管 MOSFET）。

　　场效应管的主要应用包括：①信号放大。由于场效应管放大器的输入阻抗很高，因此耦合电容可以容量较小，不必使用电解电容器。②多级放大器的输入级作阻抗变换。场效应管很高的输入阻抗非常适合作阻抗变换。③可变电阻。④恒流源。⑤电子开关。

　　场效应管在特性和应用上明显区别于传统的三极晶体管元件，主要的区别如下：①场效应管是电压控制元件，而晶体管是电流控制元件。②在只允许从信号源取较少电流的情况下，应选用场效应管；而在信号电压较低，又允许从信号源取较多电流的条件下，应选用晶体管。③三极管输入阻抗小，场效应管输入阻抗大。④驱动能力：MOS 管常用来作电源开关，以及大电流地方开关电路。

 实验目的

　　（1）了解场效应管的工作原理。
　　（2）测量场效应管的直流输出特性。
　　（3）测量场效应管的直流转移特性。
　　（4）利用特性曲线计算场效应管性能基本参数，即阈值、场效应迁移率、开关比和亚阈值斜率。

 实验原理

1. 结型场效应三极管

　　以 N 沟道为例说明结型场效应三极管结构。N 沟道结型场效应三极管的结构如图 8 – 3 – 1 所示，它是在 N 型半导体片的两侧各制造一个 PN 结，形成两个 PN 结夹着一个 N 型沟道的结构。两个 P 区即为栅极，N 型半导体的一端是漏极，另一端是源极。

　　当不施加栅极电压时，源漏极可以通过 N 沟道导电。当控制三极电压时，会改变图中的

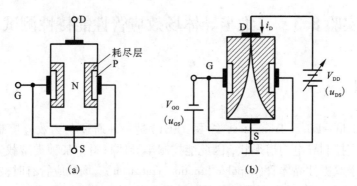

图 8 - 3 - 1　结型场效应三极管的结构

(a)开启; (b)关断

耗尽层厚度,阻碍电流的导通。耗尽层的不同分布可以产生对应的特殊性质。结型场效应三极管的特性曲线有两条:一是输出特性曲线;二是转移特性曲线。在不同栅压 V_G 下,源漏电流 I_{SD} 随源漏电压 V_{SD} 的变化曲线称为 FET 的输出特征曲线;在不同的源漏电压 V_{SD} 下,源漏电流 I_{SD} 随栅压 V_G 的变化曲线称为 FET 的转移特性曲线。N 沟道结型场效应三极管的特性曲线如图 8 - 3 - 2 所示。

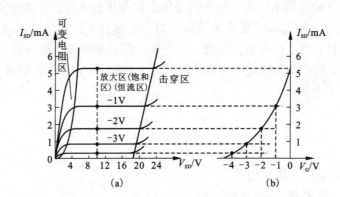

图 8 - 3 - 2　N 沟道结型场效应管的特性曲线

(a)输出特性曲线; (b)转移特性曲线

2. 绝缘栅场效应管的工作原理

绝缘栅场效应管分为耗尽型(包括 N 沟道、P 沟道)和增强型(包括 N 沟道、P 沟道)。下面我们以 N 沟道耗尽型为例介绍。其结构如图 8 - 3 - 3 所示,它是在栅极下方的绝缘层中掺入了大量的金属正离子。所以当栅极电压 $V_G = 0$ 时,这些正离子已经感应出反型层,形成了沟道。于是,只要有漏源电压,就有漏极电流存在。当 $V_G > 0$ 时,会使 I_{SD} 进一步增加。当施加负的栅极电压 $V_G < 0$ 时,漏极电流逐渐减小,直至为零。N 沟道耗尽型的转移特性曲线如图 8 - 3 - 3 所示。

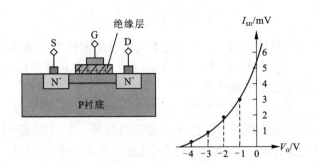

图 8 - 3 - 3　N 沟道耗尽型绝缘栅场效应管器件结构和转移特性曲线

3. 场效应管的性能特性

通过对特性曲线的分析提取计算晶体管性能基本参数，即阈值、场效应迁移率、开关比和亚阈值斜率。

当 $V_{SD} < |V_G - V_T|$ 时，FET 工作在线性区，此时栅极电场感应出足够的电荷载流子并分布于整个沟道，V_{SD} 基本均匀降落在沟道中，沟道呈斜线分布。

$$I_{SD} = \frac{W}{L} \cdot \mu C_i (V_G - V_T) \cdot V_{SD} \qquad (8 - 3 - 1)$$

式中：C_i 为绝缘层的电容率，W 和 L 分别是沟道的宽与长。

当 $V_{SD} > |V_G - V_T|$ 时，电压增加的部分基本降落在随之加长的夹断沟道上，I_{SD} 基本趋于不变，沟道电流达到饱和，器件工作在饱和区。

$$I_{SD} = \frac{W}{2L} \cdot \mu C_i (V_G - V_T)^2 \qquad (8 - 3 - 2)$$

阈值电压 V_T 是用来度量 FET 中产生使其导电沟道开启所必需的静电诱导电荷的栅极电压，单位为 V。通常，我们希望阈值（绝对值）越低越好，这意味着器件可以在更低的电压下正常工作。阈值电压 V_T 的获得：①根据描述 FET 工作在线性区域的公式，在较小 V_{SD} 时的转移曲线的线性区域延长至零电流处的交点即为 V_T；②利用饱和区 FET 转移曲线 $I_{SD}^{1/2} - V_G$，进行线性拟合，拟合线与 V_G 轴的交点即为阈值电压 V_T。

场效应迁移率是指在单位电场下，电荷载流子的平均漂移速率，它反映了在不同电场下空穴或电子在半导体中的迁移能力，它决定器件的开关速率，是 FET 中两个重要参数之一，单位为 $cm^2 \cdot V^{-1} \cdot s^{-1}$。

场效应迁移率一般从转移特性曲线进行估计：

（1）当器件工作在线性区时，利用公式（8 - 3 - 1）进行线性拟合，通过对拟合曲线的斜率，皆可根据以下公式计算场效应迁移率：

$$\mu = \frac{L}{WC_i V_{SD}} \cdot \frac{\partial I_{SD}}{\partial V_G} \qquad (8 - 3 - 3)$$

（2）当器件工作在饱和区时，利用公式（8 - 3 - 2）左右开方，在 $I_{SD}^{1/2}$ 随 V_G 变化的曲线上做切线，根据切线的斜率，按照以下公式即可计算场效应迁移率：

$$\mu = \frac{2L}{WC_i} \left(\frac{\partial \sqrt{I_{SD}}}{\partial V_G} \right)^2 \qquad\qquad (8-3-4)$$

根据输出曲线计算场效应迁移率：在输出曲线中选出两条不同栅压情况下的曲线，在线性区分别取出两个点，代入公式($8-3-1$)，列出关于迁移率 μ 和阈值电压 V_T 的二元一次方程组，即可解出线性区的迁移率和阈值电压。

开关比 I_{on}/I_{off} 定义为在"开"态下和"关"态时，源漏电流 I_{SD} 的比值，这是 FET 的另一个重要参数，它反映了在一定栅压下，器件开关性能的好坏，在主动矩阵显示和逻辑电路中，开关比尤为重要。开关比计算：①增强模式开关比是器件处于开态时最大的源漏电流与栅压为零时源漏电流的比值，可以从转移曲线上获得，也可从输出曲线上获得；②增强—耗尽模式开关比从转移曲线上获得，为转移曲线上开态电流的最高点与关态电流最低点之比。

亚阈值斜率 S 是用来表征 FET 由关态切换到开态时电流变化的迅疾程度，是表征 FET 器件质量的一个重要参数，反映的是器件工作在开态和关态所需的电压跨度，单位为 mV/decade，表达式为：

$$S = \frac{dV_G}{d(\lg I_{SD})} \qquad\qquad (8-3-5)$$

由于这个数值依赖于绝缘层的电容率 C_i，采用标准化的斜率，可以直接比较不同器件的性能。S 越小，代表器件由关态切换到开态越迅速，从关态切换到开态所需要的电压变化越小。

 实验装置

半导体测试探针台、半导体参数测试仪（吉时利 4200A）。

 实验内容与实验方法

1. 实验样品的准备

准备半导体参数测试仪，开机后需要预热半小时再进行测试。打开场效应管测试程序。将器件放置在探针台载物台中央，在显微镜下将探针分别放置在源漏栅三个电极上，注意不要戳破电极。将测试单元 1（SMU1）、高精度测试单元 2（SMU2）连接到漏极，源极接地（GND）。

2. 场效应管的直流输出曲线测定

在不同栅压 V_G 下，测量源漏电流 I_{SD} 随源漏电压 V_{SD} 的变化曲线。注意栅压和源流电压不要超过规定的安全值。

3. 场效应管的转移特性曲线测定

在不同的源漏电压 V_{SD} 下，测量源漏电流 I_{SD} 随栅压 V_G 的变化曲线。注意栅压和源流电压不要超过规定的安全值。

4. 数据处理

通过 Origin 数据处理软件，对测定的数据进行处理。通过对特性曲线的分析提取计算晶体管性能基本参数，即阈值、场效应迁移率、开关比和亚阈值斜率。

5. 注意事项

（1）在器件电极上放置探针时要缓慢下针，测试结束时要完全抬起探针并恢复至初始位置，注意不要弄弯弄断探针。

（2）在施加电压时注意不要超过规定的安全值，否则会对晶体管器件造成损坏。

预习要求

（1）了解场效应晶体管的主要种类和主要参数。

（2）熟悉场效应晶体管器件的输出和转移特性。

思考题

（1）试分析影响场效应迁移率的主要因素。

（2）关态电流主要由什么决定？如何影响器件的性能？

参考文献

施敏. 半导体器件物理[M]. 西安：西安交通大学出版社，2008.

实验 8.4　二维层状磁性材料反常霍尔效应

实验背景

1879 年，Edwin H. Hall 从实验上观测到了一种新的输运现象：将通电流的非磁性导体或半导体放在磁场中时，载流子（电子或空穴）在洛伦兹力的作用下会分别偏向样品的一边。如图 8-4-1 所示，沿样品的 x 轴方向通电流，z 轴方向加磁场，电荷会发生偏转并在材料的两侧发生电荷的积累。由于电荷积累，可在 y 轴方向测到一个不为零的霍尔电压，这种效应被称为霍尔效应（ordinary Hall effect, OHE）。霍尔效应可用 $\rho_{xy} = R_0 H$ 描述，其中 ρ_{xy} 表示霍尔电阻率，R_0 是正常霍尔系数，它的大小反比于载流子浓度，符号与载流子类型有关。因此，霍尔效应通常用以测量金属。

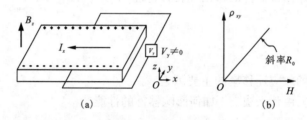

图 8-4-1　霍尔效应

（a）测量霍尔效应的实验装置示意图；（b）正常霍尔效应中霍尔电阻率随磁场强度的变化

在发现霍尔效应后不久，Edwin H. Hall 在 1881 年又报道了铁磁金属中的霍尔效应：铁磁金属的霍尔电压是同尺寸非磁性导体的霍尔电压的几十倍，并且其霍尔电阻不随外加磁场的增大而线性增加，这种效应被称为反常霍尔效应（anomalous Hall effect, AHE），如图 8-4-2 所示。后来，人们总结磁性材料中霍尔效应的实验结果，得出一个可以描述该体系材料霍尔效应的经验公式：

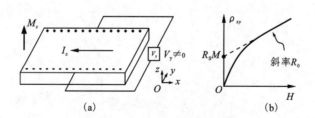

图 8-4-2　反常霍尔效应

（a）测量反常霍尔效应的实验装置示意图；（b）反常霍尔效应中霍尔电阻率随磁场强度的变化

$$\rho_{xy} = R_0 \mu_0 H + R_S M \qquad (8-4-1)$$

其中后面一项 $R_S M$ 用来描述反常霍尔效应，R_S 为反常霍尔系数，通常是正常霍尔系数 R_0 的几十倍，且随温度的降低而减小。

实验目的

(1)了解反常霍尔效应的原理和几种反常霍尔效应的机制。

(2)学会霍尔器件的制备及二维层状铁磁材料反常霍尔效应的实验测量及数据分析。

 实验原理

1. KL 内禀机制

1954 年，Karplus 和 Luttinger 提出了第一个描述反常霍尔效应的理论模型，该模型完全建立在布洛赫波和布洛赫态交叠的基础之上，忽略了杂质散射和晶格畸变等对霍尔效应的影响。考虑在一个完美的铁磁导体中，忽略杂质和声子散射，此时体系的哈密顿量写成三项相加的形式：

$$H_T = H_0 + H_{SOI} + H_E \tag{8-4-2}$$

式中：第一项表示电子在周期性势场中的运动，第二项表示自旋轨道耦合，第三项表示电子在外加电场下的运动。KL 机制是一种解释反常霍尔效应的内禀机制。由理论推导可得反常霍尔系数为：

$$R_S = \frac{2e^2 H_{SOI}}{m\Delta^2} \delta\left(\frac{m}{m^*}\right) \rho^2 \tag{8-4-3}$$

式中：m^* 为电子有效质量。

上述讨论说明电子在晶格中运动时，由于自旋轨道耦合，会产生一个同时垂直于电场和磁场的反常速度。正是由于这个反常速度的存在，导致电子产生横向电流，从而产生反常霍尔效应。当 KL 内禀机制在材料中对反常霍尔效应起主导作用时，$\rho_{xy} \propto \rho_{xx}^2$，实验上，不同 Si 含量的 Fe-Si 合金反常霍尔效应的实验结果与 KL 内禀机制给出的一致。上述过程也可用铁磁材料中贝利相位(Berry phase)作用来描述。在考虑贝利相位作用的情况下，载流子在电场中运动的速度可以写作：

$$\bar{v} = \frac{d\langle r \rangle}{dt} = \frac{1}{\hbar}\frac{\partial E}{\partial k} + \frac{e}{\hbar} E \times b_n(k) \tag{8-4-4}$$

式中：$b_n(k)$ 为贝利曲率。式中第二项为反常速度项，其大小正比于贝利曲率，方向总是垂直于电场方向。也就是说，当载流子流经局域自旋时，贝利曲率 $b_n(k)$ 可等效为作用于载流子的虚拟磁场，使体系产生反常霍尔效应。该内禀机制在实验上通过 Ca 掺杂钙钛矿结构的巡游铁磁体氧化物 $SrRuO_3$ 体系得到了验证。

2. 螺旋散射机制

Smit 认为真实材料中总是存在杂质和缺陷，电子在其中运动会受到散射，因此内禀的反常霍尔系数应该趋向于零。他提出了螺旋散射机制，认为固定自旋方向的电子由于自旋轨道耦合作用，受到杂质的散射是不对称的，因此会形成横向的电荷积累。螺旋散射主要由被散射的载流子偏离原来路径方向的角度即霍尔角 θ_H 来表征。θ_H 可表示为纵向电阻率(即霍尔

电阻率 ρ_{xy})与横向电阻率 ρ_{xx} 的比值，$\theta_H = \rho_{xy}/\rho_{xx}$。载流子受到杂质散射获得动量，该动量同时垂直于初始动量 p 和磁化强度 M，从而使体系中产生垂直于外加电场方向的纵向电流。当螺旋散射机制在材料中占主导地位时，霍尔电导率 σ_{xy} 和电导率 σ 均正比于非平衡载流子弛豫时间 τ，且

$$\rho_{xy} = \sigma_H \rho^2 \propto \rho_{xx} \qquad (8-4-5)$$

由此可得，在螺旋散射机制中，反常霍尔电阻率 ρ_{xy} 正比于纵向电阻率 ρ_{xx}。螺旋散射机制也得到了实验上的证实，该理论在拟合近藤金属时，如磁性杂质(Fe、Mn、Cr、Ce)掺杂非磁性母体(Au、Cu、La)样品与实验结果符合得很好。

3. 边跳机制

考虑一个 Gaussian 波包受到球形杂质散射的情况和 SOI 时，该波包的入射波矢 k 会产生横向位移 $\Delta y = k\hbar^2/6m^2c^2$。当 $k \approx k_F \approx 10^{10} \, \mathrm{m}^{-1}$，$\Delta y \approx 3 \times 10^{-16} \, \mathrm{m}$，对反常霍尔效应的贡献很小，可忽略不计；而在固体中，这个横向位移效果会被强化从而发生数量级的增加，此时 $\Delta y \approx 0.8 \times 10^{-11} \, \mathrm{m}$，这足以引起材料中反常霍尔效应的出现。边跳机制对霍尔效应的贡献与非平衡载流子弛豫时间 τ 无关，有 $\rho_{xy} \propto \rho_{xx}^2$，且大小与内禀机制的贡献处于同一数量级。因此，内禀的 KL 机制和边跳机制在实验上难以被区分开，这也是反常霍尔效应机制的争论焦点之一。

Onoda 等人运用了量子力学输运理论(quantum-mechanical transport theory)对不同磁性杂质含量的铁磁材料中反常霍尔效应进行研究，提出了描述该体系反常霍尔效应的统一理论。根据载流子的散射强度的不同，将反常霍尔效应分为三个相对独立的区域：

1)高电导率区域

这个区域的杂质含量很低，$\sigma_{xx} > 10^6 (\Omega \cdot \mathrm{cm})^{-1}$，对应于螺旋散射机制，在 Co、Mn、Cr、Si 掺杂 Fe 的体系中观察到 $\sigma_{xy}^A \propto \sigma_{xx}^1$ 的关系，随着散射强度的增大，即磁性掺杂含量的增加，螺旋散射机制迅速减弱并消失。

2)好金属区域

在这个区域 $10^4 (\Omega \cdot \mathrm{cm})^{-1} < \sigma_{xx} < 10^6 (\Omega \cdot \mathrm{cm})^{-1}$，且 $\sigma_{xy}^A \propto \sigma_{xx}^0$，即反常霍尔电导与散射强度无关，此时内禀或边跳机制占主导地位。Miyasato 等人研究了 Fe、Ni、Co 中的反常霍尔效应，他们发现在这几种金属中，霍尔电导率 σ_{xy} 是一个不依赖于电导率 σ_{xx} 的常数，该研究是在远低于铁磁转变温度 T_c 下进行的。在此温度区间，非弹性散射作用较弱。由于到目前为止还不能确定非弹性散射和自旋波对反常霍尔效应的影响，因此 Miyasato 等人的实验增加了在 Good-metal 区域反常霍尔效应拟合公式的可信度。

3)坏金属区域

在此区域 $\sigma_{xx} < 10^4 (\Omega \cdot \mathrm{cm})^{-1}$，且 $\sigma_{xy}^A \propto \sigma_{xx}^{1.6 \sim 1.8}$。如通过改变薄膜的厚度，测量 Fe 和 Fe_3O_4 薄膜中的霍尔电导，可使其在很大的范围内变动，从而研究 $\sigma_{xx} < 10^4 (\Omega \cdot \mathrm{cm})^{-1}$ 区间内反常霍尔效应的机制。

因此，材料中的反常霍尔效应通常可以被三种传统的反常霍尔效应机理所描述。在贝利相位被发现以后，人们逐渐意识到内禀的 K-L 理论可以用贝利相位的语言进行表述。同时，实验研究表明，某些材料体系中的霍尔效应明显超出了三种理论机理所能描述的范畴。最近的理论研究表明，当考虑实空间或动量空间中贝利相位对霍尔效应的贡献时，可以较好地理

解这种非传统的反常霍尔效应行为。为了区分起源于洛伦兹力和自旋轨道耦合的传统反常霍尔效应，人们通常将与相位有关的霍尔效应称为拓扑霍尔效应。

实验装置

　　CVD 双温区炉、XRD 分析仪、Raman 光谱、TEM、能量色散 X 射线光谱仪（EDX）、综合物性测试系统（PPMS – 9T）、振动样品磁强计（VSM）、吉时利 2400 数字源表、吉时利 2182A 纳伏表等。

实验内容与实验方法

　　（1）利用化学气相输运/化学气相沉积方法制备二维磁性材料单晶/少层样品；
　　（2）利用 XRD、Raman、TEM 和 EDX 对样品结构、形貌进行表征；
　　（3）利用 PPMS – 9T、VSM 对样品磁性进行测量；
　　（4）利用紫外光刻/电子束曝光技术制备基于二维磁性材料的标准霍尔器件；
　　（5）利用 PPMS – 9T、吉时利 2400 数字源表、吉时利 2182A 纳伏表测量基于二维磁性材料的标准霍尔器件的霍尔电阻，分析数据及相关机理。

注意事项

　　测量霍尔电阻时，为了消除由引线不对称造成的影响，还需要正反向磁场两次测量（扫场的方法），取平均即得霍尔电阻。

预习要求

　　理解反常霍尔效应原理及机制；熟悉、掌握各种仪器仪表测量使用方法；熟悉、掌握实验数据分析方法。

思考题

　　为了消除由引线不对称造成的影响，正反向通电流两次测量（同时扫场）是否可以？

参考文献

［1］Nagaosa N, Sinova J, Onoda S, et al. Anomalous Hall effect[J]. Reviews of Modern Physics, 2010, 82(2)：1539 – 1592.

［2］王宜豪. 几种磁性材料中的反常霍尔效应及 1T – TaS$_2$ 单晶的退火效应研究[D]. 合肥：中国科学技术大学, 2019.

［3］Wang Y, Xian C, Wang J, et al. Anisotropic anomalous Hall effect in triangular itinerant ferromagnet Fe$_3$GeTe$_2$

［J］. Physical Review B 2017，96(13)：134428.

[4] Deng Y, Yu Y, Song Y, et al. Gate – tunable room – temperature ferromagnetism in two – dimensional Fe_3 $GeTe_2$［J］. Condensed Matter, 2018, 563(7729)：94 – 99.

[5] Tan C, Lee J, Jung S, et al. Hard magnetic properties in nanoflake van der Waals $Fe_3 GeTe_2$［J］. Nature Communications, 2018, 9：1554.

实验 8.5 高迁移率二维层状材料磁电阻量子振荡效应

 实验背景

1930 年,舒伯尼科夫和德哈斯合作首次在铋单晶材料中观察到电阻随磁场的倒数呈周期性变化的现象,被称为舒伯尼科夫—德哈斯(Shubnikov – de Haas,SdH)效应。同年,苏联物理学家朗道提出磁场中固体电子的能级量子化理论,能够很好地解释 SdH 效应。SdH 效应是第一个从实验上验证了朗道能级理论的量子效应,也是第一个在固体中观察到的量子效应。随后人们也在一些金属、金属间化合物、半金属和半导体中观察到 SdH 效应。在低温强磁场条件下,这些材料都具有简并的电子系统和较高的载流子迁移率,SdH 效应很容易被观察到,它为研究这些材料的电子结构提供了很丰富的信息,因此 SdH 效应已经成为研究固体能带、探测固体费米面的重要手段。尤其是最近拓扑绝缘体和拓扑半金属的兴起,使得这种实验方法又被人们重新重视起来。

实验目的

(1)了解磁电阻振荡的基本原理和物理机制。
(2)学会二维层状材料微纳器件的制备及磁阻效应的实验测量及数据分析。

实验原理

本质上,SdH 效应是由外加磁场下电子朗道能级量子化引起的,磁场中二维电子气系统哈密顿量可以写成:

$$H = \frac{1}{2m}(p + eA)^2 + V(r) \tag{8 – 5 – 1}$$

式中:A 是矢量势,$V(r)$ 是晶格周期势。求解薛定谔方程可得其能量本征值:

$$E_n = \frac{\hbar^2}{2m}k_z^2 + \left(n + \frac{1}{2}\right)\hbar\omega_c \tag{8 – 5 – 2}$$

式中:ω_c 是电子回旋频率。由式(8 – 5 – 2)可知沿磁场 Z 方向电子能量具有连续值,而垂直于磁场方向平面内电子能量量子化,相邻朗道能级之间能量相差 $\hbar\omega_c$。由于 $\omega_c = eB/mc$,可知朗道能级的能量随磁场线性增加,随着磁场增大,这些能级相继穿越费米面,当二者恰好相等时,朗道能级上态密度就会被电子完全占据,形成电子态极大值,所以不断变化的磁场导致了费米面电子态密度的周期性变化,从而形成周期性振荡。我们知道电导率是由载流子密度和散射概率决定的,而费米面上的态密度对二者都有影响,所以费米面上态密度随磁场的周期性变化最终会表现为电导率的振荡。

外加磁场下电子态密度的周期性变化是引起物质一系列奇异性质的重要原因。就在 SdH 效应被发现后不久,德哈斯和范·阿尔芬又发现铋单晶的磁化率随磁场的倒数呈周期性振荡，第二种量子振荡现象德哈斯－范·阿尔芬（dHvA）效应被发现。

实验上当固定磁场方向时，两种量子振荡的周期相同。其后不久，类似的热电势、热容、热导、霍尔效应等一系列量子振荡效应也被发现，它们产生的本质原因相同但又有一些具体的区别。以 SdH 效应为例，实际固体材料的费米面并不都像自由电子模型具有球形费米面，而是具有很大的各向异性。1952 年，昂萨格（Onsager）从理论上证明量子振荡的周期和费米面的极值截面积（S_F）相对应。

$$\Delta\left(\frac{1}{B}\right) = \frac{2\pi q}{\hbar S_F} \tag{8-5-3}$$

通过以上公式可以很方便地测量计算材料费米面的极值截面积，此外，垂直于磁场方向两个或以上的费米面极值截面就会对应于两个或以上频率叠加的量子振荡。在昂萨格理论的基础上，Lifshits 和 Kosevish 在 1956 年给出了 dHvA 效应的定量表达式，即著名的 L－K 理论，后来发展成一个描述量子振荡普适理论，极大地推动了相关领域的发展。而对于 SdH 效应，其理论处理涉及各种因素，其相应的 L－K 公式可以写成：

$$\rho_{xx} \propto \frac{2\pi^2 k_B T m^*/\hbar eB}{\sinh[2\pi^2 k_B T m^*/\hbar eB]} \cdot \exp(-2\pi^2 k_B T m^*/\hbar eB) \cdot \cos\left[2\pi\left(\frac{F}{B}+\gamma-\delta\right)\right]$$

$$(8-5-4)$$

公式中第一项类似于振幅，它随磁场的增加而增大，随温度和有效质量的增加而减小；第二项代表了散射的影响；最后一项是余弦波因子，其频率由载流子浓度磁场强度决定，同时与材料本征的性质如贝利相位有关。通过 L－K 公式拟合 SdH 振荡和相关参数，可以得到许多重要的物理量，例如载流子有效质量、丁格尔温度、贝利相位等，结合相关计算还可以得到载流子浓度和迁移率信息，所以它是研究量子振荡的一个很重要的工具。

但是在实验中要想观察到明显的 SdH 振荡，材料体系必须要满足一定条件。首先是低温强磁场条件 $\hbar\omega_c > k_B T$，必须保证能级间隔 $\hbar\omega_c$ 大于热激发能量 $k_B T$，以免热激发统计分布掩盖量子现象。其次要满足散射条件 $\omega_c\tau \gg 1$，即电子在完成在量子化朗道轨道上的回旋运动之前不被散射。最后是量子极限条件，$E_F > \hbar\omega_c$，即费米能量必须大于朗道能级间隔。

实验仪器

CVD 双温区炉、XRD 分析仪、Raman 光谱、TEM、能量色散 X 射线光谱仪（EDX）、综合物性测试系统（PPMS－9T）、吉时利 2400 数字源表、吉时利 2182A 纳伏表等。

实验内容与实验方法

（1）利用化学气相输运/化学气相沉积方法制备高迁移率二维层状材料单晶/少层样品。

（2）利用 XRD、Raman、TEM 和 EDX 对样品结构、形貌进行表征。

（3）利用紫外光刻/电子束曝光技术制备基于高迁移率二维层状材料的微纳器件。

（4）利用 PPMS－9T、吉时利 2400 数字源表、吉时利 2182A 纳伏表测量基于高迁移率二维层状材料的微纳器件的磁电阻，分析数据及相关机理。

四引线法测量电阻示意图如图 8－5－1 所示。

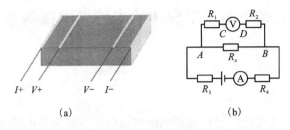

图8-5-1 四引线法

(a)四引线法测量样品电阻示意图；(b)四引线法测电阻的等效电路图

数据处理

利用 Origin 作图软件，画出不同温度下磁电阻随外磁场振荡变化的曲线，通过分析数据、结合相关计算得到载流子有效质量、载流子浓度和迁移率、丁格尔温度、贝利相位等。

注意事项

磁电阻用四端引线法测量，用以消除接触电阻和引线电阻的影响；进行正反向电流两次测量以消除热电势的影响。

预习要求

理解 SdH 效应原理及机制；熟悉、掌握各种仪器仪表测量使用方法；熟悉、掌握实验数据分析方法。

思考题

如何设计实验测量德哈斯 - 范·阿尔芬(dHvA)量子振荡效应？

参考文献

[1] Shoenberg D. Magnetic oscillations in metals[M]. Cambridge：Cambridge University Press，1984.

[2] 高文帅. 拓扑半金属 PtBi$_2$ 体系的磁输运特性研究[D]. 合肥：中国科学技术大学，2018.

[3] Li L，Ye G J，Tran V，et al. Quantum oscillations in a two - dimensional electron gas in black phosphorus thin films[J]. Nature Nanotechnology，2015，10(7)：608.

[4] Matsumoto N，Mineharu M，Matsunaga M，et al. Shubnikov - de Haas measurements on a high mobility monolayer graphene flake sandwiched between boron nitride sheets[J]. Journal of Physics - Condensed Matter，2017，29：225301.

[5] Wu J，Yuan H，Meng M，et al. High electron mobility and quantum oscillations in non - encapsulated ultrathin semiconducting Bi$_2$O$_2$Se[J]. Nature Nanotechnology，2017，12(6)：530.

实验 8.6　半导体纳米线光电探测器

实验背景

　　光电探测器是指一类能把照射在材料表面的辐射信号转换为电信号的装置。辐射信号所携带的信息有光强分布、温度分布、光谱能量分布、辐射通量等，其通过电子线路处理后可供分析、记录、储存和显示，从而进行探测。

　　光电探测器的发展历史：1826 年，热电偶探测器→1880 年，金属薄膜测辐射热计→1946年，热敏电阻→20 世纪 50 年代，热释电探测器→20 世纪 60 年代，三元合金光探测器→20 世纪 70 年代，光子牵引探测器→20 世纪 80 年代，量子阱探测器→近年来，阵列光电探测器、电荷耦合器件（CCD）。这个被誉为"现代火眼金睛"的光电探测材料无论在经济、生活还是在军事方面，都有着不可或缺的作用。

　　由于器件对辐射响应的方式不一样，以此可将光电探测器分为两大类，如图 8 - 6 - 1 所示，分别是光子探测器和热探测器。

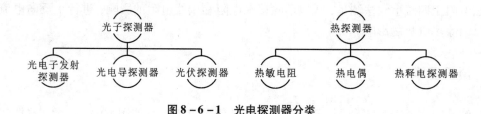

图 8 - 6 - 1　光电探测器分类

　　（1）光子探测器。光子，是光的最小能量量子。单光子探测技术，是近些年刚刚起步的一种新式光电探测技术，其原理是利用新式光电效应，可对入射的单个光子进行计数，以实现对极微弱目标信号的探测。光子计数也就是光电子计数，是微弱光（低于 10^{-14} W）信号探测中的一种新技术。

　　（2）热探测器。又叫热电探测器，是利用光热效应制作的元件。光热效应指的是当材料受光照射后，光子能量会同晶格相互作用，振动变得剧烈，温度逐渐升高，由于温度的变化，而逐渐造成物质的电学特性变化。

　　若将光电探测器按其他种类分类，则按应用分类有金属探测器、非成像探测器（多为四成像探测器）、成像探测器（摄像管等）。

　　按波段分类有红外光探测器（硫化铅光电探测器）、可见光探测器（硫化镉、硒化镉光敏电阻）、紫外光探测器。

　　随着纳米技术研究和开发的不断深入，纳米材料正逐步被应用于越来越多的领域。由于材料的纳米尺寸缩减效应，纳米材料同其相应的体材料在一些同纳米尺度相关的基本特性，如电离能、荧光特性、光学吸收特性等方面具有显著的不同，纳米颗粒、纳米管、纳米线材料也表现出了许多新颖的光、电物性；发光颜色在可见 - 紫外波段的 II - VI 宽带隙半导体通常具有较强的荧光发射和较高的激子束缚能,在光电子器件领域中有着广泛的应用。而由其构建的一维纳米线结构因其对电子、激子或光子具有两个维度限域、一个维度传播的性质,可以表现出发光强、稳定性好、易实现各向异性、易组装构建各种微型器件等优点。在纳米光电子材料研究的基础之上,发展纳米光电子器件成了一种必然。光电探测器的研究开发是纳米光电子器件发展的一个重要分支。

本实验介绍光电探测器的原理,并通过实验让学生了解几种半导体纳米线的合成方法、光电探测器的制备技术及应用领域。

实验目的

(1)了解光电探测器的原理。

(2)掌握半导体纳米线的化学气相沉积(CVD)制备方法。

(3)掌握点银浆法制备纳米线光电探测器。

(4)测量 CdS(或 ZnO)纳米线光电探测器的 $I-V$ 特性曲线。

(5)测量 CdS(或 ZnO)纳米线光电探测器的 $I-t$ 特性曲线和响应时间。

(6)了解半导体参数测试源表(吉时利)的工作原理和使用方法。

(7)了解光电探测器测试光路搭建。

(8)了解光纤光源和斩波器的使用方法。

实验原理

1. 热探测器

热探测器的工作原理是基于光电材料吸收光辐射能量后温度升高,从而改变其电学性能,例如光能被固体晶格振动吸收引起固体的温度升高,因此对光能的测量可以转变为对温度变化的测量。这种探测器的主要特点是:具有较宽的光波长响应范围,但时间响应较慢,测量灵敏度相对也低一些,经常用于光功率或光能量的测量。

热探测器吸收红外辐射后,温度升高,可以使探测材料产生温差电动势、电阻率变化、自发极化强度变化,或者气体体积与压强变化等,测量这些物理性能的变化就可以测定被吸收的红外辐射能量或功率。具体例子:

(1)液态的水银温度计及气动的高莱池:热胀冷缩效应。

(2)热电偶和热电堆:Seebeck 效应(第一热电效应)。

(3)石英共振器非制冷红外成像列阵:利用共振频率对温度敏感的原理来实现红外探测。

(4)测辐射热计:利用材料的电阻或介电常数的热敏效应——辐射引起温升改变材料电阻——用以探测热辐射。因半导体电阻有高的温度系数而应用最多,测辐射热计常称"热敏电阻"。另外,由于高温超导材料出现,利用转变温度附近电阻陡变的超导探测器引起重视。如果室温超导成为现实,将是 21 世纪最引人注目的一类探测器。

(5)Pyroelectric detector(热释电探测器):自发极化强度随温度的变化而变化效应。

因为热释电探测器在热探测器中探测率最高,而且频率响应最宽,所以这类探测器很受重视，发展很快。下面重点探讨一下热释电探测器的工作原理。

在某些晶体(如硫酸锂)的上、下面设置电极，在上表面覆以黑色膜，若有红外辐射间歇地照射时，其表面温度会上升 ΔT，这时晶体内部的原子排列将产生变化，从而引起自发极化电荷，在上下电极之间产生电压。目前认为比较有发展前途的晶体主要有硫酸锂、铌酸锶钡、钽酸锂等，如图 8 - 6 - 2 所示。

硫酸锂晶体　　　　　铌酸锶钡晶体　　　　　钽酸锂晶体

图 8 - 6 - 2　热释电探测器晶体

因此，有红外辐射间歇地照射时，由于晶体表面温度的变化而引起自发极化电流可表示为：

$$J = \frac{\mathrm{d}P}{\mathrm{d}\Delta t} = \frac{\mathrm{d}P}{\mathrm{d}\Delta T}\frac{\mathrm{d}\Delta T}{\mathrm{d}t} \tag{8 - 6 - 1}$$

若热电系数为 p，$p = \dfrac{\mathrm{d}P}{\mathrm{d}\Delta T}$(用来描述热电效应的强弱)，则 $J = p\dfrac{\mathrm{d}\Delta T}{\mathrm{d}t}$。

当有人侵入探测区域内时，人体产生的红外辐射会通过部分镜面聚焦，并被热释电元件接收。由于角度不同，两片晶体接收到的热量不同，产生的热释电能量也不一样，不能完全抵消，经处理电路处理后将输出控制信号。利用此原理，可制成离走开关(用于灯、空调、电扇等电器)，或者生物探测仪等。

2. 光子探测器

光子探测器与热探测器的最大区别是光子探测器对光辐射的波长有选择性。光电管与光电倍增管是典型的光电子发射型(外光电效应)探测器件，是一种电流放大器件。它的主要特点是：探测灵敏度高，时间响应快，可以对光辐射功率的瞬时变化进行测量，但它具有明显的光波长选择特性。尤其，光电倍增管具有很高的电流增益，特别适用于微弱光信号的探测；但它的缺点是结构复杂、体积较大、工作电压高。光电探测器又分内光电效应器件和外光电效应器件。内光电效应是通过光与探测器靶面固体材料的相互作用，引起材料内电子运动状态的变化，进而引起材料电学性质的变化。

光电子探测器可分为如下几类：

1)光电子发射探测器

光电子发射探测器利用了外光电效应，当光照射到某种物质时，若光子能量足够大，它和物质中的电子相互作用，致使电子溢出物质的表面(光电子)。光电效应示意图如图 8 - 6 - 3 所示。

根据爱因斯坦方程：光子能量 = 移出一个电子所需的能量 + 被发射的电子的动能，可得：

$$hf = \varphi + E_{\mathrm{m}}；\ hf_0 = \varphi；\ E_{\mathrm{m}} = \frac{1}{2}mv_{\mathrm{m}}^2 \tag{8 - 6 - 2}$$

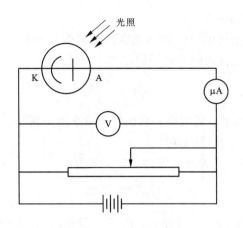

图 8 - 6 - 3　光电效应示意图

式中：h 是普朗克常量（$h = 6.63 \times 10^{-34}$ J·s）；f 是入射光子的频率；φ 是功函数，从原子间键结中移出一个电子所需的最小能量；E_m 是被射出的电子的最大动能；f_0 是光电效应发生的阈值频率；m 是被发射电子的静止质量；v_m 是被发射电子的速度。如果光子的能量（hf）不大于功函数（φ），就不会有电子射出。

主要参数：光照灵敏度 S（单位 μA/lm）。当照射在光阴极的入射光频率或频谱成分不变时，饱和光电流与入射光的强度成正比关系。（光电发射第一定律、斯托列托夫定律）用公式表示为：

$$S = \frac{I_k}{\Phi_e} \tag{8-6-3}$$

式中：I_k 为光电流，Φ_e 为光照强度。

2）光电导探测器

光电导探测器利用了光电导效应，即由辐射引起被照射材料电导率改变的一种物理现象（是内光电效应的一种）。

一般情况下，光电探测器主要参考的性能参数有：暗电流（I_{dark}）、响应时间（t）、响应度 R_λ、比探测率（D^*）、外量子效率（EQE）、灵敏度（S）等。

①暗电流（I_{dark}）是指在没有任何辐射光照射的条件下，光电探测器探测到的电流。

②响应时间（t）是指光电探测器将光信号转化为电信号所用的弛豫时间，表征光电探测器对辐射光反应的灵敏度。响应时间越短，光电探测器性能越好。一般，响应时间分为上升时间和下降时间两个部分。上升时间是指如电流或电压这样的电信号上升至峰值的 90% 处所用的时间，下降时间是指电信号从峰值下降到 10% 处所需的时间。

③响应度（R_λ）是表征光电探测器对不同波长入射光的响应，是表征光电探测器性能的重要指标，通常是指输入单位面积单位入射光功率时，光电探测器输出电流的大小，定义公式为：

$$R_\lambda = \frac{I_{light} - I_{dark}}{P_{in} \times L \times A} \tag{8-6-4}$$

④比探测率（D^*）也是表示光电探测器探测微小信号能力的一种量度，它的定义式是：

$$D^* = \frac{R_\lambda \sqrt{LD}}{2eI_{dark}} \tag{8-6-5}$$

D^* 越大，探测器的探测能力越强。

⑤外量子效率(EQE)是指单位时间内光电探测器受某种波长的入射光照射收集到的光生电子数和入射光辐射到材料表面的光子数之比。定义式为：

$$EQE = \frac{hcR_\lambda}{e\lambda} \qquad (8-6-6)$$

量子效率是一个微观参数，光电探测器的量子效率越高越好。但是由于噪声等因素的影响，探测器的量子效率不可能达到100%。

⑥灵敏度(S)，表征器件的光开关特性。定义式为：

$$S = \frac{I_{light} - I_{dark}}{I_{dark}} \qquad (8-6-7)$$

相关符号的含义分别为：I_{light}——光电流；P_{in}——入射光功率；A——极板长度；L——两电极间的距离；I_{dark}——暗电流；h——普朗克常量；D——纳米线直径；c——光速；λ——激发光波长。

3）光伏探测器

利用半导体 PN 结光伏效应制成的器件。

PN 结中电子向 P 区、空穴向 N 区扩散，使 P 区带负电，N 区带正电，形成由不能移动的离子组成的空间电荷区（耗尽区），同时出现由耗尽层引起的内建电场，使少子漂移，并阻止电子和空穴继续扩散，达到平衡。在热平衡下，由于 PN 结中漂移电流等于扩散电流，净电流为零。

如果有外加电压时结内平衡被破坏，这时流过 PN 结的电流方程为：

$$I_D = I_0(e^{qV/kT} - 1) \qquad (8-6-8)$$

式中：I_D 是流过 PN 结的电流；I_0 是 PN 结的反向饱和电流（暗电流）；V 是加在 PN 结上的正向电压。

 实验装置

主要实验设备包括：CVD 管式炉、体视显微镜、光学平台、Keithley 2636B 数字源表、斩波器、Thorlabs 光纤光源等。部分实验装置图片如图 8-6-4、图 8-6-5、图 8-6-6 所示。

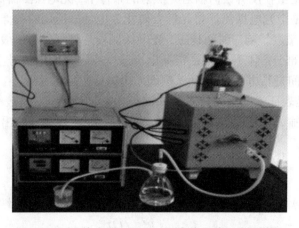

图 8-6-4　管式炉：CVD 法制备半导体纳米线装置

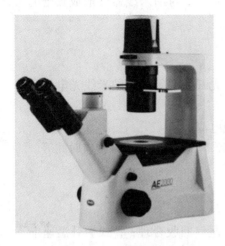

2636B型仪表的背板

图 8-6-5　体视显微镜：
纳米线光电探测器制备装置

图 8-6-6　Keithley 2636B 数字源表：
纳米线光电探测器性能测试装置

 实验内容与实验方法

1. CdS(或 ZnO)纳米线的 CVD 法制备

(1)用丙酮、乙醇对 P 型硅片(100)进行清洗并吹干。

(2)用离子溅射的方法在硅片上面镀一层 10 nm 的 Au 薄膜作催化剂。

(3)将 0.1 g CdS 粉末作蒸发源放在陶瓷舟中，然后将其放到一根长约 50 cm、外径为 3 cm 的石英管中，将镀有金的硅片放到距离蒸发源 11 cm 的下游沉积区来收集样品；最后把石英管放入水平管式炉中。

(4)在石英管中通入氩氢混合气体(Ar：90%，H_2：10%)30 min，流速 100 sccm 以排去管内的空气。

(5)以 20℃/min 的速率快速将炉子的温度升到 800℃，在生长过程中，气流的速率为 40 sccm。

(6)恒温 90 min 之后，关闭电源，炉子自然冷却到室温，最后就得到了 CdS 纳米线。

2. 点银浆法制备 CdS 纳米线光电探测器

(1)将厚度为 0.5 mm 的 SiO_2 或 PET 基底用乙醇超声清洗 10 min。

(2)通过机械剥离方法将纳米线材料转移到 SiO_2 或 PET 基底上作为器件的沟道材料。

(3)在显微镜下选择合适的纳米线，将银浆滴在纳米线的两端(互补粘连)作为器件的电极。

(4)将直径为 0.02 mm 的铜质漆包线的两端处理露出铜丝，与银浆连接作为导线。

(5)在器件表面滴涂 PMMA 胶，将器件与空气隔绝，防止空气中的化学成分对器件造成腐蚀。

（6）涂保护层的器件静置 12 h 或在 60℃恒温 2 h，使胶干，对纳米线器件形成致密的保护层。

3. 纳米线光电探测器性能参数测试

（1）利用 Keithley 2636B 数字源表、斩波器、Thorlabs 光纤光源等测量纳米线光电探测器的 $I-t$ 特性曲线和不同光照下的 $I-V$ 特性曲线。

（2）测得光电探测器的暗电流与不同光照条件下的光电流。

（3）计算纳米线光电探测器的响应度、灵敏度、比探测率、外量子效率、响应时间等。

注意事项

（1）CVD 高温管式炉使用时注意：石英管轻拿轻放；尾气回收合理；管式炉升温速率不能过快；

（2）点银浆制作电极时，有机溶剂挥发，需戴口罩；

（3）光电探测器测试环境要保持洁净；光纤头不能用手触摸。

预习要求

（1）理解光电探测器的原理；

（2）了解半导体纳米线的制备方法；

（3）掌握光电探测器主要性能参数计算方法。

思考题

（1）试分析不同尺度纳米线响应度差异的原因。

（2）能否引入其他物理条件调制光电探测器性能？根据实验原理，试写出基本思路。

参考文献

[1] G. Z. Dai, Q. Wan, C. J. Zhou, et al. Sn – catalyst growth and optical waveguide of ultralong CdS nanowires [J]. Chem. Phys. Lett., 2010, 497: 85 – 88.

[2] G. Z. Dai, H. Y. Zou, X. F. Wang, et al. Piezo – phototronic Effect Enhanced Responsivity of Photon Sensor Based on Composition – Tunable Ternary CdS_xSe_{1-x} Nanowires[J]. ACS Photonics, 2017, 4: 2495 – 2503.

实验8.7 原子力显微镜及其应用

 实验背景

原子力显微镜(Atomic Force Microscopy，AFM)作为一种可以用于研究包括绝缘体在内的扫描探针显微镜，由 Bining、Quate 和 Gerber 于 1968 年发明。AFM 的发展源于扫描隧道显微镜(Scanning Tunneling Microscopy，STM)，由于 STM 是通过检测针尖和样品之间隧道电流的变化来研究表面形貌和表面电子结构，这决定了它只能直接对导体和半导体进行研究，而在研究绝缘材料时必须在其表面覆盖一层导电膜，会掩盖样品表面结构的细节。AFM 的出现弥补了 STM 的不足，其应用范围更加广泛。AFM 是继 STM 之后发明的能从原子尺度观察导体和半导体表面的原子形貌，而且几乎可以对所有的表面(导体、半导体以及绝缘体)成像的具有原子级高分辨的新型仪器，可对各种材料和样品进行纳米区域的物质性质包括形貌进行探测，现已广泛应用于半导体、纳米功能材料、生物、化工、食品、医药等研究领域，成为科学研究的基本工具，具有广阔的应用前景。

AFM 能提供各种类型样品的表面形貌信息，其优点是在大气条件下，不需要进行其他制样处理，就可以得到样品表面的三维形貌结构，并可对扫描所得的三维形貌图像进行粗糙度、厚度、步宽、方框图或颗粒度分析。本实验基于 AFM 表征技术采用不同类型的样品，如热蒸发金属薄膜沉积样品、化学气相沉积的纳米材料样品等，利用 AFM 进行表面形貌的表征，再结合实验结果进行讨论，在掌握 AFM 的基本原理的同时，掌握样品制备技术和学习 AFM 测试表征方法。

 实验目的

(1)了解原子力显微镜的工作原理。
(2)掌握用原子力显微镜进行表面分析的方法。

 实验原理

AFM 是通过扫描探针与待测样品表面之间的原子间相互作用力来研究样品表面形貌结构的。图 8-7-1 为 AFM 的结构简图。AFM 的关键部分是一端带有极小探针的微悬臂，微悬臂的大小在数十到数百微米，一般由硅或者氮化硅构成，而探针尖端的曲率半径则为纳米量级。当探针针尖接近待测样品表面时，针尖和样品表面之间的原子间相互作用力使微悬臂发生弯曲。针尖和样品之间的作用力 F 与微悬臂的形变 d 之间遵循胡克定律：

$$F = -kd \qquad (8-7-1)$$

式中：k 代表微悬臂的弹性常量；d 为微悬臂的弯曲形变距离。针尖与样品表面之间的相互作用力大小与它们之间的距离有关。扫描时，控制针尖高度恒定，随着样品表面的起伏，微悬臂将受到不同大小的作用力，继而发生不同程度的弯曲。利用激光反射检测法，可以测得微

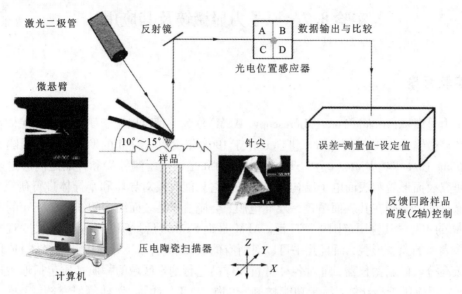

图 8 - 7 - 1　原子力显微镜结构简图

悬臂对应于扫描各点的位置变化，从而可以获得样品的表面形貌的信息。激光二极管的光线聚焦在悬臂的背面。当悬臂在力的作用下弯曲时，反射光产生偏转，使用位敏光电检测器测量偏转角。然后通过计算机对采集到的数据进行处理，从而得到样品表面的三维图像。完整的悬臂探针置放于受压电陶瓷扫描器控制的样品表面，在 3 个方向上以 0.1 nm 或更小的步宽进行扫描。当在样品表面详细扫描(XY 轴)时，悬臂的位移反馈控制使样品与针尖保持一定的作用力。扫描时反馈的 Z 轴值被输入计算机处理，得出样品表面的观察图像(3D 图像)。

针尖与样品之间的作用力根据它们之间的距离可以分为接触区间和非接触区间。当针尖与样品表面的距离小于 1 nm 时为接触区间，两者的相互作用力为排斥力；当针尖与样品表面的距离在几纳米到几十纳米量级范围时为非接触区间，两者的相互作用力为吸引力。利用样品与针尖的作用力，可以让针尖与样品处于不同的间距，从而实现 AFM 不同的工作模式：接触模式(contact mode)、非接触模式(non-contact mode)及轻敲模式(tapping mode)。

1)接触模式

从概念上来理解，接触模式是 AFM 最直接的成像模式。AFM 在整个扫描成像过程之中，探针针尖始终与样品表面保持亲密的接触，而相互作用力是排斥力。只要针尖与样品的距离发生极微小的变化，两者之间的相互作用力就会发生显著变化，因此这种扫描模式灵敏度很高。但是，悬臂施加在针尖上的力有可能破坏试样的表面结构，因此力的大小范围在 $10^{-10} \sim 10^{-6}$ N。若样品表面柔嫩而不能承受这样的力，便不宜选用接触模式对样品表面进行成像。

2)非接触模式

非接触模式探测试样表面时，悬臂在距离试样表面上方 5 ~ 10 nm 的距离处振荡。这时，样品与针尖之间的相互作用由范德华力控制，通常为 10^{-12} N，样品不会被破坏，而且针尖也不会被污染，特别适合于研究柔嫩物体的表面。这种操作模式的不利之处在于要在室温大气环境下实现这种模式十分困难。因为样品表面不可避免地会积聚薄薄的一层水，它会在样品与针尖之间搭起一小小的毛细桥，将针尖与表面吸在一起，从而增加尖端对表面的压力。

3）轻敲模式

在轻敲模式中，一种恒定的驱使力使探针悬臂以一定的频率振动。当针尖刚接触样品时，悬臂振幅会减少到某一数值。在扫描过程中，反馈回路维持悬臂振幅在这一数值恒定，亦即作用在样品上的力恒定，通过记录压电陶瓷管的移动得到样品表面形貌图。这种模式避免了针尖和样品间的横向力，不容易造成样品表面损伤，通常在大范围扫描时，尤其样品表面有较大的起伏时，更适合采用轻敲式扫描。轻敲式扫描克服了接触式扫描和非接触式扫描的不足，已成为当前广泛应用的扫描模式。

原子力显微镜是用微小探针"摸索"样品表面来获得信息的，所以测得的图像是样品最表面的形貌。扫描过程中，探针在选定区域沿着样品表面逐行扫描。表8-7-1为AFM的3种扫描模式的相互作用力、分辨率及对样品的影响的比较。

表8-7-1　不同扫描模式的相互作用力、分辨率以及对样品的影响

扫描模式	针尖与样品作用力	分辨率	对样品影响
接触模式	恒定	最高	可能损伤样品
非接触模式	变化	最低	无损伤
轻敲模式	变化	较高	无损伤

实验装置

原子力显微镜（AFM）系统可以分为三个部分：力检测部分、位置检测部分、反馈系统。

1. 力检测部分

在AFM系统中，所要检测的力是原子与原子之间的范德华力，使用微悬臂来检测原子之间力的变化量。如图8-7-1所示，微悬臂通常由一个一般$100 \sim 500~\mu m$长和$500~nm \sim 5~\mu m$厚的硅片或氮化硅片制成。微悬臂顶端有一个尖锐针尖，用来检测样品与针尖间的相互作用力。

2. 位置检测部分

在AFM系统中，当针尖与样品之间有了作用之后，会使得悬臂摆动，所以当激光照射在微悬臂的末端时，其反射光的位置也会因为微悬臂摆动而有所改变，这就造成偏移量的产生。在整个系统中是依靠激光光斑位置检测器将偏移量记录下并转换成电的信号，以供控制器作信号处理。聚焦到微悬臂上面的激光反射到激光位置检测器，通过对落在检测器四个象限的光强进行计算，可以得到由于表面形貌引起的微悬臂形变量大小，从而得到样品表面的不同信息。

3. 反馈系统

在 AFM 系统中，将信号经由激光检测器取入之后，在反馈系统中会将此信号当作反馈信号，作为内部的调整信号，并驱使通常由压电陶瓷制作的扫描器做适当的移动，以保持样品与针尖有一定的作用力。

实验内容与实验方法

1. 准备用于 AFM 测量的样品

利用热蒸镀法在 Si 衬底上沉积金属薄膜作为待测样品，或者利用化学气相沉积法制备纳米材料样品。

2. AFM 测试操作步骤

(1)开机。启动原子力显微镜软件，进入操作界面并进行仪器的初始化。

(2)安装针尖，调整激光反射光斑位置，以反射光斑在探测器的中心为最佳。

(3)测量悬臂的本征振动频率。

(4)设置仪器测量参数。

(5)放置测试样品。手动进行初始聚焦，分别聚焦针尖和样品，让探针尖离样品表面距离在 1 mm 左右。

(6)找到待测样品位置，下针扫描并存储扫描图形。

(7)扫描完成后抬针停止扫描，保护探针。

(8)进入图形分析界面，根据需要进行结果分析。

原子力显微镜是一台自动化程度相当高的设备，以上操作步骤基本上由计算机控制操作完成。

注意事项

(1)防止针尖损坏：AFM 的针尖是整个仪器最脆弱的部分，一碰即断，所以应该防止一切物体与针尖直接接触。实验过程中针尖容易损坏的环节主要有两个：一是安装针尖的时候；二是进针的时候。

(2)在装样品时维持样品表面的清洁，否则测量的图不清晰。

(3)实验过程中，周围环境的震动会影响图形的测量结果，因而开始扫描后尽量保持实验桌的稳定，否则过大的震动会破坏图形。

预习要求

(1)了解原子力显微镜的工作原理。

(2)通过视频课件学习针尖安装和激光光路调整。

思考题

(1)原子力显微镜有哪些应用?

(2)怎样使用 AFM 才能较好地保护探针?

 参考文献

王中平,谢宁,张宪峰,等. 原子力显微镜实验的教学研究[J]. 物理实验,2015,35:24－29.

实验 8.8　空间自相位调制实验及其应用

实验背景

光学的发展一般分为几何光学、波动光学、量子光学三个阶段。自从 1960 年梅曼(T. H. Maiman)研制出第一台红宝石激光器后，光学进入飞速发展的阶段。因为激光光束强度高并且相干性特别好，研究者纷纷用此来研究物质的各种非线性光学效应。

非线性光学研究的发展可以分为 1961—1965、1966—1969、1970—至今这三个时期。在 1961—1965 年这段时间内，多光子吸收、受激拉曼散射、光学和频与差频、光学整流、光学谐波、光束自聚焦等非线性光学效应很快地出现在人们的视野中。在 1966—1969 年期间，非线性光学的研究有了更深一步的进展，如非线性光谱效应、四波混频、瞬态相干效应、参量放大与振荡等，同时开始探究和开发非线性光学器件。非线性光学日趋成熟的时期是在 1970 年到现在，同时也是非线性光学发展的第三个时期。在这期间内，由于激光器的完善和创新，和人们对非线性光学的执着和热情，非线性光学研究逐渐趋于完整。从非线性光学的发展轨迹来看，其发展规律可以总结如下：光源由连续光转向脉冲光，从宽脉冲光转向超短脉冲光；研究对象从静态转向瞬态。研究材料更是发展得迅猛：从晶体到非晶体；从无机到有机；从高维材料到低维材料等。非线性光学研究与时俱进，如今已有大量的应用，如激光器的调 Q 和锁模、开辟新波段光源、全光开关、全光通信、消除传光介质的畸变等，是光子调控的基本手段。

本实验介绍了利用 CW 激光器理解空间自相位调制(spatial self-phase modulation，SSPM)实验的基本原理和应用领域；然后根据 SSPM 的原理让学生搭建 SSPM 光路并了解 SSPM 光路特性；最后关注介质的三阶非线性特性，基于 SSPM 理论进行非线性折射率的数值研究，及关于本实验的测试方法和实验结果处理。

实验目的

(1)通过实验了解 SSPM 效应的原理。

(2)搭建出 SSPM 实验的基本光路。

(3)了解 SSPM 的各个器件的基本功能。

(4)拟合得到衍射环数 N 与激光强度 I 的线性关系。

(5)测量 SSPM 的非线性折射率 n_{2e}。

(6)测试出 SSPM 的三阶非线性极化率 $\chi^{(3)}$。

(7)活跃学生的物理创新思维和意识，锻炼学生的洞察力和综合实验能力及培养学生独立工作和科学研究的能力。

实验原理

自相位调制是由于克尔光学效应引起非线性相移,进而使光波在介质中传播时其相位会受到自身光强调制的现象。该现象是在 1967 年由 W. R. Callen 等人首次观察到的,而后在 1978 年,R. H. Stolen 等人提出基于自相位调制可以测量介质的非线性系数。随后 1981 年 S. D. Durbin 等人在实验上研究了纵向分布液晶的空间自相位调制,并构建了空间自相位调制数值研究的基础理论,为空间自相位调制法研究介质的非线性系数奠定了基础。

克尔介质的折射率是一个与入射光强相关的量。因此入射激光会引起介质的折射率变化,介质折射率变化又引起光波相位发生改变,从而使光波在介质中传播时其相位会受到自身光强的调制,这就是自相位调制。自相位调制会使光波发生相移,而光束径向各处的光波由于光强分布不同,相移也不相同,但各处的相位差是恒定的,因此会使光束径向不同位置的光波发生干涉,从而出现空间自相位调制衍射环。

根据光学克尔效应,就三阶非线性光学而言,折射率为

$$n_e = n_{0e} + I n_{2e} \qquad (8-8-1)$$

式中:n_{0e} 和 n_{2e} 分别为线性和非线性折射率。入射光强的改变会引起相移的改变,其变换规律可以用以下方程表示

$$\Delta\psi(r) = \left(\frac{2\pi n_{0e}}{\lambda}\right)\int_0^{L_{eff}} n_{2e} I(r,z)\,\mathrm{d}z \qquad (8-8-2)$$

式中:r 为激光高斯光束的位置半径;$I(r,z)$ 为光强分布;λ 为激光激发波长,激光光束穿过悬浮液的有效光学厚度 L_{eff} 表达式为

$$L_{eff} = \int_{L_1}^{L_2}\left(1+\frac{z^2}{z_0^2}\right)^{-1}\mathrm{d}z = z_0\arctan\left(\frac{z}{z_0}\right)\bigg|_{L_1}^{L_2} \qquad (8-8-3)$$

对于高斯光束,光束中心处的光强 $I(0,z)$ 为实验测得的平均强度 I 的两倍。当激光光强穿过悬浮液后产生明暗相间的衍射环,环数满足于

$$[\Delta\psi(0) - \Delta\psi(\infty)] = 2N\pi \qquad (8-8-4)$$

由数据拟合最大衍射图样环数与光强的线性关系,经过简单的推导得到

$$n_{2e} = \left(\frac{\lambda}{2n_{0e}L_{eff}}\right)\frac{N}{I} \qquad (8-8-5)$$

因此,悬浮液的非线性光学折射率 n_{2e} 由 λ、n_{0e}、L_{eff} 和 N/I 决定,即 n_{2e} 可以根据衍射环数与入射强度的线性关系可以直接得到。

 实验装置

空间自相位调制的实验光路由激光光源、透镜和探头这三个部分组成,激光光源为聚焦的连续(CW)激光,透镜选择焦距为 f 的凸透镜。在本实验中,统一使用 CCD 探头。实验光路如图 8-8-1 所示。在进行实验操作的时候,我们将激光器、透镜、实验测试对象、探头放在一条直线上,并且使各自的中心位于同一个高度。这样当激光光束通过聚焦透镜水平入射样品的时候,我们通过调节样品和探头之间的距离,使产生的自衍射图样能完全被探头所接

收。这个实验光路的优点是搭建特别简单，使用的实验仪器不多，并且易于操控，对样品挑选没有过高的要求，是最简单和基础的实验光路。

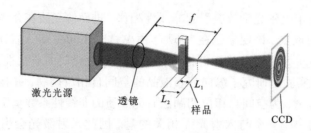

图 8 - 8 - 1　空间自相位调控实验装置原理图

1. 光源组件

本实验采用的光源为 BOT 1550 - 1500 MW 激光器，如图 8 - 8 - 2 所示。该激光器具有较高的光束质量、较高的电光效率、稳定性高、体积小、免维护、易操作等优点。激光器的基本参数为：工作方式为 CW；工作波长为 1550 nm ± 20 nm；输出功率为 1 ~ 1500 mW（连续可调）；光斑模式为 TE00；光束发散角为 2 mard；光束约为 $\phi5.0$ mm × 5.0 mm；激光头尺寸：70 mm × 40 mm × 40 mm；出光孔高度：20 ~ 22 mm。

2. 探测器组件

本实验采用的功率计为 VLP - 2000(2W) 功率计，如图 8 - 8 - 3 所示。该功率计可支持测量连续、脉冲、二氧化碳和 Nd：YAG 等激光；探头可支持上下移动；波长响应范围为 11 ~ 2000 nm，量程为 0 ~ 2 W，探头直径为 $\phi10$ mm；分辨率为 0.1 mW；功耗小于 10 W。

图 8 - 8 - 2　BOT 1550 - 1500 MW 激光器　　　图 8 - 8 - 3　VLP - 2000(2W) 功率计

3. 光学组件

本实验采用的光学组件有：衰减片：NDC - 50C - 2M，为连续可变 ND 滤光片，$\phi50$ mm，光密度为 0.04 ~ 2.0；透镜：LA1708 - A，平凸透镜，N - BK7，ϕ 2.54 cm，f = 200.0 mm；增透膜：350 ~ 700 nm；标准光阑：最大孔径 $\phi12.0$ mm。

4. 激光接受组件

本实验探测激光光斑部分为 Newport 生产的 LBP2 – HR – IR2 激光束分析仪,如图 8 – 8 – 4 所示,可以测量光谱范围为 1440 ~ 1605 nm、最小光斑尺寸为 600 μm 的激光束。该激光束分析仪感光尺寸为 7.1 mm × 5.3 mm;最小功率密度为 50 μW/cm²;工作模式为行间传输逐行扫描。

5. 软件组件

本实验使用的软件为 LBP2 软件操作界面,如图 8 – 8 – 5,根据操作手册进行连接硬件和软件,读取数据。

图 8 – 8 – 4   LBP2 – HR – IR2 激光束分析仪

 实验内容与实验方法

图 8 – 8 – 5   LBP2 软件操作界

1. 校准光路

在进行实验操作的时候,将激光器、透镜、实验测试对象、探头放在一条直线上,并且使各自的中心位于同一个高度。这样当激光光束通过聚焦透镜水平入射样品的时候,通过调节样品和探头之间的距离,使产生的自衍射图样能完全被探头所接收。这个实验光路的优点是搭建特别简单,使用的实验仪器不多,并且易于操控,对样品挑选没有过高的要求。

2. 测试衍射环数 N 与激光强度 I 的线性关系

将激光器、透镜、实验测试对象、探头放在一条直线上安装并校准好,然后打开 LBP2,在显示屏上将出现清晰的衍射环,记录此刻的测试衍射环数 N 和激光功率计探测出的激光强度 I。

3. 测试非线性折射率 n_2

利用 Origin 软件拟合出衍射环数 N 与激光强度 I 的关系,代入非线性折射率 n_2 计算公式,计算出 n_2 具体数值。

近代物理实验

 注意事项

(1)在进行实验操作中,所有的实验仪器都必须轻拿轻放,切记不要用手去碰光学镜片。

(2)实验所用的激光器是 CW 激光器,激光的强度特别强,因此在调整实验光路时,一定记得使用衰减片来降低激光功率,切记眼睛不能直视激光光束。

(3)实验操作过程中,一定选择合适的衰减片。没有确定把握时,先用衰减系数最大的衰减片进行光路调节,不可以随便拿一个衰减片进行调试,以免直接将衰减片打坏。

(4)实验过程中,会用到平面反射镜,因此在操作的时候切记看下周围环境,不要朝着有人的方向进行反射,同时不允许下蹲或者弯腰使实验光路和自己在同一个高度,很容易使光线打到眼睛。同时当激光功率较强时,切记一定要戴上相应的眼镜。

(5)在光学平台上利用反射镜可以同时搭建几个光路,在未经他人同意的情况下,不能随便拆散别人的光路和直接用别人的光学仪器。

(6)在实验中,采用的 CCD 探头对光特别敏感,在调节光路的时候,不能将光学探头直接放在焦点附近。最好在光学探头前面加衰减片,以免被打坏。

 预习要求

(1)理解 SPM 和 SSPM 效应的产生机制及其原理。
(2)了解 SSPM 的光路与非线性折射率的计算方法。

 思考题

(1)试分析衍射环数与激光入射光强能拟合的原因是什么?
(2)根据实验原理,SSPM 效应能否用于光开关?试写出基本思路。

参考文献

[1] W. R. Callen, B. G. Huth, R. H. Pantell. Optical patterns of thermally self – defocused light[J]. Applied Physics Letters, 1967, 11(3): 103 – 105.

[2] R. H. Stolen, Chinlon Lin. Self – phase – modulation in silica optical fibers[J]. Physics Rev A, 1978, 17(4): 1448 – 1453.

[3] S. D. Durbin, S. M. Arakelian, Y. R. Shen. Laser – induced diffraction rings from a nematic – liquid – crystal film [J]. Optics Letters, 1981, 6(9): 411 – 413.

实验8.9 高低温霍尔效应

 实验背景

置于磁场中的载流体，如果电流方向与磁场垂直，则在垂直于电流和磁场的方向会产生一附加的横向电场，这个现象是霍普斯金大学研究生霍尔于1879年发现的，后被称为霍尔效应。霍尔效应的本质是：固体材料中的载流子在外加磁场中运动时，因为受到洛伦兹力的作用而使轨迹发生偏移，并在材料两侧产生电荷积累，形成垂直于电流方向的电场，最终使载流子受到的洛伦兹力与电场斥力相平衡，从而在两侧建立起一个稳定的电势差——霍尔电压。

随着半导体物理学的迅速发展，霍尔系数和电导率的测量已成为研究半导体材料的主要方法之一。通过实验测量半导体材料的霍尔系数和电导率可以判断材料的导电类型、载流子浓度、载流子迁移率等主要参数。

如今，霍尔效应不但是测定半导体材料电学参数的主要手段，而且随着电子技术的发展，利用该效应制成的霍尔器件，由于结构简单、频率响应宽（高达10 GHz）、寿命长、可靠性高等优点，已广泛用于非电量测量、自动控制和信息处理等方面。在工业生产要求自动检测和控制的今天，作为敏感元件之一的霍尔器件，将有更广阔的应用前景。

根据半导体导电理论，半导体内载流子的产生有两种不同的机制：本征激发和杂质电离。纯净的半导体中费米能级位置和载流子浓度只是由材料本身的本征性质决定的，称为本征半导体，其电子和空穴浓度保持相等（本征载流子浓度）。这种由半导体本身提供，不受外来掺杂影响的载流子产生过程通常叫作本征激发。绝大部分的重要半导体材料都含有一定量的浅杂质，它们在常温下的导电性能，主要由浅杂质决定。浅杂质分为两种类型：一种是能够接收价带中激发的电子变为负离子，称为受主杂质。由受主杂质电离提供空穴导电的半导体叫作P型半导体。还有一种可以向半导体提供一个自由电子而自身成为正离子，称为施主杂质。这种由施主杂质电离提供电子导电的半导体叫作N型半导体。对一种载流子情形，P型半导体的霍尔系数为正，N型半导体的霍尔系数符号相反为负。对两种载流子情形，霍尔系数会随两种载流子浓度（随温度改变）的变化而发生改变。由非本征激发向本征激发过渡时，N型半导体的霍尔系数不会改变符号，而P型半导体的霍尔系数的符号会改变、大小也会发生复杂的变化。

高低温霍尔效应实验系统可以测量霍尔系数随温度的变化，可以确定半导体的禁带宽度、杂质电离能及迁移率的温度特性。

实验目的

（1）在电磁场下观察随磁场增大霍尔电压输出增大的全过程，改变恒流源对霍尔输出的影响；转换恒流源极性对霍尔输出的影响，改变电磁铁极性对霍尔输出的影响。

（2）了解温度的测量和变温温度系数（在低温下是典型的P型半导体，在室温下是典型的 N 型半导体)。

(3)掌握范德堡方法测量薄膜材料电阻率。

掌握霍尔效应数据处理方法[体载流子浓度(Bulk Carrier Concentration)、表面载流子浓度(Sheet Carrier Concentration)、迁移率(Mobility)、电阻率(Resistivity)、霍尔系数(Hall Coefficient)、磁致电阻(Magnetoresistance)等]。

 实验原理

1. 范德堡法测电阻率原理

范德堡法可以用来测量任意形状的厚度均匀的薄膜样品。在样品侧边制作四个对称的电极,如图 8 - 9 - 1 所示。

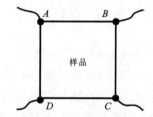

图 8 - 9 - 1　范德堡法测量示意图

测量电阻率时,依次在一对相邻的电极通电流,另一对电极之间测电位差,得到电阻 R,代入公式得到电阻率 ρ。

$$R_{AB,CD} = V_{CD}/I_{AB}, \quad R_{BC,DA} = V_{DA}/I_{BC} \tag{8-9-1}$$

$$\rho = \frac{\pi d}{\ln 2} \frac{R_{AB,CD} + R_{BC,DA}}{2} f\left(\frac{R_{AB,CD}}{R_{BC,DA}}\right) \tag{8-9-2}$$

式中:d 为样品厚度;f 为范德堡因子,是比值 $R_{AB,CD}/R_{BC,DA}$ 的函数。

以上便是范德堡方法测量薄膜材料电阻率的方法,这种方法对于样品形状没有特殊的要求,但是要求薄膜样品的厚度均匀,电阻率均匀,表面是单连通的,即没有孔洞。此外,A,B,C,D 四个接触点要尽可能小(远远小于样品尺寸),并且这四个接触点必须位于薄膜的边缘。不过在实际测量中,为了简化测量和计算,常常要求待测薄膜为正方形,这是由于正方形具有很高的对称性,正方形材料的四个顶点从几何上是完全等效的,因而可推知电阻值 $R_{AB,CD}$ 和 $R_{BC,DA}$ 在理论上也应该是相等的。查表可知当 $R_{AB,CD}/R_{BC,DA} = 1$ 时,$f = 1$。因此,最终电阻率的公式即可简化为:

$$\rho = \frac{\pi d R_{AB,CD}}{\ln 2} \tag{8-9-3}$$

2. 霍尔效应原理

霍尔效应从本质上讲是运动的带电粒子在磁场中受洛伦兹力作用而引起的偏转。当带电粒子(电子或空穴)被约束在固体材料中，这种偏转就导致在垂直电流和磁场的方向上产生正负电荷的聚积，从而形成附加的横向电场，即霍尔电场。对于图 8-9-2 所示的 N 型半导体试样，若在 X 方向的电极 B、D 上通以电流 I_S，在 Z 方向加磁场 B，试样中载流子(电子)将受洛伦兹力：

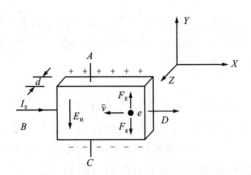

图 8-9-2　样品示意图

$$F_g = e\bar{v}B \qquad (8-9-4)$$

式中：e 为载流子(电子)电量，$\bar{v}$ 为载流子在电流方向上的平均定向漂移速率，B 为磁感应强度。无论载流子是正电荷还是负电荷，F_g 的方向均沿 Y 方向，在此力的作用下，载流子发生偏移，则在 Y 方向，即试样 A、C 电极两侧就开始聚积异号电荷而在试样 A、C 两侧产生一个电位差 V_H，形成相应的附加电场 E_H——霍尔电场，相应的电压 V_H 称为霍尔电压，电极 A、C 称为霍尔电极。电场的指向取决于试样的导电类型。N 型半导体的多数载流子为电子，P 型半导体的多数载流子为空穴。对 N 型试样，霍尔电场逆 Y 方向，P 型试样则沿 Y 方向。

显然，霍尔电场阻止载流子继续向侧面偏移，试样中载流子将受一个与 F_g 方向相反的横向电场力：

$$F_E = eE_H \qquad (8-9-5)$$

式中：E_H 为霍尔电场强度。

F_E 随电荷积累增多而增大，当达到稳恒状态时，两个力平衡，即载流子所受的横向电场力 F_E 与洛伦兹力 F_g 相等，样品两侧电荷的积累就达到平衡，故有

$$eE_H = e\bar{v}B \qquad (8-9-6)$$

设试样的宽度为 b，厚度为 d，载流子浓度为 n，则电流大小 I_S 与 $\bar{v}$ 的关系为：

$$I_S = ne\bar{v}bd \qquad (8-9-7)$$

由式(8-9-6)、式(8-9-7)可得

$$V_H = E_H b = \frac{1}{ne}\frac{I_S B}{d} = R_H \frac{I_S B}{d} \qquad (8-9-8)$$

即霍尔电压 V_H(A、C 电极之间的电压)与 $I_S B$ 乘积成正比与试样厚度 d 成反比。比例系数 $\frac{1}{ne}$ 称为霍尔系数，它是反映材料霍尔效应强弱的重要参数。根据霍尔效应制作的元件称为霍尔元件。由式(8-9-8)可见，只要测出 $V_H(\mathrm{V})$ 以及知道 $I_S(\mathrm{A})$、$B(\mathrm{Gs})$ 和 $d(\mathrm{cm})$ 可按下式计算 $R_H(\mathrm{cm}^3/\mathrm{C})$。

$$R_{\mathrm{H}} = \frac{V_{\mathrm{H}}d}{I_S B} \times 10^8 \tag{8-9-9}$$

测量霍尔电势 V_{H} 时，不可避免地会产生一些副效应，由此而产生的附加电势叠加在霍尔电势上，形成测量系统误差。这些副效应如下。

1）不等位效应 V_0

由于制作时，两个霍尔电极不可能绝对对称地焊在霍尔片两侧、霍尔片电阻率不均匀、控制电流极的端面接触不良都可能造成 A、C 两极不处在同一等位面上，此时虽未加磁场，但 A、C 间存在电势差 V_0，此称不等位电势。

2）埃廷豪森效应

当元件 X 方向通以工作电流 I_{S}，Z 方向加磁场 B 时，由于霍尔片内的载流子速度服从统计分布，有快有慢。在到达动态平衡时，在磁场的作用下慢速、快速的载流子将在洛伦兹力和霍尔电场的共同作用下，沿 Y 轴分别向相反的两侧偏转，这些载流子的动能将转化为热能，使两侧的温升不同，因而造成 Y 方向上的两侧的温差 $(T_{\mathrm{A}} - T_{\mathrm{C}})$。因为霍尔电极和元件两者材料不同，电极和元件之间形成温差电偶，这一温差在 A、C 间产生温差电动势 V_{E}。这一效应称埃廷豪森效应，V_{E} 的大小与正负符号与 I_{S}、B 的大小和方向有关，跟 V_{H} 与 I_{S}、B 的关系相同，所以不能在测量中消除。

3）伦斯脱效应

由于控制电流的两个电极与霍尔元件的接触电阻不同，控制电流在两电极处将产生不同的焦耳热，引起两电极间的温差电动势，此电动势又产生温差电流（称为热电流）Q，热电流在磁场作用下将发生偏转，结果在 Y 方向上产生附加的电势差 V_{N}，且 $V_{\mathrm{N}} \propto QB$，这一效应称为伦斯脱效应，$V_{\mathrm{N}}$ 的符号只与 B 的方向有关。

4）里吉 – 勒迪克效应

如 2）所述霍尔元件在 X 方向有温度梯度，引起载流子沿梯度方向扩散而有热电流 Q 通过元件，在此过程中载流子受 Z 方向的磁场 B 作用，在 Y 方向引起类似埃廷豪森效应的温差 $(T_{\mathrm{A}} - T_{\mathrm{C}})$，由此产生的电势差 $V_{\mathrm{RL}} \propto QB$，其符号与 B 的方向有关，与 I_{S} 的方向无关。

应该说明，在产生霍尔效应的同时，因伴随着多种副效应，以致实验测得的 A、C 两电极之间的电压并不等于真实的 V_{H} 值，而是包含着各种副效应引起的附加电压，因此必须设法消除。

埃廷豪森效应 　　　　V_{E} 方向只与 I 和 B 方向有关

伦斯脱效应 　　　　　V_{N} 方向只与 B 方向有关

里吉 – 勒迪克效应 　　V_{RL} 方向只与 B 方向有关

不等位效应 　　　　　V_0 方向只与 I 方向有关

副效应的消除：改变 I 和 B 的方向，即对称测量法。

a. $+B$，$+I$，测得电压 $V_1 = V_{\mathrm{H}} + V_{\mathrm{E}} + V_{\mathrm{N}} + V_{\mathrm{RL}} + V_0$

b. $+B$，$-I$，测得电压 $V_2 = -V_{\mathrm{H}} - V_{\mathrm{E}} + V_{\mathrm{N}} + V_{\mathrm{RL}} - V_0$

c. $-B$，$-I$，测得电压 $V_3 = V_{\mathrm{H}} + V_{\mathrm{E}} - V_{\mathrm{N}} - V_{\mathrm{RL}} - V_0$

d. $-B$，$+I$，测得电压 $V_4 = -V_{\mathrm{H}} - V_{\mathrm{E}} - V_{\mathrm{N}} - V_{\mathrm{RL}} + V_0$

$$V_{AC} = (V_1 - V_2 + V_3 - V_4)/4 \tag{8-9-10}$$

当 A、C 通入电流，测量 B、D 点的电势差和 B、D 点通入电流，测量 A、C 两点的电势差，四次霍尔系数的测量结果从理论上来讲也应该是一致的数值，因此依旧可以用以上在电阻率测量中使用的均值法来消除测量误差。

$$V_{\mathrm{H}} = (V_{AC} + V_{BD} + V_{CA} + V_{DB})/4 \qquad\qquad (8-9-11)$$

 实验装置

高低温霍尔效应测试系统由电磁铁、真空泵、高低温真空腔、CH1500 高斯计、CH320 恒流源、F2030 恒流源、TC202 控温仪和计算机组成。图 8 - 9 - 3 为该系统的整体效果图。

图 8 - 9 - 3   高低温霍尔效应测试系统

其中，F2030 恒流源给电磁铁提供电流产生磁场；CH1500 高斯计测量线圈产生的均匀磁场值；CH320 恒流源一方面给样品提供电流，用于霍尔效应测试，一方面可以测量样品电压；被测样品置于高低温真空腔中，由可耐高低温的材料进行固定，并将腔体内部的四个测试点与样片的四个电极进行导线连接；将高斯计传感器前端位置放置于测试样品的磁场范围之内，以检测并控制样品的磁场大小；TC202 通过航空接头进行测试和控制样品台的温度；计算机连接 CH1500 高斯计、TC202 控温仪、CH320 恒流源和 F2030 恒流源，通过软件实现控制通过被测样品的电流和磁场值，并获取测得的电压值，可实现测试温度在 80 ~ 500 K 和所需要测试的磁场环境下实现连续可调，只要根据要求填入相应的参数，一键启动测试软件即可，每测试完成一项软件会进行实时数据保存，真正实现测试过程的自动化。

表 8 - 9 - 1 给出了系统可测试的材料及测量参量变化范围。

表 8 - 9 - 1　系统可测试材料及测量参量变化范围

可 测 试 材 料（Measurement Material）	电阻范围	10 mΩ ~ 6 MΩ
	半导体材料	SiGe, SiC, InAs, InGaAs, InP, AlGaAs, HgCdTe 和铁氧体材料等
	低阻抗材料	石墨烯、金属、透明氧化物、弱磁性半导体材料、TMR 材料等
	高阻抗材料	半绝缘的 GaAs, GaN, CdTe 等
	材料导电粒子	材料的 P 型与 N 型测试
电阻率范围（Resistivity）		$10^{-7}\ \Omega \cdot cm \sim 10^{12}\ \Omega \cdot cm$
测量温区范围（Measurement Temperature）		80 ~ 500 K（高低温）、80 ~ 800 K（高低温）、80 ~ 300 K（低温）、4 ~ 300 K（低温）、300 ~ 500 K（高温）、300 ~ 800 K（高温）
载流子浓度（Carrier Density）		$10^3\ cm^{-3} \sim 10^{23}\ cm^{-3}$
迁移率（Mobility）		$0.1 \sim 10^8\ cm^2 \cdot V^{-1} \cdot s^{-1}$
霍尔电压（Hall voltage）		1 μV ~ 3 V
磁场范围（Magnetic field range）		测量高低温的状态下，可达到 0.9 T，如需更大磁场可附加说明，可提供（1.5 T、2 T、2.5 T、3 T）增强型磁场环境

实验测试系统的具体使用步骤如下：

（1）按照各个设备的要求将通信线路和电源线路一一连接并固定好。

（2）将被测样品做好欧姆接触之后，将样品按要求固定到样品架上，四根连接线可连接其上四根铜柱。

（3）抽真空操作：将样品正确安装到样品台上后，将真空腔体密封好，放到电磁铁内部，在操作时注意将样品区域位于电磁铁的中间区域；连接好真空泵后，保持真空腔的通气端口处于关闭状态，此时打开真空泵按钮；待抽上 5 min 后，打开真空腔按钮，此时开始对真空腔进行抽真空操作；一般情况下，抽真空半个小时或者真空泵上如有真空度显示可以看显示示数降到 10 Pa 以下即可关闭真空泵。

（4）传感器探头的固定：将传感器固定在探头固定架上，调节固定架上的顶丝可以调节传感器的上下左右的位置，最终放置传感器顶端在所测试样品的磁感应区域即可。

（5）连接软件进行测试：在连接好各种通信线路和电源线之后，正确打开各机器，打开软件进行端口通讯设置，详细设置说明在软件说明书中会有写到。配置好通讯之后会有短时间的校准过程，待校准过程完成后，点击"确定"按钮，在相对应的输入框中输入相应的材料参数，其参数有：工作电流、磁场值、样品厚度，点击开始测试按钮进行测试，测试完成后对于数据的处理可参考说明书中的软件操作。

（6）测试完成：当本轮测试完成后，可按要求将数据导出，然后关闭软件和各个仪器，此时可保持真空腔处于关闭状态。若要取出测试样品，打开真空阀，去掉真空同时将高斯计传感器移动到真空腔体下部，防止在去样品时碰坏传感器；将真空腔体移到外侧，打开真空腔下部的阀门，将外层保护套取下后，用六角扳手转动用于固定真空腔的顶丝，此时保持一只手拿住真空腔的上部,防止在松动顶丝时真空腔体的脱落,造成损坏;取下真空腔之后,按安装样品方法将样品用电烙铁焊下。

 实验内容与实验方法

1. 高低温霍尔效应测试系统软件使用

1)输入数据

输入数据区需要输入测试信息和基本参数。基本参数中控制电流即为霍尔效应测试时给样品通的恒流大小,磁场给定为霍尔效应测试时线圈产生的匀强磁场大小,霍尔片厚度用于计算测量参数,如图8-9-4所示。

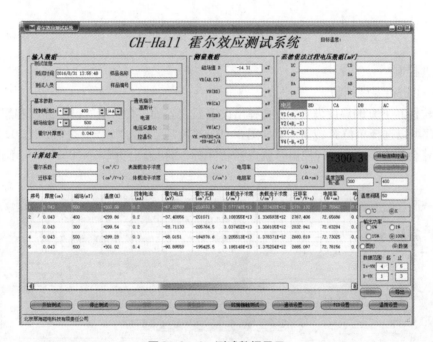

图8-9-4 测试数据显示

2)测量数据

测量数据显示的是磁场值 B,测电阻率时 AB、CD 端的电压值 V_R,以及霍尔电压值。

3)范德堡法过程电压数据

显示系统按范德堡法测试过程中所有测得的数据,上半区域为电阻率测量,下半区域为霍尔电压测量。

4)计算结果

当每次测试完成后,计算显示结果数值。

5)测试数据

当选择数据显示时,测试数据列表将自动显示,温度显示的单位由右方温度单位的选择控制,此时,可对列表中数据作删除、导出操作。数据导出时将自动导入 Excel 文件,如

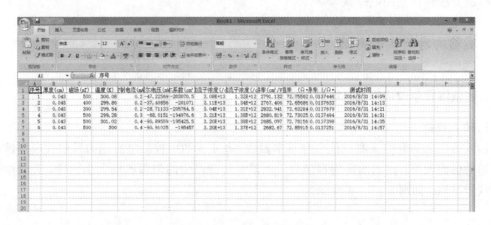

图 8 – 9 – 5　测试数据导出

6）温度控制

（1）自主进行温度控制。

点击软件右下方的温度设置，就会弹出设置温度界面，有当前的设定温度和想要设定的温度，并且可以选择单位 K 或者℃，如图 8 – 9 – 6 所示。点击"设定"之后，TC202 控温仪上的设定值就会改变，然后进行控温时就选择软件右方的"输出功率"，"0%"即为不进行控温。

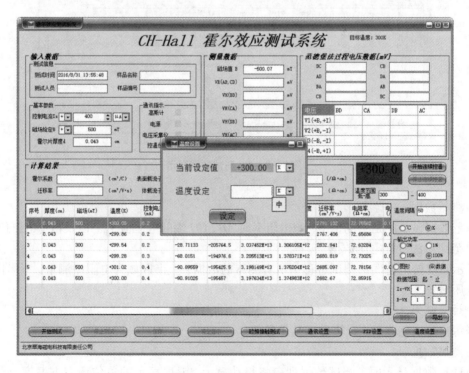

图 8 – 9 – 6　温度设置

温度的显示单位可以选择，相应的数据列表中的单位也会改变。

（2）进行自动控温控制。

点击软件界面上的温度范围设置旁边的方框，对测试温度范围进行设置，在温度间隔方框栏进行每次温度变化值的设置，设置完此参数便可点击"开始连续控温"按钮进行变温过程的自动控制测量，如图 8 - 9 - 7 所示，此时此按钮会变为灰色即不能进行点击。在每次变化到相应温度后系统会自动进行温度的控制、测试、测试数据的保存，并自动进行下一温度的测试。

若要中途进行停止测试过程的操作，即点击"停止连续控温"按钮，便可停止测试。

在自动控温前需注意的有：

①温度范围要设置为从低温到高温过程，不可倒置。

②温度间隔必须能被测试温度范围大小整除。

③在进行测试前要保证控温仪的输出功率为"100%"输出模式，一旦开始测试就不能再改变了。

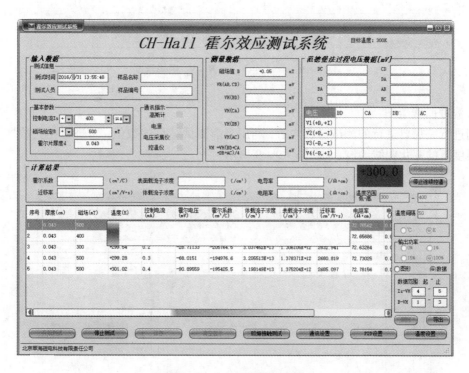

图 8 - 9 - 7　自动温度设置

7）图形绘制

当选择"图形"绘制时，自动切换到 $I_S - V_H$ 和 $B - V_H$ 作图界面，此时，输入测试数据列表中的行序号选择数据，然后点击"绘图"按钮即可绘图，如图 8 - 9 - 8 所示。

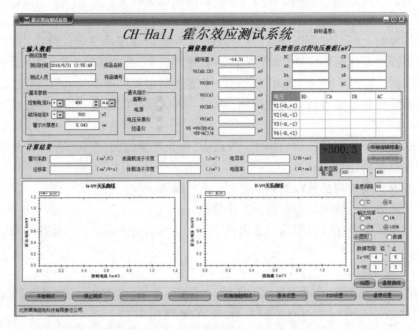

图 8 – 9 – 8 $I_S - V_H$ 和 $B - V_B$ 图形绘制

8）温度曲线绘图

当进行完想要进行的测试过程之后，利用当前测试结果的数值，可进行相关数据在不同测试温度下的变化曲线绘制，如图 8 – 9 – 9 所示。

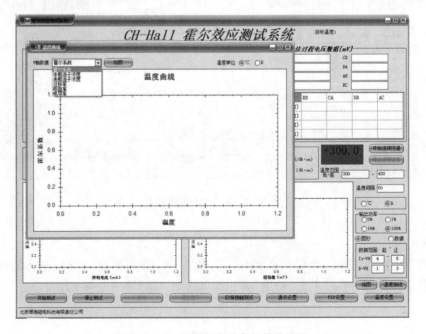

图 8 – 9 – 9 温度与各种参数的曲线图

图 8 – 9 – 10、图 8 – 9 – 11 为两个例子。

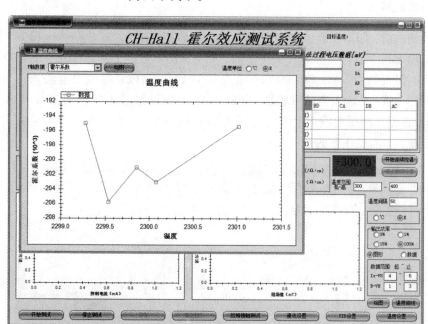

图 8 – 9 – 10　霍尔系数在不同温度下的变化曲线

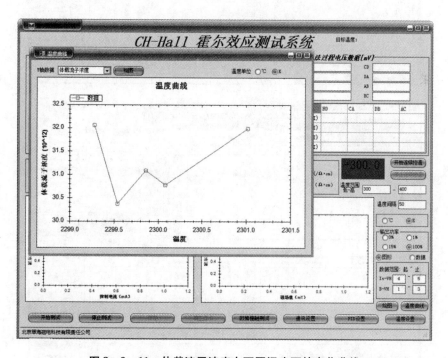

图 8 – 9 – 11　体载流子浓度在不同温度下的变化曲线

2. 欧姆接触测试

在进行测试前，如不知道该加多少电流，可进行欧姆测试，如图 8 – 9 – 12 所示。在起始电流方框上输入一个适合半导体片的小电流，如本次测试过程中半导体片在做好欧姆接触后测量该片的电阻大约为 3 kΩ 即用的小电流为 0.01 mA，在截止电流方框输入一个较大值如 0.5 mA 或者 1 mA，并输入测试阶段数，随即点击"欧姆接触测试"，即可进行测试。如图 8 – 9 – 12 所示，在整条测试曲线上电流与电压关系正好为线性关系，即在所测范围内的电流值都可以进行测试。需要注意的是：

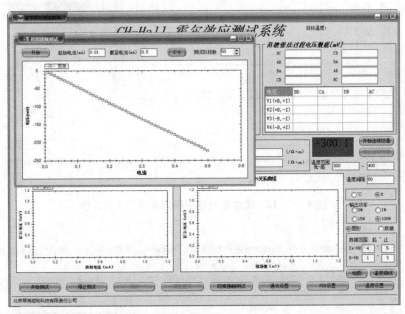

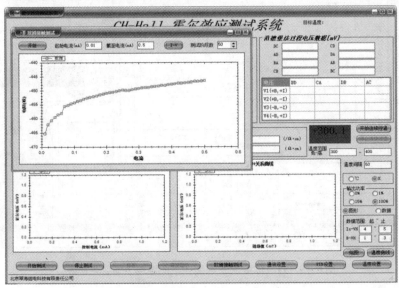

图 8 – 9 – 12　欧姆测试结果曲线图

测试阶段数必须可被起始电流值与截止电流值的差整除,不可出现余数,否则测试过程不可进行。

点击"I – R"或"I – V"按钮,曲线可在两个曲线之间进行切换。

1)开始测试

当基本参数设置完后,点击"开始测试",系统自动进入测试过程。

2)停止测试

在测试过程中,需要停止测试时,点击"停止测试"。

3)保存

每次测试完成后,点击"保存",将测试结果保存到测试数据列表中。

4)清除显示

点击"清除显示"后,测量数据、范德堡法过程电压数据、计算结果中的数据将被清除,并且"开始测试"按钮恢复使能。

5)打印界面

当有打印机,并需要输出当前界面时,点击"打印机"按钮进入打印操作,如图 8 – 9 – 13 所示。

6)通讯设置

设置软件与各个仪器连接的端口号和波特率。

7)PID 设置

可通过 PID 设置来设定合适的 PID 参数,如图 8 – 9 – 14 所示。

图 8 – 9 – 13   打印界面

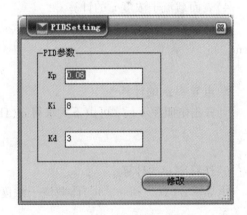

图 8 – 9 – 14   PID 设置

3. 数据处理要求

1)电阻率的计算

利用范德堡方法测量薄膜材料电阻率时,对于厚度均匀,电阻率均匀,表面是单连通的(即没有孔洞),且形状为正方形的样品,可用下式进行计算:

$$\rho = \frac{\pi d R_{AB,\,CD}}{\ln 2} \qquad\qquad (8-9-12)$$

式中：$R_{AB,\,CD}$ 计算方法为在一对相邻的电极（A，B）通电流，另一对电极（C，D）之间测电位差，得到电阻 R。但是由于材料切割工艺等原因，导致测得数据在数值上不可能完全相等，因此在测量电阻率的时候用 $ABCD$ 四点轮换通电测量和反向测量的方法得到 $R_{AB,\,CD}$，$R_{BC,\,AD}$ 等八个电阻值，这八个电阻值在理论上应该是完全相等的，因此可取这八个电阻值的平均值作为测量值 R，用这种多次测量取平均的方法来消除测量误差。

2）霍尔系数 R_H 的计算

由霍尔效应的测试原理可知，只要算出 $V_H(\mathrm{V})$ 以及知道 $I_s(\mathrm{A})$、$B(\mathrm{Gs})$ 和 $d(\mathrm{cm})$ 可按下式计算 $R_H(\mathrm{cm^3/C})$：

$$R_H = \frac{V_H d}{I_s B} \times 10^8 \qquad\qquad (8-9-13)$$

由 R_H 的符号（霍尔电压的正、负）可以判断试样的导电类型，方法为：按图 8-9-2 所示的 I_S 和 B 的方向，若测得的 $V_H = V_{AC} < 0$（即点 A 的电位低于点 C 的电位），则 R_H 为负，样品属 N 型，反之则为 P 型。

3）体载流子浓度 n 的计算

根据 R_H 可进一步求体载流子浓度

$$n = \frac{1}{|R_H| e} \qquad\qquad (8-9-14)$$

应该指出，这个关系式是假定所有的载流子都具有相同的漂移速率得到的，严格一点，考虑载流子的漂移速率服从统计分布规律，需引入 $3\pi/8$ 的修正因子，但影响不大，本实验中可以忽略此因素。

4）表面载流子浓度 n 的计算

根据体载流子浓度 $n(\mathrm{cm^{-3}})$ 和霍尔片厚度 $d(\mathrm{cm})$，可以计算出表面载流子浓度 n'（$\mathrm{cm^{-2}}$）：

$$n' = nd \qquad\qquad (8-9-15)$$

5）电导率 σ 的计算

计算出电阻率 ρ 后，可由下式求得 $\sigma(\Omega^{-1}\cdot\mathrm{cm}^{-1})$：

$$\sigma = \frac{1}{\rho} \qquad\qquad (8-9-16)$$

6）迁移率 μ 的计算

电导率 $\sigma(\Omega^{-1}\cdot\mathrm{cm}^{-1})$ 与体载流子浓度 $n(\mathrm{cm^{-3}})$ 以及迁移率 $\mu(\mathrm{cm^2/(V\cdot s)})$ 之间有如下关系：

$$\sigma = ne\mu \qquad\qquad (8-9-17)$$

由此可得迁移率 μ 的计算公式为：

$$\mu = \frac{1}{ne}\sigma = |R_H|\sigma \qquad\qquad (8-9-18)$$

表 8-9-2 为 InSb 材料实验数据，可供实验参考。

表 8 – 9 – 2 **InSb 材料实验数据**(示范参考表)

厚度/cm	0.00015	0.00015	0.00015	0.00015	0.00015	0.00015
磁场/mT	500	500	500	500	500	500
温度/K	99.98	149.95	200.6	300.03	399.98	450.03
控制电流/mA	20	20	20	20	20	20
霍尔电压/mV	– 360.6058	– 647.0007	– 1466.734	– 1036.486	– 456.3528	– 310.1393
霍尔系数/($cm^3 \cdot C^{-1}$)	– 54.09087	– 97.05011	– 220.0102	– 155.473	– 68.45292	– 46.5209
体载流子浓度/cm^{-3}	1.16E + 17	6.44E + 16	2.84E + 16	4.02E + 16	9.13E + 16	1.34E + 17
表载流子浓度/cm^{-2}	1.73E + 13	9.66E + 12	4.26E + 12	6.03E + 12	1.37E + 13	2.02E + 13
迁移率/($cm^3 \cdot V^{-1} \cdot s^{-1}$)	2243.422	3991.268	9044.105	29221.62	30355.79	28866.97
电阻率/($\Omega \cdot cm$)	0.0241109	0.0243156	0.0243264	0.0053205	0.00225502	0.0016116
电导率/($\Omega^{-1} \cdot cm^{-1}$)	41.47505	41.12585	41.10767	187.953	443.455	620.5162
测试时间						

 注意事项

(1)仪器应存放于温度为 0～40℃，相对湿度为 30%～85% 的环境中，避免与有腐蚀性的有害物质接触，并防止剧烈碰撞。

(2)做低温霍尔实验测试时，需要用到液氮，注意安全使用。

(3)如果一开始便进行低温测试过程，在抽完真空后将液氮慢慢倒入真空腔体中，待倒入适量(4～5 次)液氮后慢慢等温度降到 77 K 左右后，方可进行单独温度测试或者连续控温测试。

(4)若一开始进行的是高温测试过程，则可以在抽完真空后即可进行控温测试，若在此时，倒入适量液氮(此时真空腔内部温度过高，倒入时应特别注意，防止外溅造成伤害)，对控温效果会更稳定一些。

(5)在自动控温前需注意的有：

①温度范围要设置为从低温到高温过程，不可倒置。

②温度间隔必须能被测试温度范围大小整除。

③在进行测试前要保证控温仪的输出功率为"100%"输出模式，一旦开始测试就不能再改变了。

 预习要求

(1)了解霍尔效应中的基本概念，掌握霍尔效应基本原理。

(2)掌握霍尔效应测试步骤以及数据处理方法。

思考题

（1）转换恒流源极性对霍尔输出有何影响？
（2）改变电磁铁极性对霍尔输出有何影响？

参考文献

[1] 叶良修. 半导体物理学[M]. 第二版. 北京：高等教育出版社，2007.
[2] 孙以材. 半导体测试技术[M]. 北京：冶金工业出版社，1984.
[3] 孙恒慧，包宗明. 半导体物理实验[M]. 北京：高等教育出版社，1985.

实验 8.10　超低场核磁共振实验

 实验背景

核磁共振是物质科学领域的一个基本物理现象，它描述处于外磁场中的原子核能够吸收和放出对应频率的电磁辐射，即发生核磁共振现象。由于核自旋在物质中广泛存在，因而核磁共振技术能够用来准确、快速和无破坏性地获取物质的组成和结构上的信息，是当代科学中最为重要的物质探索技术之一。自 20 世纪 40 年代首次发现核磁共振现象以来，与其相关的科学技术迄今在生物、物理、化学和医学等领域已获得了五次诺贝尔奖，其应用也已广泛深入到前沿科学和社会生活的各个领域，比如核磁共振医学成像、测量蛋白质分子结构、量子精密测量等。然而，较低的检测灵敏度一直是核磁共振的一个重要问题。为了提高灵敏度这个指标，传统核磁共振不断地向高磁场方向发展。但是随着外磁场的提高，大型超导磁体的造价与难度急剧升高。另外，磁场的不均匀性也随磁场增强而增加，严重影响核磁共振的谱线分辨率。根据报道结果，最佳的静磁场不均匀性为 1 ppb/cm^3，因此相应谱线绝对分辨率很难小于 100 mHz。

近年来随着物质科学探索的不断深入，人们开始逐渐探索核磁共振从高磁场向超低场发展的可能性。超低场核磁共振由于不需要使用超导磁体，可以消除磁场不均匀性导致的谱线展宽，谱线绝对分辨率可以达到 10 mHz 量级。在超低场下，核磁共振样品中塞曼相互作用为微扰项，而自旋与自旋之间的相互作用成了主导项。因此，在超低场下核自旋系统为强耦合关联体系，展示出极其丰富的量子动力学行为。由于这一个重要区别，核自旋样品呈现出和高场核磁共振完全不同的谱学特征。这种新的超低场核磁共振谱学可以为物质结构分析提供新的手段，甚至有可能蕴含比高场核磁共振谱学更多的信息量。

但是，传统电磁感应检测方式对低频段(小于 1 kHz 范围)信号不敏感，难以达到超低场核磁共振的探测要求。随着量子传感技术的快速发展，原子磁力计这一量子传感器为超低场核磁共振提供了高灵敏检测手段，可以实现高灵敏度高分辨率的核磁共振检测。原子磁力计具有目前世界上最高的磁场灵敏度，理论极限甚至可以达到 1 aT/Hz$^{1/2}$。由于原子磁力计的工作磁场环境为超低磁场，非常适合超低场核磁共振的研究。基于原子磁力计的超低场核磁共振技术可以实现对微量元素样品的快速检测，并且不需要昂贵的超导磁体，具有突出的优势，如经济、便携、极高的磁场均匀性等，在医学、生物、化学、精密测量等方面都有广泛的应用潜力。

随着超低场核磁共振探测技术的发展，超低场核磁共振谱学和超低场核自旋的量子控制成了研究的热点课题。2010 年，Applet 等人详细研究了核磁共振谱线随着外磁场强度的变化，从理论上预测了多种形式的谱线劈裂。2011 年，Ledbetter 等人从实验上验证了 Applet 等人的理论预期，并且发展了近零磁场核磁共振谱学方法。2013 年，Blanchard 等人在零磁场下测量了苯等衍生化合物，得到了 22 mHz 的谱线线宽，显示了零磁场核磁共振可以获得极高谱线绝对分辨率的优势。2014 年，M. Edmondts 等人发现可以利用绝热方法(从高磁场绝热变化到零磁场)制备异核体系的长寿命单重态(约 37 s)。随着超低场核磁共振谱学的发展，对如何操控量子体系的核自旋以及量子态提出更多的要求，量子控制问题变得非常重要。2017年，中国科技大学彭新华研究组首次提出一套零场下异核体系普适量子控制的方法，以及利用形状脉冲方法解决了同核体系的普适量子控制问题。2018年，彭新华研究组同 Dmitry Budker 组合作，首次实现了零磁场核磁共振的普适量子控制并且发展了评估量子操控保真度的方法，奠定了超低场核磁共振的量子控制的理论和实验基础，为超低场核磁共振提供了更加精确的操控方法。2019年，彭新华研究组首次将原子梯度磁力计应用于核磁共振探测，实现了目前最高的 $7\mathrm{fT/Hz^{1/2}}$ 核磁共振检测灵敏度。类比传统超导高场核磁共振谱仪的巨大成功，人们对正在孕育中的基于量子传感器的超低场核磁共振技术充满着期待，预计其极有可能在前沿物理、生命科学、材料化学、信息科学等诸多领域得到重要而广泛的应用。

 实验目的

（1）了解核磁共振基本原理和基本概念。
（2）掌握典型化学分子（XA_n 核自旋体系）的自旋能级结构。
（3）了解原子磁力计工作原理和掌握其使用方法。
（4）测量典型化学样品的零场核磁共振。
（5）测量典型化学样品的超低场核磁共振。
（6）利用超低场核磁共振谱来分析 J - 耦合常数。

 实验原理

1. 量子力学基础

1）核自旋

1925年，两位年轻的荷兰物理学家 George Uhlenbeck 和 Samuel Goudsmit 提出了"自旋"概念。我们已经知道，自旋，即是由粒子内禀角动量引起的内禀运动，它与质量、电量一样，是基本粒子的内禀性质，其运算规则类似于经典力学的角动量。某些原子核具有非零的自旋角动量，核自旋量子数用 I 表示。根据原子核规律，当原子核中的质子数和中子数都为偶数时，核自旋量子数 $I=0$；当原子核中的质子数和中子数都为奇数时，核自旋量子数 I 为整数；而当一个为奇数一个为偶数时 I 为半整数。常用的 $I=1/2$ 核的参数如表 8 - 10 - 1 所示，^{13}C 和 ^{15}N 的自然丰度中含量非常小，因此在实验之前通常需要对样品做同位素标记处理。

表 8 - 10 - 1　常用的 $I=1/2$ 核的参数

同位素	^{1}H	^{13}C	^{15}N	^{19}F	^{31}P
自然丰度	0.99984	0.01108	0.00365	1	1
$\gamma/(\mathrm{MHz/T})$	42.6	10.7	-4.32	40.1	17.2

核自旋在外磁场中的空间取向是量子化的，只能够取一些特定的离散方向。同时，核自旋磁矩在外磁场方向上的投影也是量子化的：

$$|\boldsymbol{\mu}_I| = \gamma_I \hbar \sqrt{I(I+1)}$$
$$\mu_{I,z} = \gamma_I \hbar m_I \qquad\qquad (8-10-1)$$

式中：γ_I 为核自旋的旋磁比，m_I 是核自旋的磁量子数。在核磁共振中常用到自旋算符 $\hat{I}_x$，$\hat{I}_y$，$\hat{I}_z$，定义如下

$$\hat{I}_x = \hat{\sigma}_x \hbar/2, \ \hat{I}_y = \hat{\sigma}_y \hbar/2, \ \hat{I}_z = \hat{\sigma}_z \hbar/2 \qquad (8-10-2)$$

式中：$\hat{\sigma}_x$，$\hat{\sigma}_y$，$\hat{\sigma}_z$ 为 Pauli 算符

$$\hat{\sigma}_x = \begin{pmatrix} 0 & 1 \\ 1 & 0 \end{pmatrix}, \ \hat{\sigma}_y = \begin{pmatrix} 0 & -\mathrm{i} \\ \mathrm{i} & 0 \end{pmatrix}, \ \hat{\sigma}_z = \begin{pmatrix} 1 & 0 \\ 0 & -1 \end{pmatrix} \qquad (8-10-3)$$

2）密度矩阵与观测算符

一个系统所有的粒子并不处在一个确定的状态中，而是有可能以不同的概率处在 $|\psi_1\rangle$，$|\psi_2\rangle$，$|\psi_3\rangle$，$\cdots$，$|\psi_N\rangle$ 等各种状态中。这种情况下就无法用一个态矢量来描述。此时，需要引入密度矩阵概念，它常被用于描述大量独立粒子组成的系综状态 $\rho = \sum_j^N P_j |\psi_j\rangle\langle\psi_j|$，其中 N 为所有可能的状态数目，P_j 为粒子处于 $|\psi_j\rangle$ 态的概率。根据刘维尔方程，密度矩阵在哈密顿量 H 下的演化满足如下形式（这里以及下文取 $\hbar=1$）：

$$\frac{\mathrm{d}\rho}{\mathrm{d}t} = \mathrm{i}[\rho, H] \qquad\qquad (8-10-4)$$

对于每一个探测器都对应于一个观测算符，例如原子磁力计的观测算符就是沿着灵敏度方向的磁化矢量。写出探测器对应的观测算符是进行实验信号计算必不可少的一步。当写出观测算符 $\hat{Q}$ 之后，就可以计算出每时每刻的观测量期望值信号

$$\langle Q \rangle = \mathrm{Tr}(\hat{Q}\rho) \qquad\qquad (8-10-5)$$

2. 核磁共振基础知识

核自旋之间的相互作用可以分为自旋与自旋之间的内部相互作用（J－耦合、偶极－偶极相互作用），以及自旋与外场之间的外部相互作用（塞曼效应、化学位移）。

1）J－耦合

核自旋之间的 J－耦合是通过原子核和局域电子之间的超精细相互作用产生的。因此，仅当两个核自旋之间存在着化学键连接，两个核自旋之间才存在 J－耦合。J－耦合包含有关相对键距和角度的信息，以及连接化学键的信息。

核 I_j 和 I_k 之间的 J－耦合的完整形式可以描述为 $H_{jk}^J = 2\pi \sum_{j,\,k>j} I_j \cdot J_{jk} \cdot I_k$，其中 J_{jk} 是 J－耦合张量，在 Cartesian 坐标系中表示为 3×3 的实矩阵。J－耦合张量依赖于分子取向。在各向同性的液体中，J－耦合张量由于分子的快速翻转只保留各向同性部分，即为

$$H_{jk}^J = 2\pi J_{jk} \sum_{j,\,k>j} I_j \cdot I_k \qquad (8-10-6)$$

式中：J_{jk} 称为各向同性 J－耦合，或称为标量耦合。它对应于 J－耦合张量对角元的平均值，$J_{jk} = \mathrm{Tr}\left(\dfrac{J_{jk}}{3}\right)$。

2）偶极－偶极相互作用

两个相互靠近的磁矩 μ_1 与 μ_2 之间的偶极－偶极磁相互作用为

$$E = -\frac{\mu_0}{4\pi r^3}\left(3\,\mu_1 \cdot \frac{rr}{r^2} \cdot \mu_2 - \mu_1 \cdot \mu_2\right) \qquad (8-10-7)$$

式中：μ_0 是真空磁导率，r 是连接两个磁矩的空间向量，rr 是坐标张量。每个核自旋可视为小磁体，其周围空间产生的磁场依赖于该自旋的磁矩。因此，两个核自旋之间的偶极－偶极相互作用可以表述为

$$H_{jk}^{DD} = -\frac{\mu_0\gamma_j\gamma_k}{4\pi r^3}\left(3\,I_j \cdot \frac{rr}{r^2} \cdot I_k - I_j \cdot I_k\right) \qquad (8-10-8)$$

分子内或者分子外的两个核自旋都可以产生偶极－偶极相互作用。偶极－偶极相互作用主要存在于固体和液晶样品中，对于液态样品，分子由于快速旋转，偶极－偶极相互作用被平均为零。

3）塞曼效应

核自旋处于外部磁场 B_0 中时，不同状态的自旋所具有的能量不同，这称为塞曼相互作用。它的哈密顿量表示为

$$H^Z = -\sum_i \gamma_i\,I_i \cdot B_0 \qquad (8-10-9)$$

这里设置约化普朗克常量 $\hbar = 1$。

在超低场核磁共振中，外部磁场一般极小（$0 \sim 100$ nT），塞曼相互作用远小于耦合相互作用。因此，塞曼相互作用被当作微扰来处理。

4）化学位移

在样品分子内，由于原子核周围的电子云在外磁场的作用下会产生局部诱导磁场，使得原子核感受到的磁场不仅仅是外部磁场，还有诱导磁场，并且各个核自旋感受到的周围电子云环境是有差别的，诱导场与外部静磁场的关系可以表示为 $B_{induced} = \sigma B_0$，这里 σ 称为化学位移，它在高场核磁共振中非常重要。但是在超低磁场中，由于化学位移引起的频率移动效应可以忽略，例如当拉莫进动频率为 1 Hz，化学位移为 100 ppm，对应的进动频率移动量只有 10^{-4} Hz，完全可以被忽略。因此，在本实验中不考虑化学位移的影响。

综上所述，在超低磁场下，液态核磁共振的内部哈密顿量最主要由两部分组成：J－耦合和塞曼相互作用，并且 J－耦合是主导项，而塞曼相互作用为微扰项。

3. 零场和超低场核磁共振基本原理

我们考虑具有多核自旋（$I = 1/2$）的液态分子系综，对应的自旋哈密顿量为

$$H = -\sum_i \gamma_i\,I_i \cdot B_0 + 2\pi J_{jk}\sum_{j,\,k>j} I_j \cdot I_k \qquad (8-10-10)$$

这里 J_{ij} 代表第 i 和第 j 个自旋之间的 J－耦合，γ_i 代表第 i 个自旋的旋磁比，B_0 代表施加的外磁场。本实验考虑一类常见的化学样品，它们的核自旋体系可以表示为 XA_n，XA_n 代表 A 自旋与 n 个 X 自旋具有相同大小的 J－耦合。该体系是很重要的一类模型，许多化学样品的官能团能够用它来描述，例如甲酸、甲醛、乙酸等样品，这些样品中 ^{13}C 与 ^{1}H 核自旋存在很强的 J－耦合。在其他情况，还存在其他自旋与 XA_n 发生弱耦合，可以用 $(XA_n)B_m$ 自旋体系描述，可自行查找相关资料。

1）XA_n 自旋体系：零磁场情况

根据角动量耦合可以确定 XA_n 自旋体系的零磁场本征态。n 个自旋 $1/2$ 的等价 A 自旋可以组成多个子空间与自旋 X 发生角动量耦合。现在求解 XA_n 自旋体系的零磁场本征态和本征值。这里用 $K_A = \sum_j I_{A,j}$ 表示 A 自旋的总角动量，S 表示 X 的自旋角动量。哈密顿量可以表示为如下形式，该形式类似于一个自旋 S 与另一个自旋 K_A 耦合

$$H^{(0)} = J_{AX} K_A \cdot S \qquad (8-10-11)$$

自旋 S 与 K_A 耦合进一步耦合，得到总角动量 $F = K_A + S$。

XA_n 自旋体系的本征态可以表示为 $|k_A, s, f, m_F\rangle$，其中 $k_A, s, f(f+1), m_F$ 分别是 K_A，S, F^2, F_z 的本征值。进一步有

$$K_A \cdot S = \frac{1}{2}(F^2 - K_A^2 - S^2) \qquad (8-10-12)$$

可以得到 $|k_A, s, f, m_F\rangle$ 对应的本征值

$$E^{(0)} = \frac{J_{AX}}{2}\langle f, m_F | (F^2 - K_A^2 - S^2) | f, m_F\rangle$$

$$= \frac{J_{AX}}{2}[f(f+1) - k_A(k_A+1) - s(s+1)] \qquad (8-10-13)$$

可以得到体系 XA_n 在 $\nu = \frac{1}{2}J(1+n-2k)$ 处，一共得到 $(n-2k)$ 条谱线。这里 $k = n/2 - K_A$。例如在 CH 体系中，根据以上公式，我们可以得到跃迁频率 $\nu = J$；在 CH_3 体系中，其跃迁频率 $\nu_1 = J$，$\nu_2 = 2J$。

2）XA_n 自旋体系：近零磁场情况

在零磁场下，核自旋体系的很多能级是简并的，通过施加一个很小的外磁场，核自旋体系的能级简并度可以消除。本实验讨论施加的外磁场的强度满足 $|\gamma_j B_z| \ll 2\pi |J|$。具体说，在零磁场中 XA_n 自旋体系的本征态 $|k_A, s, f, m_F\rangle$ 对磁量子数是简并的，简并度等于 $2f+1$。当施加一个微小的磁场，由于塞曼效应的出现简并的能级将发生塞曼分裂，从而将能级简并消除。因此施加微小的磁场可以有助于区分不同的自旋体系，例如 XA 和 XA_2 在零磁场下都是一条峰，无法区分二者，当施加外磁场后，XA 会分裂成 2 条峰，而 XA_2 会分裂成 4 条峰，这就非常容易将这两个不同的自旋体系区分开。利用简并微扰理论可以得到 XA_n 体系在 $\nu_{f, m_F}^{f, m_F \pm 1} = \frac{1}{2}J(1+n-2k) + \frac{2m_F(-\gamma_A + \gamma_X)B_z}{1+n-2k} \pm \frac{[(n-2k)\gamma_A + \gamma_X]B_z}{1+n-2k}$ 一共存在 $2(n-2k)$ 条跃迁线，它们对称分布在 $\frac{1}{2}J(1+n-2k)$ 这一频率两侧。

例如，在 CH 体系中，我们可以得到跃迁频率 $\nu_{0,0}^{1,\pm 1} = J \pm \frac{1}{2}(\gamma_A + \gamma_X)B_z$；在 CH_3 体系中，其跃迁频率为

$$\nu_{0,0}^{1,\pm 1} = J \pm \frac{1}{2}(\gamma_A + \gamma_X)B_z, \quad \nu_{1, m_F}^{2, m_F \pm 1} = 2J + \frac{m_F}{4}(-7\gamma_A + 6\gamma_X)B_z \pm \frac{1}{4}(3\gamma_A + \gamma_X)B_z$$

$$(8-10-14)$$

图 8-10-1 给出了 $n = 1, 2, 3$ 情况下的跃迁谱。

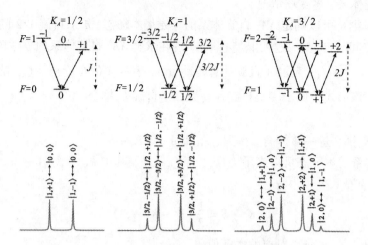

图 8 - 10 - 1 XA_n 核自旋体系的跃迁谱线

3)化学样品的预极化

实验通常把核磁样品放置于一个强磁场中,经过足够长的时间之后,这个时间通常为自旋弛豫时间 T_1 的 3 ~ 5 倍,样品自旋能级的粒子数布居将满足玻尔兹曼分布,形成所谓的热平衡态,其形式为

$$\rho_{eq} = \frac{e^{-\frac{H_B}{k_B T}}}{Tr(e^{-\frac{H_B}{k_B T}})} \qquad (8-10-15)$$

式中: H_B 为在永磁体中系统哈密顿量, k_B 为玻尔兹曼常量, T 为样品温度。在室温下, $H_B \ll k_B T$ 即满足高温近似,可以简化为

$$\rho_{eq} \approx \frac{1}{2^n}\left(1 - \frac{H_B}{k_B T}\right) \qquad (8-10-16)$$

以两个 $I = 1/2$ 的异核自旋为例,假设它们的旋磁比分别为 γ_1 和 γ_2 ,外磁场方向沿着 z 方向。选择 I_z 的本征态 $|\uparrow\uparrow\rangle$ 、 $|\uparrow\downarrow\rangle$ 、 $|\downarrow\uparrow\rangle$ 和 $|\downarrow\downarrow\rangle$ 作为基矢,在磁场 B_0 下的哈密顿量表示为

$$H_B = \frac{\hbar B_0}{2}\begin{pmatrix} -\gamma_1 - \gamma_2 & & & \\ & -\gamma_1 + \gamma_2 & & \\ & & \gamma_1 - \gamma_2 & \\ & & & \gamma_1 + \gamma_2 \end{pmatrix} \qquad (8-10-17)$$

在高温近似下,热平衡态的密度矩阵形式为

$$\rho_{eq} = \begin{pmatrix} 1/4 + \delta & & & \\ & 1/4 + \varepsilon & & \\ & & 1/4 - \varepsilon & \\ & & & 1/4 + \delta \end{pmatrix} \qquad (8-10-18)$$

$$= \frac{I}{4} + 2(\delta + \varepsilon)I_{z1} + 2(\delta - \varepsilon)I_{z2}$$

式中：$\delta = B_0(\gamma_1 + \gamma_2)/(8k_{\mathrm{B}}T)$，$\varepsilon = B_0(\gamma_1 - \gamma_2)/(8k_{\mathrm{B}}T)$。

高场核磁共振实验一般就是从前面介绍的热平衡态开始，但是对于超低场核磁共振实验通常不一样，它需要将样品从强磁场转移到超低磁场中测量。即样品先从极化的强磁场绝热地演化到某个比较大的磁场（引导场），引导场的强度虽然远比预极化磁场小，在实验中引导场的强度通常为1高斯量级，因此核自旋在引导场中的拉莫进动频率依然远大于核自旋之间的J-耦合。当快速关闭引导场之后的瞬间，核自旋体系还未来得及演化，核自旋体系依然处于热平衡态。

 实验装置

1.超低场核磁共振装置

本节将重点介绍超低场核磁共振实验装置。实验装置如图8-10-2所示。通常将100～300 μL液体样品封装在φ5 mm标准样品管中，样品管下方是铷气室，铷气室与核磁样品管底部之间的距离约为1 mm，用peek塑料隔开，对铷气室和核磁共振样品之间进行隔热处理；同时，为了确保原子磁力计的稳定运行和避免对铷气室造成损坏，在样品管上套上尼龙环架在支撑结构上，以此对铷气室进行保护，使其免受样品管的撞击。

通过多层磁屏蔽建立零磁场。根据磁力计和核磁共振样品的配置和大小，在外部使用5层坡莫合金屏蔽桶。屏蔽桶内有一组线圈，用于产生沿X轴（螺线管线圈）、Y轴和Z轴（鞍形线圈）定向的磁场，以消除铷气室周围的剩余磁场。

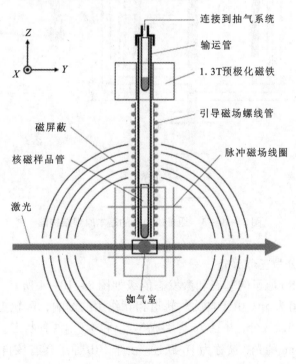

图8-10-2　液体零场核磁共振实验装置

在磁屏蔽桶上方有一个永久的 1.3 T 的海尔贝克磁铁对样品进行极化。运输管上端连接着真空泵，通过电磁阀来控制样品管在输运管中上下移动。在样品进入的"运输管"内提供一个"引导场"，该磁场由缠绕在穿梭管周围的螺线管提供，形成与样品穿梭方向一致的磁场，以控制样品在极化场区域至零场区域之间的磁场环境。为了激发核磁共振样品中的相干性，输运管下端靠近铷气室上方，周围有一套脉冲线圈。

2. 原子磁力计

原子磁力计的基本组成结构如图 8 – 10 – 3 所示。本实验采用铷(^{87}Rb)作为工作原子。中心是一个充满^{87}Rb 和氮气缓冲气体的玻璃室。使用一个泵浦激光器产生与铷 D_1 线共振的光，用于使铷原子极化，并使用一个与泵浦光束垂直的探针激光器产生铷 D_2 线附近的线偏振光；使用平衡探测方式进行旋转角探测。

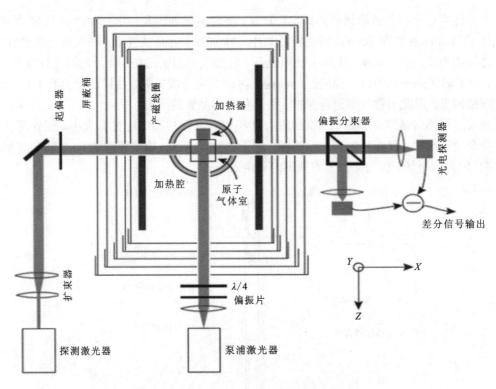

图 8 – 10 – 3 原子磁力计的基本原理结构图

其基本原理主要分为三个部分：

（1）塞曼效应：^{87}Rb 原子的基态和激发态能级如图 8 – 10 – 4 所示。基态价电子在 5s 轨道中，最低激发态轨道为 5p。由于自旋 – 轨道相互作用的影响，5s 轨道电子具有两种状态，需要使用符号 $5^2S_{1/2}$ 加以区分，并且 5p 劈裂成 $5^2P_{1/2}$ 和 $5^2P_{3/2}$ 两种状态。$5^2S_{1/2}$ 和 $5^2P_{1/2}$ 之间的跃迁吸收波长为 795 nm 的光，被称为 D_1 跃迁。由于^{87}Rb 原子具有核自旋 $I = 3/2$，与核的超细耦合会产生超精细结构。

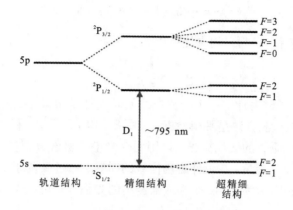

图 8 - 10 - 4　铷 - 87 的能级包括自旋轨道相互作用和与核自旋的超精细耦合

（2）光泵浦与原子极化：铷原子的光泵浦过程的一般示意图如图 8 - 10 - 5 所示。沿 $+x$ 方向引导的 795 nm 光用于激发 D_1 从 $5^2S_{1/2}$ 基态到 $5^2P_{1/2}$ 激发态的跃迁。如果光是圆偏振的（这里我们描述 σ^+ 偏振，但相反的旋向只是改变符号），光子带有 +1 单位的角动量，由于角动量守恒所以唯一允许的跃迁是从 $m_J = -1/2$ 到 $m_J = +1/2$。从 $^2P_{1/2}\,m_J = +1/2$ 状态，系统可以经历碰撞混合以填充 $5^2P_{1/2}\,m_J = -1/2$ 状态，并且通过与氮气缓冲气体相互作用淬火使 Rb 原子返回到基态。自旋态布居的变化率是

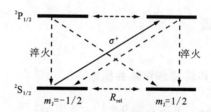

图 8 - 10 - 5　光泵浦示意图

$$\frac{\mathrm{d}}{\mathrm{d}t}\rho\left(-\frac{1}{2}\right) = -2R_{OP}\rho\left(-\frac{1}{2}\right) + 2(1-a)R_{OP}\rho\left(-\frac{1}{2}\right) \qquad (8-10-19)$$

$$\frac{\mathrm{d}}{\mathrm{d}t}\rho\left(\frac{1}{2}\right) = +2aR_{OP}\rho\left(-\frac{1}{2}\right) \qquad (8-10-20)$$

式中：R_{OP} 是光泵浦速率；a 是光泵浦效率参数，通常可以设置为 $1/2$，对应于完全碰撞混合的情况。可以定义自旋极化

$$\langle S_x \rangle = \frac{1}{2}\left[\rho\left(+\frac{1}{2}\right) - \rho\left(-\frac{1}{2}\right)\right] \qquad (8-10-21)$$

所以

$$\frac{\mathrm{d}}{\mathrm{d}t}<S_x> = \frac{1}{2}R_{OP}(1-2<S_x>) \qquad (8-10-22)$$

设置 $a = 1/2$，如果考虑自旋弛豫，上式可变为

$$\frac{\mathrm{d}}{\mathrm{d}t}\langle S_x\rangle = \frac{1}{2}R_{\mathrm{OP}}(1-2\langle S_x\rangle) - R_{\mathrm{rel}}\langle S_x\rangle \qquad (8-10-23)$$

这里 R_{rel} 是弛豫速率。可得平均自旋极化

$$\langle S_x\rangle = \frac{1}{2}\frac{R_{\mathrm{OP}}}{R_{\mathrm{OP}}+R_{\mathrm{rel}}} \qquad (8-10-24)$$

(3)光探测：在原子磁力计中产生的法拉第旋转角通常很微小，需要用精密的检测装置来检测，最简单的偏振检测方法是平衡检查，如图 8-10-3 所示。利用一块偏振分束器将线偏振光分解为两路互相垂直的线偏振光，再用两个光电二极管分别探测这两束光的光功率，它们的差值正比于法拉第旋角。在无外磁场信号的时候，通过微调原子气室前的起偏器将两光电探测器的输出差值调节为零。两个探测器测出的光强分别可以表示为：

$$I_1 = I_0\sin^2\left(\theta-\frac{\pi}{4}\right)$$
$$\qquad\qquad\qquad\qquad (8-10-25)$$
$$I_2 = I_0\cos^2\left(\theta-\frac{\pi}{4}\right)$$

式中：$I_0 = I_1 + I_2$。可见当平衡时两探测器探测到的光强相同，差值为零或零附近。又因为法拉第旋角 θ 很小，即 $\theta\ll 1$，则

$$\theta\approx\frac{I_1-I_2}{2(I_1+I_2)} \qquad (8-10-26)$$

由上式可见，两探测器的差值 $(I_1-I_2)\propto\theta$，从而完成对磁场的探测。

（此节详情参考实验 3.6 高灵敏度原子磁力计）

实验内容与实验方法

1. 测量 ^{13}C 标记的甲酸、甲醇零场核磁共振谱

超低场核磁共振实验的基本步骤如图 8-10-6 所示，实验过程中各个部分的时序是通

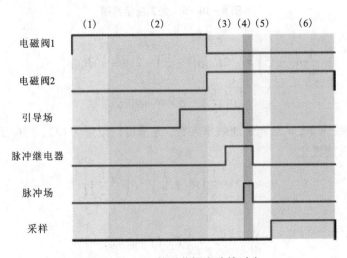

图 8-10-6　核磁共振实验的时序

过 TTL 脉冲发生器来控制的。一次实验的过程大致分为 6 步，一次实验结束后，可以重复这个过程进行多次实验，将测量到的信号平均以提高信噪比。

第一步，打开电磁阀 1、关闭电磁阀 2，将样品管吸至顶端的预极化区域，这个过程需要 1~2 s。

第二步，继续吸气保持样品在预极化磁铁中心，等待样品弛豫至热平衡态产生极化，维持的时间大约需要 3 至 5 倍核自旋的纵向弛豫时间，通常为几十秒。

第三步，关闭电磁阀 1、打开电磁阀 2，样品管开始下落，引导场应该保证在下落前已经打开，下落过程中利用引导场来控制环境磁场。从关闭电磁阀到样品管落至底部大约耗时 0.6 s，此外考虑其掉落后产生机械振动，样品管下落并稳定的时间总共大约需要 1 s。

第四步，在样品落下并稳定后关闭引导磁场，并施加脉冲场对核自旋进行操控。因为继电器的开关存在毫秒级别的延迟，而脉冲场的时间通常在毫秒以内，所以需要在施加脉冲场之前提前闭合继电器。

第五步，在脉冲场关闭后需要等待一段时间（死时间），使环境中的磁场环境恢复为零，并且磁强计恢复工作，实验中通常设置在 100 ms 左右。

第六步，数据采集卡开始采集磁强计的输出信号，测量样品核自旋的演化过程。采样时间越长频谱的分辨率越高，但是因为核磁样品信号会衰减，因此太长的采样时间会使信噪比降低。选取合适采样时间。

2. 测量 ^{13}C 标记的甲酸、甲醇超低场核磁共振谱

实验步骤与上述一致，给样品沿着泵浦光方向施加几十纳特磁场，观测样品超低场的塞曼相互作用。

注意事项

(1) 做完实验及时取出样品管，避免样品管长时间与加热线圈近距离接触。
(2) 注意激光使用安全。
(3) 注意磁场调零。

预习要求

(1) 了解核磁共振的基本原理及典型化学分子的自旋能级结构。
(2) 了解原子磁力计工作原理及使用方法。

思考题

(1) 根据微扰理论思考 $(XA_n)B_n$ 体系超低场核自旋体系的能级结构。
(2) 数值模拟常见样品（甲酸、甲醛、乙酸）的零场和超低场核磁共振谱线。
(3) 利用实验获得的零场和超低场核磁共振谱线计算出被测样品的 J-耦合常数。

参考文献

[1] 江敏. 基于高灵敏度原子磁力计的超低场核磁共振研究[D]. 合肥: 中国科学技术大学, 2019.

[2] 陈伯韬. 基于 SERF 原子磁强计的液体零场核磁共振谱仪的研制[D]. 合肥: 中国科学技术大学, 2017.

[3] Blanchard J W. Zero and Ultra – Low – Field Nuclear Magnetic Resonance Spectroscopy Via Optical Magnetometry[J]. ProQuest Dissertations & Theses Global, 2014.

[4] Weitekamp D P, Bielecki A, Zax D, et al. Zero – Field Nuclear Magnetic Resonance[J]. Physical Review Letters, 1983, 50(22): 1807 – 1810.

第 9 章

近代物理虚拟仿真实验

实验 9.1　低温强场下材料的磁性测试与结构表征虚拟仿真实验

　实验背景

磁性材料在信息存储、磁浮交通、医学检测等国计民生领域具有重要的应用，材料磁性相关领域的每次突破均带来技术的升级换代，如"巨磁电阻效应"的发现（法国科学家阿尔贝·费尔和德国科学家彼得·格林贝格尔共同获得 2007 年诺贝尔物理学奖）带来了"硬盘革命"。

　实验目的

（1）掌握低温强场等极端条件下的材料磁性测量方法；
（2）掌握利用透射电子显微镜（TEM）对材料的微观结构进行表征分析的方法；
（3）掌握利用 FIB/SEM 双束系统加工微纳器件的方法；
（4）理解磁化、退磁、完全抗磁等的物理本质。

实验原理

1. 材料的磁化过程和磁滞回线

磁性从本质上讲是来源于电子的运动，电子运动产生磁矩。在外磁场作用下，电子磁矩会发生有规则的变化，这个过程称为磁化过程。以铁磁质为例，其内部由于外层电子的自旋轨道耦合作用而自发形成具有相同磁矩方向的小区域——"磁畴"，其体积为 $10^{-12} \sim 10^{-9}$ m^3，由于各个磁畴的磁矩方向互不相同，在未被磁化前宏观上不表现出磁性；在外磁场作用下，磁畴发生长大、合并，其磁矩方向逐渐与外磁场一致，当所有磁畴方向和外磁场方向一致时，铁磁材料完成磁化，表现出较强磁性。图 9-1-1 为铁磁材料磁化过程示意图。

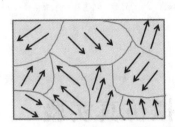
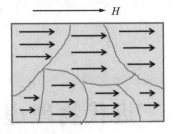

图 9 - 1 - 1　铁磁材料的磁化过程

外磁场撤除后，铁磁材料的磁性并不随之消失，而仍保留一定的磁性，称为剩磁(B_r)，施加一反向磁场可使铁磁材料去磁，其大小称为矫顽力(H_c)，如此反复磁化和去磁，构成一个闭环曲线，称为磁滞回线，如图 9 - 1 - 2 所示。从磁滞回线还可以测定：饱和磁化强度 M_s、剩余磁化强度 M_r、饱和磁化场 H_s。

铁磁材料被磁化后，通过提高温度也可以使其退磁，变为顺磁材料，这个温度称为居里点。温度升高导致分子热运动加剧，引起磁畴瓦解，从而失去磁性，但温度降低至居里点下时，又会重新自发磁化，形成磁畴。图 9 - 1 - 3 为磁畴相图示意图。

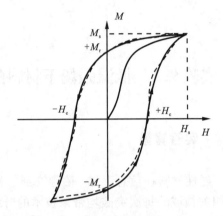

图 9 - 1 - 2　磁性材料的磁化曲线(实线)
和磁滞回线(虚线)

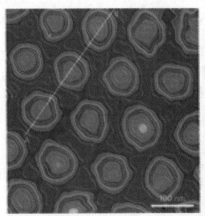

图 9 - 1 - 3　磁性材料的磁畴相图

有一类材料的磁性和电性比较特殊，在温度低于临界转变温度 T_c 时电阻为零，并表现出完全的抗磁性，这些材料称为超导材料。对超导材料在超导状态和非超导状态的磁学性质的研究需要在低温条件下进行，对设备有较高的要求，其 $M - T$ 曲线和 $M - H$ 曲线与铁磁材料有显著不同。

2. PPMS 磁性参数测量原理

低温强场下的磁性测量需要用到综合物性测试系统 PPMS,该系统的振动样品磁强计(VSM)是综合物性测量的主要功能模块之一。它是利用小尺寸样品在磁场中做微小振动,使临近线圈感应出电动势而进行磁性参数测量的系统。该仪器的磁矩测量灵敏度高,最高可达到 10^{-6} emu(电磁学单位)。

如果一个小样品(可近似为一个磁偶极子)在原点沿 Z 轴作微小振动,放在附近的一个小线圈(轴向与 Z 轴平行)将产生感应电压,根据感应电压可以确定样品的磁矩(计算过程较为复杂,此处从略)。基本的 VSM 由磁体及电源、振动头及驱动电源、探测线圈、锁相放大器和测量磁场用的霍耳磁强计等几部分组成,在此基础上还可以增加高温和低温系统,实现变温测量。

固定温度,测量材料的 $M-H$ 磁曲线,可以得饱和磁化强度、初始磁导率和最大磁导率等,重复磁化、去磁过程,可以得到磁滞回线,进而得到矫顽力、剩磁等磁参数;在外磁场不变时,改变磁性材料的温度,通过对磁性材料的测量,可以获得 $M-T$ 曲线,进而分析磁性参数随温度的变化规律,获得材料的居里点、超导转变温度等参数。

3. TEM 工作原理和结构表征

材料的微观结构表征依赖透射电镜等大型设备。TEM 是以波长极短的电子束(取代 X 光)作为照明源、用电磁透镜聚焦成像的一种高分辨率、高放大倍数的电子光学仪器。它由电子光学系统、电源与控制系统及真空系统三部分组成,利用电子与物质的相互作用所产生的各种信息来揭示物质的形貌、结构和成分。电镜结构复杂,其核心的电子光学系统主要包括电子枪、聚光镜、试样台、物镜、物镜光阑、选区光阑、中间镜、投影镜和观察记录系统等几部分,其成像的光路与光学显微镜基本相同。

4. 双束显微电镜及微纳器件制作

聚焦离子束(focused ion beam, FIB)与聚焦电子束从本质上讲是一样的,都是带电粒子经过电磁场聚焦形成的细束。聚焦离子束是一种用途广泛的微纳米加工工具。利用离子束可以对材料表面进行剥离加工,也可以将离子注入材料中起到掺杂作用,还可以与化学气体配合直接将原子沉积到材料表面。

双束显微电镜(FIB/SEM)在高放大倍数的电子显微镜辅助下利用高能聚焦离子束轰击材料表面的原子,使表面原子获得能量而被剥离,从而实现对材料表面的刻蚀、加工,得到希望的图形,它充分发挥了聚焦离子束和聚焦电子束的长处,特别适合于微纳器件的加工,是制造纳米器件和结构的重要手段。FIB/SEM 可用来加工简单的规则图形,也可通过位图、流文件等方式加工复杂的微纳结构,可获得 10 nm 以下的刻蚀线,分辨率高。图 9-1-4 为聚焦离子束-扫描电镜示意图。

由于加工尺度在纳米级,对工艺环境要求极高,通常要在高标准纯净间进行,利用 FIB/SEM 的离子束溅射功能进行材料刻蚀后,再用离子束辅助沉积功能在磁性材料上蒸镀电极,即可得到基本的器件。

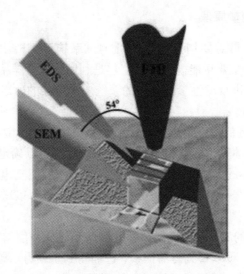

图 9 – 1 – 4　聚焦离子束 – 扫描电镜示意图

5. 磁效应及其测量

1）磁阻效应

磁阻效应是指某些材料(金属或半导体)的电阻 R 随着外加磁场 H 的变化而变化的现象。磁阻 MR 的表达式为：

$$MR = \frac{R(H) - R(0)}{R(0)} \qquad (9 - 1 - 1)$$

式中：$R(H)$ 为材料在外加磁场强度为 H 时的电阻，$R(0)$ 为零磁场时的电阻。磁阻效应包括常磁阻(OMR)效应、各向异性磁阻(AMR)效应、巨磁阻(GMR)效应以及隧道磁阻(TMR)效应等。

由于载流子在磁场中受到洛伦兹力作用，在达到稳态时，某一速度的载流子所受到的电场力与洛伦兹力相等，载流子在两端聚集产生霍尔电场，比该速度慢的载流子将向电场力方向偏转，比该速度快的载流子则向洛伦兹力方向偏转，这种偏转导致沿外加电场方向运动的载流子数减少，从而使电阻增加。

2）霍尔效应

霍尔效应由美国物理学家霍尔(Edwin H. Hall)在 1880 年发现。当电流垂直于外磁场通过金属或半导体时，载流子发生偏转，垂直于电流和磁场的方向会产生一附加电场，从而在半导体(或金属)的两端产生电势差，这一现象就是霍尔效应(Hall effect)，它本质上是电子在磁场中受到洛伦兹力导致的。

霍尔效应中的横向电阻率依赖于外磁场的大小，可表示为：

$$\rho_{xy} = R_{h}B \qquad (9 - 1 - 2)$$

式中：R_{h} 为常规霍尔系数。利用霍尔效应可以用来测量磁场，判断半导体类型、载流子浓度，测量参数经过转换后已经被制成各种类型的传感器并被广泛应用。

在发现霍尔效应的后一年，霍尔在铁磁性金属中首次观测到反常霍尔效应(AHE)，它是磁性材料的基本输运性质之一。反常霍尔效应的物理机理与常规霍尔效应不同，其特殊性在于零磁场下也存在霍尔电压。1932 年，Pugh 和 Lippert 通过实验确立了 AHE 的表达式：

$$\rho_{xy} = R_h B + 4\pi R_s M \tag{9-1-3}$$

式中：第一项指的是常规霍尔效应，霍尔电阻与磁场大小成线性关系，其霍尔系数 R_h 与载流子浓度大小和类型有关；第二项源于磁性材料中的自发磁化，R_s 与材料的具体参数有关。横向电阻率不再随外磁场线性变化，且与温度有关。

除了霍尔效应和反常霍尔效应，人们还发现了整数量子霍尔效应、分数量子霍尔效应以及反常量子霍尔效应等，霍尔效应所包含的物理内涵非常丰富，有很多新的领域还有待继续研究。

3）微纳器件的磁阻效应和霍尔电阻测量

测量磁阻、霍尔电阻等需要将磁性材料制成器件。采用前面所介绍的微纳结构加工方法，制作相应器件后放入 PPMS 中，连通电路检测磁阻性能，获得磁阻、霍尔电阻的变化曲线。图 9 − 1 − 5 为不同温度下器件磁阻效应图。

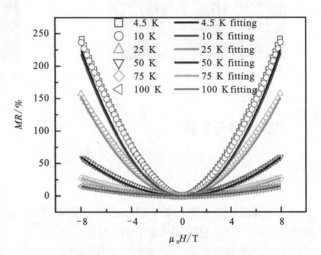

图 9 − 1 − 5　不同温度下的磁阻效应图

实验仪器

实验仪器有综合物性检测系统（PPMS − 9T）、Tecnai F20 透射电镜、双束显微电镜（FIB/SEM）、微纳器件测试平台等，如图 9 − 1 − 6 ～ 图 9 − 1 − 8 所示。

图 9 − 1 − 6　综合物性检测系统（PPMS）及微纳器件测试平台

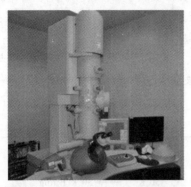

图 9 – 1 – 7　Tecnai F20 透射电镜

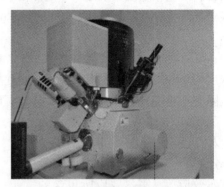

图 9 – 1 – 8　双束显微电镜（FIB/SEM）

 实验内容与步骤

1. 实验内容

（1）利用虚拟仿真平台的 PPMS 系统，测量样品的 $M – H$ 曲线、$M – T$ 曲线，判断磁性材料的类型，深入分析材料磁性的产生机理；

（2）利用虚拟仿真平台的透射和扫描电镜，研究磁性材料样品的微观结构和表面形貌，掌握磁性材料在进行电镜观察前的处理技术和注意事项；

（3）利用虚拟仿真平台的 FIB/SEM 双束系统，进行微纳器件的加工制作；

（4）利用虚拟仿真平台的 PPMS 系统，测量器件的磁阻特性、反常霍尔特性等。

实验流程如图 9 – 1 – 9 所示。

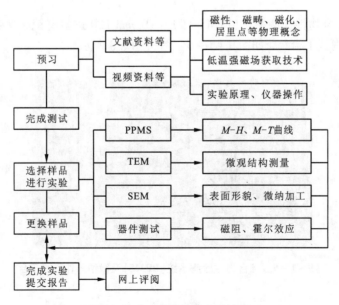

图 9 – 1 – 9　虚拟仿真实验流程

2. 实验步骤

用户登录仿真系统后，首先必须下载安装运行环境，然后按照操作手册进行交互性操作，共包含十五个大步骤。具体如下：

1）启动系统、选择样品

启动实验程序，进入实验窗口。

启动过程包括开启系统电源、主控箱电源，启动氦气压缩机，打开氦气开关和减压阀开关等操作（获得低温环境），然后启动仿真系统的应用程序，完成系统自检。

根据实验需要，从样品库中选取一种磁性样品进行测试。

2）装载样品

将所选待测样品装入 PPMS 样品腔。样品杆被取出样品腔后，样品杆出现在实验台上；双击样品箱，在样品箱大视图中，点击"装载样品"，播放装载样品动画，依动画所示完成样品装载后，样品杆从样品箱大视图中消失，出现在样品腔顶盖大视图中。点击"插入样品杆"，样品杆被缓慢放入样品腔中，场景中同步播放插入样品杆视频；马达腔盖自动移回马达位置。

3）$M-H$ 曲线的测试

运行测试软件，命名数据文件名并设置保存路径，在"Sequence"文件编辑窗口编写新的测试任务程序文件并保存。

点击主程序窗口左边的"Run"，运行已编写好的 Sequence 程序，对样品进行测试。测试过程中，可调出数据文件对测试结果进行实时观察。

4）数据处理，获取磁性参量，判断样品类型

仪器每正常运行完一次 Sequence 文件，就会将原始测试数据以"DAT"格式的文件保存在电脑中硬盘 D 区的相应文件夹中。完成测试操作后，将上述数据利用 Origin 软件进行处理和分析，得到样品的饱和磁化强度、剩余磁化强度、矫顽力等磁性参量，并判断样品是硬磁、软磁还是矩磁材料。

5）$M-T$ 曲线测试，获得居里温度或临界转变温度

按步骤四打开测试软件，设置 $M-T$ 测试所需的磁场大小、温度变化范围、采样间隔，编写新的测试任务程序文件，从仿真系统获得测试结果，如居里温度或临界转变温度。

6）TEM 装样

先检查 TEM 设备是否正常，检查空调、冷却水机、空气压缩机、不间断电源及其他相关设备仪表的工作状况，确保其正常运行。然后在实验场景中，鼠标右键双击实验台上的铍双倾样品杆，打开"样品的装载"窗体，点击"开始装载"按钮，进行样品的组装。（说明：若样品有磁性，则进行处理后再行测量，如需处理，点击磁性样品处理按钮）

7）抽真空和进样

样品装载完成后，打开样品台操作界面，确认样品台的红灯熄灭，点击"推进样品杆"按钮，将样品杆插入样品腔中，启动机械泵和分子泵进行样品室预抽真空，完成后即可进样。进样完成后，盖上样品台遮罩，关闭分子泵，打开阀门。

8）调节 TEM 光路

①调节光路使光斑汇聚到一点，调节多功能按钮，将光斑移动到屏幕中心。

②调节"Gun Tilt"。

调节光强度，若发现光斑中心亮斑不在中心点，则调节"Gun Tilt"和多功能按钮，将中心亮斑移动到光斑中心。

③调节聚光镜像散和光阑。

调节光强度，若发现光斑不是同心收缩（即光斑不圆），则需要调节聚光镜像散，点击"Condenser"按钮，调节多功能按钮，将光斑调圆；若发现光斑不是沿中心发散，需要调节聚光镜光阑，分别调节镜筒的聚光镜 C2 光阑上的两个螺圈，使光斑沿中心扩散。

④设置共心高度。

按右操作面板上的"Eucentric Focus"按钮，调节光强，使光斑汇聚到屏幕中心一点，调 Z 轴使影像聚焦到衬度最小。

⑤调节"Rotation Center"。

调节光强，使光散开铺满整屏，调出小屏，调 Focus，将样品图像调清楚；按右操作面板上的"Eucentric Focus"按钮，选择"Rotation Center"；调节多功能按钮，使小屏的图像不晃动，仅仅是心脏似的收缩。

9）形貌及磁畴观察与分析

选择样品感兴趣的区域，调节放大倍数，将光发散至满屏，进行图像扫描并保存。

10）双束显微电镜装样

①选中仿真仪器库中的 FIB/SEM 并开始启动，进入主场景窗体。

②向样品室内注入气体。

点击软件控制界面上"Vacuum"状态栏下的"Vent"按钮，向样品腔注入气体。

③打开样品室。

双击主场景中的样品腔打开样品腔大视图，点击大视图中的"打开样品腔"按钮，打开样品腔。

④取下样品盘。

在样品腔的大视图中，双击打开样品台大视图。选中"卸载样品盘"，点击"观察演示过程"，观察卸载样品盘的动画。

⑤固定样品盘。

样品盘被取下来以后，选中"固定样品盘"单选框，然后点击"观察演示过程"，观察固定样品盘的动画并完成。

⑥关闭样品室。

装载样品完成以后，再次点击样品腔大视图中"关闭样品腔"按钮，样品腔缓缓关闭。

⑦将样品室抽真空。

关闭样品室仓门，点击"Pump"，样品室开始抽真空，抽真空完成后，软件控制界面中样品室观察窗口会显示样品台。

11）用 SEM 观察样品

①系统开机。打开仿真软件控制界面，界面上出现电子束观察窗、离子束观察窗、样品导航窗和样品室观察窗 4 个观察窗口和 1 个操作栏。

②低倍下先初步聚焦，调好亮度、对比度。

a.打开蒙太奇扫描窗口。依照操作指导，打开蒙太奇扫描窗口并完成设置，此时点击左下角"Start"按钮，则扫描电镜开始扫描。

b. 选择扫描方式(以电子束扫描为例，做离子束扫描过程类似)。待样品室抽成真空后，从菜单中选择电子束扫描或离子束扫描模式。

c. 激活电子像。点击菜单栏中"Scan"，在下拉菜单中选择"Pause"选项，再次用鼠标点击电子束观察窗口窗体，可以看到激活的电子像。

③选择合适的电流、电压。

在快捷菜单栏中选择合适的电压和电流，做电子束扫描时一般会选用电压 20 kV、电流 2.7 nA。

④用蒙太奇扫描方法找到要观察的部位。

a. 设定选择样品时样品台的高度。

b. 再次调节图像的焦距亮度和对比度。

c. 选择样品位置。

选择合适的参数(如 3×3)，把绿框拖到感兴趣的位置，点击"Start"，电子像对应就是绿框区域的放大图像。

d. 改变放大倍率。

点击倍率选框，或者手动操作盘中的旋钮调节样品放大的倍率，获得合适倍数的图像。

12)调试图像及照相

①低倍率下调节电子像的亮度、对比度和像散。

点击自动调节亮度对比度的按钮，调节亮度对比度，将导航菜单中"Stigmator"调为"Zero"，按下"Shift"键，在电子束观察窗口按住右键左右拖动鼠标，调节像散。

②将样品放大至所需倍数，聚焦，调亮度、对比度、像散，使图像完好。

a. 选择模式。在快捷菜单放大倍率选框中，选定放大倍数，点击亮度对比度，自动调节亮度；

b. 选择倍率后聚焦。先点击自动聚焦，然后手动聚焦，点击聚焦框，电子像中出现聚焦框，按住鼠标右键左右拖动，把图像调清晰；

c. 高倍率下调像散。焦距调节完成后调像散，按 Shift 和鼠标右键，上下和左右拖动，分别调 X 方向和 Y 方向的像散。

③保存电子束扫描照片。

把像的亮度、聚焦、像散调到合适情况时，按 F2 或用鼠标按菜单栏中按钮，图像扫描结束后，选择存盘位置点击保存。

13)微纳器件加工

按预先器件结构设计，选择掩模版，利用 FIB/SEM 进行双束曝光，在刻蚀处蒸镀电极，将二维磁性材料制备成微纳磁阻器件和霍尔器件。图 9-1-10 为器件示意图。

14)器件测试

利用步骤(2)的相同操作，在 PPMS 的低温强场实验条件下，对前述实验步骤中加工的霍尔器件进行磁阻测试及霍尔电阻测试，根据实验结果分析材料特性。测试原理图及测试结果示意图见图 9-1-11 及图 9-1-12。

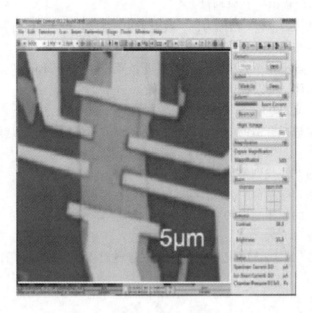

图 9 – 1 – 10　微纳磁性器件示意图

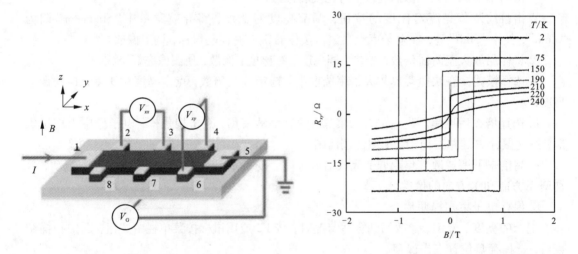

图 9 – 1 – 11　霍尔器件测试电路示意图　　　　图 9 – 1 – 12　器件霍尔电阻实验结果

15）实验讨论及报告提交

点击网页的"在线讨论"按钮，可进入实验讨论区参与讨论，与老师和同学就实验过程中的问题进行交流；完成实验报告后，在"开始实验"页面点击上传实验报告，即可上传电子实验报告。

数据处理

实验完成后，将所得数据填入数据表格即可。

注意事项

首次运行需在页面点击下载"虚拟运行环境"并安装，然后点击"虚拟仿真实验"，选择模块1，浏览实验原理、仪器介绍及视频演示，点击"开始实验"。根据实验指导和视频演示进行实验操作，操作过程中可点击仪器界面右上角的帮助文档，根据实验指导进行操作。

预习要求

了解铁磁性材料磁化机理、基本磁性参数，超导材料的基本参数，磁阻和反常霍尔效应等基本概念。

思考题

（1）如何从磁化曲线确定铁磁性材料的居里转变温度点、超导材料的临界转变温度？

（2）能否从铁磁性材料的霍尔电阻确定铁磁性材料的居里转变温度点？具体如何确定？

（3）实验测量半导体铁磁性材料和金属性铁磁材料的霍尔电阻，哪种材料体系更容易观测到实验现象？为什么？

参考文献

[1] 姜寿亭,李卫. 凝聚态磁性物理[M]. 北京:科学出版社,2003.

[2] 施敏,伍国珏. 半导体器件物理[M]. 第3版. 西安:西安交通大学出版社,2008.

[3] 苏少奎. 低温物性及测量:一个实验技术人员的理解和经验总结[M]. 北京:科学出版社,2019.

[4] Zhang Z Q, Xia Q L, Guo G H, et al. Structure and Magnetic Properties of Ti – Co Co – Cubstituted Barium Hexaferrite[J]. Key Engineering Materials, 2014, 602 – 603: 951 – 955.

[5] Xia Q L, Yi J H, Peng Y D, et al. Microwave direct synthesis of MgB_2 superconductor[J]. Materials Letters, 2008, 62(24): 4006 – 4008.

[6] Nagaosa N, Sinova J, Onoda S, et al. Anomalous Hall effect[J]. Reviewof Modern Physics, 2010, 82(2): 1539 – 1592.

[7] Luo J H, Li B, Zhang J M, et al. Bi doping – induced ferromagnetism of layered material $SnSe_2$ with extremely large coercivity[J]. Journal of Magnetism and Magnetic Materials, 2019, 486: 165269.

[8] Shao Y, Lv W X, Guo J J, et al. The current modulation of anomalous Hall effect in van der Waals Fe_3GeTe_2/ WTe_2 heterostructures[J]. Applied Physics Letters, 2020, 116(9): 92401.

实验9.2　二维体系中磁电阻量子振荡和量子霍尔效应虚拟仿真实验

　　量子效应一直是凝聚态物理领域研究关注的重点。二维材料体系的发现为研究量子效应及其应用提供了丰富而理想的材料平台。二维体系中的 Dirac 半金属态、量子限制效应、磁电阻量子振荡、量子霍尔效应、本征和/或可调控的铁磁性、超导电性、量子反常霍尔效应等涉及基础科学、纳米原型器件及应用等多层次的创新研究。如在足够强的磁场和足够低的温度下，实验测量得到的量子霍尔效应、量子反常霍尔效应霍尔平台处的霍尔电阻值为 25812.80 Ω，严格地等于 h/e^2，现已经被采用为电阻的新标准。

实验目的

　　(1)熟悉获得低温、强磁场等极端条件的实验方法；

　　(2)熟悉微纳器件加工技术和方法；

　　(3)理解磁电阻、霍尔电阻等的物理本质；

　　(4)掌握极低温、强磁场等极端条件下微纳器件物性参数(磁电阻、霍尔电阻)的测试方法；

　　(5)理解磁电阻量子振荡和量子霍尔效应的物理规律，导出载流子浓度、迁移率、有效质量、朗道能级指数、载流子寿命、朗德 g 因子等。

实验原理

1. 霍尔效应与磁阻效应

　　运动的载流子(电子或空穴)在磁场中受洛伦兹力作用偏转，这种偏转导致在垂直电流和磁场方向上产生正负电荷的聚集，从而形成附加的横向电场，这种现象称为霍尔效应。在达到稳态时，某一速度为 v_0 的载流子所受到的电场力与洛伦兹力相等，该种载流子将以弧形方式在外加电场下运动，如图 9 - 2 - 1(a) 所示。

　　由于半导体中载流子的速度总存在一定的统计分布，比该速度慢的载流子将向电场力方向偏转，比该速度快的载流子则向洛伦兹力方向偏转，如图 9 - 2 - 1(b) 所示。这种偏转导致载流子的漂移路径增加，也就是说，沿外加电场方向运动的载流子数目减少，从而使电阻增加。这种现象称为磁阻效应。若外加磁场与外加电场垂直，称为横向磁阻效应；若外加磁场与外加电场平行，则称为纵向磁阻效应。

2. 二维电子气、朗道能级量子化

　　二维电子气：如果三维固体中电子的运动在某一个方向(如 z 方向)上受到限制，那么电子就只能在另外两个方向(x、y 方向)上自由运动，这种具有两个自由度的自由电子就称为二维电子气(2DEG)(图 9 - 2 - 2)。2DEG 一般容易在异质结构中获得。对于半导体突变异质结，由于导带底能量突变量 ΔE_c 的存在，则在界面附近出现"尖峰"和"凹口"；实际上，对异

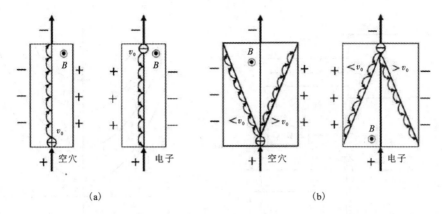

(a)　　　　　　　　　　　　　(b)

图9-2-1　载流子(空穴、电子)在电场和磁场下的(a)运动和(b)偏转示意图

质结中导带电子的作用而言,该"尖峰"也就是电子的势垒,"凹口"也就是电子的势阱。因此,实际上"尖峰"中的电场有驱赶电子的作用,即形成耗尽层;"凹口"中的电场有驱赶空穴、积累电子的作用,在条件合适时,即可形成电子积累层(即表面导电沟道)。如果"凹口"势阱的深度足够大,则其中的电子就只能在势阱中沿着平面的各个方向运动(即紧贴着异质结界面运动),即为二维运动的电子。引入有效质量概念,则可认为这些电子是经典自由电子,从而可把异质结势阱中的电子看作具有一定有效质量的2DEG。其他半导体表面沟道(例如 MOSFET 的沟道)中的电子也是2DEG。

　　朗道(Landau)能级:载流子在磁场中将做绕磁场回旋的螺旋运动,回旋频率 $\omega_c = qB/m^*$。当磁场很强、温度很低时,载流子的运动将呈现出量子化效应,在垂直于磁场方向的平面内的运动是量子化的,原来能带中电子状态重新组合,形成了若干个子带,称这些分立的子带为朗道能级(图9-2-3)。外加磁场下磁场中二维电子气系统哈密顿量可以写成:

$$H = (p + eA)^2/2m + V(r) \tag{9-2-1}$$

式中:A 是矢量势;$V(r)$ 是晶格周期势。求解薛定谔方程可得其能量本征值:

$$E_n = \hbar^2 k_z^2/2m^* + (n + 1/2)\hbar\omega_c \tag{9-2-2}$$

式中:ω_c 是电子回旋频率。由式(9-2-2)可知沿磁场 z 方向电子能量具有连续值,而垂直于磁场方向平面内电子能量量子化,相邻朗道能级之间能量相差 $\hbar\omega_c$。

3. 磁电阻的 SdH 量子振荡

　　1930 年,舒伯尼科夫和德哈斯合作首次在铋单晶材料中观察到电阻随磁场的倒数呈周期性变化的现象,被称为舒伯尼科夫-德哈斯(Shubnikov-de Haas,SdH)效应。能级量子化理论能够很好地解释 SdH 效应。SdH 效应是第一个从实验上验证了朗道能级理论的量子效应,也是第一个在固体中观察到的量子效应。随后人们也在一些金属、金属间化合物、半金属和半导体中观察到 SdH 效应。在低温强磁场条件下,这些材料都具有简并的电子系统和较高的载流子迁移率,SdH 效应很容易被观察到,它为研究这些材料的电子结构提供了很丰富的信息,因此 SdH 效应已经成为研究固体能带、探测固体费米面的重要手段。尤其是最近拓扑绝缘体和拓扑半金属的兴起,使得这种实验方法又被人们重新重视起来。

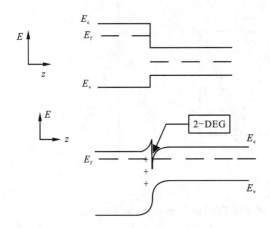

图 9 – 2 – 2　二维电子气形成示意图

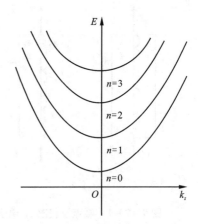

图 9 – 2 – 3　能带在磁场中的量子化

本质上，SdH 效应是在外加磁场下由电子朗道能级量子化引起的。由式（9 – 2 – 2）可知沿磁场 Z 方向电子能量具有连续值，而垂直于磁场方向平面内电子能量量子化，相邻朗道能级之间能量相差 $\hbar\omega_c$。由于 $\omega_c = eB/mc$，可知朗道能级的能量随磁场强度线性增加，随着磁场强度增大，这些能级相继穿越费米面，当二者恰好相等时，朗道能级上态密度就会被电子完全占据，形成电子态极大值，所以不断变化的磁场导致了费米面电子态密度的周期性变化，从而形成周期性振荡。我们知道电导率是由载流子密度和散射概率决定的，而费米面上的态密度对二者都有影响，所以费米面上态密度随磁场的周期性变化最终会表现为电导率的振荡。

外加磁场下电子态密度的周期性变化是引起物质一系列奇异性质的重要原因。就在 SdH 效应被发现后不久，德哈斯和范·阿尔芬又发现铋单晶的磁化率随磁场的倒数呈周期性振荡，第二种量子振荡现象德哈斯 – 范·阿尔芬（dHvA）效应被发现。在实验中当固定磁场方向时，两种量子振荡的周期相同。其后不久，类似的热电势、热容、热导、霍尔效应等一系列量子振荡效应也被发现，它们产生的本质原因相同但又有一些具体的区别。以 SdH 效应为例，实际固体材料的费米面并不都像自由电子模型那样具有球型费米面，而是具有很大的各向异性，1952 年昂萨格（Onsager）从理论上证明量子振荡的周期和费米面的极值截面积（S_F）相对应

$$\Delta(1/B) = 2\pi/\hbar S_F \tag{9 – 2 – 3}$$

通过以上公式可以很方便地测量计算材料费米面的极值截面积，此外，垂直于磁场方向两个或以上的费米面极值截面就会对应于两个或以上频率叠加的量子振荡。在昂萨格理论的基础上，Lifshits 和 Kosevish 在 1956 年给出了 dHvA 效应的定量表达式，即著名的 L – K 理论，后来发展成一个描述量子振荡普适理论，极大地推动了相关领域的发展。而对于 SdH 效应，其理论处理涉及各种因素，其相应的 L – K 公式可以写成：

$$\rho_{xx} \propto \frac{2\pi^2 k_B T m^* / \hbar eB}{\sinh[2\pi^2 k_B T m^* / \hbar eB]} \exp(-2\pi^2 k_B T_D m^* / \hbar eB) \cos\left[2\pi\left(\frac{F}{B} + \gamma - \delta\right)\right] \tag{9 – 2 – 4}$$

公式中第一项类似于振幅，它随磁场的增加而增大，随温度和有效质量的增加而减小；第二项代表了散射的影响；最后一项是余弦波因子，其频率由载流子浓度、磁场强度决定，

同时与材料本征的性质如贝利相位有关。通过 L–K 公式拟合 SdH 振荡和相关参数，可以得到许多重要的物理量，例如载流子有效质量、丁格尔温度、贝利相位等，结合相关计算还可以得到载流子浓度和迁移率信息，所以它是研究量子振荡的一个很重要的工具。

但是在实验中要想观察到明显的 SdH 振荡，材料体系必须要满足一定条件。首先是低温强磁场条件，$\hbar\omega_c > K_BT$，必须保证能级间隔 $\hbar\omega_c$ 大于热激发能量 K_BT，以免热激发统计分布掩盖量子现象。其次要满足散射条件，$\omega_c\tau \gg 1$，即电子在完成在量子化朗道轨道上的回旋运动之前不被散射；最后是量子极限条件，$E_F > \hbar\omega_c$，即费米能量必须大于朗道能级间隔。

4. 量子霍尔效应

二维电子气系统中的电子在电场与磁场作用下的霍尔效应表现出明显的量子化性质。1980 年冯·克利青等人首先从实验中观察到了量子霍尔效应。他们测量了 Si 的 MOSFET 反型层中二维电子气系统中的电子在 15 T 强磁场和低于液氮温度下的霍尔电压 V_H 沿电流方向的电势差 V_P 与栅压 V_G 的关系。当磁场垂直于反型层，磁感应强度 B 与沿反型层流动的电流 I 保持不变时，改变栅压 V_G，可改变反型层中载流子的密度 n_s。若 $n_s \propto V_G$，则在正常霍尔效应中应有 $V_H \propto 1/V_G$，但是实验表明在某些 V_G 间隔内，V_H 曲线中出现平台，对应于平台时的 V_L 最小趋近于零。如图 9–2–4 所示的实验结果，由此得到的霍尔电阻 $\rho_{xy} = -V_H/I$ 是量子化的，其值为

$$\rho_{xy} = 2\pi\hbar/iq^2 \quad (i = 1, 2, 3, \cdots) \tag{9-2-5}$$

它只与物理常数有关。用这个方法精确地测定出精细结构常数 α，其值应为

$$\alpha = q^2/4\pi\varepsilon_0\hbar c \tag{9-2-6}$$

量子霍尔效应可以从二维电子气在磁场中发生的量子化效应得到初步的说明。MOS 反型层中的电子被局限在很窄的势阱中运动，所以反型层中的电子沿垂直于界面的 z 方向的运动是量子化的，形成一系列分立能级 E_0，E_1，$\cdots$，E_j，$\cdots$。在 xy 平面内，即沿着界面方向其能量仍是准连续的。称这样的电子系统为二维电子气。又由于垂直界面方向的电子量化效应，对应于每一个分立能级，存在一个二维子带。二维电子气在 z 方向强磁场作用下，沿界面方向电子的运动发生磁量子化，这些二维子带中的电子态要发生重新组合，又分成一系列分立的朗道能级。这样，二维电子气的电子能量在强磁场作用下便完全地量子化了，各能级的能量为

$$E_{jn} = E_j + (n + 1/2)\hbar\omega_c \tag{9-2-7}$$

单位面积内每一个朗道能级的简并度为

$$1/2\pi l^2 = qB/2\pi\hbar \tag{9-2-8}$$

磁场很强、温度很低时，如费米能级 E_F 位于第 i 和 $i+l$ 个朗道能级之间时，则 i 和 i 以下的朗道子带全被占满，i 以上的各子带则全是空的。这时应不存在任何散射，因而 $\sigma_{xx} = 0$，霍尔电导

$$\sigma_{xy} = -n_sq/B \tag{9-2-9}$$

单位面积电子数应为被占满的朗道子带数与每一朗道能级简并度的乘积，即 $n_s = i/2\pi l^2 = iqB/2\pi\hbar$，则

$$\sigma_{xy} = -iq^2/2\pi\hbar \quad (i = 1, 2, 3, \cdots) \tag{9-2-10}$$

霍尔电阻为

$$\rho_H = \rho_{xy} = 2\pi\hbar/iq^2 \ (i=1,\ 2,\ 3,\ \cdots) \tag{9-2-11}$$

这就说明霍尔电压出现平台，且对应于霍尔平台，$\sigma_{xx}=0$，即 $V_P=0$。

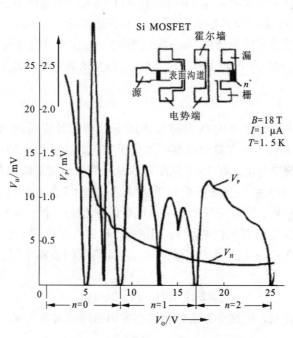

图 9 - 2 - 4 V_H、V_p、V_G 关系的实验结果

实验装置

实验仪器为基于综合物性检测系统（PPMS - 9T，DynaCool）、牛津稀释制冷机 Oxford Triton™ 200、电子束曝光系统 Raith150、反应离子刻蚀系统、电子束蒸发镀膜系统、微纳器件测试平台等的虚拟仿真系统，如图 9 - 2 - 5 至图 9 - 2 - 9 所示。

图 9 - 2 - 5   PPMS - 9T

图 9 - 2 - 6   牛津稀释制冷机 Oxford Triton™ 200

图 9 – 2 – 7　电子束曝光系统 Raith150　图 9 – 2 – 8　反应离子刻蚀系统　图 9 – 2 – 9　电子束蒸发镀膜系统

 实验内容与实验方法

1. 实验内容

（1）利用虚拟仿真平台的微纳加工设备制备可用于低温强场条件下测量的 Hall 器件；

（2）利用虚拟仿真平台的测试系统，测量低场下 Hall 器件的基本电学特性，提取基本物理参数；

（3）利用虚拟仿真平台的测试系统，测量高场下量子振荡和量子霍尔效应，并分析提取关键物理参数。

2. 实验步骤

合法用户登录仿真系统后，首先必须下载安装运行环境，然后进行交互性操作，包含以下十一大步骤。具体如下：

1）样品转移

①用金刚石刀将带标记的衬底切割成大小合适的方形形状（6 mm × 7 mm）；

②将生长的或机械剥离的二维材料样品转移到带标记的衬底上。

2）霍尔器件的电极图形曝光

①利用 Raith150II 绘图软件，根据样品形状尺寸设计 Hall 器件电极图形；

②采用 5000 r/min 的转速，在样品衬底上旋涂一层电子束光刻胶 PMMA，用 170℃热板烘烤 3 min；

③利用电子束曝光系统进行电极图形曝光；

④电极图形曝光完成后，在显影液（MIBK：IPA = 1：3）中显影 90 s，用 IPA（异丙醇）清洗 30 s 去除残留的显影液，氮气吹干。

3）电极蒸镀

①利用电子束蒸发镀膜仪，蒸镀 Ti/Au（5/90 nm）电极薄膜；

②将样品置于热丙酮（约 70℃）中浸泡 15 min 以上，待 PMMA 被丙酮完全溶解后，用去离子水清洗干净，用氮气吹干，不需要刻蚀的器件制备完成。

4）Hall bar 刻蚀（根据样品形貌选做）

①利用 Raith150II 绘图软件，设计 Hall bar 器件图形；

②重复步骤（2）中的②③④，在电子束光刻胶上获得 Hall bar 器件图形，充当刻蚀掩膜；

③根据样品材料，选择 Ar 或氟基等离子体对样品进行刻蚀，在样品上获得 Hall bar 器件结构图形；

④刻蚀完毕后，将样品放入热丙酮去胶，用去离子水清洗干净，氮气吹干，器件制备完成（如图 9 - 2 - 10）。

图 9 - 2 - 10   通过刻蚀制备的 Hall bar 器件图

5）电极引线焊接

采用导电银胶把样品衬底粘到样品托上，待银胶变干牢固后，通过引线焊接（wire bonding，图 9 - 2 - 11）将待测器件的电极与样品托的针脚电极相连（如图 9 - 2 - 12（a）和（b））。

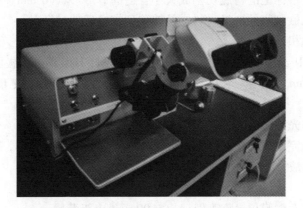

图 9 - 2 - 11   Westbond 7476D 超声点焊机

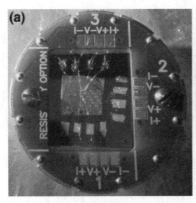

图 9 - 2 - 12　样品托中的样品

(a)焊接好的 PPMS 样品托中的样品；(b)稀释制冷机样品托中的样品

6)装载样品

①利用室温样品检测盒检测，确认所有连线导通；

②将样品托安装到样品杆上，通过样品杆将样品安装到低温强场系统的测量位置；

③启动系统降温程序，将样品所在位置温度降到所需温度。

7)连接测量电路

从仪表库中选择所需的测量仪表，如电源、放大器、电压表、电流表等，按照图 9 - 2 - 13 所示测量示意图连接好电路。

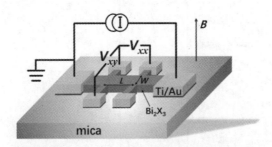

图 9 - 2 - 13　Hall bar 器件结构及测量示意图

8)低场下器件基本物理参数测量

①设定温度，采用直流法测量器件的线性 $I - V$ 曲线和转移特性曲线 $I - V_G$；

②设定温度，设置背栅 $V_G = 0$ V，器件源漏电极间加上 17 Hz、100 nA 的恒定交流电(根据电阻大小选择合适电流，避免电流热效应)，利用锁相放大器测量器件的纵向电压 V_{xx} 和横向霍尔电压 V_{xy}，在 $-0.5 \sim 0.5$ T 范围扫描垂直方向磁场，步进为 0.005 T(根据测量的曲线精度要求可以自由调整)，测得 $V_{xx} - B$ 和 $V_{xy} - B$ 曲线；

③改变背栅 V_G，重复步骤②，测量不同栅压下的 $V_{xx} - B$ 和 $V_{xy} - B$ 曲线；

④改变温度 T，重复步骤②，测量不同温度下的 $V_{xx} - B$ 和 $V_{xy} - B$ 曲线。

9）高场下量子振荡和量子霍尔效应测量

①设定温度，设置背栅 $V_G = 0$ V，器件源漏电极间加上 17 Hz、100 nA 的恒定交流电（根据电阻大小选择合适电流，避免电流热效应），利用锁相放大器测量器件的纵向电压 V_{xx} 和横向霍尔电压 V_{xy}，在 0～9 T 范围扫描垂直方向磁场，步进为 0.01 T（根据测量的曲线精度要求可以自由调整），测得 $V_{xx} - B$ 和 $V_{xy} - B$ 曲线；

②改变背栅 V_G，重复步骤①，测量不同栅压下的 $V_{xx} - B$ 和 $V_{xy} - B$ 曲线；

③改变温度 T，重复步骤①，测量不同温度下的 $V_{xx} - B$ 和 $V_{xy} - B$ 曲线。

10）数据处理

每完成一次测量，原始测试数据会以"DAT"格式的文件保存在电脑中硬盘 D 区的相应文件夹中。将上述原始数据导入 Origin 软件进行处理和分析，得到霍尔器件的磁电阻 SdH 量子振荡（图 9 - 2 - 14）和量子霍尔电阻曲线（图 9 - 2 - 15）。结合理论公式，提取物理参数如载流子浓度、迁移率、有效质量、朗道能级指数、费米截面等。（图 9 - 2 - 14、图 9 - 2 - 15 由于制作时以颜色区分各线，在此不易区分，仅为参考）

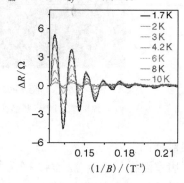

图 9 - 2 - 14　器件 SdH 量子振荡实验结果

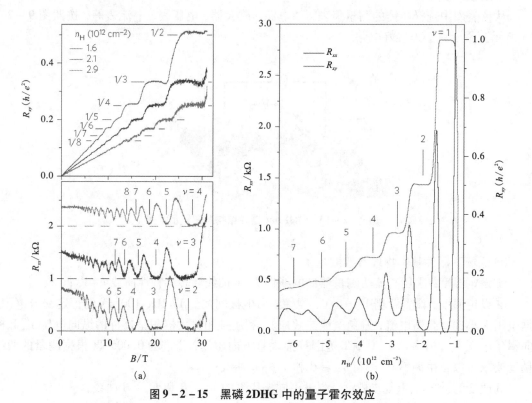

(a)　　　　　　　　　　　(b)

图 9 - 2 - 15　黑磷 2DHG 中的量子霍尔效应

（a）霍尔电阻（上）和磁电阻（下）在不同空穴掺杂水平下随磁场变化的函数；（b）霍尔电阻（黑色）和磁电阻（红色）随载流子浓度变化的函数

11）实验讨论及报告提交

点击网页的"在线讨论"按钮，可进入实验讨论区参与讨论，与老师和同学就实验过程中的问题进行交流；完成实验报告后，在"开始实验"页面点击上传实验报告，即可上传电子实验报告。

数据处理

将原始数据导入 Origin 软件进行处理和分析，得到霍尔器件的磁电阻的 SdH 量子振荡和量子霍尔电阻曲线。结合理论公式，提取物理参数如载流子浓度、迁移率、有效质量、朗道能级指数、费米截面等。

注意事项

首次运行需在页面点击下载"虚拟运行环境"并安装，然后点击"虚拟仿真实验"，选择模块 1，浏览实验原理、仪器介绍及视频演示，点击"开始实验"，根据实验指导和视频演示进行实验操作，操作过程中可点击仪器界面右上角的帮助文档，根据实验指导进行操作。

预习要求

了解霍尔效应、磁电阻效应、二维电子气、朗道能级量子化、磁电阻的 SdH 量子振荡和量子霍尔效应的基本概念和原理。

思考题

（1）如何设计实验测量其他物理量（如磁化率、比热容等）的量子振荡效应？

（2）对面内各向异性的二维材料，沿面内晶格不同方向制备霍尔器件，测量磁电阻和霍尔电阻会不会有所不同？观测的磁电阻的 SdH 量子振荡和量子霍尔效应呢？

参考文献

［1］黄昆，韩汝琦. 固体物理学［M］. 北京：高等教育出版社，1988.

［2］闫守胜. 固体物理基础［M］. 第 2 版. 北京：北京大学出版社，2003.

［3］叶良修. 半导体物理学［M］. 第 2 版. 北京：高等教育出版社，2007.

［4］刘恩科，朱秉升，罗晋生. 半导体物理学［M］. 第 7 版. 北京：电子工业出版社，2008.

［5］施敏，伍国珏. 半导体器件物理［M］. 第 3 版. 耿莉，张瑞智，译. 西安：西安交通大学出版社，2008.

［6］苏少奎. 低温物性及测量：一个实验技术人员的理解和经验总结［M］. 北京：科学出版社，2019.

［7］高文帅. 拓扑半金属 $PtBi_2$ 体系的磁输运特性研究［D］. 合肥：中国科学技术大学，2018.

［8］Shoenberg D. Magnetic oscillations in metals［M］. Cambridge University Press，Cambridge，1984.

［9］Richard E. Prange，Steven M. Girvin. The Quantum Hall Effect（Second Edition）［M］. Springer – Verlag，New York，1990.

［10］ Yi Y, Chen Z, Yu X F, et al. Recent advances in quantum effects of 2D materials［J］. Advanced Quantum Technologies, 2019, 2(5 –6): 1800111.

［11］ Novoselov K S, Geim A K, Morozov S V, et al. Two – dimensional gas of massless Dirac fermions in graphene ［J］. Nature, 2005, 438(7065): 197 –200.

［12］ Li L, Yang F, Ye G J, et al. Quantum Hall effect in black phosphorus two – dimensional electron system［J］. Nature Nanotechnology, 2016, 11(7): 592 –596.

［13］ Bandurin D A, Tyurnina A V, Yu G L, et al. High electron mobility, quantum Hall effect and anomalous optical response in atomically thin InSe［J］. Nature Nanotechnology, 2017, 12(3): 223 –227.

［14］ Qiu G, Wang Y, Nie Y, et al. Quantum transport and band structure evolution under high magnetic field in few – layer Tellurene［J］. Nano Letters, 2018, 18(9): 5760 –5767.

［15］ Wu J, Yuan H, Meng M, et al. High electron mobility and quantum oscillations in non – encapsulated ultrathin semiconducting Bi_2O_2Se［J］. Nature Nanotechnology, 2017, 12(6): 530 –534.

实验9.3　电子与材料相互作用虚拟仿真实验

 实验背景

物质的基本构成单位——原子是由电子、中子和质子三者共同组成的。1897年英国物理学家约瑟夫·约翰·汤姆逊(Joseph John Thomson)在研究阴极射线时发现了射线的偏转,并计算出负极射线粒子(电子)的质量–电荷比例,从此揭开了原子结构探索的序幕。由于汤姆逊的杰出贡献,1906年他被授予诺贝尔物理学奖。电子是带负电的亚原子粒子,电量为$1.602176634 \times 10^{-19}$ C,是电量的最小单元。质量为9.10956×10^{-31} kg。常用符号e表示。电子的波动性于1927年由晶体衍射实验得到证实。

由于电子具有较短的德布罗意波长,电子束探针已在表面分析及材料表征等领域得到广泛应用。在具体实践中,由电子枪射出的初级电子进入材料后会与材料内部原子发生复杂的相互作用,从而产生多种反映材料形貌、成分等信息的有用信号。通过对相关信号进行合理探测和分析,材料的性质也就被获取。对入射电子而言,其在材料内部复杂的输运过程可以简化为一系列散射过程,其散射类型按照是否存在能量损失可以分为两种:一种是弹性散射,散射后电子运动方向有较大变化,而电子的能量不变;另一种是非弹性散射,此时电子的能量有损失,运动的方向也会发生小的变化。

弹性散射是电子与原子相互碰撞的结果,由于Coulomb相互作用的影响,带电粒子将被原子电势偏折而改变方向,但不存在能量损失。电子与原子的弹性相互作用非常强烈,散射截面与能量的平方成正比,因此较低能入射电子(E_p 10~1000 eV)很难穿透薄膜样品。电子能谱学和电子显微学中的背散射电子主要是由于大角度的弹性散射引起的。

非弹性散射是电子与原子核外电子相互碰撞的结果,电子在固体内部的运动可以看作是能量和动量决定的粒子的运动。由于能量守恒,散射电子需要损失动能才能激发内部电子运动自由度,非弹性散射不仅可以改变电子的运动方向,而且还会对电子造成一定的能量损失。非弹性散射中被激发出的内部粒子携带着与物质材料相关的信息,这些信息可以作为电子能谱学中收集的信号。对于能量为10~10000 eV的电子而言,能量损失造成的激发过程主要是原子电离、等离激元激发和带间跃迁。

如果入射电子仅经受少数几次弹性散射便从材料表面逃逸,这部分电子即被称为弹性背散射电子,其出射能量与入射能量相等。与之对应,如果入射电子在从材料表面逃逸之前经受了若干次非弹性散射,这部分电子即是非弹性背散射电子,其出射能量低于入射能量。另外,非弹性散射所造成损失的电子能量损失将会被传递给材料并激发多种信号,包括二次电子、俄歇电子和X射线,其中二次电子能量低、发射深度浅,因此常被用作扫描电子显微镜的成像信号。俄歇电子和X射线的产生则与电子在不同壳层跃迁有关,具有特征能量,反映材料成分信息。对于上面提到的诸多出射电子信号,实验上可以选用合适的能量分析器对其进行准确的能量和强度的测量。

实验目的

（1）学习掌握电子与材料相互作用的过程和作用机理；通过软件设定入射电子数量，了解电子碰撞过程中各种信号产生的机理，直观模拟不同入射能量的电子在不同材料中的运行轨迹。

（2）通过对不同能量的电子按照不同角度入射到不同材料中产生弹性背散射电子的出射过程模拟，掌握弹性背散射电子的出射角度分布特点。

（3）通过对不同能量的电子按照不同角度入射到不同材料中产生二次电子和非弹性背散射电子的出射过程模拟，掌握二次电子和非弹性背散射电子的出射能量分布特点。

（4）理解造成二次电子和非弹性背散射电子能量损失的物理机制，为今后理解和使用扫描电镜成像和能量损失谱等高成本实验技术打下坚实的基础。

 实验原理

1. 电子与材料的相互作用机理

当电子在材料内部运动时，会发生弹性散射和非弹性散射。弹性散射只改变电子的运动方向，不引起能量损失；非弹性散射引起能量损失，从而形成电子的能量分布。入射电子和材料中原子之间的弹性散射是由原子核的库仑势引起的，这是入射电子和材料中单个原子之间的碰撞。由于原子质量比电子质量大三个数量级以上，原子的动能变化可以忽略不计。电子非弹性散射后既有能量的变化（减小），又有运动方向的变化，其产生的主要机制有单电子激发（入射电子和材料中电子碰撞，使后者电离或激发到真空能级）和等离激元（价电子云相对正离子实的集体振荡）激发，而声子激发（晶格热振动）造成的能量损失最小，可以忽略不计。

2. 弹性散射

弹性散射描述的是入射电子同原子核电荷的静电场的相互作用过程。由于原子核的质量是电子的几千倍，因此弹性碰撞中的能量转移很小，一般可忽略。在散射理论中，微分截面 $\dfrac{d\sigma}{d\Omega}$ 是一个十分重要的量。它表明一个电子和原子发生碰撞后，被散射到某一方向单位立体角中的概率。弹性散射微分截面一般可以写成下面的普遍形式

$$\frac{d\sigma}{d\Omega} = |f(\theta)|^2 \qquad (9-3-1)$$

式中：$f(\theta)$ 是复散射振幅，为散射角 θ 或散射矢量 q 的函数。在一级 Born 近似中（电子同每一个原子仅发生单次碰撞），它正比于原子势 $V(r)$ 的三维 Fourier 变换

$$f(\theta) = \frac{m}{2\pi\hbar}\int \exp(i2\pi q \cdot r) V(r) dr \qquad (9-3-2)$$

弹性散射微分截面可以进一步表示如下

$$\frac{d\sigma}{d\Omega} = \frac{4}{a_0^2 q^4} |F(q)|^2 = \frac{4}{a_0^2 q^4} |Z - f_x(q)|^2 \qquad (9-3-3)$$

式中：a_0 是第一玻尔半径，Z 是原子序数，$f_x(q)$ 是原子对入射 X 射线的散射因子，等于原子电子密度的 Fourier 变换

$$f_x(q) = \int \exp(i2\pi q \cdot r)\rho(r)\mathrm{d}r \tag{9-3-4}$$

该积分表示把所有小体积元的电荷贡献根据相位的不同累加起来。由此可见，原子对电子的散射振幅式中出现 $\int_x(q)$ 的原因是，电子云对两种入射粒子（电子和光子）的散射有内在的联系：对 X 射线而言，这是在电磁场作用下电子云分布引起的受迫振荡散发的电磁波的相干叠加；对入射电子而言，这是原子中电子云分布引起的散射电子波的相干叠加，即为对所有小体积元的电荷贡献的累加。两者的共同特点是，同样的电子云分布引起的波的相干叠加。不同之处在于，对 X 射线光子来说，原子核的作用可以忽略；而对入射电子来说，原子核（正电荷）和电子（负电荷）的作用是相反的，而前者的作用超过后者，也就是说电子云屏蔽了原子核的一部分的作用。

3. Rutherford 散射截面

描述带电粒子的弹性散射模型中，最早也是最简单的是由 Rutherford 提出的非屏蔽弹性散射模型。经典力学和非相对论量子力学（Born 近似下）都给出了同样的微分散射截面公式。

设 $\int_x(q) = 0$，得到

$$\frac{\mathrm{d}\sigma}{\mathrm{d}\Omega} = \frac{4Z^2}{a_0^2 q^4} \tag{9-3-5}$$

q 是散射矢量的模

$$q = 2k_0 \sin\frac{\theta}{2} \tag{9-3-6}$$

式中：$\hbar k_0 = m_0 v$ 表示入射电子动量，$\hbar q$ 是入射电子转移给原子核的动量，$E = \frac{1}{2}m_0 v^2$ 为电子的能量，则 Rutherford 微分弹性散射截面为

$$\left(\frac{\mathrm{d}\sigma}{\mathrm{d}\Omega}\right)_R = \frac{Z^2 e^4}{4E^2 \sin^4\left(\frac{\theta}{2}\right)} \tag{9-3-7}$$

对于轻元素，上式在大角度散射时是一个合理的近似。由于没有考虑原子外层电子对原子核的屏蔽效应，上式过高估计了小角度散射概率。当趋近于零时，微分散射截面发散，显然是不合理的。考虑外层电子的屏蔽效应后，假设核势能随距离指数衰减，则屏蔽 Rutherford 散射截面可以写成

$$\frac{\mathrm{d}\sigma}{\mathrm{d}\Omega} = \frac{Z^2 e^4}{4E^2(1 - \cos\theta + 2\beta)^2} \tag{9-3-8}$$

式中：Z 是原子序数；θ 是散射角；e 为电子电荷；E 为能量；β 为原子屏蔽参数（描述核外电子云对 Coulomb 势的屏蔽效应），通常选取与原子序数 Z 及能量 E 有关的函数，当 $\beta = 0$ 时，上式得到的结果与卢瑟福截面一致。

4. Mott 截面

屏蔽 Rutherford 公式的优点是它的简单解析性，缺点是近似程度差，特别是对于重原子

和电子能谱学中的电子能量(千电子伏范围),Born 近似已不再成立。严格准确的微分弹性散射应该由相对论的 Dirac 方程导出,Mott 在 1929 年用散射问题的普遍方法(分波法)得到了相对论微分弹性散射截面的一般数学表达式

$$\frac{\mathrm{d}\sigma_e}{\mathrm{d}\Omega} = |f(\theta)|^2 + |g(\theta)|^2 \qquad (9-3-9)$$

式中:θ 为散射角;$f(\theta)$ 和 $g(\theta)$ 为散射振幅,具体形式为

$$f(\theta) = \frac{1}{2iK}\sum_l \{(l+1)[\exp(2i\delta_l^+)-1] + l[\exp(2i\delta_l^-)-1]\}P_l(\cos\theta)$$
$$(9-3-10)$$

$$g(\theta) = \frac{1}{2iK}\sum_l [\exp(2i\delta_l^-) - \exp(2i\delta_l^+)]P_l^1(\cos\theta) \qquad (9-3-11)$$

式中:$K = \sqrt{E^2 - m^2c^4}/\hbar c$ 为电子波矢,$P_l(\cos\theta)$ 和 $P_l^1(\cos\theta)$ 分别为 Legendre 函数和第一阶缔合 Legendre 函数。δ_l^+ 和 δ_l^- 分别为第 l 分波的自旋向上和自旋向下的相移,可以通过求解散射波函数的径向部分 Dirac 方程得到。

分波法计算的 Mott 弹性微分散射截面与散射角的关系如图 9-3-1 所示。

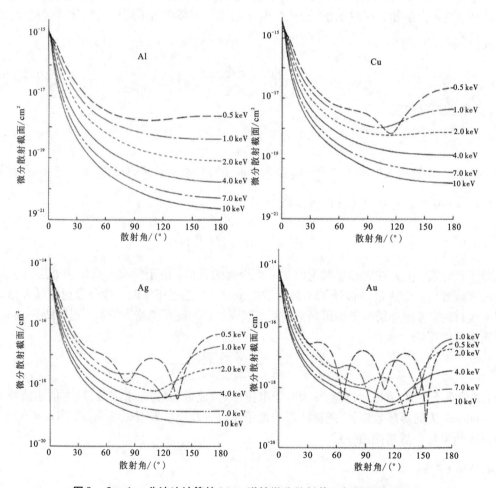

图 9-3-1   分波法计算的 Mott 弹性微分散射截面与散射角的关系

5. 总弹性散射截面

微分散射截面对整个立体角的积分就是总散射截面。

$$\sigma_e = \int \frac{\mathrm{d}\sigma}{\mathrm{d}\Omega}\mathrm{d}\Omega = 2\pi\int_0^\pi \sin\theta\{|f(\theta)|^2 + |g(\theta)|^2\}\mathrm{d}\theta \qquad (9-3-12)$$

从图 9-3-2 中的计算结果可以发现，总散射截面随原子序数及能量的变化趋势一般是单调的，但是在低能量(10~100 eV)时，不再具备单调性。

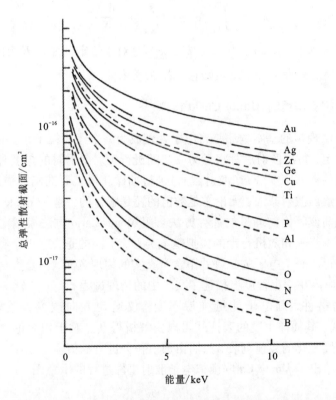

图 9-3-2　几种元素的总弹性散射截面随能量的变化关系

6. 非弹性散射

电子的非弹性散射现象在电子能量损失谱、俄歇电子能谱和光电子能谱的分析中都占有很重要的地位，所以在理论和实验方面都进行了深入研究。电子在材料内部运动时，非弹性散射主要表现为同价电子和内壳层电子的相互作用，这两种作用对应于电子能量损失的不同区域。当入射电子能量在 10~10 keV 时，它与材料发生的非弹性散射主要来自电离(单电子激发，包括内壳层电子激发和价电子激发)和等离激元激发。其中，俄歇电子和光电子是在内壳层电子激发后的弛豫过程中产生的，且电离时入射电子的能量损失很大，电离截面有十分重要的地位。

而非弹性散射主要采用介电函数理论进行研究。介电函数描述了有大量相互作用的电子构成的介质对于外电荷的电场扰动所产生的效应。

如果不考虑相对论效应，非弹性散射微分平均自由程可以写为

$$\frac{d^2 \lambda_{in}^{-1}}{d(\Delta E) \hbar q} = \frac{1}{\pi a_0 E} \text{Im} \left\{ \frac{-1}{\varepsilon(q, \omega)} \right\} \frac{1}{q} \qquad (9-3-13)$$

式中：λ_{in} 为电子的非弹性平均自由程，$\Delta E = \hbar\omega$ 为电子的能量损失，$\hbar q$ 为电子的动量转移，$\hbar$ 为普朗克常量，a_0 为玻尔半径，$\varepsilon(q, \omega)$ 为介电函数，$\text{Im}\{-1/\varepsilon(q, \omega)\}$ 为能量损失函数。能量损失函数可以由光学极限 $q \to 0$，即光学能量损失函数 $\text{Im}\{-1/\varepsilon(\omega)\}$，外推到 (q, ω) 空间得到。非弹性平均自由程可对上式积分得到

$$\lambda_{in}^{-1} = \int_0^{E-E_F} d(\Delta E) \int_{q_-}^{q_+} dq \frac{d^2 \lambda_{in}^{-1}}{d(\Delta E) dq} \qquad (9-3-14)$$

其中积分上下限 $\hbar q_\pm = \sqrt{2m}(\sqrt{E} \pm \sqrt{E - \Delta E})$ 是对于给定的能量 E 及能量损失 ΔE 能够满足能量、动量守恒的最大和最小动量转移，E_F 为费米能。

7. 电子与材料相互作用的 Monte Carlo 模拟

Monte Carlo 方法模拟的基本程序是将电子处理成为一个经典粒子，它的单步随机行走步长由总弹性截面决定，每次散射后都将做另一步随机行走。散射时的角度和能量变化及随机行走步长均由相应的概率密度分布（散射截面）进行抽样获得。要准确地描述这种散射过程，首先必须从理论上给出散射截面，无论它是数值的还是解析的，建立 Monte Carlo 模型就是具体指定这些相关截面或等价物理量的计算方法。用 Monte Carlo 方法模拟电子在材料中的散射和输运过程的基本步骤和随机行走的模拟基本类似，不同的是，这里所有物理量均需要由相应的截面抽样获得。一个电子的轨迹并不含有真实的物理意义，但是大量粒子轨迹的模拟来说，其统计结果应该在一定程度上描述了实验中的物理过程。

对于弹性散射事件，则电子能量维持不变，仅运动方向改变。散射角的抽样对于 Rutherford 截面公式，其抽样角度的表达式可以由解析得到。对于相对论性的 Mott 截面，需要将微分截面随角度变化的数值列表，然后由数值积分进行插值。

图 9-3-3 中给出了 Monte Carlo 模拟电子散射事件过程的示意图。

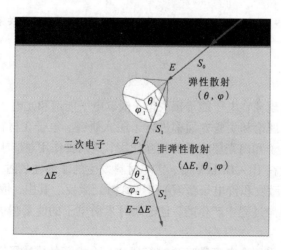

图 9-3-3 电子轨迹的 Monte Carlo 模拟示意图

对于非弹性散射事件,可采用介电函数模型,则能量损失和散射角均需由相应的微分截面确定。可以认为散射电子的能量损失将转移到固体电子中,从而激发一个二次电子,它的能量是散射电子所损失的能量,运动方向由两体碰撞的动量守恒得到。通过反复追踪,最终形成大量二次电子的级联过程。一个 Monte Carlo 模拟计算需要追踪完所有入射到材料中的电子轨迹和在材料中产生的二次电子轨迹。

研究电子与固体材料的相互作用时,通过电子轰击材料可以获得电子与材料相互作用的一些信息。但是由于物理条件的限制,某些相互作用的具体过程难以明了,这就需要寻找其他方法以获得无法从实验中得到的信息。电子输运的 Monte Carlo 模拟是建立在对散射过程的随机描述之上的。利用 Monte Carlo 方法模拟电子在材料样品内的随机散射事件和运动,电子在固体内的运动用轨迹近似,即由连接多次散射点间的直线段构成,只要确定每次的散射空间位置,就可以得到电子的运动轨迹。图 9-3-4 给出了典型的 Monte Carlo 方法模拟的电子轨迹图。

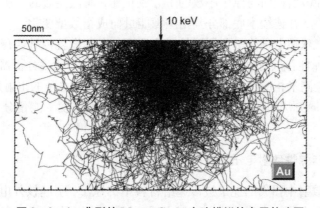

图 9-3-4　典型的 Monte Carlo 方法模拟的电子轨迹图

为了更为直观地了解电子与材料内部的相互作用,请查看能量为 5 keV 的特定数目的电子 90°入射到金(Au)材料中的动态运行轨迹。

可以通过选择存储材料(Ag、Au、C、Si),入射电子能量(0.5 keV、1 keV、3 keV、5 keV、10 keV),入射角度(30°、60°、90°),电子数目(10、100)查看不同情况下的静态电子运行轨迹。

8. 弹性背散射电子角度-能量分布

弹性背散射电子能量未发生变化,其在输运过程中仅经受少数几次弹性散射便从材料表面逃逸。因此,弹性背散射电子出射角度分布在一定程度上可以反映微分弹性散射截面的信息。早期人们通常使用屏蔽 Rutherford 散射截面来描述固体中的弹性散射。

屏蔽卢瑟福散射截面可以在 Born 近似下通过求解薛定谔方程得到,优点是它的解析性,缺点是近似程度较差,特别是对于重原子和较低能入射电子,Born 近似不再成立。更加准确的弹性微分散射截面应该由相对论狄拉克方程导出。Mott 利用分波法求解狄拉克方程给出了相对论的微分散射截面。对于重原子和较低能入射电子,屏蔽卢瑟福截面与 Mott 微分截面在大角散射部分具有很大差异,前者随着散射角平滑变化,而后者通常在若干特定位置具有极大值分布，这是不同的散射分波干涉叠加的结果。

俄歇电子能谱中，俄歇电子特征峰是叠加在由背散射电子和二次电子形成的大本底之上的，而这个背散射电子能谱可以分为两个部分，即真二次电子（50 eV 以下）以及背散射电子（50 eV 以上）部分。任意假定如下：背散射电子是由入射到材料中经过多次散射后再从表面逃逸出来的电子；二次电子是由入射电子在材料内部激发并由表面上逃逸的电子，实际上是无法从实验方法上在能谱中加以区别，只能通过理论估计，能量高区域背散射电子贡献大，能量低区域二次电子的比重大，定量讨论需要经过计算模拟。背散射电子能谱的特征如下：在入射电子能量处有一弹性峰，低能则为微弱的表面激发和体激发造成的能量损失峰，然后由多次非弹性散射形成的连续大本底，最后在低能（几个电子伏）处是由级联二次电子形成的强峰。由于背散射电子的空间发射是有一定的角度分布的，背散射能谱还与探测器的空间配置和探测立体角有关，背散射电子能谱本底有一定的随材料的原子序数、加速电压和入射角变化的趋势。对于数十千电子伏特的入射电子，能谱本底较高能量段强度随原子序数增加而增加，这是因为弹性散射截面与原子序数的平方成正比，而低能端的二次电子谱本底部分几乎不随原子序数而变，在连续本底部分其谱型随能量而成指数型变化。

实验中，根据半球型电子能量分析器的工作原理，合理设置内外半球电势，仅使出射能量等于入射能量的弹性背散射电子被探测。并改变样品平台与能量分析器之间的相对夹角位置，在多个角度位置测量相应出射强度，从而得到弹性背散射电子的出射角度分布。

通过 Monte Carlo 方法模拟可以很好地描述背散射电子角度 – 能量分布实验。请参考实验指导进行实验。

9. 二次电子和非弹性散射电子出射角度 – 能量分布

电子在非弹性散射中损失的能量被传递给材料中的原子，引起核外电子的激发，被激发的核外电子即是二次电子。发生非弹性散射之后，入射的初级电子依然有从材料表面出射的可能性，形成非弹性背散射电子。材料内部原子的价电子或内壳层电子可以在运动电子的非弹性散射中被激发成具有一定能量的自由电子，即为二次电子。二次电子在其输运过程中同样也可以激发出新的二次电子，从而形成二次电子激发的级联过程。由于级联过程的存在，二次电子的出射能量将会很低。能量低则易收集，由于二次电子对材料表面形貌十分敏感，同时从材料表面出射的二次电子较易被收集，因此二次电子常被用作扫描电子显微镜（SEM）的成像信号。然而，无论是二次电子的形貌敏感特性，还是其易收集特性，都与二次电子较低的能量分布紧密相关。因此，研究二次电子出射能量分布对更好地理解和使用 SEM 至关重要。

入射电子束在材料内部产生巨量的级联二次电子，从表面发射的二次电子只是其非常小的一部分，其他绝大部分通过非弹性散射中的能量损耗机制将能量降低到真空能级以下，最终被材料吸收。实际上，这些发射的级联二次电子对背散射电子本底具有重要贡献，特别是对 100 eV 左右的低能入射电子束，其背散射电子能谱中已经很难区分非弹性背散射电子与二次电子的贡献。对于二次电子发射现象，最重要的物理量应该是二次电子产额和背散射系数，相关数据可查阅数据库。这类电子的能量分布与造成电子能量损失或非弹性散射的物理机制紧密相关，如等离激元激发、带间跃迁等。从材料表面逃逸出来的信号电子在材料内部和表面附近经历了非弹性散射碰撞，从而造成谱线的能量畸变，形成谱线的非弹性散射本底，通过能量损失谱的分析可以深入理解电子与材料非弹性相互作用的机理。与此相关的背反射电子能量损失谱（REELS）已成为表面分析的重要实验技术手段。

显然，半球型电子能量分析器在测量二次电子和非弹性背散射电子的出射能量分布中依然扮演着重要角色。根据半球型电子能量分析器的工作原理，连续改变内外半球电势，则不同出射能量处的信号二次电子或非弹性背散射电子的强度可被测量，从而获得电子能谱。

通过 Monte Carlo 方法模拟可以很好地描述二次电子和非弹性背散射电子角度 – 能量分布实验。请参考实验指导进行实验。

实验装置

半球型电子能量分析器（图 9 – 3 – 5）的介绍如下：

1. 结构组成

半球型电子能量分析器主要由六部分组成，分别是激发源、能量分析器、电子检测器、进样系统、计算机控制接收与输出系统、真空系统。激发源分别为光子源、电子源和离子源。其中电子源是用于产生具有一定能量、一定能量分散、一定束斑和一定强度的电子束。产生电子束的类型：①热电子源，如钨丝、氧化物阳极和 LaB_6 灯丝等构成的电子枪。②场发射

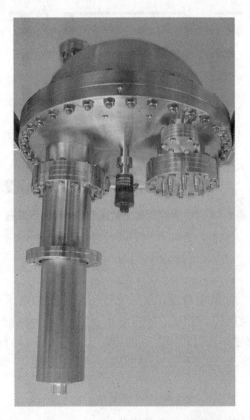

图 9 – 3 – 5　半球型电子能量分析器外观图

源，利用肖特基势垒，在一定电场作用下，发生隧道穿透效应，产生场发射。

能量分析器用于在满足一定能量分辨率、角分辨率和灵敏度的要求下，把不同能量的电子分开，析出某能量范围的电子，测量样品表面出射的电子能量分布。它是半球型电子能量分析器的核心部件。在能量分析器前，电子透镜都对电子进行预减速，这是根据电子群在加速或减速时，不改变它们绝对能量分布的原理。

2. 结构描述

半球型电子能量分析器由两个半径分别为 R_1、R_2 的同心半球面组成，外球面电位为 $-\frac{1}{2}\Delta V$，内球面电位为 $+\frac{1}{2}\Delta V$，中部等电位面半径为 R_0，入口端和出口端以 R_0 处为中心形成狭缝，如图 9 – 3 – 6 所示。

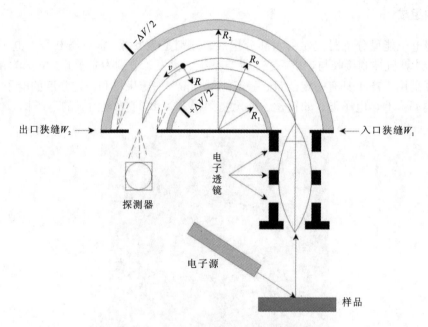

图 9 – 3 – 6　半球型电子能量分析器结构示意图

3. 工作原理

对应于同心半球内外二面的电位差值，只允许一种能量的电子通过，连续改变二面间的电势差值，就可以对电子动能进行扫描，获得电子强度与电子动能的关系，即能谱图。

能量为 E_0 的电子以速度 v 入射时，受到的电场力（指向球心）使电子改变运动方向做圆周运动。设分析器通过能为 E_0，电子沿 R_0 做圆周运动，速度为 v，则需向心力

$$f = m\frac{v^2}{R_0} \tag{9 – 3 – 15}$$

维持圆周运动的向心力是由电场提供的，其大小为

$$f = \varepsilon = e \cdot \Delta V \frac{R_2 R_1}{R_2 - R_1} \cdot \frac{1}{R_0^2} \tag{9-3-16}$$

使电子保持在 R_0 轨道上运动的条件为 $f =$ 向心力，联合式(9-3-15)和式(9-3-16)得

$$e \cdot \Delta V \frac{R_2 R_1}{R_2 - R_1} \cdot \frac{1}{R_0^2} = \frac{mv^2}{R_0} \tag{9-3-17}$$

两边消去 R_0，并代入 $R_0 = (R_2 + R_1)/2$ 和 $E_0 = \frac{1}{2}mv^2$ 得

$$e \cdot \Delta V \frac{R_2 R_1}{R_2 - R_1} \cdot \frac{2}{R_1 + R_2} = 2E_0 \tag{9-3-18}$$

整理上式得：

$$e \cdot \Delta V \frac{R_2 R_1}{R_2^2 - R_1^2} = E_0 \tag{9-3-19}$$

$$\Delta V = \frac{1}{e} \frac{R_2^2 - R_1^2}{R_2 R_1} E_0 = \frac{1}{e}\left(\frac{R_2}{R_1} - \frac{R_1}{R_2}\right) E_0 \tag{9-3-20}$$

令 $K = \frac{1}{e}\left(\frac{R_2}{R_1} - \frac{R_1}{R_2}\right)$ 为常数，则 $\Delta V = KE_0$。

由上式可见：通过能量分析器的电子能量由 ΔV 决定，对于一个特定的 ΔV，只有 E_0 的电子能通过，大于 E_0 的电子被外球吸收，小于 E_0 的被内球吸收；连续地改变 ΔV，不同能量的电子依次通过能量分析器，便可获得电子能谱图。

分辨率：

$$R = \frac{\Delta E}{E_0} = \frac{\omega}{R_0} + \frac{\alpha^2}{4} \tag{9-3-21}$$

式中：ω 为入口和出口狭缝的平均宽度，α 为入射角；通常 $\alpha^2 \approx \frac{\omega}{2R}$，即 $R = 0.63 \frac{\omega}{R_0}$。可见，入射狭缝越宽，分辨率下降。

 实验内容与步骤

1. 弹性背散射电子的出射角度分布

1）实验步骤

（1）设置电子能量分析器内外半球的电压，控制电子运动方向，仅使出射能量等于入射能量的弹性背散射电子被探测。

（2）选择储存材料：Ag、Au、C、Si。

（3）设置电子枪加速电压即入射电子能量：0.5 keV、1 keV、3 keV、5 keV、10 keV。

（4）设置电子束入射角度：30°、60°、90°。

（5）上述参数设置完毕后，点击查询实验结果，得到仪器设置图和弹性背散射电子出射角度分布图，记录实验参数，保存实验结果，以便在实验报告中进行数据分析。

（6）按照上述步骤重新设置参数，完成 6 次不同数据的采集。

（7）实验完成后，请进一步分析讨论，完成实验报告。

2）举例解析

Au 块材在 400 eV，30°和 60°入射条件下理论模拟和实验对比图如图 9 – 3 – 7、图 9 – 3 – 8 所示。

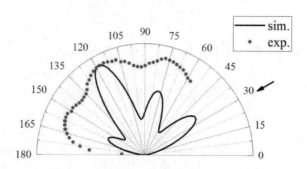

图 9 – 3 – 7　Au 材料，30°入射，400 eV 条件下理论模拟和实验对比图

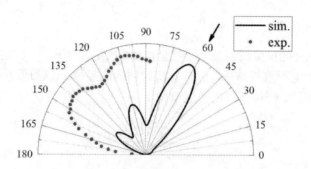

图 9 – 3 – 8　Au 材料，60°入射，400 eV 条件下理论模拟和实验对比图

由上面两图分析可知，弹性背散射电子出射角度分布在一定程度上可以反映 Mott 微分散射截面的信息。特别地，在较低能电子与重元素发生弹性碰撞时，相应的 Mott 微分散射截面会呈现出特定的精细结构，这与始终保持单调变化趋势的屏蔽卢瑟福截面大为不同。本质上来说，这种精细结构是不同电子散射分波之间干涉叠加的结果。而且通过实验结果发现，理论模拟的数据和实验测量的数据总是存在一定的偏差，总体变化趋势有一定的一致性。

2. 二次电子和非弹性背散射电子的出射能量分布

1）实验步骤

（1）设置电子能量分析器内外半球的电压，控制电子运动方向，仅使出射能量等于入射能量的二次电子和非弹性背散射电子被探测。

（2）选择储存材料：Ag、Au、C、Si。

（3）设置电子枪加速电压即入射电子能量：0.5 keV、1 keV、3 keV、5 keV、10 keV。

（4）设置电子束入射角度：30°、60°、90°。

（5）上述参数设置完毕后，点击查询实验结果，得到仪器设置图和弹性背散射电子出射角度分布图，记录实验参数，保存实验结果，以便在实验报告中进行数据分析。

(6)按照上述步骤重新设置参数,完成6次不同数据的采集。

(7)实验完成后,请进一步分析讨论,完成实验报告。

2)举例解析

Ag 块材,90°入射,1000 eV 条件下二次电子和非弹性背散射电子的出射能量分布图如图9-3-9所示。

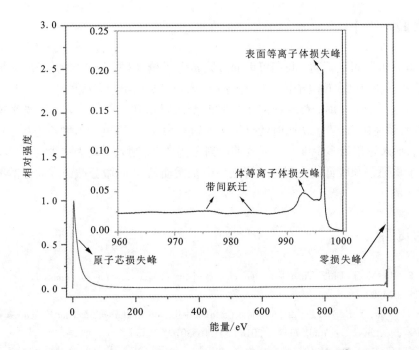

图 9 - 3 - 9 Ag 材料,90°入射,1000 eV 条件下二次电子和非弹性背散射电子的出射能量分布图

由于电子能量分析器仅可探测电子能量,无法分辨某一出射电子是真实的二次电子还是非弹性背散射电子。因此,通常经验性地将出射能量低于 50 eV 的电子归为二次电子,能量介于 50 eV 和入射能量之间的电子归为非弹性背散射电子。二次电子大都产生于级联过程。级联过程的存在使出射的二次电子具有较低的能量。相比之下,出射的非弹性背散射电子则具有较高能量。特别地,能谱中处于入射能量位置的尖峰称为弹性峰,代表弹性背散射电子。

另一方面,电子产额,即出射电子信号个数与入射电子个数的比值,常被用来定量衡量不同材料发射上述各种信号的能力。一般而言,二次电子产额随入射能量的增加呈现先增后减的变化趋势,且峰值出现在几百电子伏处。二次电子产额峰值与材料性质有关,通常具有大于 1.0 的量值。而非弹性背散射电子产额(或称背散射因子)则更依赖于材料的原子序数,对入射能量的依赖性不强,且不同材料一般具有 0.2~0.5 的量值。因此,当入射电子能量不太高时,出射电子大都是二次电子,因此其能谱强度较高。

预习要求

了解电子与材料相互作用的过程和作用机理以及电子碰撞过程中各种信号产生的机理及相关特点。了解弹性散射和非弹性散射的作用机理。

 思考题

(1)能量分析器固定不动,我们可以通过旋转电子枪和样品来改变电子的入射角和出射角。保持样品不动时,旋转电子枪会改变电子的入射角,那出射角呢?

(2)保持电子枪不动时,旋转样品将同时改变入射角和出射角,电子枪与半球能量分析器的电子透镜间夹角为57°,初始时使电子束入射角为57°,则电子出射角为0°;如果要使出射角为57°,则入射角为多少度?如果要使出射角为30°,则入射角为多少度?

(3)对于重原子和较低能入射电子屏蔽卢瑟福截面与 Mott 微分截面在大角散射部分主要差别是什么?

 参考资料

[1] C. Li, S. F. Mao, Z. J. Ding. Time dependent characteristics of secondary electron emission[J]. Appl. Phys. , 2019, 125: 024902.

[2] C. Li, S. F. Mao, Y. B. Zou, et al. A Monte Carlo Modeling on Charging Effect for Structures with Arbitrary Geometries[J]. Phys. D: Appl. Phys. , 2018, 51: 165301.

[3] Z. Ruan, R. G. Zeng, Y. Ming, et al. Quantum Trajectory Monte Carlo Method for Study of Electron – Crystal Interaction in STEM[J]. Phys. Chem. Chem. Phys. , 2015, 17: 17628 – 17637.

[4] Z. J. Ding, R. Shimizu. A Monte Carlo Modeling of Electron Interaction with Solids Including Cascade Secondary Electron Production[J]. Scanning, 1996, 18: 92 – 113.

[5] 黄惠忠, 等. 表面化学分析[M]. 上海: 华东理工大学出版社, 2007.